高等职业教育土建类新编技能型规划教材

土力学与地基基础

主　编　徐向东　姜衍仓
副主编　吴　桐　乔雪根
　　　　王　焱　杨益民

黄河水利出版社
·郑州·

内 容 提 要

本书为高等职业教育土建类新编技能型规划教材。本书系统阐述了土的物理性质及工程分类、土的压缩性与地基沉降计算、土的抗剪强度及地基承载力、土压力与土坡稳定、工程地质勘察、天然地基上浅基础设计、桩基础、地基处理、特殊地基土等内容。

本书可作为高等职业院校土建类专业的教材，也可供土建类（包括建筑工程、交通工程、石油工程、国防工程等）相关技术人员阅读参考。

图书在版编目（CIP）数据

土力学与地基基础/徐向东，姜衍仓主编．—郑州：黄河水利出版社，2014.4 （2016.4 修订重印）

高等职业教育土建类新编技能型规划教材

ISBN 978-7-5509-0629-7

Ⅰ.①土… Ⅱ.①徐…②姜… Ⅲ.①土力学-高等职业教育-教材②地基-基础（工程）-高等职业教育-教材 Ⅳ.①TU4

中国版本图书馆 CIP 数据核字（2013）第 284465 号

出 版 社：黄河水利出版社　　网址：www.yrcp.com

地址：河南省郑州市顺河路黄委会综合楼 14 层　　邮政编码：450003

发行单位：黄河水利出版社

发行部电话：0371-66026940、66020550、66028024、66022620（传真）

E-mail：hhslcbs@126.com

承印单位：黄河水利委员会印刷厂

开本：787 mm×1 092 mm 1/16

印张：16.25

字数：395 千字　　印数：4 001—6 000

版次：2014 年 4 月第 1 版　　印次：2014 年 4 月第 1 次印刷

2016 年 4 月第 2 次印刷

定价：34.00 元

前　言

土力学与地基基础是土建类有关专业的一门重要课程。本教材是按照《建筑地基基础设计规范》(GB 50007—2011)、《建筑基坑支护技术规程》(JGJ 120—2012)、《岩土工程勘察规范》(GB 50021—2001)、《建筑桩基技术规范》(JGJ 94—2008)以及《建筑地基处理规范》(JGJ 79—2002)等相关规范,并参照全国高等学校土木工程专业教学指导委员会审定的土力学与地基基础课程教学大纲编写的。

全书共10章,第1~5章为土力学的基本理论,第6、7、8章为基础工程设计,第9章简要介绍了地基处理内容,第10章为特殊地基土。

本书编写人员及分工如下:河南建筑职业技术学院徐向东编写第1~2章、第9章,濮阳职业技术学院姜衍仓编写第3章、第10章,商丘工学院吴桐编写第4章,郑州城市职业学院的王诗玉编写第5章,河南建筑职业技术学院乔雪垠编写第6章,河南工业职业技术学院王焱编写第7章,许昌职业技术学院杨益民编写第8章。本书由徐向东、姜衍仓担任主编,徐向东负责全书的统稿,由吴桐、乔雪垠、王焱、杨益民担任副主编。本教材编者均为长期从事一线教学工作,并积累丰富教学经验的教师。

由于本书编者水平有限,希望本书通过反复教学使用,发现其中存在的问题,进行修订逐步完善,使其成为一本适合教学工作的教材。

对于本书的不妥之处,欢迎读者批评指正。

编　者

2013年10月

目 录

第1章　绪　论

知识目标

- 掌握土、地基与基础的概念。
- 掌握地基、基础类型。
- 熟悉地基基础设计原则。
- 了解土力学发展历史。

能力目标

- 能够判断一般建筑物的基础类型。
- 掌握地基与基础设计的基本要求。

1.1　土力学、地基基础的概念

1.1.1　土的定义及工程性质

地球表面的大块岩体经过自然界的风化、搬运、沉积等地质作用形成的松散的堆积物或沉淀物，在建筑工程中称为土。

土是各种矿物颗粒的集合体。土是自然界的产物，与其他建筑材料相比，它在质地、强度等诸多方面存在着较大差异。特别是某些土在含水量很高的情况下，其压缩性很大，承受荷载的能力很低。

由于土的形成年代、生成环境及矿物成分的不同，其性质也是复杂多样的。例如，沿海及内陆地区的软土，华北、东北及西北地区的黄土，分布在全国各地区的黏土、膨胀土、杂填土等，都具有不同的性质。

因此，进行建筑物设计之前，必须首先对建筑场地进行勘察，提出工程地质勘测报告；然后根据上部结构荷载构造及使用要求，采取相应措施，保证建筑物或构筑物的安全和稳定。

1.1.2　地基与基础的概念

建筑物的下部通常埋入土层一定的深度，使建筑物坐落在较好的地层上，我们将埋入土层一定深度的建筑物的下部承重结构称为基础，建筑物的荷载由基础向地基传递（见图1-1）。

建筑物的荷载通过地基传到土层，使土层产生附加应力和变形，由于土粒间接触与传递，应力向四周土中扩散并逐渐减弱。我们将受建筑物荷载影响在土层中产生附加应力及变形不能忽略的那部分土层称为地基。

建筑物的地基一般由两层或两层以上土层组成，通常将直接与基础接触的土层称为持力层；在地基范围内持力层以下的土层称为下卧层，当下卧层的地基承载力低于持力层的地

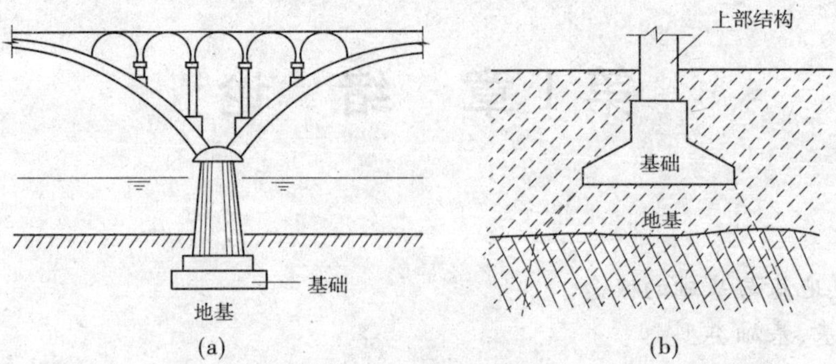

图 1-1　地基及基础

基承载力时,称为软弱下卧层。

为满足建筑物的要求,地基应具有较高的承载力和较低的压缩性,如果地基土质较好,未经过人工处理,直接利用天然土层作为地基,称为天然地基。如果地基软弱,其承载力及变形不能满足设计要求,则要对地基进行加固处理(如采用机械压实、强力夯实、换土垫层、排水固结等方法处理过的地基),这种地基称为人工地基。

基础都有一定的埋深,基础根据埋深不同可分为浅基础和深基础。对一般房屋的基础,若土质较好,埋深通常不大(1 ~5 m),可用一般的方法和设备进行开挖基坑和排水,这类基础称为浅基础,如独立基础、条形基础、筏板基础、箱形基础和壳体基础等。若建筑物荷载较大或上部地层较软弱,需要把基础埋置于深处较好的地层,要采用特殊的基础类型或特殊的施工方法(如桩基础、沉井、地下连续墙等),这种基础称为深基础。

土力学与地基基础这门课程包括土力学及地基基础两部分:土力学是以土为研究对象,利用力学的一般原理,研究土的特性及其受力后应力、变形、渗透、强度和稳定性及其随时间变化规律的学科。它是力学的一个分支,是为解决建筑物的地基基础、土工建筑物和地下结构物的工程问题服务的。地基基础主要研究常见的房屋、桥梁、涵洞等地基基础的类型、设计计算和施工方法。

1.1.3　地基与基础设计的基本要求

为保证建筑物的安全与正常使用,地基基础设计应满足以下基本要求:

(1)应使地基有足够的强度,在荷载作用后地基土不发生剪切破坏或失稳。

(2)不使地基产生过大的沉降和不均匀沉降,保证建筑物的正常使用。

(3)基础结构本身应有足够的强度、刚度和耐久性。在地基反力作用下不会产生强度破坏,并具有改善沉降与不均匀沉降的能力。

良好的地基一般具有较高的承载力与较低的压缩性,易满足工程上的要求。软弱的地基,其工程性质较差,应进行地基处理。

1.2　土力学与地基基础问题的重要性

地基与基础是建筑物一个重要的组成部分,又属于地下隐蔽工程,因此它的质量好坏关系到建筑物的安全、经济和正常使用。由于基础工程在地下或水下进行,施工难度较大,造价、工期和劳动消耗量在整个工程中占的比重均较大。根据建筑物复杂程度和设计施工合理性的不同,基础工程费用在建筑物的总造价中所占的比重变幅很大,其工期可占总工期的1/4 以上。如果采用人工地基或深基础,则工期和造价所占的比例将更大。实践证明,建筑工程事故的原因很多与地基基础有关,并且地基基础一旦发生事故就不易补救。随着高层建筑物的兴起,深基础工程增多,这对地基基础的设计与施工提出了更高的要求。

建于 1941 年的加拿大特朗斯康谷仓,主体结构由 65 个圆柱形筒仓组成,高 31 m、宽 23 m,其下为筏板基础。由于事前不了解基础下埋藏有厚达 16 m 的软黏土层,建成后初次贮存谷物时,基底压力超过了地基承载力,致使谷仓一侧突然陷入土中 8.8 m,另一侧则抬高 1.5 m,仓身倾斜达 27°,如图 1-2 所示。这是地基发生整体滑动、建筑物失稳的典型例子。由于该谷仓整体性较强,谷仓完好无损,事后在主体结构下面做了 70 多个支承于基岩上的混凝土墩,用 388 个 500 kN 的千斤顶,才将仓体扶正,但其标高比原来降低了 4 m。

1173 年兴建的意大利比萨斜塔(见图 1-3),当建至 24 m 时发现倾斜,被迫停工。100 年后续建至塔顶(高约 55 m)。至今塔身一侧下沉 1 m 以上,另一侧下沉约 3 m,倾斜 5.8°。1932 年曾于塔基灌注了 1 000 t 水泥,效果仍然不明显。在以后的数十年里该塔仍以每年 11 mm 的速度下沉。意大利当局被迫于 1990 年关闭斜塔,斜塔因此而成为世界上著名的基础工程问题。在经历了十多年的应力解除并辅以配重的矫正工程后,工程专家组于 2001 年 6 月 16 日将该塔正式交给比萨市政当局。专家组声称比萨斜塔至少可以再良好地保持 300 年。

图 1-2　加拿大特朗斯康谷仓的地基基础事故

图 1-3　意大利比萨斜塔

建于 1954 年的上海工业展览馆中央大厅,总重约 10 000 t,采用平面尺寸为 45 m×45 m 的两层箱形基础。地基为厚约 14 m 的淤泥质软黏土。建成后其基础当年下沉 0.6 m,目前大厅平均下沉量达 1.6 m,墙面由于不均匀沉降产生了较大裂缝。

1.3　本课程特点及学习要求

土力学与地基基础是一门理论性与实践性均较强的专业基础课,它是联系基础课和专业课的桥梁。它以多种课程为先修课程,如人们熟悉的物理、化学、理论力学、材料力学、结构力学、建筑材料、弹性理论、水力学、工程地质、钢筋混凝土及砖石结构等。它的后续课程是土木工程各相关专业的专业课,如房屋建筑学、钢结构、建筑施工技术、建筑抗震等。

本课程内容广泛、综合性强，学习时应抓住重点、兼顾全面。从专业要求出发，必须牢固掌握土的应力、变形、强度和地基计算等土力学的基本概念和原理，从而应用这些概念和原理并结合建筑结构设计和施工知识，分析和计算地基基础问题。本课程内容的广泛性还体现在土力学学科应用的广泛上，土木建筑、道路桥梁、交通运输、冶金、能源、国防等，凡是有关土木工程的行业，建筑物都需建在地基上，从事这些行业的设计和施工人员都需具备坚实的土力学基础知识。

土力学是以土为研究对象的，土不同于一般固体材料，它是由固体颗粒、土中水和气体组成的，土颗粒构成土的骨架，土中孔隙由气体和液体填充，所以我们称土体为三相体系。土体的强度一般比土粒强度小得多，这就决定了土的松散性。土的成因类型和空间分布情况构成了土的多样性。与连续介质比较，土体更具复杂性，而且受外界环境影响较大，诸如在温度、湿度、压力、水流、振动等环境影响下，其性质会有显著变化。现有的土力学理论还很难准确地模拟天然土层在荷载作用下所显现出来的力学性质。土的上述特点构成土力学的研究规律具有复杂性，所以土力学虽是指导人们进行地基基础设计的重要理论依据，但还应通过试验、实测并根据实践经验进行综合分析，才能获得比较满意的结果。只有通过这种理论与实践的反复比较，才能逐步提高对理论的认识，从而不断增强解决地基基础问题的能力。

根据学时情况，本书共分十章，学习土力学的基本理论，研究地基基础中常见问题，结合工程实例介绍先进技术。

(1)第二章为土的物理性质及工程分类，是本书的基础。要求理解土力学中专门术语的物理意义，熟练掌握已知任意三个物理指标换算其他物理指标的方法，了解六大类土的分类依据，能够准确命名。

(2)第三章为土的压缩性与地基沉降计算，是本书的重点。要求掌握土中应力的计算方法，学会利用规范方法计算地基最终沉降量，了解地基容许变形值的概念。

(3)第四章为土的抗剪强度及地基承载力，也是本书重点之一。要求掌握土的抗剪强度测定方法和工程应用，了解土的极限平衡条件；会利用各种途径确定地基承载力。

(4)第五章为土压力与土坡稳定。要求了解影响土压力大小的因素，掌握三种土压力产生的条件、计算方法和工程应用；学会设计挡土墙的尺寸，了解土坡稳定分析的原理。

(5)第六章至第十章为地基基础勘察、设计、处理的内容。要求能够阅读建筑场地的工程地质勘探报告，掌握天然地基上浅基础的设计，了解桩基础的类型及受力特点，掌握各类软弱地基处理方法、适用条件和效果，了解特殊土的工程特性。

本课程学习时应注意土的特性，理论应联系工程实际，抓住重点，掌握原理，概念清楚，学会简单工程的地基基础设计、工程应用。

1.4 土力学与地基基础的发展史

土力学与地基基础既是一门古老的工程技术，又是一门新兴的理论。它伴随着生产实践的发展而发展。它的发展也总是与社会各历史阶段的生产和科学水平相适应。就土力学学科而论，它也和其他学科一样，经历过从感性认识到理性认识、形成独立学科和新的发展四个阶段。

土力学学科最早为感性认识阶段，我国劳动人民远在春秋战国时期开始兴建的万里长城以及隋唐时期修通的大运河，穿越各种复杂的地质条件，历经千百年风雨沧桑而不毁，被誉为亘古奇观；宏伟壮丽的宫殿寺院，要依靠精心设计的地基基础，才能逾千百年而留存至今；遍布各地的高塔，正是由于有牢固的基础，才能遇多次强震而无恙。隋代工匠李春在河北省修建的赵州石拱桥，因其建筑和结构设计而闻名于世，采用拱形桥身，节省材料，减轻桥身自重，造型优美，其地基基础处理也是非常合理的。他将桥台砌置于密实粗砂层上，1 300多年来估计沉降量仅几厘米。现代通过验算确定桥台的基底压力为500～600 kPa，这与用现代土力学理论方法给出的该土层的承载力非常接近。

18 世纪中叶，随着欧洲工业革命的兴起，大规模的城市建设和水利、铁路的兴建，遇到了许多与土有关的力学问题，积累了许多成功的经验，也总结了不少失败的教训，这促使人们对积累的经验作出理论上的解释，因此土力学的理论才开始逐渐产生和发展。1773 年，法国库仑（Coulomb）根据试验提出了砂土的抗剪强度公式和挡土墙土压力的滑动楔体理论（统称为库仑理论）；1857 年，英国朗肯（Rankine）又从另一途径建立了土压力理论，这一土压力理论与库仑土压力理论统称为古典土压力理论，对后来土体强度理论的建立起了推动作用；1885 年，布辛涅斯克（Boussinesq）求得了弹性半无限空间体表面在集中力作用下的应力、应变理论解答；弗伦纽斯（Follenius）为解决铁路塌方问题提出了土坡稳定分析方法。这些理论和方法至今仍作为土力学的基本理论被广泛应用着。

1925 年，奥裔美国土力学专家太沙基（Terzaghi）著名的土力学专著标志着近代土力学的开始。他在总结实践经验和大量试验的基础上提出了很多独特的见解，其中，著名的土的有效应力原理和固结理论是对土力学学科做出的突出贡献。至此，土力学才成为一门独立学科，并在以后的工程实践中不断丰富、提高。

20 世纪 50 年代开始，现代科技成就特别是电子技术进入了土力学与地基基础的研究领域。试验技术实现了自动化、现代化，人们对地层的性质有了更深的了解。土力学理论和基础工程技术出现了令人瞩目的进展。

我国不少学者对土力学理论的发展也做出了突出的贡献，如陈宗基教授 1957 年提出的土流变学和黏土结构模式，目前已被电子显微镜观测证实；黄文熙教授 1957 年提出非均质地基考虑侧向变形影响的沉降计算方法和砂土液化理论。我国已成功地建造了一大批高层建筑，解决了大量复杂的基础工程问题，为土力学与地基基础理论和实践积累了丰富的经验，时至今日，在土建、水利、桥梁、隧道、道路、港口、海洋等有关工程中，以岩土体的利用、改造与整治问题为研究对象的科技领域，因其区别于结构工程的特殊性和各专业岩土问题的共同性，已融合为一个自成体系的新专业——岩土工程（Geotechnical Engineering）。它的工作方法是调查勘察、试验测定、分析计算、方案论证、监测控制、反演分析、修改方案；它的研究方法是以三种相辅相成的基本手段，即数学模拟（建立岩土力学模型进行数值分析）、物理模拟（定性的模型试验、以离心机中的模型进行定量测试和其他物理模拟试验）和原体观测（对工程实体或建筑物的性状进行短期或长期观测）综合而成的。我国的地基及基础理论技术作为岩土工程的一个重要组成部分，取得了更多、更高的成就，为我国的现代化建设做出了更大的贡献。

当然，由于土的性质的复杂性，截至目前，土力学与地基基础的理论虽已有了很大发展，但与其他成熟学科相比较尚不完善，在假定条件下得出的理论应用于实践时多带有近似性，有待于人们不断实践、研究，以获得更加令人满意的突破。

第2章 土的物理性质及工程分类

知识目标

- 了解颗粒级配对无黏性土性质的影响及水对黏性土性质的影响。
- 熟悉地基土的工程分类方法。
- 掌握物理性质指标的换算和应用。
- 熟练掌握土的物理性质指标的定义、测定。

能力目标

- 能够运用颗粒级配曲线判别土的颗粒级配的优劣。
- 能测定土的物理性质和物理状态指标,并能够根据指标对土的性质和状态作出判断。
- 能够根据击实试验成果确定有关压实参数,并能够进行填土压实质量的检查。
- 能够对土体分类和定名。

土是岩石经风化、搬运、沉积所形成的产物。不同的土其矿物成分和颗粒大小存在着很大差别,颗粒、水和气体的相对比例也各不相同。

土体的物理性质,如轻重、软硬、干湿、松密等在一定程度上决定了土的力学性质,它是土的最基本的特征。土的物理性质由三相物质的性质、相对含量以及土的结构构造等因素决定。在工程设计中,必须掌握这些物理性质的测定方法和指标间存在的换算关系,熟练按有关特征及指标对地基土进行工程分类及初步判定土体的工程性质。

2.1 土的形成、组成与结构

2.1.1 土的形成

岩石经过风化、剥蚀、搬运、沉积等过程后,所形成的各种疏松沉积物,在工程上称之为土。

不同的风化作用,形成不同性质的土。风化作用有物理风化、化学风化、生物风化三种。

物理风化:岩石经受风、霜、雨、雪的侵蚀,温度、湿度的变化,不均匀的膨胀与收缩破碎,或者运动过程中因碰撞和摩擦破碎。只改变颗粒的大小和形状,不改变矿物颗粒的成分。由物理风化形成的土是无黏性土,如碎石、卵石、砾石、砂土等,一般也称为原生矿物。

化学风化:岩石碎屑与水、氧气和二氧化碳等物质接触,使岩石碎屑发生化学变化,改变了原来组成矿物的成分,产生一种新的成分——次生矿物,土的颗粒变得很细,具有黏结力,如黏性土。

生物风化:由动植物和人类活动对岩体的破坏。例如开山、打隧道等活动形成的土,其矿物成分没有发生变化。

【知识小贴士】

土是经过漫长的地质历史并在各种复杂的自然环境和地质作用下形成的，土是一种集合体，土粒垒叠成“骨架”，土粒之间的孔隙中包含着水和气体，因此土是一种三相体，颗粒间存在着大量的孔隙，可以透气和透水，这就是土的碎散性特征。

由于形成过程中的自然条件不同，自然界的土也就千变万化，因此土是自然界漫长的地质年代内形成的性质复杂、不均匀、各向异性且随时间不断变化的材料，这是土的自然变异性特征。

2.1.2 土的三相组成

在一般情况下，土是由三相组成的：固相——矿物颗粒和有机质，液相——水溶液，气相——空气。矿物颗粒形成骨架，空气与水则填充骨架间的孔隙，称之为三相体系。土中孔隙全部被水充满时为饱和土，孔隙全部被气体充满时称为干土。土体的三相比例不同，土的状态和工程性质也不相同。

2.1.2.1 土的固相

土的固相主要由矿物构成，土粒的大小、形状、矿物成分和颗粒级配对土的物理性质有明显影响。

1. 土的颗粒级配

颗粒的大小通常用粒径来表示。土粒的粒径变化时，土的性质也相应地发生变化。工程上将各种不同的土粒，按粒径范围的大小分组，即某一级粒径的变化范围，称为粒组，见表2-1。表中根据界限粒径200 mm、20 mm、2 mm、0.075 mm、0.005 mm把土粒分为六大粒组：漂石（块石）、卵石（碎石）、圆砾（角砾）、砂粒、粉粒、黏粒。土中各粒组的相对含量称为土的颗粒级配，用各粒组占总重的百分数表示。这是决定无黏性土工程性质的主要因素，以此作为土分类定名的标准。

表2-1 土粒粒组的划分

粒组	粒组名称		粒径范围(mm)	一般特征
巨粒	漂石（块石）颗粒		≥200	透水性很大，无黏性，无毛细水
	卵石（碎石）颗粒		200~20	
粗粒	圆砾（角砾）颗粒	粗	20~10	透水性很大，无黏性，毛细水上升高度不超过粒径大小
		中	10~5	
		细	5~2	
	砂粒	粗	2~0.5	易透水，当混入云母等杂质时，透水性减小，而压缩性增加；无黏性，遇水不膨胀，干燥时松散；毛细水上升高度不大，随粒径变小而增大
		中	0.5~0.25	
		细	0.25~0.075	
细粒	粉粒		0.075~0.005	透水性小，湿时稍有黏性，遇水膨胀小，干时稍有收缩；毛细水上升高度较大、较快，极易出现冻胀现象
	黏粒		≤0.005	透水性很小，湿时有黏性、可塑性，遇水膨胀大，干时收缩明显；毛细水上升高度大，但速度较慢

【知识小贴士】

对于粗粒土可以采用筛分法，把土样放在筛孔逐级减小的一套标准筛上摇振，停留在某一筛孔上的土粒重量即代表土粒大小为大于该网孔又小于上一网孔的土粒重量。

而对于细粒土（粒径小于 0.075 mm），则必须用比重计法（沉降法）测定。比重计法是根据各种土粒在溶液中下沉的速度与粒径的平方成正比的司笃克斯（Stke）公式来确定各粒组相对含量的方法。

【课堂讨论】 如何定性地判断级配好坏呢？

颗粒级配曲线：根据筛分法和比重计法可以测得土样中各种大小颗粒的直径及其所占的比例，在工程实践中，常用一条累计百分率曲线来表示，它是一种图示的方法，通常用半对数纸绘制，如图 2-1 所示。根据曲线的坡度和曲率可以判断土的级配状况。若曲线平缓，则表示土粒大小不均匀，即级配良好；若曲线较陡，则表示颗粒粒径相差不大，粒径较均匀，即级配不良。

【课堂讨论】 为什么土的级配曲线用半对数坐标？

【知识小贴士】

图 2-1 中横坐标（按对数比例尺）表示某一粒径，以 mm 表示，纵坐标表示小于某一粒径的土粒的百分含量。由于土体中所含粒组的粒径往往相差几千、几万倍甚至更大，且细粒土的含量对土的性质影响很大，必须清楚表示，故将粒径的坐标取为对数坐标。

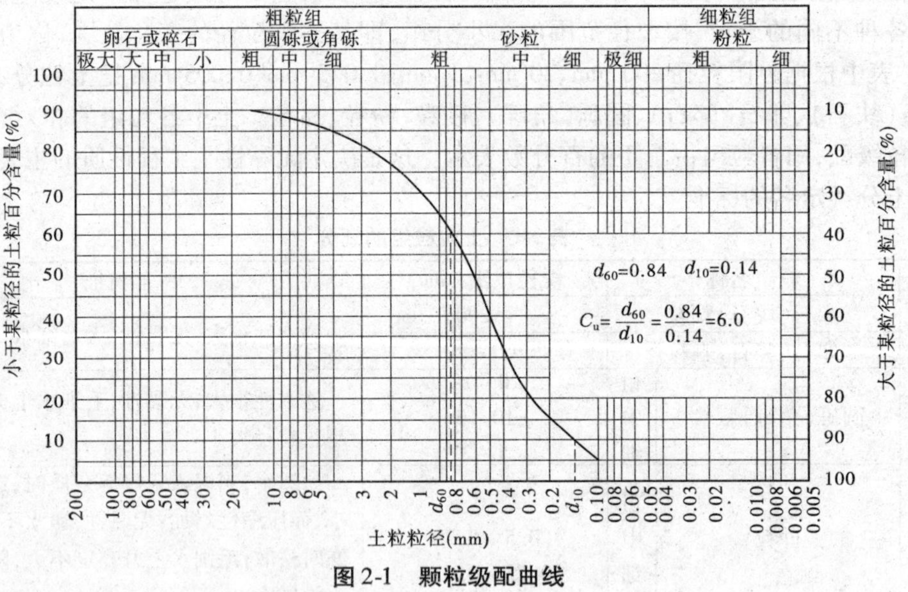

图 2-1 颗粒级配曲线

在颗粒级配累计曲线上，可以得到经常使用的两个定量描述土的级配的指标：

不均匀系数
$$C_u=\frac{d_{60}}{d_{10}}$$

曲率系数
$$C_c=\frac{d_{30}^2}{d_{60}d_{10}}$$

式中 d_{10}，d_{30}，d_{60}——相当于累计百分含量为 10%、30% 和 60% 的粒径，d_{10} 称为有效粒径，d_{60} 称为限定粒径，有效粒径 d_{10} 可以用来估计土的渗透性。

不均匀系数 C_u 反映大小不同粒组的分布情况，C_u 越大，表示粒组分布范围比较广。$C_u<5$的土称为匀粒土，级配不良；$C_u>10$ 的土级配良好。但若 C_u 过大，表示可能缺失中间粒径，属不连续级配，故需同时用曲率系数来评价。当同时满足 $C_u \geqslant 5$，$C_c=1\sim3$ 时，土的级配良好；否则，级配不良。级配良好的土，容易压实，易达到最密实状态。

【课堂讨论】 级配良好的土为什么易达到密实状态呢？

2. 土粒的矿物成分

土粒的矿物成分可分为原生矿物和次生矿物。一般粗颗粒的砾石、砂等都由原生矿物构成，成分与母岩相同，性质比较稳定，其工程性质表现为无黏性、透水性较大、压缩性较低，单矿物颗粒如常见的石英、长石和云母、角闪石与辉石等，砂土为单矿物颗粒；多矿物颗粒为母岩碎屑，如漂石、卵石与砾石等颗粒。次生矿物主要是黏土矿物，其成分与母岩完全不同，性质较不稳定，具有较强的亲水性，遇水易膨胀。常见的黏土矿物有高岭石、伊利石、蒙脱石。蒙脱石的两个结构单元联结弱，水分子可以进入其间，因此蒙脱石亲水性大，胀缩性剧烈；高岭石亲水性小。

土中腐殖质含量多时，土的压缩性增大。对有机质含量大于 3% ~5% 的土，应加以注明，并不宜作为填筑材料。

2.1.2.2 土的液相

土的液相是指存在于土孔隙中的水。土中水除一部分以结晶水的形式紧紧吸附于固体颗粒的晶格内部外，还存在结合水和自由水（毛细水和重力水）两大类。

由于土的颗粒表面通常带有负电荷，因此根据受静电引力作用的强弱，结合水可划分为强结合水、弱结合水。

结合水是指处于土颗粒表面水膜中的水。强结合水是指最靠近土颗粒表面的水，极性水分子和水化离子牢固地吸附在颗粒表面形成固定层。其特征是没有溶解能力，不能传递静水压力，只有吸热变成蒸汽时才能移动。它极其牢固地结合在土粒表面，其性质接近固体，密度为 $1.2\sim2.4\ g/cm^3$，冰点为 -78 ℃，具有很大的黏滞性。弱结合水就是紧靠在强结合水的外围形成的一层水膜，可能从较厚水膜或浓度较低处缓慢地迁移到较薄的水膜或浓度较高处，亦即可从一个土粒迁移到另一个土粒，这种运动与重力无关，不能传递静水压力。弱结合水层称为扩散层，其厚度对黏性土的特性影响较大。厚度大，土的塑性高，易膨胀和收缩；颗粒之间距离大，土的强度低，压缩性大，在工程实践中可利用这一原理来改良土质，增加土的稳定性。

自由水包括毛细水和重力水。毛细水不仅受到重力的作用，还受到表面张力的支配，能沿着土的细孔隙从潜水面上升到一定的高度（见图 2-2）。这种毛细上升对于公路路基土的干湿状态及建筑物的防潮有重要影响。重力水在重力或压力差作用下能在土中渗流，对于土颗粒和结构物都有浮力作用。

2.1.2.3 土的气相

土的气相是指充填在土的孔隙中的气体，包括与大气连通的气体和不连通的气体两类。

与大气连通的气体对土的工程性质没有多大的影响，它的成分与空气相似，当土受到外力作用时，这种气体很快从孔隙中挤出。但是密闭的气体对土的工程性质有很大的影响，密闭气体的成分可能是空气、水汽或天然气。在压力作用下，这种气体可被压缩或溶解于水中，而当压力减小时，气泡会恢复原状或重新游离出来。

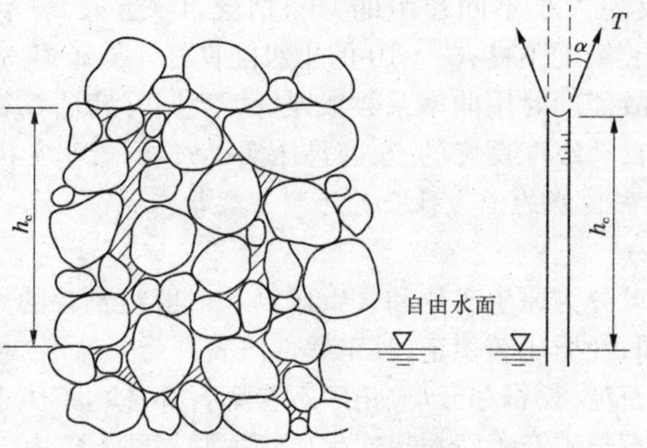

图 2-2　土中毛细现象

【理论联系实际】

细粒土中与大气隔绝的封闭气泡，使土在外力作用下弹性变形增加，透水性减小。

对于淤泥等有机质土，由于微生物的分解作用，在土中积聚了某些可燃性气体，使土层在自重作用下长期得不到压密，而形成高压缩性土层。

2.1.3　土的结构

土颗粒之间的相互排列和联结形式，称为土的结构，土的结构按其颗粒排列和联结方式可分为图 2-3 所示的三种结构。

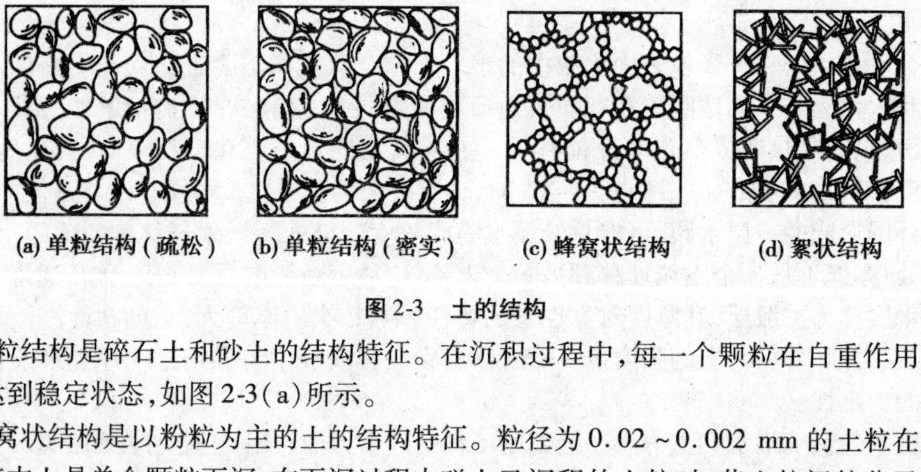

(a) 单粒结构（疏松）　(b) 单粒结构（密实）　(c) 蜂窝状结构　(d) 絮状结构

图 2-3　土的结构

单粒结构是碎石土和砂土的结构特征。在沉积过程中，每一个颗粒在自重作用下单独下沉，达到稳定状态，如图 2-3(a)所示。

蜂窝状结构是以粉粒为主的土的结构特征。粒径为 0.02 ~ 0.002 mm 的土粒在水中沉积时，基本上是单个颗粒下沉，在下沉过程中碰上已沉积的土粒时，若土粒间的分子引力大于颗粒自重，则下沉土粒就停留在最初的接触位置上不再下沉，形成大孔隙的蜂窝状结构，如图 2-3(c)所示。

絮状结构是黏土颗粒（粒径小于 0.005 mm）特有的结构特征。悬浮在水中的黏土颗粒当介质发生变化时，土粒形成小链环下沉，碰到另一小链环被吸引沉积为大孔隙的絮状结构，如图 2-3(d)所示。

三种结构中，以密实的单粒结构的工程性质最好，是良好的天然地基，蜂窝状结构次之，絮状结构最差。

【课堂讨论】　扰动对土的工程性质有何影响？

2.2 土的物理性质指标

【课堂导入】 地基承载力的确定与土的物理性质有何关系?

描述土中三相组成比例关系的指标,统称为土的物理性质指标,或称为三相比例指标。三相比例指标反映了土的干燥与潮湿、疏松与紧密,是评价土的工程性质的最基本的物理性质指标,也是工程地质勘察报告中不可缺少的基本内容。

2.2.1 土的三相图

推导土的三相比例指标时可采用图2-4所示的三相草图。为方便将混合的三相分别集中起来,按比例画一个草图,左边标出质量,右边标明体积。

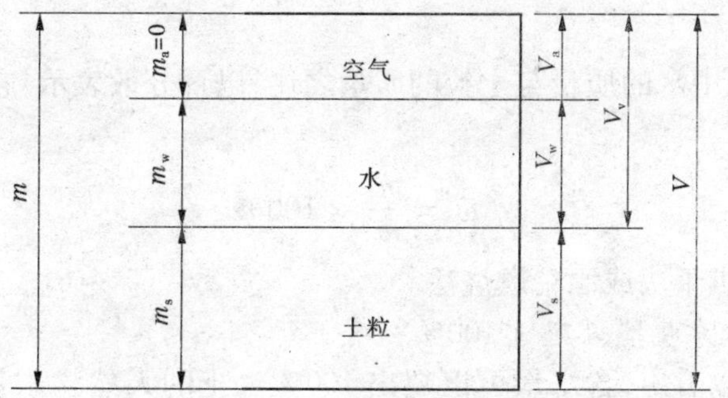

图2-4 土的三相草图

土样的体积 V 为土中空气的体积 V_a、水的体积 V_w 和土粒的体积 V_s 之和;土样的质量 m 为土中空气的质量 m_a、水的质量 m_w 和土粒的质量 m_s 之和,由于空气的质量可以忽略,故土样的质量 m 可用水和土粒质量之和($m_w + m_s$)表示。

【特别提示】 土的三相草图只是理想化地把土体中的三相分开,并不表示实际土体三相所占的比例。

2.2.2 物理性质指标

2.2.2.1 三相基本物理性质指标(直接指标)

土的物理性质指标中有三个基本指标可直接通过土工试验测定,亦称直接测定指标。

1. 土的密度 ρ 或土的重度 γ

土的密度是单位体积土的质量,单位为 g/cm³,一般土的密度为 1.60~2.20 g/cm³。

$$\rho = \frac{m}{V} \tag{2-1}$$

试验测定方法:环刀法和灌砂法,其中环刀法适用于黏性土、粉土与砂土,灌砂法适用于卵石、砾石与原状砂。

由土的质量产生的单位体积的重力称为重力密度,简称重度(单位为 kN/m³),即

$$\gamma = \frac{mg}{V} = \rho g \tag{2-2}$$

2. 土粒相对密度(土粒比重)G_s

土粒相对密度定义为土粒的质量与4 ℃时同体积纯水($\rho_w = 1.0\ g/cm^3$)的质量之比，无量纲。

$$G_s = \frac{m_s}{V_s \rho_w} \tag{2-3}$$

土粒相对密度主要取决于土矿物成分，不同土类的土粒，其相对密度变化幅度不大，砂类土2.65~2.69，粉土2.70~2.71，黏性土2.72~2.76，在有经验的地区，可按经验值选用。

试验测定方法：比重瓶法。

【特别提示】 土粒相对密度是指土的质量与4 ℃时同体积纯水的质量之比，从公式可以看出，对于同一种土，在不同的状态(重度、含水量)下，其比重不变；其值与土粒密度相同，但没有单位，在用作土的三相指标计算时，必须乘以水的密度值才能平衡量纲。

【课堂讨论】 相对密度(比重)与重力密度(重度)的区别？

3. 土的含水量 ω

土的含水量是土中水的质量与土粒的质量之比，以百分数表示，它是描述土的干湿程度的重要指标。

$$\omega = \frac{m_w}{m_s} \times 100\% \tag{2-4}$$

试验测定方法：烘干法或酒精燃烧法。

【课堂讨论】 含水量能否超过100%？

从公式(2-4)可以看出，含水量可以超出100%。土的天然含水量变化范围很大，从干砂的含水量接近于零到蒙脱土的含水量可达百分之几百。

2.2.2.2 导出指标(间接指标)

测出上述三个基本试验指标后，就可根据图2-4所示的土的三相草图，计算出三相组成各自在体积上和质量上的含量，并由此确定其他的物理性质指标，即导出指标。

1. 孔隙比 e

土中孔隙体积与土粒体积之比称为孔隙比，用小数表示：

$$e = \frac{V_v}{V_s} \tag{2-5}$$

孔隙比是评价土的密实程度的重要物理性质指标。常见值：砂土 $e = 0.5 \sim 1.0$，当砂土 $e < 0.6$时，呈密实状态，为良好地基；黏性土 $e = 0.5 \sim 1.2$，当黏性土 $e > 1.0$ 时，为软弱地基。

2. 孔隙率 n

土中孔隙体积与土粒总体积之比称为孔隙率：

$$n = \frac{V_v}{V} \times 100\% \tag{2-6}$$

孔隙率亦可用来表示同一种土的松密程度。

3. 饱和度 S_r

土中所含水分的体积与孔隙体积之比称为饱和度：

$$S_r = \frac{V_w}{V_v} \times 100\% \tag{2-7}$$

饱和度可描述土体中孔隙被水充满的程度。显然，干土的饱和度 $S_r = 0$，当土为完全饱

和状态时 $S_r=100\%$。砂土根据饱和度可划分为下列三种湿润状态：$S_r \leqslant 50\%$，稍湿；$50\% < S_r \leqslant 80\%$，很湿；$S_r > 80\%$，饱和。

【课堂讨论】 孔隙比、孔隙率、饱和度能否超过 1 或 100%？

【课堂讨论】 已知含水量甲土大于乙土，饱和度是否甲土大于乙土？

4. 饱和密度和饱和重度

土体中的孔隙完全被水充满时的土的密度为饱和密度 ρ_{sat}（g/cm^3）：

$$\rho_{sat} = \frac{m_s + V_v \rho_w}{V} \tag{2-8}$$

饱和重度 γ_{sat}（kN/m^3）：

$$\gamma_{sat} = \rho_{sat} g \tag{2-9}$$

常见值为 18 ~ 23 kN/m^3。

5. 干密度和干重度 γ_d

干密度为单位体积中土粒的质量（g/cm^3）：

$$\rho_d = \frac{m_s}{V} \tag{2-10}$$

干重度为单位体积中土粒的重力（kN/m^3）：

$$\gamma_d = \rho_d g \tag{2-11}$$

6. 有效重度（浮重度）γ'

地下水位以下，土体受水的浮力作用时单位体积的重力称为有效重度（kN/m^3）。

$$\gamma' = \frac{m_s g - V_s \gamma_w}{V} \tag{2-12}$$

【课堂讨论】 同样条件下，上述几种重度在数值上的关系？

$$\gamma_{sat} > \gamma > \gamma_d > \gamma'$$

$$\gamma_{sat} = \gamma' + \gamma_w$$

2.2.2.3 指标换算

已知：$\rho(\gamma)$、G_s、ω，推导出 e、n、S_r、$\rho_{sat}(\gamma_{sat})$、$\rho_d(\gamma_d)$、γ'等的表达式。

推导公式主要步骤：

可假设 $V_s=1$，将土的三相图中的各相物质的质量用 $\rho(\gamma)$、G_s、ω 和 V_s 表示出来，填在图 2-5 中。

先将孔隙比 e 的表达式求出来，然后将其他指标用 $\rho(\gamma)$、G_s、ω 和 e 来表达。

将 $m=(1+\omega)G_s V_s \rho_w$ 和 $V=(1+e)V_s$ 代入 $\rho=\frac{m}{V}$中可得：

$$e = \frac{(1+\omega)G_s \rho_w}{\rho} - 1 \tag{2-13}$$

【特别提示】 此时 e 已是“已知”的指标。

根据各间接指标的定义，利用三相简图可求得：

$$\rho_d = \frac{\rho}{1+\omega} \quad 或 \quad \rho_d = \frac{G_s}{1+e}\rho_w \tag{2-14}$$

$$\rho_{sat} = \frac{(G_s+e)}{1+e}\rho_w \quad , \quad \gamma_{sat} = \frac{G_s+e}{1+e}\gamma_w \tag{2-15}$$

$$\gamma' = \frac{G_s - 1}{1+e}\gamma_w \tag{2-16}$$

$$n = \frac{e}{1+e} \quad 或 \quad n = 1 - \frac{\rho_d}{G_s\rho_w} \tag{2-17}$$

$$S_r = \frac{\omega G_s}{e} \tag{2-18}$$

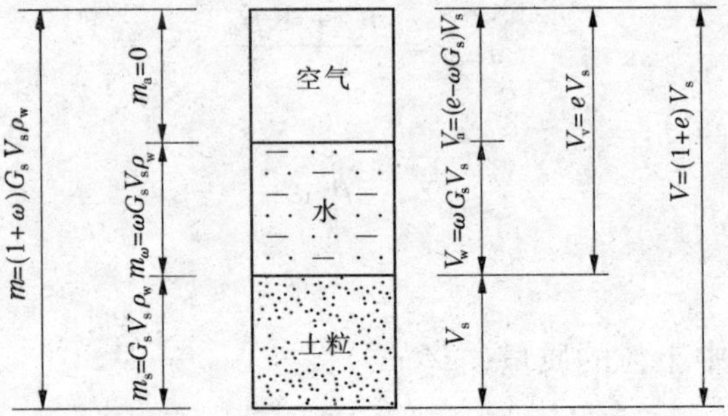

图 2-5　土的三相草图

【课堂讨论】　如给出土的具体质量，可否用上述简洁方法推导公式？如令 $V_s=1$。

常用的三相比例指标换算公式列于表 2-2。

表 2-2　常用的三相比例指标换算公式

名称	符号	三相比例表达式	常用换算公式	单位	常见的数值范围
土粒相对密度	G_s	$G_s=\frac{m_s}{V_s\rho_w}$	$G_s=\frac{S_re}{\omega}$		黏性土:2.72～2.76 粉土:2.70～2.71 砂类土:2.65～2.69
含水量	ω	$\omega=\frac{m_w}{m_s}\times100\%$	$\omega=\frac{S_re}{G_s}\times100\%$, $\omega=\left(\frac{\gamma}{\gamma_d}-1\right)\times100\%$		20%～60%
重度	γ	$\gamma=\frac{mg}{V}$	$\gamma=\frac{G_s(1+\omega)}{1+e}\gamma_w$, $\gamma=\frac{G_s+S_re}{1+e}$	kN/m³	16～20
干重度	γ_d	$\gamma_d=\frac{m_sg}{V}$	$\gamma_d=\frac{\gamma}{1+\omega},\gamma_d=\frac{G_s}{1+e}\gamma_w$	kN/m³	13～18
饱和重度	γ_{sat}	$\gamma_{sat}=\frac{m_s+V_v\rho_w}{V}$	$\gamma_{sat}=\frac{G_s+e}{1+e}\gamma_w$	kN/m³	18～23
有效重度	γ'	$\gamma'=\frac{m_sg-V_s\gamma_w}{V}$	$\gamma'=\frac{G_s-1}{1+e}\gamma_w$	kN/m³	8～13
孔隙比	e	$e=\frac{V_v}{V_s}$	$e=\frac{(1+\omega)G_s\rho_w}{\rho}-1$, $e=\frac{G_s}{\rho_d}\rho_w-1$		黏性土和粉土: 0.4～1.2 砂类土:0.3～0.9
孔隙率	n	$n=\frac{V_v}{V}\times100\%$	$n=\frac{e}{1+e},n=1-\frac{\gamma_d}{G_s\gamma_w}$		黏性土和粉土: 30%～60% 砂类土:25%～45%
饱和度	S_r	$S_r=\frac{V_w}{V_v}\times100\%$	$S_r=\frac{\omega G_s}{e},S_r=\frac{\omega\gamma_d}{n\gamma_w}$		0～100%

【例 2-1】 某土样经试验测得体积为 100 cm^3,湿土质量为 180 g,烘干后干土质量为 160 g。若土粒的相对密度 G_s 为 2.7,试求该试样的含水量 ω、密度 ρ、重度 γ、干重度 γ_d、孔隙比 e、饱和度 S_r、饱和重度 γ_{sat}和有效重度 γ'。

解:

$$\omega = \frac{m_w}{m_s} \times 100\% = \frac{180 - 160}{160} \times 100\% = 12.5\%$$

$$\rho = \frac{m}{V} = \frac{180}{100} = 1.80(g/cm^3)$$

$$\gamma = \rho g \approx 10\rho = 10 \times 1.80 = 18.0(kN/m^3)$$

$$\gamma_d = \rho_d g = \frac{160}{100} \times 10 = 16.0(kN/m^3)$$

$$e = \frac{(1+\omega)G_s\rho_w}{\rho} - 1 = \frac{(1+0.125) \times 1 \times 2.7}{1.80} - 1 = 0.688$$

$$S_r = \frac{\omega G_s}{e} = \frac{0.125 \times 2.7}{0.688} = 49.1\%$$

$$\gamma_{sat} = \frac{G_s + e}{1+e}\gamma_w = \frac{2.7 + 0.688}{1 + 0.688} \times 10 = 20.1(kN/m^3)$$

$$\gamma' = \gamma_{sat} - \gamma_w = 20.1 - 10 = 10.1(kN/m^3)$$

2.3 土的物理状态指标

【课堂导入】 密实或疏松的无黏性土是否具有同样的工程性质?同样的一块胶泥,为什么含水量大时很软,含水量小时却很硬?

2.3.1 无黏性土的密实度

我们已知砂、卵石等无黏性土是单粒结构,影响工程性质的主要因素是密实度。如何表示土的密实度?

2.3.1.1 孔隙比

在土的基本物理性质指标中,孔隙比 e 的定义就是表示土中孔隙的大小。e 大,表示土中孔隙大,则土疏松;反之,土密实。因此,可以用孔隙比的大小来衡量土的密实性,见表 2-3。

表 2-3 砂土的密实度评定

土的名称	密实度			
	密实	中密	稍密	松散
砾砂、粗砂、中砂	$e<0.60$	$0.60\leq e\leq 0.75$	$0.75<e\leq 0.85$	$e>0.85$
细砂、粉砂	$e<0.70$	$0.70\leq e\leq 0.85$	$0.85<e\leq 0.95$	$e>0.95$

评价:用 e 来评价土的密实度简便。

缺陷:①取原状砂样困难。②没有考虑到颗粒级配因素,如不同的土,均匀密砂的孔隙比大于级配良好的松砂的孔隙比。

2.3.1.2 土粒相对密实度 D_r

为了考虑颗粒级配对判别密实度的影响,将现场土的天然孔隙比 e 与该种土所能达到

最密实时的孔隙比 e_{min} 和最疏松时的孔隙比 e_{max} 相对比的方法,来表示孔隙比为 e 时土的密实度。

$$D_r = \frac{e_{max} - e}{e_{max} - e_{min}} \tag{2-19}$$

式中 D_r——土的相对密实度;

e_{max}——土最疏松状态时的孔隙比,$e_{max} = (G_s/\rho_{dmin})\rho_w - 1$,测定方法是将疏松的风干土样通过长颈漏斗轻轻地倒入容器,求其最小干密度 ρ_{dmin};

e_{min}——土最密实状态时的孔隙比,$e_{min} = (G_s/\rho_{dmax})\rho_w - 1$,测定方法是将疏松的风干土样,分几次装入金属容器,并加以振动和锤击,直到密度不变,求其最大干密度 $\rho_{d\,max}$;

e——土的天然孔隙比。

【课堂讨论】 利用相对密实度判定土的密实度是否准确?试验时是否存在平行误差?

当 $e = e_{max}$ 时,表示土处于最疏松状态,此时 $D_r = 0$。当 $e = e_{min}$ 时,表示土处于最密实状态,此时 $D_r = 1.0$。用相对密实度 D_r 判定砂土密实度的标准如下:$D_r \leqslant 0.33$,疏松;$0.33 < D_r \leqslant 0.67$,中密;$D_r > 0.67$,密实。

优点:反映了颗粒级配、颗粒形状等因素。

缺陷:测定 e、e_{max} 与 e_{min} 困难,通常多用于填方工程的质量控制中,对于天然土尚难以应用。

【知识链接】 动力触探试验。

天然砂土的密实度可用标准贯入试验这种原位测试方法,通过锤击数 N 来评定,《建筑地基基础设计规范》(GB 50007—2011)给出了判别标准(见表2-4)。

表2-4 标准贯入试验确定砂土的密实度

标准贯入试验锤击数 N	$N \leqslant 10$	$10 < N \leqslant 15$	$15 < N \leqslant 30$	$N > 30$
密实度	松散	稍密	中密	密实

优点:可现场测定土的密实度,得到广泛应用。

2.3.2 黏性土的物理特性

2.3.2.1 黏性土的稠度

稠度是指黏性土含水量不同时所表现出的物理状态,它反映了土的软硬程度或土对外力引起的变化或破坏的抵抗能力的性质。

土中含水量很少时,由于颗粒表面的电荷的作用,水紧紧吸附于颗粒表面,成为强结合水。按水膜厚薄的不同,土表现为固态或半固态。当含水量增加时,被吸附在颗粒周围的水膜加厚,土粒周围有强结合水和弱结合水,土体可以被捏成任意形状而不破裂,这种状态称为可塑状态。弱结合水的存在是土具有可塑状态的原因。当含水量再增加,土中除结合水外,土中出现了较多的自由水,黏性土变成了液体,呈流动状态,如图2-6所示。黏性土从一种状态过渡到另外一种状态的分界含水量称为界限含水量,如图2-7所示。

工程上常用的界限含水量有塑限(ω_P)和液限(ω_L)。塑限是土从可塑状态转变为半固

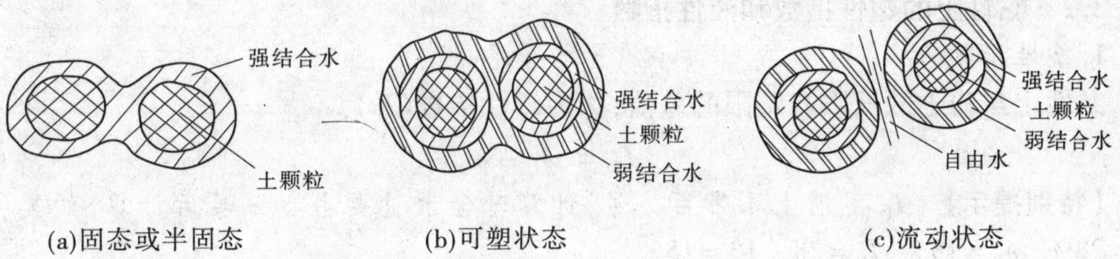

图 2-6　黏性土的稠度反映土中水的形态

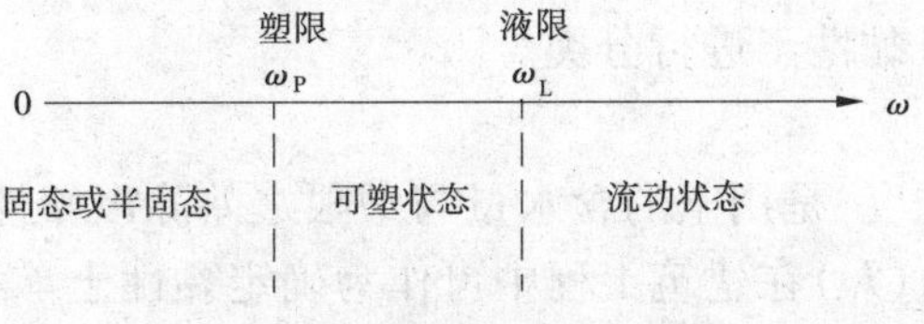

图 2-7　黏性土的稠度状态

体状态时的分界含水量，液限是土从流动状态转变为可塑状态时的分界含水量。

【特别提示】 塑限、液限是含水量。

【知识小贴士】

塑限、液限的测定方法可采用液塑限联合测定法，即《土工试验方法标准》(GB/T 50123—1999)。测定时，将土调成不同含水量的试样（制备 3 份不同稠度的试样，试样的含水量分别为接近液限、塑限和两者的中间状态）先后分别装满盛土杯，刮平杯口表面，将 76 g 质量的圆锥仪（见图 2-8）放在试样表面中心，使其在重力作用下徐徐下沉试样，测定圆锥仪在 5 s 时下沉的深度和相应的含水量，然后以含水量为横坐标，圆锥下沉深度为纵坐标，绘于双对数坐标纸上，将测得的 3 点连成直线，见图 2-9。在含水量与圆锥下沉深度关系曲线上，查出下沉 10 mm 对应的含水量即为 10 mm 液限 ω_L，查得下沉 17 mm 对应的含水量为 17 mm 液限 ω_L，下沉 2 mm 对应的含水量即为塑限 ω_P。

图 2-8　光电式液塑限联合测定仪

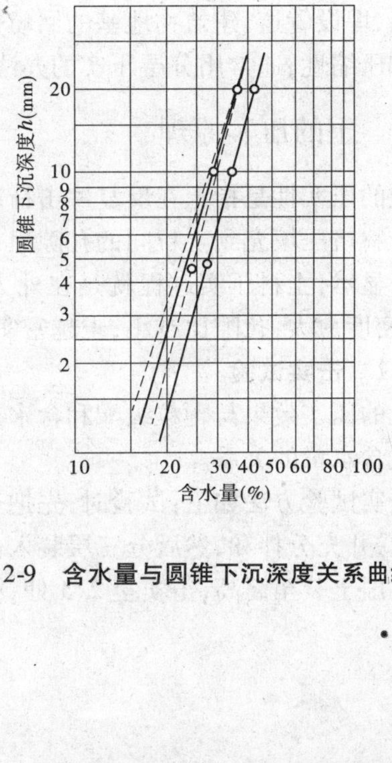

图 2-9　含水量与圆锥下沉深度关系曲线

2.3.2.2 **黏性土的塑性指数和液性指数**

1. 塑性指数

黏性土与粉土的液限与塑限的差值，称为塑性指数(I_P)。

$$I_P = \omega_L - \omega_P \tag{2-20}$$

【特别提示】 I_P 习惯上不带百分号，计算时含水量要去百分号后计算，如某一土样 $\omega_L = 28\%$，$\omega_P = 13\%$，$I_P = 28 - 13 = 15$。

塑性指数表示土处在可塑状态的含水量变化范围，其值的大小取决于土颗粒吸附结合水的能力，亦即与土中黏粒含量有关。黏粒含量越多，土的比表面积越大，塑性指数就越高。一般根据塑性指数大小对黏性土进行分类。

2. 液性指数

液性指数又称相对稠度，是用土的含水量与塑限之差除以塑性指数，反映黏性土天然状态的软硬程度。液性指数(I_L)在建筑工程中可作为确定黏性土承载力的重要指标。

$$I_L = \frac{\omega - \omega_P}{I_P} = \frac{\omega - \omega_P}{\omega_L - \omega_P} \tag{2-21}$$

用途：根据其值大小判定土的软硬状态(见表 2-5)。

表 2-5 按塑性指数值确定黏性土状态

I_L 值	$I_L \leqslant 0$	$0 < I_L \leqslant 0.25$	$0.25 < I_L \leqslant 0.75$	$0.75 < I_L \leqslant 1.0$	$I_L > 1.0$
状态	坚硬	硬塑	可塑	软塑	流塑

【课堂讨论】 液性指数是否会出现 $I_L > 1.0$ 和 $I_L < 0$ 的情况？

2.4 土的压实性

【课堂导入】 为什么碾压或夯实地基时要洒水或晾槽？

在工程建设中，经常遇到填土压实的问题，例如修筑道路、水库、堤坝、飞机厂、运动场、挡土墙，埋设管道，建筑物地基的回填等。为了提高填土的强度，增加土的密实度，降低其透水性和压缩性，通常用分层压实的办法来处理地基。

2.4.1 土的压实原理

土的压实性是指土在反复冲击荷载作用下能被压密的特性。土料压实的实质是将水包裹的土料挤压填充到土粒间的孔隙里，排走空气占有的空间，使土料的孔隙率减小，密实度提高。显然，土料压实过程就是在外力作用下土料的三相重新组合的过程。显然，同一种土，干密度愈大，孔隙比越小，土越密实。

2.4.1.1 **击实试验**

土的压实效果与颗粒级配和含水量有关，可通过击实试验测定土的最大干密度与对应的最优含水量的关系。

击实试验方法如下：试验时，先把过 5 mm 筛的土样 3～3.5 kg，加水润湿至预计的制备含水量，并充分拌和，然后分三层装入击实筒中。第一次虚土装至 2/3 筒高，击实至 1/3 处；第二次虚土装至筒高，击实至 2/3 处；第三次先装上套筒，装土至套筒相平，击实后，将土削平，然后称出土样重量并测出含水量。每次击实功规定为：锤重 2.5 kg，落距 30 cm，砂土击 20 次，黏质粉土 25 次，粉质黏土 40 次，黏土大于 40 次，至少取 4 个以上不同含水量的土样重复试验，以含水量为横坐标，干密度为纵坐标，绘制一条含水量与干密度曲线（$\omega \sim \rho_d$），即击实曲线，见图 2-10。

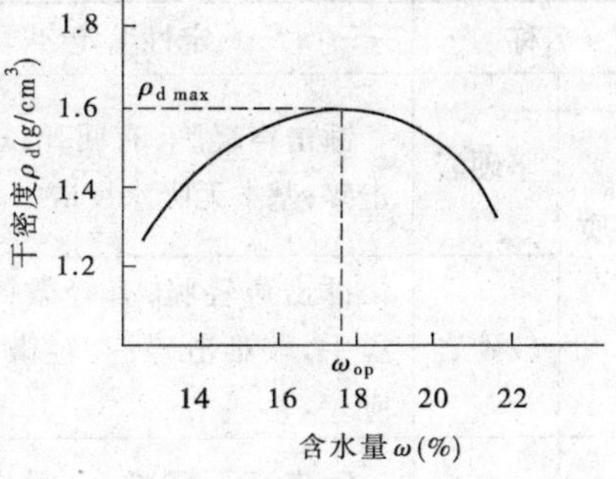

图 2-10　土的击实曲线

2.4.1.2　最优含水量和最大干密度

图 2-10 的击实曲线表明，存在一个含水量可使填土的干密度达到最大值，产生最好的击实效果。将这种在一定夯击能量下填土最易压实并获得最大密实度的含水量称作土的最优含水量（或最佳含水量），用 ω_{op} 表示。在最优含水量下得到的干密度称作填土的最大干密度，用 $\rho_{d\,max}$ 表示。土的最优含水量 ω_{op} 通常采用室内标准击实试验确定，若采用土的塑限值含水量 ω_P 间接确定，一般可取 $\omega_{op} = \omega_P + 2$。

2.4.2　简明判别土料最优含水量的方法

在工地现场要判别土料是否在最优含水量附近时，可按下述方法：用手抓起一把土，握紧后松开，若土成团一点都不散开，说明土太潮湿；若土完全散开，说明土太干燥；若土部分散开，中间部分成团，说明土料含水量在最优含水量附近。

2.5　土的工程分类

自然界中土的种类很多，工程性质各异。在勘察、设计、施工中，需对地基土按其主要特征进行分类。世界各国根据自己的传统与经验，都有自己的分类标准。本节主要介绍常用的建筑地基基础设计规范分类法，它将土（包括岩石）分成六大类，即岩石、碎石土、砂土、粉土、黏性土和人工填土。

2.5.1　岩石

岩石是颗粒间牢固联结呈整体或具有节理裂隙的岩体。

2.5.1.1　岩石的硬质程度

根据其坚硬程度可划分为坚硬岩、较硬岩、较软岩、软岩、极软岩等 5 类，见表 2-6。当缺乏单轴饱和抗压强度资料或不能进行该项试验时，可在现场通过观察定性划分，划分标准按表 2-7执行。

表 2-6　岩石坚硬程度的划分

坚硬程度类别	坚硬岩	较硬岩	较软岩	软岩	极软岩
饱和单轴抗压强度标准值 f_{rk}（MPa）	$f_{rk} > 60$	$30 < f_{rk} \leq 60$	$15 < f_{rk} \leq 30$	$5 < f_{rk} \leq 15$	$f_{rk} \leq 5$

表 2-7　岩石坚硬程度的定性划分

名称		定性鉴定	代表性岩石
硬质岩石	坚硬岩	锤击声轻脆，有回弹，震手，难击碎；基本无吸水反应	未风化－微风化的花岗岩、闪长岩、辉绿岩、玄武岩、安山岩、片麻岩、石英岩、硅质砾岩、石英砂岩、硅质石灰岩等
	较硬岩	锤击声轻脆，有轻微回弹，稍震手，较难击碎；有轻微吸水反应	微风化的坚硬岩；未风化－微风化的大理岩、板岩、石灰岩、钙质砂岩等
软质岩石	较软岩	锤击声不轻脆，无回弹，较易击碎；指甲可刻出印痕	中风化的坚硬岩和较硬岩；未风化－微风化的凝灰岩、千枚岩、砂质泥岩、泥灰岩等
	软岩	锤击声哑，无回弹，有凹痕，易击碎；浸水后可捏成团	强风化的坚硬岩和较硬岩；中风化的较软岩；未风化－微风化的泥质砂岩、泥岩等
极软岩		锤击声哑，无回弹，有较深凹痕，手可捏碎；浸水后可捏成团	风化的软岩；全风化的各种岩石；各种半成岩

2.5.1.2　岩石的风化程度

岩石的风化按风化程度可分为未风化、微风化、中风化、强风化和全风化。见表 2-8。

表 2-8　岩石风化程度的划分

风化程度	特征
微风化	岩质新鲜，表面稍有风化迹象
中风化	结构和构造层理清晰；岩体被节理、裂隙分割成块状，裂隙中填充少量风化物。锤击声脆，且不易击碎；用镐难挖掘，用岩芯钻方可钻进
强风化	结构和构造层理不甚清晰，矿物成分已显著变化；岩体被节理、裂隙分割成碎石状，碎石用手可以折断；用镐可以挖掘，手摇钻不易钻进
全风化	结构已全部破坏，仅外观保持原岩状态，岩体被节理、裂隙分割成散体状，除石英外，其他矿物变成次生矿物，碎石可用手捏碎，手摇钻可钻进

2.5.1.3　岩石的完整程度

岩体还可根据完整性指数划分其完整程度，见表 2-9。当缺乏试验数据时，可按表 2-10 判断其完整程度。

表 2-9　岩体完整程度划分

完整程度等级	完整	较完整	较破碎	破碎	极破碎
完整性指数	>0.75	0.75～0.55	0.55～0.35	0.35～0.15	<0.15

注：完整性指数为岩体纵波波速与岩块纵波波速之比的平方，选定岩体、岩块测定波速时应注意其代表性。

表 2-10　岩体完整程度判定标准

名称	结构面组数	结构面平均间距(m)	代表性结构类型
完整	1~2	>1.0	整体状结构
较完整	2~3	0.4~1.0	块状结构
较破碎	>3	0.2~0.4	镶嵌状结构
破碎	>3	<0.2	破碎状结构
极破碎	无序	无序	散体状结构

2.5.1.4　工程性质

微风化的硬质岩石为最优良地基,强风化的软质岩石工程性质差。

2.5.2　碎石土

碎石土是指粒径大于 2 mm 的颗粒含量超过总质量的 50% 的土,按粒径和颗粒形状可进一步划分为漂石、块石、卵石、碎石、圆砾和角砾,具体划分见表 2-11。

表 2-11　碎石土的分类

土的名称	颗粒形状	粒组含量
漂石	圆形及亚圆形为主	粒径大于 200 mm 的颗粒超过全重的 50%
块石	棱角形为主	
卵石	圆形及亚圆形为主	粒径大于 20 mm 的颗粒超过全重的 50%
碎石	棱角形为主	
圆砾	圆形及亚圆形为主	粒径大于 2 mm 的颗粒超过全重的 50%
角砾	棱角形为主	

碎石土的密实度一般用定性的方法由野外描述确定,卵石的密实度可按超重型动力触探的锤击数划分。

2.5.3　砂土

砂土是指粒径大于2 mm 的颗粒含量不超过总质量的50%,且粒径大于0.075 mm 的颗粒含量超过总质量的 50% 的土。砂土可再划分为 5 个亚类,即砾砂、粗砂、中砂、细砂和粉砂,具体划分见表 2-12。

2.5.4　粉土

粉土是指粒径大于0.075 mm 的颗粒含量不超过总质量的 50%,且塑性指数 I_P 小于或等于 10 的土。粉土是介于砂土和黏性土之间的过渡性土类,它具有砂土和黏性土的某些特征。

表 2-12 砂土的分类

土的名称	粒组含量
砾砂	粒径大于 2 mm 的颗粒超过全重的 25% ~50%
粗砂	粒径大于 0.5 mm 的颗粒超过全重的 50%
中砂	粒径大于 0.25 mm 的颗粒超过全重的 50%
细砂	粒径大于 0.075 mm 的颗粒超过全重的 85%
粉砂	粒径大于 0.075 mm 的颗粒超过全重的 50%

2.5.5 黏性土

黏性土是指塑性指数大于 10 的土。根据塑性指数大小,黏性土可再划分为粉质黏土和黏土两个亚类,当 $10 < I_P \leq 17$ 时为粉质黏土,当 $I_P > 17$ 时为黏土。

2.5.6 人工填土

人工填土是指由于人类活动而形成的堆积物。人工填土物质成分较复杂,均匀性较差。根据其物质组成和成因,人工填土可分为素填土、压实填土、杂填土、冲填土等。素填土指由碎石土、砂土、粉土、黏性土等组成的填土。压实填土指经过压实或夯实的素填土。杂填土指含有建筑垃圾、工业废料、生活垃圾等杂物的填土。冲填土指由水力充填泥沙形成的填土。

除上述六类土外,还有一些特殊土,包括淤泥、淤泥质土、膨胀土、湿陷性黄土、红黏土等,它们具有特殊的工程性质。

小　结

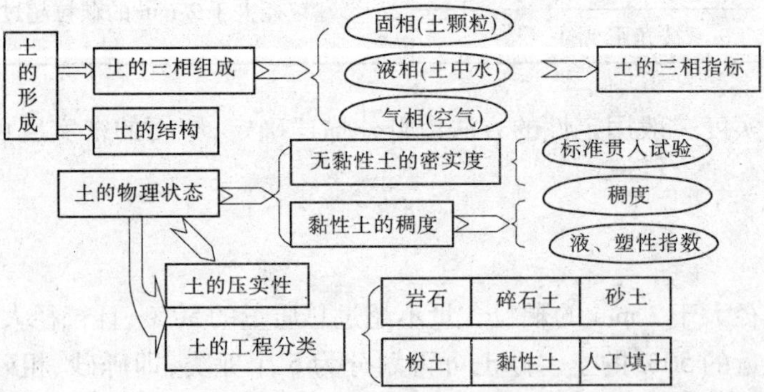

能力扩展与应用

(1)在某土层中,用体积为 72 cm^3 的环刀取样。经测定,土样质量为 129.1 g,烘干质量为 121.5 g,土粒相对密度为 2.70,问该土样的含水量、湿重度、饱和重度、浮重度、干重度各是多少?按上述计算结果,试比较该土样在各种情况下的重度区别。

(2)某砂土土样的天然密度为 1.77 g/cm^3，天然含水量为 9.8%，土粒相对密度为 2.67，烘干后测定最小孔隙比为 0.461，最大孔隙比为 0.943，试通过天然孔隙比 e 和相对密实度 D_r 来评价该土的密实度。

(3)从 A、B 两地层中各取黏性土样进行试验，恰好其液、塑限相同，即液限 45%，塑限 30%，但 A、B 两地天然含水量分别为 45%、25%，试通过判断土的状态，确定哪个作为地基土比较好。

(4)某无黏性土样，标准贯入试验锤击数 $N=20$，饱和度 $S_r=85\%$，土样颗粒分析结果如表 2-13 所示。

表 2-13　土样颗粒分析结果

粒径(mm)	2～0.5	0.5～0.25	0.25～0.075	0.075～0.05	0.05～0.01	<0.1
粒组含量(%)	5.6	17.5	27.4	24.0	15.5	10.0

试确定该土样的名称和状态。

第3章　土的压缩性与地基沉降计算

知识目标

● 了解水、荷载和应力历史等对地基沉降的影响，地基压缩与沉降的相关知识和建筑物沉降观测与地基容许变形值。

● 理解掌握土中自重应力、基底压力、基底附加压力、土中附加应力的概念、特点、分布规律和计算公式、计算要点和方法步骤。

● 理解掌握土的压缩性、沉降量、沉降差、倾斜、局部倾斜、地基容许变形值概念和造成地基沉降的有关因素与防范措施。

能力目标

● 会在实际工程中，计算土中自重应力、基底压力、基底附加压力、土中附加应力和地基与基础的沉降量。

● 会对实际的房屋建筑等进行沉降观测。

● 会分析评价地基的设计、施工质量和有关问题，会制订措施防范、处理地基土体在压缩沉降中的有关实际问题和案例。

● 在全面学习总结、广泛实践和不断研究探讨的基础上，力争对地基土体的压缩与沉降有所创新。

3.1　地基中的自重应力

3.1.1　地基中自重应力的基本知识

在房屋等建造之前。原天然土体中由于受自重作用而产生的应力，称土的自重应力，常用符号 σ_{cz} 表示，其中主体符号 σ 表示应力，下标 c 表示自重，下标 z 表示所求点的坐标位置。根据土力学研究，土中自重应力等于单位水平面上的土体重量。

3.1.1.1　单层均质天然土体中的自重应力计算

设土的天然重度为 γ(kN/ m^3)，天然地面下深度为 z(m)处的自重应力为 σ_{cz}(kPa)，这里取横截面面积为 $A=1$ m^2、高为土层厚度 z(m)、体积为 V(m^3)、重力为 G(kN)的土柱进行研究和计算，如图3-1(a)所示。

对于厚度为 z(m)的单层天然土，其底面处的自重应力为

$$\sigma_{cz} = G/A = \gamma V/A = \gamma Az/A = \gamma z \tag{3-1}$$

由式(3-1)可知，在均质土中，沿水平面的自重应力 σ_{cz} 呈均匀分布，如图3-1(a)所示，沿竖向的自重应力随深度线性增加，呈三角形分布，如图3-1(b)所示。

在地基土中，不但水平面上存在着竖向自重应力 σ_{cz}，而且在竖直面上也存有水平自重应力 σ_{cx}、σ_{cy}，且二者与竖向自重应力 σ_{cz} 成正比，即

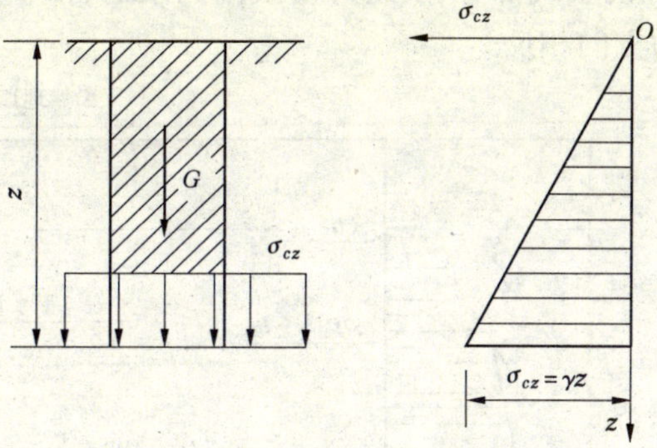

(a)任意水平面上的分布　　(b)沿深度的分布

图 3-1　均质土中竖向自重应力

$$\sigma_{cx} = \sigma_{cy} = K_0\sigma_{cz} = K_0\gamma z \tag{3-2}$$

式中　K_0——土的侧压力系数(或静止土压力系数),其值可通过试验测得或由经验而定,其实测资料经验值见表 3-1。

表 3-1　K_0 的参考值

土的种类和状态	K_0
碎石土	0.18~0.25
砂土	0.25~0.33
粉土	0.33
粉质黏土:坚硬状态	0.33
可塑状态	0.43
软塑及流塑状态	0.53
黏土:坚硬状态	0.33
可塑状态	0.53
软塑及流塑状态	0.72

3.1.1.2　多层天然地基土中的自重应力计算

如图 3-2 所示,在计算天然地面下深度为 z(m)处的自重应力 σ_{cz}(kPa)时:

(1)一般先了解各个土层的有关情况和物理指标,然后按式(3-3)进行叠加计算,即

$$\sigma_{cz} = \gamma_1 h_1 + \gamma_2 h_2 + \cdots + \gamma_n h_n = \sum_{i=1}^{n}\gamma_i h_i \tag{3-3}$$

式中　n——天然地面下深度为 z(m)范围内地基土的总层数;

h_i——第 i 层土的厚度,m;

γ_i——第 i 层土的天然重度,对地下水位以下的土层取有效重度 γ',kN/m³;

(2)也可先分层计算,然后逐层叠加。

3.1.1.3　自重应力的分布规律、特点和注意事项

(1)地基土中的自重应力指的是天然土体中的有效自重应力,一是指土粒之间接触面上传递的接触应力(黏聚力、摩擦力和支持力),二是指扣除 $\gamma_w h_w$ 水的浮力作用后的土中应

力,如图 3-2 所示应力图的实线部分,实线外虚线内为水的自重应力部分。这是因为土在水中所受水的浮力与重力方向相反。

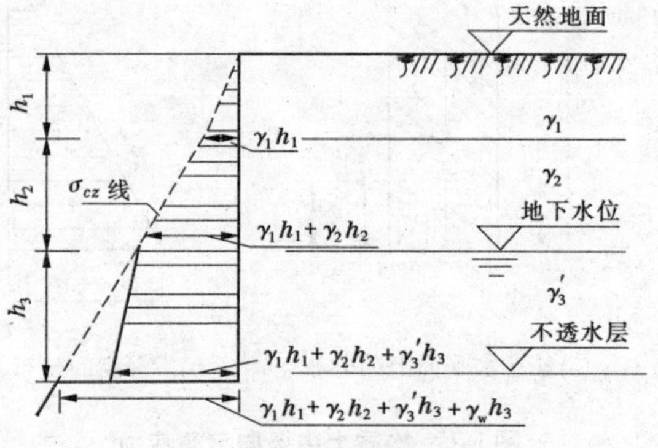

图 3-2　多层土中的自重应力

(2)在不透水层界面处,需分上层层底和下层不透水层层顶两种情况进行分别计算。只有水中土才会受到水的浮力作用,但上层水所产生的自重应力并没有因浮力而消失,而是全部集中压在了不透水层的顶面处,如同水桶中的水压力,全部压在了水桶的桶底上。所以,在不透水层层顶,同时受土和水的两种相同方向自重应力的共同作用。因此,不透水层层顶的自重应力 $\sigma_{cz顶}$ 应为土和水所产生的自重应力之和,即既要计算土的有效自重应力 $\sigma_{cz土}$,还要计入不透水层以上、水深为 h_w 范围内水所产生的自重应力 σ_{czw},即

$$\sigma_{czw} = \gamma_w h_w \tag{3-4}$$

$$\sigma_{cz顶} = \sigma_{cz土} + \sigma_{czw} \tag{3-5}$$

式中　γ_w——水的重度,常取 9.8 kN/m^3 或约取 10 kN/m^3;

h_w——水位面至不透水层层顶面处水的深度,m。

由于水在不透水层层顶面的集中作用,由此导致了不透水层层顶自重应力的突然增加,所以在不透水层层顶处自重应力分布图发生了水平突变,如图 3-2 底部所示。不透水层是指基岩或坚硬的黏土等一切不透水的土层,具体视情况判定。同时应特别指出,在不透水层中,并无水和水的浮力存在,所以不透水层中的自重应力计算,不再考虑水对土自重应力的影响,不再扣减水的浮力作用。

(3)在实际工程中,还要考虑水位是否稳定和升降问题。例如,筑坝蓄水和工业废水或雨水等渗入地下时,则使地下水位抬高,使得上升范围内地基土中的自重应力减小,总体应力也随之减小。由于水对土具有极强的溶解软化作用,此时,要注意防范土的软化而产生的湿陷沉降。例如,地面人工深井大量抽取地下水时,使地下水位下降,由于下降范围内地基土中水的浮力和承载力的消失,导致了土体孔隙真空、应力集中和自重应力、总体应力的增加及总承载力的下降和土压缩性的增大。此时,要注意防范地基的失水沉陷,即失水沉降。具体要视情况确定土中自重应力的增减和防范措施。土的含水量增减对地基都是不利的,都会引起新的甚至大量的地基沉降。所以,在施工和使用中,要注意采取各种有效措施,尽力保持地基土的天然状态,尽力做好地下水位升降和土中水变的防范。

(4)自重应力指的是原天然土层中的应力,即天然地面以下的自重应力。所以,在计算土中自重应力时,一定要从原天然地面算起,即以天然地面为参考面取计算深度,而不能从设计地面算起。

(5)理想化的天然土体,其自重应力在同一土层、同一深度水平面上的分布是均匀的。

(6)在同一土层中,自重应力随深度线性增加。但对于多层地基土体,由于各个土层的情况和重度大小不同,沿深度不断发生变化。所以,自重应力图不断发生偏折现象,总体是一条折线,其拐点在土层的交界处。当下层土重度增大——自重应力增大时,直线向外偏离 z 轴;当下层土重度减小——自重应力减小时,直线向内偏向 z 轴。

(7)自重应力计算完毕之后,为直观、清晰、方便、快捷地综观全局、科学研究和实际应用,一定要按要求画出土的自重应力分布图,具体参照以下例题。

3.1.2 地基中自重应力的计算

【例 3-1】 根据图 3-3(a)所示地基地质剖面图,试计算该地基土中,各层底面处的自重应力,并绘制沿深度分布的应力图。

解:(1)37.5 m 高程处:$\Delta h_1 = 2.5$ m,$\sigma_{cz1} = \gamma_1 h_1 = 18.6 \times 2.5 = 46.5$(kPa);

(2)35.5 m 高程处:$\Delta h_2 = 2.0$ m,$\sigma_{cz2} = \sigma_{cz1} + \gamma_2 h_2 = 46.5 + 19.0 \times 2.0 = 84.5$(kPa);

(3)34.0 m 高程处:$\Delta h_3 = 1.5$ m,$\sigma_{cz3} = \sigma_{cz2} + \gamma_3 h_3 = 84.5 + (20.0 - 10.0) \times 1.5 = 99.5$(kPa);

(4)32.0 m 高程处:$\Delta h_4 = 2.0$ m,$\sigma_{cz4} = \sigma_{cz3} + \gamma_4 h_4 = 99.5 + (19.6 - 10.0) \times 2.0 = 118.7$(kPa),$\sigma_{cz5顶} = \sigma_{cz4} + \gamma_{5w} h_{5w} = 118.7 + 10.0 \times 3.5 = 153.7$(kPa);

(5)30.0 m 高程处:$\Delta h_5 = 2.0$ m,$\sigma_{cz5底} = \sigma_{cz4} + \gamma_5 h_5 = 153.7 + 20.0 \times 2.0 = 193.7$(kPa)。

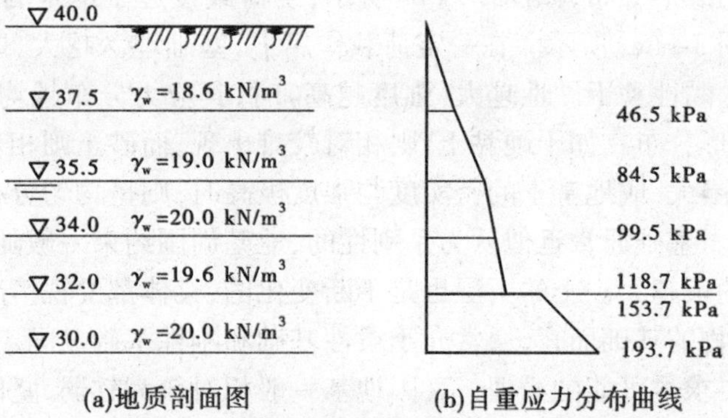

图 3-3 例 3-1 图

3.2 地基中的附加应力

3.2.1 基底压力

3.2.1.1 基本知识

1. 基底压力的分布规律

外加荷载与房屋建筑上部结构和下部结构所受的全部重力都是通过基础传给地基的。由此在基础底面与地基的接触面上产生了两个相互作用的压力,即一对作用力和反作用力,二者大小相等、方向相反、分别作用于基础底面和地基表面两个不同的物体上,按其性质二者均为压力,故统称为基底压力。在进行基础设计时,通常把地基对基础的反作用力,称作地基反力；而基底对地基的压力，主要用作土中附加应力的计算。基底压力的大小和分布规律直接关系到地基与基础及整个房屋建筑的安全稳定和正常使用。同时，在不同情况和计算方法下，其数值大小也各不相同。根据研究，基底压力主要与上部结构荷载大小、基础刚度与种类和地基土的种类性质有关。由于土具有复杂多变的特性，在工程设计计算中，要精确地确定基底压力的分布和大小是很不容易的，至今在世界范围内都没有得到较好的解决。目前在弹性理论中，主要是研究不同刚度的基础与半空间弹性体表面间的接触压力分布问题。其研究成果如图 3-4 和图 3-5 所示。

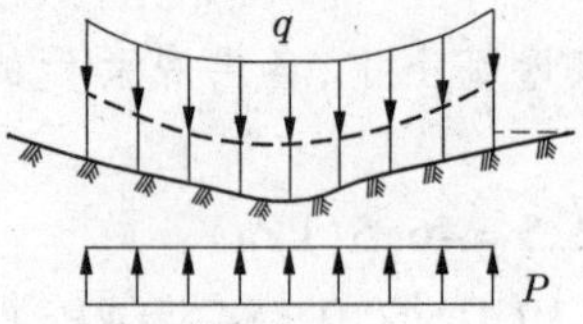

图 3-4　柔性基础基底压力分布图

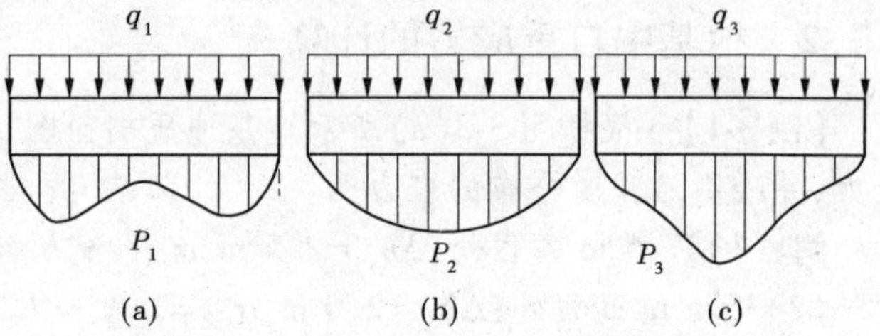

图 3-5　刚性基础基底压力分布图

(1)柔性基础。其接触压力分布与其上部荷载分布情况相同。在均布受压时，为均匀分布，如图 3-4 所示。

(2)刚性基础。当荷载较小时，基底压力呈马鞍形分布，如图 3-5(a)所示；当荷载较大时，基底压力呈抛物线形分布，如图 3-5(b)所示；当荷载接近于地基的破坏荷载时，基底压力呈钟形分布，如图 3-5(c)所示。在一定荷载作用下，基础埋深越大、地基土体受到的周围约束力越大，或土的黏性和干硬性越大(强度越高)时，其应力分布越均匀，基底压力越不易出现抛物线形或钟形分布。如干硬黏土，则相对较难出现；而砂土则相对较易出现。当周围约束和基础刚度无限大，或地基土的密实度与强度极高时，则呈均匀分布的矩形或与其上部荷载分布情况相同。基础通常近似认为是刚性的，地基周围约束一般随基础埋深而增加，基础埋深越大，周围约束越大。土的干湿也是不断变化的，具体都要视情况而定。

对于一般建筑物的基础而言，通常介于柔性基础和刚性基础之间。同时为简化施工、降低造价，基础一般要求尽可能的浅埋。又因地基一般相对较为软弱，坚硬的岩石地基一般较少。为安全、方便起见，常取马鞍形，具体要结合工程实际，综合考虑视情况而定。这里应特别指出，基底压力分布要严防抛物线形和钟形的出现。同时当荷载控制在较小和安全允许的范围内时，为简化计算，可近似地认为基底压力按直线规律变化。而对于较复杂的基础，如柱下条形基础、片筏基础和箱形基础，基底压力的细微变化都会对基础和上部结构的内力计算有明显的影响。因此，一般需考虑上部结构和基础的刚度以及地基土力学性质的影响。此时常用弹性地基梁、板的方法计算(详见有关图书章节，本书中不作介绍)。

2. 几种基底压力的计算方法

1)中心荷载作用时

作用在基底上的荷载合力通过基底形心，偏心距 $e=0$，基底压力假定为均匀分布，如图 3-6(a)所示，平均压力 p_k(kPa)设计值可按下式计算：

$$p_k = \frac{F_k + G_k}{A} \tag{3-6}$$

式中　F_k——基础上的竖向压力设计值,kN;

G_k——基础自重设计值及其上回填土重标准值总和,kN,$G_k=\gamma_G Ad$,其中 γ_G 为基础及回填土的平均重度,一般近似取为 20 kN/m^3,地下水位以下部分应扣除水的浮力作用,取有效重度 $\gamma'=\gamma_G-\gamma_w$,$d$ 为基础埋深,m,一般从室外设计地面或室内外平均地面算起,A 为基础底面面积,m^2,矩形基础 $A=l\times b$(m^2),l、b 分别为矩形基础底面的长度和宽度,m,对于条形基础,可沿长边方向取 $l=1$ m 计算,则式(3-6)中 F_k、G_k 代表每延米内的相应值,kN/m。

2)单向偏心荷载作用时

常见的偏心荷载作用于矩形基底的一个主轴上,称单向偏心受压,常将基底长边方向取与偏心方向一致,即合力作用点在长轴上。此时,长边两端边缘处的最大压力 p_{kmax} 与最小压力 p_{kmin}(kPa)可按材料力学短柱偏心受压公式计算:

$$p_{\substack{kmax\\kmin}}=\frac{F_k+G_k}{A}\pm\frac{M_k}{W_k}\qquad(3\text{-}7)$$

或

$$p_{\substack{kmax\\kmin}}=\frac{F_k+G_k}{A}\left(1\pm\frac{6e}{l}\right)\qquad(3\text{-}8)$$

注:条形基础时式中 l 换为 b。矩形时 $W_k=bl^2/6$,条形时 $W_k=b^2l/6$,$e=M_k/(F_k+G_k)$。

由式(3-7)、式(3-8)和图 3-6 可知:

(1)当 $e<l/6$ 时,$p_{kmin}>0$,基底压力呈梯形分布,如图 3-6(b)所示;

(2)当 $e=l/6$ 时,$p_{kmin}=0$,基底压力呈三角形分布,如图 3-6(c)所示;

(3)当 $e>l/6$ 时,$p_{kmin}<0$,基底压力呈正负顶对双三角形分布,如图 3-6(d)所示。

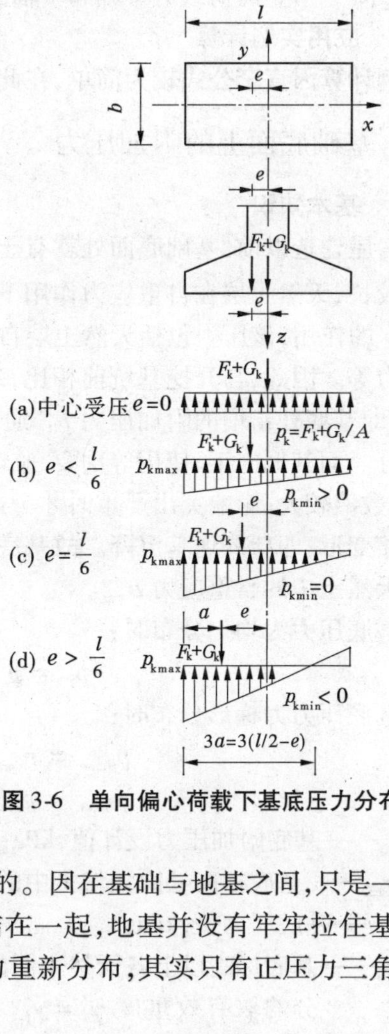

图 3-6　单向偏心荷载下基底压力分布

而负压力三角形分布,即拉应力分布实际是不存在的。因在基础与地基之间,只是一种互相挤压接触关系,二者之间实际上并没有牢固地拉结在一起,地基并没有牢牢拉住基础。此时,则表示基底与地基已局部脱离,从而使基底压力重新分布,其实只有正压力三角形部分的压力。故式(3-7)、式(3-8)不再适用。

根据静力平衡条件可知,偏心竖向荷载 F_k+G_k 必定作用在基底压力图形的形心,并与其合力相等,由此可得基础边缘的最大压力 p_{kmax} 为

$$p_{kmax}=\frac{2(F_k+G_k)}{3ab}\qquad(3\text{-}9)$$

式中　a——单向偏心荷载合力作用点至基底最大压力 p_{max} 边缘的距离,m,$a=l/2-e$;

其余符号意义同前。

3)双向偏心荷载作用时

若矩形基础受双向偏心荷载作用,则基底任一点的基底压力为

$$p(x,y) = \frac{F_k + G_k}{A} \pm \frac{M_x}{I_y} \pm \frac{M_y}{I_x} \tag{3-10}$$

式中 M_x、M_y——作用于基础上的竖向荷载对 x 轴、y 轴的总力矩,kN·m,$M_x = (F_k + G_k) e_y$,$M_y = (F_k + G_k) e_x$;

I_x、I_y——基底面积对 x 轴和 y 轴的惯性矩,m^4;

e_x、e_y——竖向荷载对 x 轴和 y 轴的偏心距,m。

3.2.1.2 应用实例计算

实例计算因直套公式较为简单,在此从略,详参例 3-2 即可。

3.2.2 基础底面上的附加压力

3.2.2.1 基本知识

在房屋建造以前,基础底面处就有土的自重应力 σ_{cz} 的作用存在。一般情况下,若土形成历史较长,天然土层在自重应力作用下的变形早已完成。在房屋建造之后,基底处将有基底压力 p 的作用,该压力包括天然土层自重应力、后加土层压力和房屋建筑荷载压力及其他新增压力等。因此,与开挖基坑前相比,基础底面处的压力将明显增大,甚至增大很多;增加的压力,即基底处新增的附加压力 p_0,通常它主要包括房屋建筑的新增压力和新增填土压力两部分。而其他施工、使用等次要、临时和偶然部分,因不易掌握通常忽略不计,只有事先可预见、数值较大、影响突出严重时才考虑在内。基底附加压力 p_0 传至地基,将使地基产生新的压缩变形,即新的地基沉降。故基底附加压力 p_0 在数值上等于基底压力 p 减去基底标高处原天然土中的自重应力 σ_{cz0}。

当基底压力为均匀分布时:

$$p_0 = p - \sigma_{cz0} = p - \gamma_0 d_0 \tag{3-11}$$

当基底压力为梯形分布时:

$$p_{0\max} = p_{\max} - \sigma_{cz0} = p_{\max} - \gamma_0 d_0 \tag{3-12}$$

$$p_{0\min} = p_{\min} - \sigma_{cz0} = p_{\min} - \gamma_0 d_0 \tag{3-13}$$

式中 p_0——基底附加压力设计值,kPa;

σ_{cz0}——基底标高处原天然土中的自重应力,kPa;

p——基底压力值,kPa;

γ_0——基底标高以上各天然土层的加权平均重度,kN/m^3,其中位于地下水位以下部分的取有效重度 $\gamma' = \gamma_{sat} - \gamma_w$,$\gamma_0 = (\gamma h_1 + \gamma h_2 + \cdots + \gamma h_n)/(h_1 + h_2 + \cdots + h_n)$;

d_0——从天然地面起算的基础埋深,m,$d_0 = h_1 + h_2 + \cdots + h_n$,人工基础上为零;

$p_{\max}$、$p_{\min}$——基础边缘的最大压力和最小压力,kPa。

这里特别指出,实际上基底附加压力通过传递,一般作用在地表下一定深度的位置和范围之内。所以,如果假设它作用在半空间体表面上,运用弹性力学理论解答所得的结果只能是近似的。不过,对于浅基础,由于基础埋置较浅,这种假设所造成的误差可以忽略不计,能够满足工程需要,具体还可根据试验、经验、高新技术和创新成果的应用加以修正和提高。

3.2.2.2 **应用实例计算**

【例 3-2】 基础 $l=2$ m,$b=2$ m,其上荷载如图 3-7(a)所示。$M_k=80$ kN·m,$F_{k1}=300$ kN,$F_{k2}=50$ kN($e_2=0.4$ m)。试计算基底压力和基底附加压力,并绘出基底压力分布图。

解:(1)计算基础及上覆土重。

$$G_k=\gamma_G Ad=20\times2\times2\times1.3=104(\text{kN})$$

(2)计算作用在基础上竖直方向合力。

$$F_k=F_{k1}+F_{k2}=300+50=350(\text{kN})$$

(3)计算以基底面中心为矩心的合力矩。

$$\sum M_k=M_k+0.4F_{k2}=80+0.4\times50=100(\text{kN}\cdot\text{m})$$

(4)求偏心距、基底压力的最大值和最小值。

$$e=\frac{\sum M_k}{F_k+G_k}=\frac{100}{350+104}=0.220(\text{m})<\frac{1}{6}=\frac{2}{6}=0.333(\text{m})$$

故取梯形式进行计算。

(5)求基底压力。

$$p_{\text{kmin}}^{\text{kmax}}=\frac{F_k+G_k}{A}\left(1\pm\frac{6e}{l}\right)=\frac{350+104}{2\times2}\left(1\pm\frac{6\times0.220}{2}\right)=\frac{188.41}{38.59}(\text{kPa})$$

压力分布如图 3-7(b)所示。

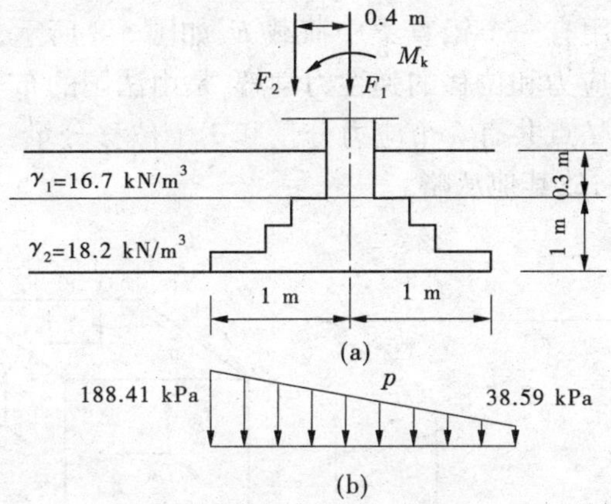

图 3-7 例 3-2 图

(6)基底附加压力。

$$\gamma_0=\frac{\gamma_1h_1+\gamma_2h}{h_1+h_2}=\frac{16.7\times0.3+18.2\times1}{1.3}=17.85(\text{kN/m}^3)$$

$$p_{0\max}=p_{\max}-\gamma_0d_0=188.41-17.85\times1.3=165.205(\text{kPa})$$

$$p_{0\min}=p_{\min}-\gamma_0d_0=38.59-17.85\times1.3=15.385(\text{kPa})$$

3.2.3 地基土中的附加应力

在建筑物等新增荷载作用下,地基中必然产生新的应力和变形。我们把由于新建房屋建筑等新增荷载的作用,在土中引起的附加于自重应力之上的新增应力,称土的附加应力;并把受附加应力作用的土体称为地基。在计算地基土中的附加应力时,通常假定地基土是均质、弹性、各向同性的半无限空间线性变形体，而且在深度和水平方向上（沿 x 轴、y 轴、z 轴）都是无限延伸的。此时，则可应用弹性力学公式，非常方便地求出地基中的附加应力。该应力在传递过程中，伴随远离基础中心不断减小而趋近于零，因此远处天然土体不再受附加应力作用、不再认为是地基。所以，通常认为天然土体是相对无限的，而地基是相对有限的。即严格的说，地基并不是均匀、连续、各向同性和无限大的线性体，地基土通常是有限、成层的，各层土之间和不同部位的土，其性质和分布是不均匀、不连续的，而且实际上往往差别很大。所以，地基中的应力和应变特征常常不符合直线关系，特别是在应力较大时，更是明显地偏离直线变化的。实际上，地基土相对天然土体而言，是有限的弹塑性、各向异性和复杂多变体，由于受科技发展的水平限制，截至目前，在全世界范围内，还没有简单成熟、比较准确的计算公式和方法来解决地基中的问题，只能采用理论、试验、经验、新技术和创新成果应用等多项综合的近似法，然而很难做到十分准确。大量试验和实践表明，当地基上作用的荷载不大、土中塑性变形区很小时，荷载与变形之间近似呈线性关系。此时，用弹性理论计算的应力值与实测值相差不大。由此可知，只要计算控制在国标、规范和安全允许的范围内，是完全可行的。所以，目前工程上普遍采用的是弹性理论加多项综合的方法，难以准确，又要尽力做到比较准确。不同种类的应力作用和不同情况的土体，其土中应力各不相同，具体如下。

3.2.3.1 铅直集中荷载作用下地基中任一点 M 处的附加应力

1. 基本知识

在弹性半空间体表面作用有一个铅直集中荷载 F，如图 3-8 所示，在半空间体（相当于地基）内任一点 $M(x,y,z)$ 的应力和位移的弹性力学解，是由法国的布辛奈斯克（1885 年）作出的。由图 3-8（b）可知，在 M 点共有 6 个应力分量和 3 个位移分量，其中在工程实践中应用最多的是竖向附加应力 σ_z，故其他从略。

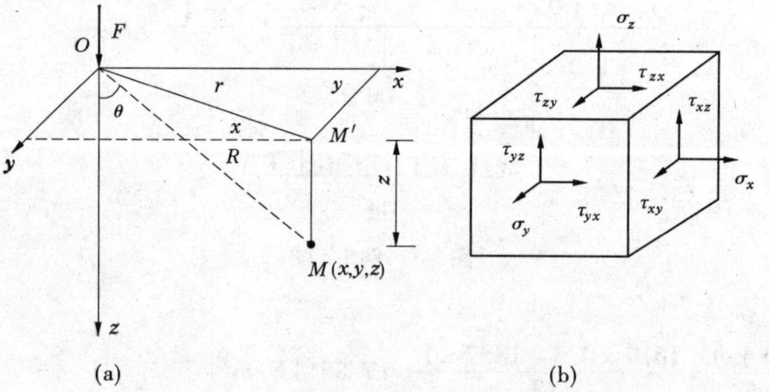

图 3-8 竖向集中力作用下的地基中任意点 M 处的附加应力

$$\sigma_z = \frac{3Fz^3}{2\pi R^5} = \frac{3F}{2\pi R^2}\cos^3\theta = \frac{3F}{2\pi z^2\left[1+\left(\frac{r}{z}\right)^2\right]^{\frac{5}{2}}} = k\cdot\frac{F}{z^2} \tag{3-14}$$

$$R = \sqrt{x^2+y^2+z^2} = \sqrt{r^2+z^2} = \frac{z}{\cos\theta} = z\sqrt{1+\left(\frac{r}{z}\right)^2} \tag{3-15}$$

$$k = \frac{3}{2\pi\left[1 + \left(\frac{r}{z}\right)^2\right]^{\frac{5}{2}}} \tag{3-16}$$

式中 σ_z——平行于 z 轴的正应力,即竖向附加应力,kPa;

F——作用于坐标原点 O 的铅直集中荷载,kN;

R——M 点至坐标原点 O 的距离,m,由式(3-15)计算;

θ——R 线与 z 轴的夹角,(°);

r——M 点与铅直集中荷载 F 作用点之间的水平距离,m;

k——铅直集中荷载 F 作用下土中附加应力系数,由式(3-16)计算或由表 3-2 查得。

表 3-2　集中力作用下土中附加应力系数 K

γ/z	k	γ/z	k	γ/z	k	γ/z	k
0.00	0.477 5	0.50	0.273 3	1.00	0.084 4	1.50	0.025 1
0.02	0.477 0	0.52	0.262 5	1.02	0.080 3	1.54	0.022 9
0.04	0.475 6	0.54	0.251 8	1.04	0.076 4	1.58	0.020 9
0.06	0.473 2	0.56	0.241 4	1.06	0.072 7	1.60	0.020 0
0.08	0.469 9	0.58	0.231 3	1.08	0.069 1	1.64	0.018 3
0.10	0.463 7	0.60	0.221 4	1.10	0.065 8	1.68	0.016 7
0.12	0.460 7	0.62	0.211 7	1.12	0.062 6	1.70	0.016 0
0.14	0.454 8	0.64	0.202 4	1.14	0.059 5	1.74	0.014 7
0.16	0.448 2	0.66	0.193 4	1.16	0.056 7	1.78	0.013 5
0.18	0.440 9	0.68	0.184 6	1.18	0.053 9	1.80	0.012 9
0.20	0.432 9	0.70	0.176 2	1.20	0.051 3	1.84	0.011 9
0.22	0.424 2	0.72	0.168 1	1.22	0.048 9	1.88	0.010 9
0.24	0.415 1	0.74	0.160 3	1.24	0.046 6	1.90	0.010 5
0.26	0.405 4	0.76	0.152 7	1.26	0.044 3	1.94	0.009 7
0.28	0.395 4	0.78	0.145 5	1.28	0.042 2	1.98	0.008 9
0.30	0.384 9	0.80	0.138 6	1.30	0.040 2	2.00	0.008 5
0.32	0.374 2	0.82	0.132 0	1.32	0.038 4	2.10	0.007 0
0.34	0.363 2	0.84	0.125 7	1.34	0.036 5	2.20	0.005 8
0.36	0.352 1	0.86	0.119 6	1.36	0.034 8	2.40	0.004 0
0.38	0.340 8	0.88	0.113 8	1.38	0.033 2	2.60	0.002 9
0.40	0.329 4	0.90	0.108 3	1.40	0.031 7	2.80	0.002 1
0.42	0.318 1	0.92	0.103 1	1.42	0.030 2	3.00	0.001 5
0.44	0.306 8	0.94	0.098 4	1.44	0.028 8	3.50	0.000 7
0.46	0.295 5	0.96	0.093 3	1.46	0.027 5	4.00	0.000 4
0.48	0.284 3	0.98	0.088 7	1.48	0.026 3	4.50	0.000 2
						5.00	0.000 1

在上述公式中，若 $R\to 0$，则各式所得结果均为无限大。因此，所选择计算点不应过于接近铅直集中荷载 F 的作用点。铅直集中荷载 F 产生的竖向附加应力 σ_z 在地基中的分布规律经计算如图 3-9 所示。

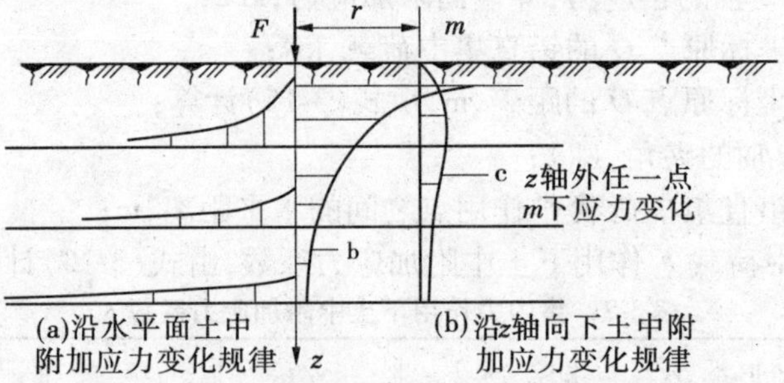

图 3-9　集中荷载作用下的土中应力分布

(1)在铅直集中荷载 F 作用线上，当 $r=0, z=0$ 时，由式(3-15)知 $\sigma_z\to\infty$，显然不合实际；σ_z 随着深度 z 的增加逐渐减少，其分布如图 3-9 中 b 线所示。

(2)在 $r>0$，z 轴以外的竖直线上，$z=0$ 时，$\sigma_z=0$；σ_z 随着深度 z 的增加，从零逐渐增大到一定数值后，又随着深度 z 的增加而逐渐变小，其分布如图 3-9 中 c 线所示。

(3)如图 3-9(a)所示，在铅直集中荷载 F 的作用线上 σ_z 最大，并沿水平面随着 r 的增加而逐渐减小。随着深度 z 增加，这一分布趋势保持不变。但深度 z 越大 σ_z 越小，且随 r 增加而降低的速率变缓。

(4)若在空间上，将 σ_z 相等的点连接起来，可得到如图 3-10(a)所示的应力空间等值泡，又叫空间等应力泡。

(5)若在竖直 1—1 剖面图上，将 σ_z 相等的点连接起来，可得到如图 3-10(b)所示的应力竖直平面等值线，又叫竖直平面等值线。

(6)若在水平 2—2 剖面图上，将 σ_z 相等的点连接起来，可得到如图 3-10(c)所示的应力水平面等值线，又叫水平面等值线。

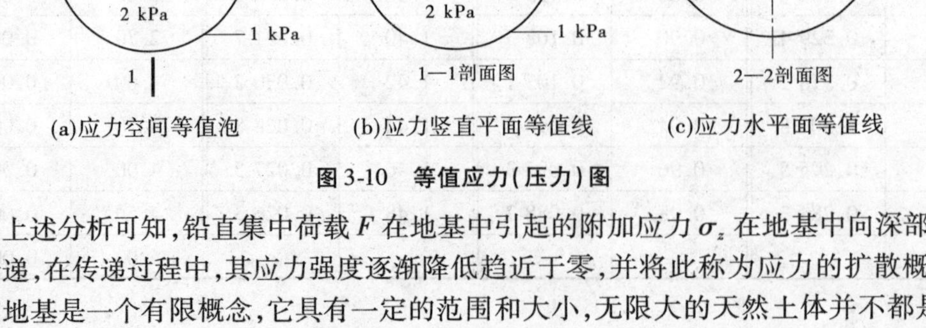

图 3-10　等值应力(压力)图

由上述分析可知，铅直集中荷载 F 在地基中引起的附加应力 σ_z 在地基中向深部和四周无限传递，在传递过程中，其应力强度逐渐降低趋近于零，并将此称为应力的扩散概念。同时可知地基是一个有限概念，它具有一定的范围和大小，无限大的天然土体并不都是地基。

在地基与基础研究中,所谓无限大只是一个相对和效果性概念,即就整个天然土体相对较小的地基,或地基相对较小的基础而言,则可看作是相对无限大的。同时指出当有多个集中力作用时,叠加计算即可。

2. 应用实例计算

【例 3-3】 如图 3-11 所示,在地基上作用一集中力 $F=200$ kN,要求确定:① $z=2$ m 深度处的水平面上附加应力分布;②在 $r=0$ 的荷载作用线上附加应力的分布。采用列表计算法,该法最大优点是占用幅面小,能快速综观全局、掌握情况。但计算方法、公式和过程不够明细,具有隐性,不便学生初学学习和核查检验,一般熟练后采用。初学以书面详细表达法为宜,这种方法、过程详细且一目了然,非常便于学生学习和题后检验。但占用书面篇幅较大。具体采用哪种方法,要视熟练程度和习惯等具体情况而定,本题采用列表计算法。

解:(1)水平面上附加应力的计算结果见表 3-3,沿水平面的分布见图 3-11。

表 3-3 水平面上附加应力的计算结果

z(m)	r(m)	r/z	k	σ_z(kPa)
2	0	0	0.477 5	23.88
2	1	0.5	0.273 3	13.67
2	2	1.0	0.084 4	4.22
2	3	1.5	0.025 1	1.26
2	4	2.0	0.008 5	0.42

(2)附加应力沿深度的分布见图 3-12,集中力作用线上附加应力的计算结果见表 3-4。

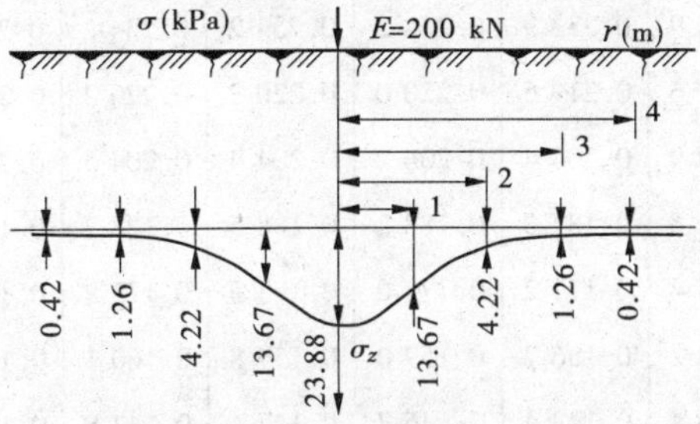

图 3-11 水平附加应力分布

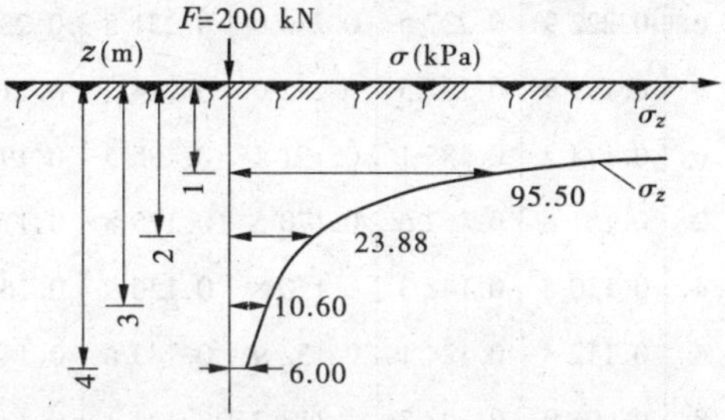

图 3-12 F 作用线上的附加应力分布

表 3-4 集中力作用线上附加应力的计算结果

z(m)	r(m)	r/z	k	σ_z(kPa)
0	0	0	0.477 5	∞
1	0	0	0.477 5	95.50
2	0	0	0.477 5	23.88
3	0	0	0.477 5	10.60
4	0	0	0.477 5	6.00

3.2.3.2 矩形基底铅直均布荷载作用角点下的附加应力

1. 基本知识

1) 角点下地基中应力

这里首先设地基表面上有一矩形基础，其长度为 l，宽度为 b(当 $l/b<10$ 时，地基附加应力计算问题属于空间问题)。传至地基的附加压应力为矩形铅直均布荷载 p_0，如图 3-13 所示，现需求该荷载角点下土中任一点 $M(x,y,z)$ 的附加应力。同时，设坐标原点 o 在矩形铅直均布荷载面的角点处，该荷载引起的铅直竖向附加应力 σ_z 可由法国的布辛奈斯克弹性理论导出的式(3-17)进行计算：

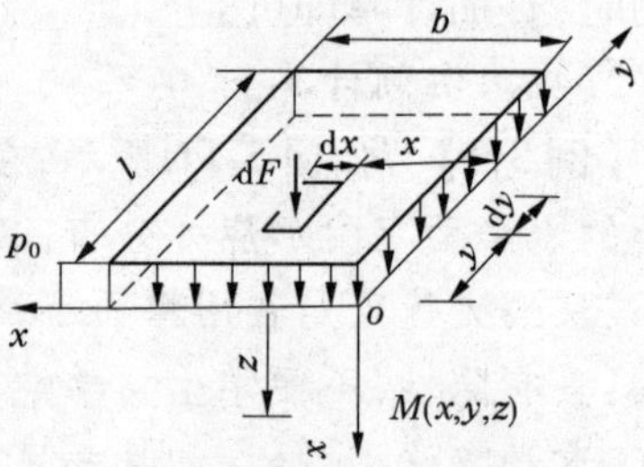

图 3-13 矩形均布荷载角点下的附加应力

$$\sigma_z = k_i p_0 \tag{3-17}$$

式中 p_0——基底附加压力，kPa；

k_i——矩形均布荷载角点下土中附加应力系数，因公式法计算非常复杂，故这里从略，可由 $m=l/b$，$n=z/b$ 从表 3-5 中查得。

表 3-5 矩形铅直均布荷载作用角点下附加应力系数 k_i 值

z/b	l/b										
	1.0	1.2	1.4	1.6	1.8	2.0	3.0	4.0	5.0	6.0	10.0
0.0	0.250 0	0.250 0	0.250 0	0.250 0	0.250 0	0.250 0	0.250 0	0.250 0	0.250 0	0.250 0	0.250 0
0.2	0.248 6	0.248 9	0.249 0	0.249 1	0.249 1	0.249 1	0.249 2	0.249 2	0.249 2	0.249 2	0.249 2
0.4	0.240 1	0.242 0	0.242 9	0.243 4	0.243 7	0.243 9	0.244 2	0.244 3	0.244 3	0.244 3	0.244 3
0.6	0.222 9	0.227 5	0.230 0	0.231 5	0.232 4	0.232 9	0.233 9	0.234 2	0.234 2	0.234 2	0.234 2
0.8	0.199 9	0.207 5	0.212 0	0.214 7	0.216 5	0.217 6	0.219 6	0.220 0	0.220 2	0.220 2	0.220 2
1.0	0.175 2	0.185 1	0.191 1	0.195 5	0.198 1	0.199 9	0.203 4	0.204 2	0.204 4	0.204 5	0.204 6
1.2	0.151 6	0.162 6	0.170 5	0.175 8	0.179 3	0.181 8	0.187 0	0.188 2	0.188 5	0.188 7	0.188 8
1.4	0.130 8	0.142 3	0.150 8	0.156 9	0.161 3	0.164 4	0.171 2	0.173 0	0.173 5	0.173 8	0.174 0
1.6	0.112 3	0.124 1	0.132 9	0.143 6	0.144 5	0.148 2	0.156 7	0.159 0	0.159 8	0.160 1	0.160 4
1.8	0.096 9	0.108 3	0.117 2	0.124 1	0.129 4	0.133 4	0.143 4	0.146 3	0.147 4	0.147 8	0.148 2
2.0	0.084 0	0.094 7	0.103 4	0.110 3	0.115 8	0.120 2	0.131 4	0.135 0	0.136 3	0.136 8	0.137 4
2.2	0.073 2	0.083 2	0.097 1	0.098 4	0.103 9	0.108 4	0.120 5	0.124 8	0.126 4	0.127 1	0.127 7
2.4	0.064 2	0.073 4	0.081 2	0.087 9	0.093 4	0.097 9	0.110 8	0.115 6	0.117 5	0.118 4	0.119 2
2.6	0.056 6	0.065 1	0.072 5	0.078 8	0.084 2	0.088 7	0.102 0	0.107 3	0.109 5	0.110 6	0.111 6
2.8	0.050 2	0.058 0	0.064 9	0.070 9	0.076 1	0.080 5	0.094 2	0.099 9	0.102 4	0.103 6	0.104 8
3.0	0.044 7	0.051 9	0.058 3	0.064 0	0.069 0	0.073 2	0.087 0	0.093 1	0.095 9	0.097 3	0.098 7
3.2	0.040 1	0.046 7	0.052 6	0.058 0	0.062 7	0.066 8	0.080 6	0.087 0	0.090 0	0.091 6	0.093 3
3.4	0.036 1	0.042 1	0.047 7	0.052 7	0.057 1	0.061 1	0.074 7	0.081 4	0.084 7	0.086 4	0.088 2
3.6	0.032 6	0.038 2	0.043 3	0.048 0	0.052 3	0.056 1	0.069 4	0.076 3	0.079 9	0.081 6	0.083 7
3.8	0.029 6	0.034 8	0.039 5	0.043 9	0.047 9	0.051 6	0.064 5	0.071 7	0.075 3	0.077 3	0.079 6

续表 3-5

z/b	l/b										
	1.0	1.2	1.4	1.6	1.8	2.0	3.0	4.0	5.0	6.0	10.0
4.0	0.027 0	0.031 8	0.036 2	0.040 3	0.044 1	0.047 4	0.060 3	0.067 4	0.071 2	0.073 3	0.075 8
4.2	0.024 7	0.029 1	0.033 3	0.037 1	0.040 7	0.043 9	0.056 3	0.063 4	0.067 4	0.069 6	0.072 4
4.4	0.022 7	0.026 8	0.030 6	0.034 3	0.037 6	0.040 7	0.052 7	0.059 7	0.063 9	0.066 2	0.069 2
4.6	0.020 9	0.024 7	0.028 3	0.031 7	0.034 8	0.037 8	0.049 3	0.056 4	0.060 6	0.063 0	0.066 3
4.8	0.019 3	0.022 9	0.026 2	0.029 4	0.032 4	0.035 2	0.046 3	0.053 3	0.057 6	0.060 1	0.063 5
5.0	0.017 9	0.021 2	0.024 3	0.027 4	0.030 2	0.032 8	0.043 5	0.050 4	0.054 7	0.057 3	0.061 0
6.0	0.012 7	0.015 1	0.017 4	0.019 6	0.021 8	0.023 8	0.032 5	0.038 8	0.043 1	0.046 0	0.050 6
7.0	0.009 4	0.011 2	0.013 0	0.014 7	0.016 4	0.018 0	0.025 1	0.030 6	0.034 6	0.037 6	0.042 8
8.0	0.007 3	0.008 7	0.010 1	0.011 4	0.012 7	0.014 0	0.019 8	0.024 6	0.028 3	0.031 1	0.036 7
9.0	0.005 8	0.006 9	0.008 0	0.009 1	0.010 2	0.011 2	0.016 1	0.020 2	0.023 5	0.026 2	0.031 9
10.0	0.004 7	0.005 6	0.006 5	0.007 4	0.008 3	0.009 2	0.013 2	0.016 7	0.019 8	0.022 2	0.028 0

2)矩形基底地基中任一点下的附加应力

基本知识:对于矩形铅直荷载作用下地基中任一点的附加应力,可先把非角点下问题化为角点下问题。然后,利用式(3-17)和应力叠加原理进行求解,此方法通常称为角点法,如图 3-14 所示。

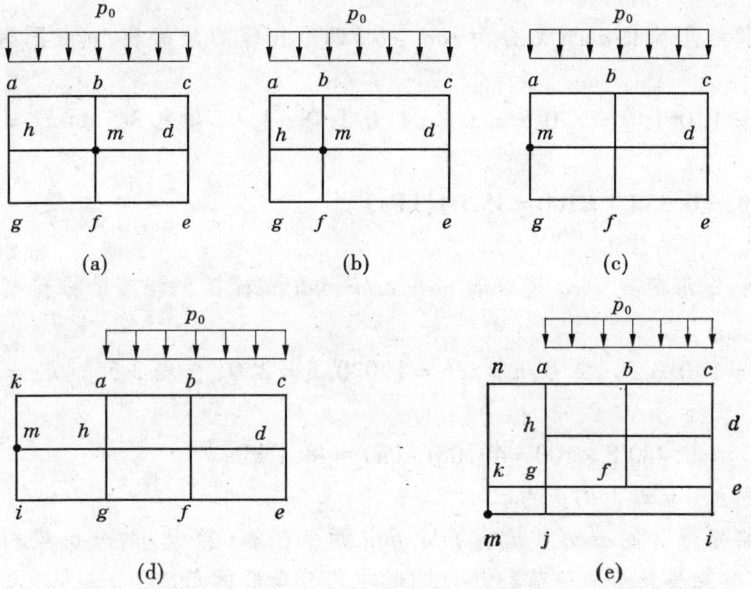

图 3-14 受矩形铅直均布荷载作用时地基中的附加应力

(1)计算矩形荷载面内中心点 m 下 M 处的附加应力时(见图 3-14(a),其 k_{im} 为 $k_{im}=k_{mhab}\times4$;

(2)计算矩形荷载面内任一 m 点下 M 处的附加应力时(m 点居中时)(见图 3-14(b)),

其 k_{im} 为 $k_{im}=2k_{mhab}+2k_{mbcd}$；

(3)计算矩形荷载面边缘处任一 m 点下 M 处的附加应力时(m 点居中时)(见图 3-14(c))，其 k_{im} 为 $k_{im}=k_{macd}\times2$；

(4)计算矩形荷载面一边边缘外一 m 点下 M 处的附加应力时(m 点居中时)(见图 3-14(d))，其 k_{im} 为 $k_{im}=2k_{mkcd}-2k_{mkah}$(无荷载多算的区域应减去)；

(5)计算矩形荷载面两边边缘外一 m 点下 M 处的附加应力时(见图 3-14(e))，其 k_{im} 为 $k_{im}=k_{mnci}-k_{mkei}-k_{mnaj}+k_{mkgj}$(前两项重复多减的再加上)。

2. 应用实例

【例 3-4】 有一矩形基础，长度为 $l=2.0$ m，宽度为 $b=1.0$ m，对地基所产生的铅直均布荷载 $p_0=100$ kPa，如图 3-15 所示。试计算该矩形荷载面积的角点 a、边点 e、k 和中心点 o 及基础底面外 f、g、n 点下，深度 $z=1.0$ m 处的附加应力。同时，利用计算的结果说明附加应力的扩散规律。

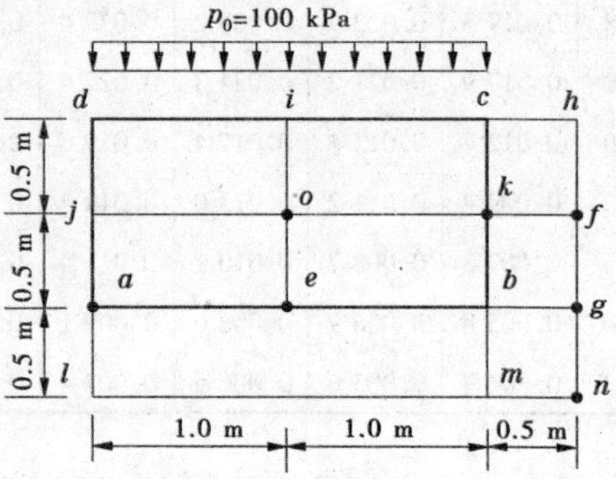

图 3-15 例 3-4 图

解：(1)角点 a 下的应力。

a 点是矩形 $abcd$ 的角点：

①$m=l/b=2.0/1.0=2.0$，$n=z/b=1.0/1.0=1.0$，查表 3-5 知 $k_{ia}=0.199\,9$。

②$\sigma_{za}=k_{ia}p_0=0.199\,9\times100=19.99$(kPa)。

(2)长边中点 e 下的应力。

通过 e 点将矩形荷载 $abcd$ 划分为 $eadi$、$ebci$ 两个相等的分荷载，e 点同时在两分荷载的角点上。

①$m=l/b=1.0/1.0=1.0$，$n=z/b=1.0/1.0=1.0$，查表 3-5 知 $k_{ie}=0.175\,2\times2=0.350\,4$。

②$\sigma_{ze}=k_{ie}p_0=0.350\,4\times100=35.04$(kPa)。

(3)中心点 o 下的应力。

通过 o 点将矩形荷载 $abcd$ 划分为 $oeaj$、$oebk$、$ojdi$、$okci$ 四个相等的分荷载，o 点同时在四分荷载的角点上。

①$m=l/b=1.0/0.5=2.0$，$n=z/b=1.0/0.5=2.0$，查表 3-5 知 $k_{io}=0.120\,2\times4=0.480\,8$。

②$\sigma_{zo}=k_{io}p_0=0.480\,8\times100=48.08(kPa)\approx48.1$ kPa。

(4)基础底面外 f 点下的应力。

通过 f 点将矩形荷载 $abcd$ 扩大为 $fjdh$、$fjag$ 两个相等(较大)的分荷载和 $fkch$、$fkbg$ 两个相等(较小)的虚荷载共四个分荷载，f 点同时在四分荷载的角点上。

①$fjdh$、$fjag$ 两个相等(较大)的分荷载，$m=l/b=2.5/0.5=5.0$，$n=z/b=1.0/0.5=2.0$，查表 3-5 知 $k_{if大}=0.136\,3\times2=0.272\,6$。

②$fkch$、$fkbg$ 两个相等(较小)的虚荷载，$m=l/b=0.5/0.5=1.0$，$n=z/b=1.0/0.5=2.0$，查表 3-5 知 $k_{if小虚}=0.084\,0\times2=0.168\,0$。

③$k_{if}=k_{if大}-k_{if小虚}=0.272\,6-0.168\,0=0.104\,6$。

④$\sigma_{zf}=k_{if}p_0=0.1046\times100=10.46(\text{kPa})\approx10.5\ \text{kPa}$。

(5)基础短边中点 k 下的应力。

通过 k 点将矩形荷载 $abcd$ 划分为 $kjdc$、$kjab$ 两个相等的分荷载，k 点同时在两分荷载的角点上。

①$m=l/b=2.0/0.5=4.0$，$n=z/b=1.0/0.5=2.0$，查表 3-5 知 $k_{ik}=0.1350\times2=0.2700$。

②$\sigma_{zk}=k_{ik}p_0=0.2700\times100=27.00(\text{kPa})$。

(6)基础底面外 g 点下的应力。

通过 g 点将矩形荷载 $abcd$ 扩大为 $gadh$，其中 $gbch$ 为虚荷载，g 点同时在 $gadh$ 和 $gbch$ 两个荷载的角点上。

①在 $gadh$ 上，$m=l/b=2.5/1.0=2.5$，$n=z/b=1.0/1.0=1.0$，查表 3-5 知 $k_{ig大}=0.2017$。

②在 $gbch$ 上，$m=l/b=1.0/0.5=2.0$，$n=z/b=1.0/0.5=2.0$，查表 3-5 知 $k_{ig虚}=0.1202$。

③在 $k_{ig}=k_{ig大}-k_{ig虚}=0.2017-0.1202=0.0815$。

④$\sigma_{zg}=k_{ig}p_0=0.0815\times100=8.15(\text{kPa})\approx8.2\ \text{kPa}$。

(7)基础底面外 n 点下的应力(含加、减，为代表性实例)。

通过 n 点将矩形荷载 $abcd$ 扩大为 $nldh$(荷载虚实均有)，且划为两个不相等的相关虚荷载 $nmch$、$nlag$ 和 $nmbg$(重复虚荷载)，n 点同时在四个荷载的角点上，

① $nldh$ 荷载，$m=l/b=2.5/1.5=1.6667$，$n=z/b=1.0/1.5=0.6667$，查表 3-5 知 $k_{in大}=0.2263$。

②$nmch$ 虚荷载，$m=l/b=1.5/0.5=3.0$，$n=z/b=1.0/0.5=2.0$，查表 3-5 知 $k_{in竖}=0.1314$。

③$nlag$ 虚荷载，$m=l/b=2.5/0.5=5.0$，$n=z/b=1.0/0.5=2.0$，查表 3-5 知 $k_{in平}=0.1363$。

④$nmbg$ 重复虚荷载，$m=l/b=0.5/0.5=1.0$，$n=z/b=1.0/0.5=2.0$，查表 3-5 知 $k_{in重}=0.0840$。

⑤$k_{in}=k_{in大}-k_{in平}-k_{in竖}+k_{in重}=0.2263-0.1363-0.1314+0.0840=0.0426$。

⑥$\sigma_{zn}=k_{in}p_0=0.0426\times100=4.26(\text{kPa})\approx4.3\ \text{kPa}$。

计算结果如图 3-16 所示，由图示可以看出，地基受矩形铅直均布荷载作用时，不仅在荷载面积范围内的 j、o、k 中心线下方产生附加应力，而且在荷载面积以外的土中，如 h、f、g、n 点下方也产生附加应力，只不过数值相对较小而已。同时，在地基中同一深度的水平面上，如深度 $z=1.0$ m 处，其地基中的附加应力值以荷载中心点和中心线下为最大；离中心点和中心线越远，其值越小。即沿水平面向四周扩散而逐渐减小。

【例 3-5】 有一矩形基础，长度为 $l=2.0$ m，宽度为 $b=1.0$ m，对地基所产生的铅直均布荷载 $p_0=100$ kPa，如图 3-17(a)所示。试计算该矩形荷载面积的中心点 o 下和基底外 f 点下，深度 z 为 1.0 m、2.0 m、3.0 m、4.0 m 不同深处的附加应力。同时，利用计算的结果说明附加应力的扩散规律。

解：(1)o 点下 0 m 深度处的应力：$\sigma_{z0}=p_0=100$ kPa。

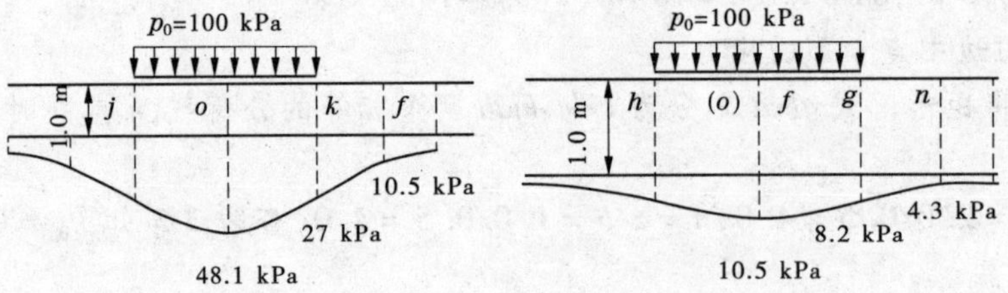

(a)荷载内中心线下　　(b)荷载外水平线下

图 3-16　地基中水平面附加应力分布

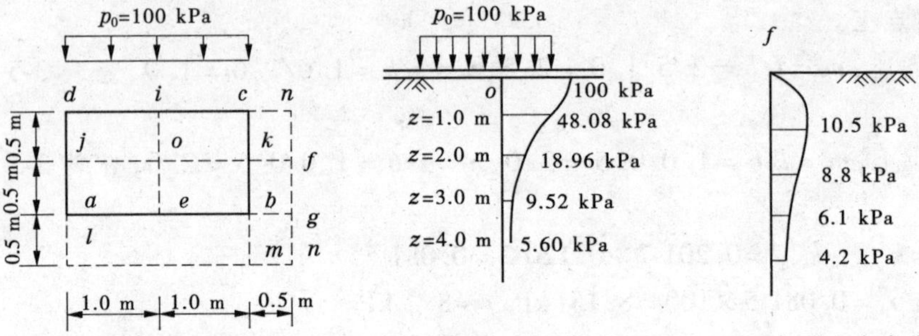

(a)铅直均布荷载作用下地基中的附加应力　　(b)o点下土中应力分布　　(c)f点下土中应力分布

图 3-17　例 3-5 图

(2)o 点下 1.0 m 深度处的应力。

通过 o 点将矩形荷载 $abcd$ 划分为 $oeaj$、$oebk$、$ojdi$、$okci$ 四个相等的分荷载，o 点同时在四分荷载的角点上。

①$m=l/b=1.0/0.5=2.0$，$n=z/b=1.0/0.5=2.0$，查表 3-5 知 $k_{io1}=0.1202\times4=0.4808$。

②$\sigma_{zo1}=k_{io1}p_0=0.4808\times100=48.08(\text{kPa})$。

(3)o 点下 2.0 m 深度处的应力。

①$m=l/b=1.0/0.5=2.0$，$n=z/b=2.0/0.5=4.0$，查表 3-5 知 $k_{io2}=0.0474\times4=0.1896$。

②$\sigma_{zo2}=k_{io2}p_0=0.1896\times100=18.96(\text{kPa})$。

(4)o 点下 3.0 m 深度处的应力。

①$m=l/b=1.0/0.5=2.0$，$n=z/b=3.0/0.5=6.0$，查表 3-5 知 $k_{io3}=0.0238\times4=0.0952$。

②$\sigma_{zo3}=k_{io3}p_0=0.0952\times100=9.52(\text{kPa})$。

(5)o 点下 4.0 m 深度处的应力。

①$m=l/b=1.0/0.5=2.0$，$n=z/b=4.0/0.5=8.0$，查表 3-5 知 $k_{io4}=0.0140\times4=0.0560$。

②$\sigma_{zo4}=k_{io4}p_0=0.0560\times100=5.60(\text{kPa})$。

如图 3-17(b)所示，地基在矩形均布荷载作用下，地基表面所受应力最大，与地基附加压力大小相等。自荷载中心 o 沿荷载中心线竖直向下，土中应力随深度增大而非线性减小，且逐渐趋近于零，其后段接近直线贴近 z 轴。而基底以外 f 点深度 z 为 0 m、1.0 m、2.0 m、3.0 m、4.0 m 处的附加应力如图 3-17(c)所示，计算过程从略，由图可知，在矩形均布荷载作用面以外，地基表面处土中应力为零，自地基表面铅直向下，在深度较小范围内土中应力随深度而增加，达到一定数值后，又很快随深度增加而非线性减小，且逐渐趋近于零，其后段接近直线、贴近 z 轴。

3.2.3.3　条形基底铅直均布荷载作用下地基中任一点的附加应力

当 $m = l/b > 10$ 时，则可认为是条形基础，此时土中附加应力 σ_{zt} 推导如下：设地基表面作用一宽度为 b 的条形均布荷载 p_0，沿 y 轴无限延伸，如图 3-18 所示。现计算条形基底铅直均布荷载作用下地基中任一点 M 的附加应力 σ_{zt}。在条形均布荷载作用下，地基中的附加应力可由此微条荷载积分求得，具体过程从略。同时由于积分所得土中附加应力系数 k_t 公式表达十分繁杂，不便计算。所以，常用查表法，由 $m = x/b$（x 为土中 M 点沿条形基础宽度 b 到条形基础纵向中心线的坐标）、$n = z/b$ 和表 3-6 查得，再者因中心点下附加应力最大，所以常计算中心点下附加应力，其计算公式为

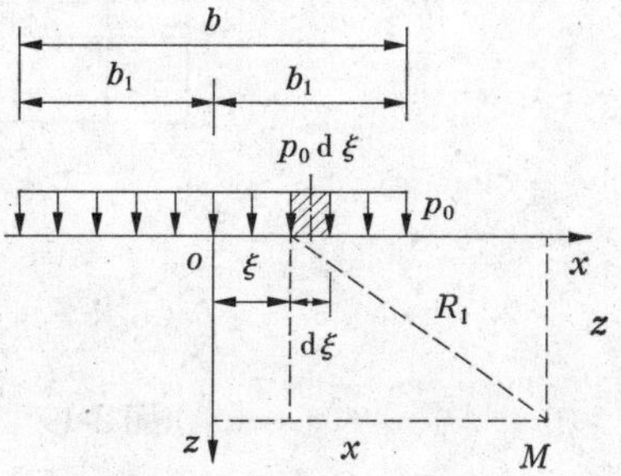

图 3-18　均布条形荷载作用下地基中的附加应力

$$\sigma_{zt} = k_t p_0 \tag{3-18}$$

式中　k_t——地基在条形均布荷载作用下的土中附加应力系数，由表 3-6 查得。

表 3-6　均布竖向条形荷载作用下土中附加应力系数 k_t

z/b	x/b					
	0	0.25	0.50	1.00	1.50	2.00
0	1.00	1.00	0.50	0.00	0.00	0.00
0.25	0.96	0.90	0.50	0.02	0.00	0.00
0.50	0.82	0.74	0.48	0.08	0.02	0.00
0.75	0.67	0.61	0.45	0.15	0.04	0.02
1.00	0.55	0.51	0.41	0.19	0.07	0.03
1.25	0.46	0.44	0.37	0.20	0.10	0.04
1.50	0.40	0.38	0.33	0.21	0.11	0.06
1.75	0.35	0.34	0.30	0.21	0.13	0.07
2.00	0.31	0.31	0.28	0.20	0.14	0.08
3.00	0.21	0.21	0.20	0.17	0.13	0.10
4.00	0.16	0.16	0.15	0.14	0.12	0.10
5.00	0.13	0.13	0.12	0.12	0.11	0.09
6.00	0.11	0.10	0.10	0.10	0.10	—

有关条形基础的应力分布规律如图 3-19 所示，宽度方向与矩形基础相近，如图 3-19(a)所示，等值线如图 3-19(b)所示。

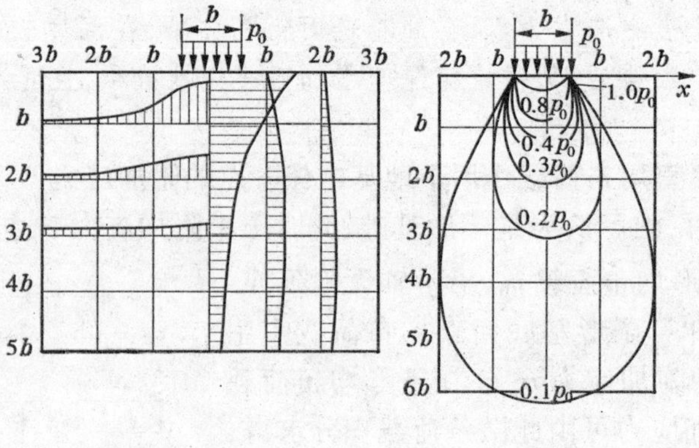

(a)水平和竖向分布　　(b)应力分布等值线

图 3-19　条形均布荷载作用下地基中应力分布

3.2.3.4　矩形基底铅直三角形分布荷载作用角点下的附加应力

矩形基底对地基作用三角形分布的铅直均布荷载，其最大值为 p_0，如图 3-20 所示，将荷载为零的角点 1 作为坐标原点 o，将荷载为零的边作为坐标的 y 轴。求零角点 1 下，深度为 z 的 $M(0,0,z)$ 点处的土中附加应力 σ_{zs}，微分推导从略，常用式(3-19)、式(3-20)和表 3-7 求解：

1 点下　　$\sigma_{zs}=k_{s1}p_0$　　(3-19)

同理，还可求得荷载最大值边的角点 2 下任一深度 M 处竖向附加应力为

2 点下　　$\sigma_{zs}=k_{s2}p_0$　　(3-20)

k_{s1} 和 k_{s2} 均为 $m=l/b$、$n=z/b$ 的函数，由表 3-7查取，$k_{s2}=k_{s均矩形}-k_{s1}$。注意：b 是沿三角形分布荷载方向的边长。

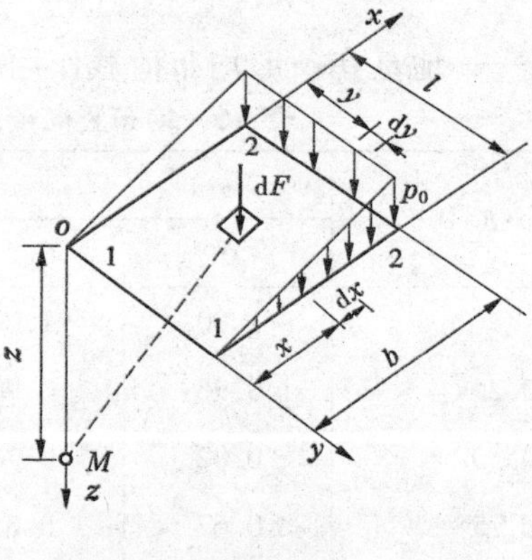

图 3-20　矩形基底三角形分布荷载角点下土中应力

应用上述均布和三角形分布的矩形荷载角点下的附加应力系数 k_i、k_{s1}、k_{s2}，即可用角点法求算矩形、梯形、三角形分布时地基中任一点 M 的竖向附加应力值，亦可求算条形荷载时(取 $m=l/b\geqslant 10$)的地基附加应力。若计算点正好位于荷载面 b 边方向中点(l 边方向可任意)之下，则不论是梯形分布荷载还是三角形分布的荷载，均可以中点处的荷载值按均布荷载情况计算。

表 3-7　矩形基底铅直三角形分布荷载作用下角点下的铅直向附加应力系数

z/b	l/b									
	0.2		0.4		0.6		0.8		1.0	
	点 1	点 2	点 1	点 2	点 1	点 2	点 1	点 2	点 1	点 2
0.0	0.000 0	0.250 0	0.000 0	0.250 0	0.000 0	0.250 0	0.000 0	0.250 0	0.000 0	0.250 0
0.2	0.022 3	0.182 1	0.028 0	0.211 5	0.029 6	0.216 5	0.030 1	0.217 8	0.030 4	0.218 2
0.4	0.026 9	0.109 4	0.042 0	0.160 4	0.048 7	0.178 1	0.051 7	0.184 4	0.053 1	0.187 0
0.6	0.025 9	0.070 0	0.044 8	0.116 5	0.056 0	0.140 5	0.062 1	0.152 0	0.065 4	0.157 5
0.8	0.023 2	0.048 0	0.042 1	0.085 3	0.055 3	0.109 3	0.063 7	0.123 2	0.068 8	0.131 1
1.0	0.020 1	0.034 6	0.037 5	0.063 8	0.050 8	0.085 2	0.060 2	0.099 6	0.066 6	0.108 6
1.2	0.017 1	0.026 0	0.032 4	0.049 1	0.045 0	0.067 3	0.054 6	0.080 7	0.061 5	0.090 1
1.4	0.014 5	0.020 2	0.027 8	0.038 6	0.039 2	0.054 0	0.048 3	0.066 1	0.055 4	0.075 1
1.6	0.012 3	0.016 0	0.023 8	0.031 0	0.033 9	0.044 0	0.042 4	0.054 7	0.049 2	0.062 8
1.8	0.010 5	0.013 0	0.020 4	0.025 4	0.029 4	0.036 3	0.037 1	0.045 7	0.043 5	0.053 4
2.0	0.009 0	0.010 8	0.017 6	0.021 1	0.025 5	0.030 4	0.032 4	0.038 7	0.038 4	0.045 6
2.5	0.006 3	0.007 2	0.012 5	0.014 0	0.018 3	0.020 5	0.023 6	0.026 5	0.028 4	0.031 3
3.0	0.004 6	0.005 1	0.009 2	0.010 0	0.013 5	0.014 8	0.017 6	0.019 2	0.021 4	0.023 3
5.0	0.001 8	0.001 9	0.003 6	0.003 8	0.005 4	0.005 6	0.007 1	0.007 4	0.008 8	0.009 1
7.0	0.000 9	0.001 0	0.001 9	0.001 9	0.002 8	0.002 9	0.003 8	0.003 8	0.004 7	0.004 7
10.0	0.000 5	0.000 4	0.000 9	0.001 0	0.001 4	0.001 4	0.001 9	0.001 9	0.002 3	0.002 4

z/b	l/b									
	1.2		1.4		1.6		1.8		2.0	
	点 1	点 2	点 1	点 2	点 1	点 2	点 1	点 2	点 1	点 2
0.0	0.000 0	0.250 0	0.000 0	0.250 0	0.000 0	0.250 0	0.000 0	0.250 0	0.000 0	0.250 0
0.2	0.030 5	0.218 4	0.030 5	0.218 5	0.030 6	0.218 5	0.030 6	0.218 5	0.030 6	0.218 5
0.4	0.053 9	0.188 1	0.054 3	0.188 6	0.054 3	0.188 9	0.054 6	0.189 1	0.054 7	0.189 2
0.6	0.067 3	0.160 2	0.068 4	0.161 6	0.069 0	0.162 5	0.069 4	0.163 0	0.069 6	0.163 3
0.8	0.072 0	0.135 5	0.073 9	0.138 1	0.075 1	0.139 6	0.075 9	0.140 5	0.076 4	0.141 2
1.0	0.070 8	0.114 3	0.073 5	0.117 6	0.075 3	0.120 2	0.076 6	0.121 5	0.077 4	0.122 5
1.2	0.066 4	0.096 2	0.069 8	0.100 7	0.072 1	0.103 7	0.073 8	0.105 5	0.074 9	0.106 9
1.4	0.060 6	0.081 7	0.064 4	0.086 4	0.067 2	0.089 7	0.069 2	0.092 1	0.070 7	0.093 7
1.6	0.054 5	0.069 6	0.058 6	0.074 3	0.061 6	0.078 0	0.063 9	0.080 6	0.065 6	0.082 6
1.8	0.048 7	0.059 6	0.052 8	0.064 4	0.056 0	0.068 1	0.058 5	0.070 9	0.060 4	0.073 0
2.0	0.043 4	0.051 3	0.047 4	0.056 0	0.050 7	0.059 6	0.053 3	0.062 5	0.055 3	0.064 9
2.5	0.032 6	0.036 5	0.036 2	0.040 5	0.039 3	0.044 0	0.041 9	0.046 9	0.044 0	0.049 1
3.0	0.024 9	0.027 0	0.028 0	0.030 3	0.030 7	0.033 3	0.033 1	0.035 9	0.035 2	0.038 0
5.0	0.010 4	0.010 8	0.012 0	0.012 3	0.013 5	0.013 9	0.014 8	0.015 4	0.016 1	0.016 7
7.0	0.005 6	0.005 6	0.006 4	0.006 6	0.007 3	0.007 4	0.008 1	0.008 5	0.008 9	0.009 1
10.0	0.002 8	0.002 8	0.003 3	0.003 2	0.003 7	0.003 7	0.004 1	0.004 2	0.004 6	0.004 6

续表 3-7

z/b	l/b 3.0		4.0		6.0		8.0		10.0	
	点 1	点 2	点 1	点 2	点 1	点 2	点 1	点 2	点 1	点 2
0.0	0.000 0	0.250 0	0.000 0	0.250 0	0.000 0	0.250 0	0.000 0	0.250 0	0.000 0	0.250 0
0.2	0.030 6	0.218 6	0.030 6	0.218 6	0.030 6	0.218 6	0.030 6	0.218 6	0.030 6	0.218 6
0.4	0.054 8	0.189 4	0.054 9	0.189 4	0.054 5	0.189 4	0.054 9	0.189 4	0.054 9	0.189 4
0.6	0.070 1	0.163 8	0.070 2	0.163 9	0.070 2	0.164 0	0.070 2	0.164 0	0.070 2	0.164 0
0.8	0.077 3	0.142 3	0.077 6	0.142 4	0.077 6	0.142 6	0.077 6	0.142 6	0.077 6	0.142 6
1.0	0.079 0	0.124 4	0.079 4	0.124 8	0.079 5	0.125 0	0.079 6	0.125 0	0.079 6	0.125 0
1.2	0.077 4	0.109 6	0.077 9	0.110 3	0.078 2	0.110 5	0.078 3	0.110 5	0.078 3	0.110 5
1.4	0.073 9	0.097 3	0.074 8	0.098 2	0.075 2	0.098 6	0.075 2	0.098 7	0.075 3	0.098 7
1.6	0.069 7	0.087 0	0.070 8	0.088 2	0.071 4	0.088 7	0.071 5	0.088 8	0.071 3	0.088 9
1.8	0.065 2	0.078 2	0.066 6	0.079 7	0.067 3	0.080 5	0.067 5	0.080 6	0.067 5	0.080 8
2.0	0.060 7	0.070 7	0.062 4	0.072 6	0.063 4	0.073 4	0.063 6	0.073 6	0.063 6	0.073 8
2.5	0.050 4	0.059 9	0.052 5	0.058 5	0.054 3	0.060 1	0.054 7	0.060 4	0.054 8	0.060 5
3.0	0.041 9	0.045 1	0.044 9	0.048 2	0.046 9	0.050 4	0.047 4	0.050 9	0.047 6	0.051 1
5.0	0.021 4	0.022 1	0.024 8	0.026 5	0.028 3	0.029 0	0.029 6	0.030 3	0.030 1	0.030 9
7.0	0.012 4	0.012 6	0.015 2	0.015 4	0.018 6	0.019 0	0.020 4	0.020 7	0.021 2	0.021 6
10.0	0.006 6	0.006 6	0.008 4	0.008 3	0.011 1	0.011 1	0.012 8	0.013 0	0.013 9	0.014 1

3.3 地基最终沉降量的计算

3.3.1 概述

在土力学研究中,土在压力的作用下产生变形、体积减小的性质称为土的压缩性,并把此压缩过程称为土的固结,竖向压缩地基下沉的数量称为地基沉降量,是建筑工程的主要研究内容之一。在力的作用下,任何土都具有一定的压缩性和沉降量,只是情况、条件和大小不同而已。

就外因(外力)作用而言,在建筑工程中,一般房屋建筑等荷载作用是地基土体产生压缩变形——地基沉降的主要原因,地基的压缩沉降主要由房屋建筑等新加荷载引起。通常在地基压缩沉降中占主导地位、起着至关重要的决定作用。就荷载而言,如前所述,在正常情况下,地基中主要有两种应力:一种是由于重力作用在土中所产的自重应力,一种是由于新建房屋建筑等新加荷载作用在土中所产生的附加应力。当然,除此之外,还有施工、使用(超额、未知、突发)和大自然等其他多种临时、突发和偶然作用。对于形成时间比较久远的土,土中自重应力所产生的压缩沉降,一般认为,在房屋建筑建造之前就已经完成。此时,认为地基的压缩沉降主要是由于新建房屋建筑等新加荷载作用所产生的附加应力而引起的。而对形成时间较短的地基土，在房屋建造时，其自重压缩固结仍在进行之中，还未达到压缩稳定状态，地基土体还存有欠固结压缩沉降。同时地基沉降还与周围土体约束直接相关，基础埋置越深，周围约束大，则相对沉降越小；反之，则越大。其次，还有地下水位的升降、水的渗流、施工荷载及其他荷载的影响也会产生地基的沉降，特别是对于非正常情况下的重大未知——偶然突发性的荷载作用，在设计、施工和使用过程中，要予以充分的重视、考虑、预见和防范。房屋建筑基础的沉降量与地基的竖向压缩变形量（沉降量），二者往往彼此相关、同时发生、数值相等。所以，从数值角度来讲，地基的压缩沉降量也是基础的沉降量。当然，二者本质是截然不同的。同时指出，房屋建筑的沉降量是其他变形特征值的基本量，其他变形特征值均由此产生和决定，一旦此沉降量确定之后，其他变形特征值便可求得。

根据土力学研究，就内因而言，在荷载作用下，地基的压缩沉降主要是由于土中水和气体的排出与气体的压缩，使土粒挤密粒间空隙减少造成的。而土粒本身压缩变形一般很小，通常忽略不计。

造成地基土压缩沉降的原因是多方面的，主要取决于外部荷载和地基土的种类性质——内部密实度的大小。同一种土和条件，荷载作用大，则压缩沉降量大；反之，则小。土的密度大、孔隙小，则强度高、压缩性小、沉降量小。而压缩沉降趋向稳定的快慢，除与荷载、土的密实度大小有关外，还与土体结构、土粒大小、状态分布、分层厚度、环境变化等其他诸多因素有关。其中水对地基土的影响最大，对土具有很强的溶解、腐蚀、润滑、上浮等多方面的正负作用，极易造成地基软化失强、失稳滑坡、湿陷沉降。特别是在最佳含水量状态下，压缩沉降的数量最大、速度最快，在强大动载、动水作用下破坏后果最为严重，对此务必高度重视、充分考虑、严加防范。例如，密实的单粒结构土和密实的坚硬黏土强度高，受水的影响小，压缩沉降量小，是良好的天然地基。非密实的粗粒土粒间孔隙大，且与外界联通，水汽易于排出，极易压缩稳定，也是相对较好的地基。又如，砂土地基一般在楼房建好之后，即可达到压缩稳定，当然建前最好做好密实处理，超前达到稳定更好。而细粒土比表面积大、吸水性强、含水量大，孔隙密闭，水汽不易排出，不易压密压实、快速稳定，且受水的影响大，遇水极易湿陷、失强、失稳，产生大量沉降。所以，细粒蜂窝、絮状海绵结构土强度低，压缩沉降量大，压缩稳定所需的时间长，可达几年甚至几十年，建前应做好密实处理，建后应做好沉降观测和防范处理。由此可知，合理选择建筑场地，选择良好的天然地基、做好地基保护、处理，也是减少地基沉降的一项重要而有效措施。另外，造成地基沉降还有其他多种原因，相应地，减少地基沉降还有其他多种方法和措施。在实际工程中，具体可根据需要，多方综合考虑、视情况而定。沉降对房屋建筑和人的生命财产危害极大，轻者不能正常使用，重者开裂、倒塌、破坏，危及人的生命和财产安全，特别是过大、不均和突发偶然沉降，其危害更大。沉降往往是难免的，在各种房屋建筑等工程的设计、施工和使用中，一定要采取切实有效的措施，严防地基与基础的过大、不均和偶然突发沉降的发生。如果不能满足设计和使用要求，可从上部结构、基础与地基、科技创新等诸多方面综合考虑解决，最终作出科学合理的调整，把沉降量和沉降差控制在国标、规范和实际安全允许的范围内，具体标准规定详查《建筑地基基础设计规范》（GB 50007—2011）等。

本节主要介绍土的压缩性、地基最终沉降量的计算和饱和土的单向渗透固结及建筑物的沉降观测。

3.3.2 土的压缩性

3.3.2.1 土被压缩变形的实质

目前,在研究土的压缩变形时都假定:土粒与水本身的微小变形可忽略不计。如前所述,土的压缩变形主要由土粒移动挤密和孔隙中的水汽排出与气体压缩,致使土中孔隙体积减小而引起的。这种变形过程与水和气体的排出速度有关,开始时变形量较大,然后随着颗粒间接触点的增多、接触面的增大和土体密实度、粒间接触应力的增大及整个土体可压缩空间与可压缩性的减少,使土粒的移动阻力也随之增大,从而使土体压缩变形逐渐减弱。

3.3.2.2 土的压缩试验与压缩定律

在室内压缩试验过程中,首先取天然的原状土样,然后放入压缩仪内进行试验,压缩仪的构造如图 3-21 所示。在压缩过程中,由于土样受到环刀等刚性护壁的约束,只能发生竖向压缩,不可能发生侧向膨胀。所以,该试验又叫侧限压缩试验。试验时是通过加荷装置和加压板将压力均匀地施加到土样上,荷载逐级施加,每加一级荷载都要等土样压缩相对稳定后,再施加下一级荷载,土样的压缩量可通过位移传感器测量。在试验过程中,要一边试验,一边记录,一边计算或事后计算,根据每一级压力下的稳定变形量,计算出与各级压力下相应的稳定孔隙比 e,并及时将计算结果填入事先设计好的表格中。通常设试验前试样的横截面面积为 A,土样的原始高度为 h_0,天然原状土样的孔隙比为 e_0,第一次施加的压力为 p_1,在此荷载作用下,土样压缩稳定后的压缩量为 Δh_1。此时,土样高度由 h_0 减至压缩稳定后的 h_1,相应的孔隙比由原天然孔隙比 e_0 减至压缩稳定后的 e_1,如图 3-22 所示。由于环刀刚性护壁的作用,土样压缩时不可能发生侧向膨胀,故压缩前后土样的横截面面积是相等的,在压缩过程中,土粒体积是不变的,同时根据以前章节土的三相物理指标换算简图可知:$Ah_0 = 1 + e_0$,$Ah_1 = 1 + e_1$,$h_1 = h_0 - \Delta h_1$,由此可得:

$$e_1 = e_0 - \frac{\Delta h_1}{h_0}(1 + e_0) \tag{3-21}$$

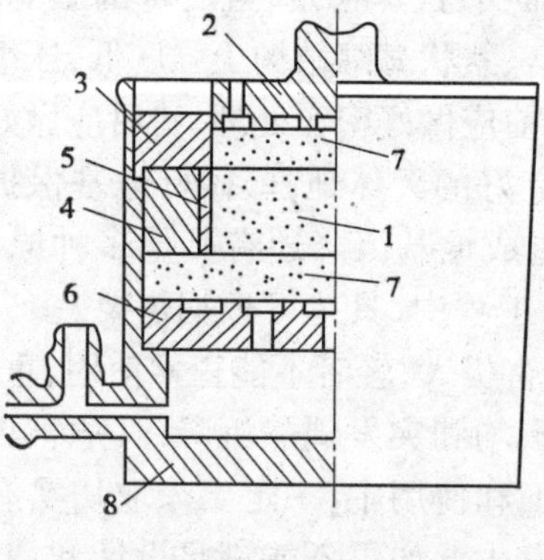

1—土样;2—加压板;3—导环;4—护环;
5—环刀;6—底板;7—透水石;8—容器

图 3-21 压缩仪示意图

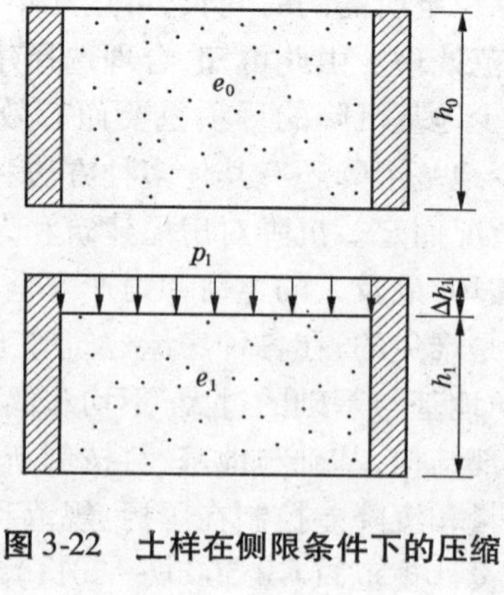

图 3-22 土样在侧限条件下的压缩

同理,其他各级荷载 p_i 作用下土样压缩稳定后的孔隙比为

$$e_i = e_0 - \frac{\Delta h_i}{h_0}(1 + e_0) \tag{3-22}$$

式中天然孔隙比 e_0 与土样原始高度 h_0 值为已知值，土样压缩量 Δh_i 可由位移传感器测得，一般规定每小时变形量不超过 0.005 mm 即认为变形已经稳定。常规压缩试验通过逐级加荷进行试验，常用的分级加荷量 p 为 50 kPa、100 kPa、200 kPa、300 kPa、400 kPa，即 0.05 MPa、0.1 MPa、0.2 MPa、0.3 MPa、0.4 MPa、0.5 MPa。必要时，可做加载—卸载—再加载试验。一般为 3 ~ 5 级荷载，通常加 5 级。通过式(3-22)求得各级压力下的孔隙比 e_i 后，再以孔隙比为纵坐标，以压力为横坐标，便可根据压缩试验成果绘制出孔隙比与压力的关系曲线，该曲线称土样 $e \sim p$ 压缩曲线，如图 3-23 所示。由该线可在地基沉降计算中，已知土的压力求出对应的孔隙比 e_i。

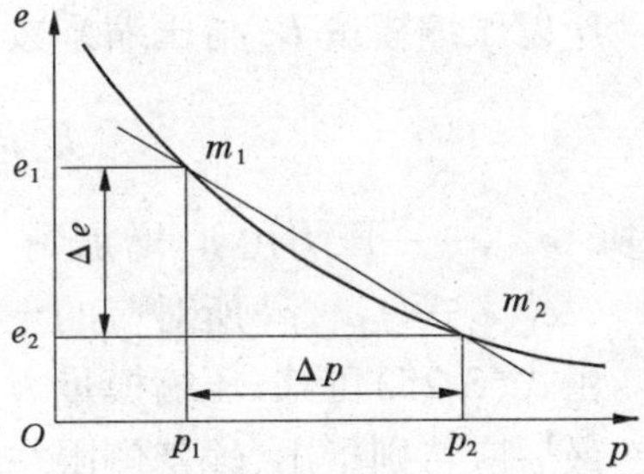

图 3-23　压缩曲线

从压缩曲线的形状可以看出，压力较小时曲线较陡，随压力逐渐增加曲线逐渐变缓，这说明土在压力增量不变情况下进行压缩时，其压缩变形的增量是递减的。这是因为在侧限条件下进行压缩时，开始加压阶段接触不稳定的土粒极易并首先发生位移，孔隙体积减小得很快，因而曲线陡，斜率大。随着压力的增加，其压缩主要是孔隙中水与气体的挤出，当达到受力平衡水与气体不再被挤出时，土的压缩则停止。在此压缩过程中，伴随土体粒间孔隙的减小、密实度和阻力的增大，从而导致土体压缩性和压缩量的减小逐渐趋近于零和最终停止。所以，曲线逐渐趋于平缓。压缩曲线的形状与土样的种类性质、结构状态和荷载大小以及受力历史等有关，不同种类、情况的土，其压缩曲线各不相同。若压缩曲线较陡，说明该土在压力增加时孔隙比减小得多，说明土易压缩变形，土的压缩性相对较高；若曲线平缓，说明土不易压缩变形，土的压缩性相对较低。因此，压缩曲线的坡度可以形象地说明土的压缩性的高低。

3.3.2.3　土压缩性指标

1. 土的压缩系数 a

在土的压缩曲线上，当压力的变化范围不大时，可将压缩曲线上相应一小段 m_1m_2 近似地用直线来代替，若 m_1 点的压力为 p_1，相应孔隙比为 e_1，m_2 点的压力为 p_2，相应孔隙比为 e_2，则 m_1m_2 段的直线斜率，称土的压缩系数，常用 a 表示，其数学表达式为

$$a_{1\text{-}2} = \frac{\Delta e}{\Delta p} = \frac{e_1 - e_2}{p_2 - p_1} \tag{3-23}$$

式(3-23)是土的力学性质基本定律之一，该式称土的压缩定律，单位是 MPa^{-1}。该式表明，在压力变化范围不大时，孔隙比的变化(减小值)与压力的变化值(增加值)成正比。压缩系数 a_{1-2} 是表示土的压缩性大小的主要指标，该值越大，表明土在某压力变化范围内孔隙比减少得越多，土的压缩性就越高。但由图 3-23 可以看出，同一种土的压缩系数并不是常数，而是随 m_1m_2 所取的位置，即压力大小和范围的不同而改变。因此，评价不同类型和状态的土的压缩性大小时，必须以相同的压力大小、变化范围和统一的标准来衡量比较，故《建筑地基基础设计规范》(GB 50007—2011)中规定：在实验室以 $p_1 = 100$ kPa，即 0.1 MPa，$p_2 = 200$ kPa，即 0.2 MPa，相应的压缩系数 a_{1-2} 作为判断土的压缩性的标准，由式(3-23)可

知，压缩系数越大，土的压缩性越大；反之，越小，具体如下：

高压缩性土：$a_{1-2} \geqslant 0.5\ \text{MPa}^{-1}$；

中等压缩性土：$0.1\ \text{MPa}^{-1} \leqslant a_{1-2} < 0.5\ \text{MPa}^{-1}$；

低压缩性土：$a_{1-2} < 0.1\ \text{MPa}^{-1}$。

2. 土的压缩模量

压缩试验除求得压缩系数 a_{1-2} 外，还可求得另一个常用的压缩性指标，即压缩模量 E_s（单位为 MPa 或 kPa），E_s 是指土在侧限条件下受压时，压应力 σ_z 与相应的应变 ε_z 之间的比值，即

$$E_s = \frac{\sigma_z}{\varepsilon_z} = \frac{(p_2 - p_1)h_0}{\Delta h_1} = \frac{(p_2 - p_1)(1 + e_1)}{e_1 - e_2} \tag{3-24}$$

所以压缩模量 E_s 与压缩系数 a_{1-2} 关系如下：

$$E_s = \frac{p_2 - p_1}{e_1 - e_2}(1 + e_1) = \frac{1 + e_1}{a_{1-2}} \tag{3-25}$$

式中　a_{1-2}——压力由 p_1 增加到 p_2 所对应的压缩系数；

e_1、e_2——p_1、p_2 所对应的土样孔隙比。

由式(3-25)可知，压缩模量 E_s 与压缩系数 a_{1-2} 呈反比关系。

最后应特别指出，地基侧限往往较小而不同，所以以上实验室侧限试验与房屋建筑下的地基压缩变形并不十分相符，特别是基础埋置较浅、地基软弱、侧限很小或侧限为零时，其试验结果与实际相差较大，只有基础埋置很深或土非常坚硬时，才较为符合。对此在实际工程中应予以充分考虑，侧限较小时，实际沉降相对较大，土体破坏较快。为此，在实际工程建设中，若基础埋置较浅、侧限小，可将侧限条件下算得的沉降量视情况提高，较为科学合理和安全。

3.3.3　地基最终沉降量的计算

计算地基的最终沉降量 s，其方法多种多样，主要根据房屋建筑与地基的种类和要求而定。目前对于一般较为简单和要求不高的房屋建筑，最常用的方法主要有分层总和法和规范法两种计算方法，这两种方法虽然表达形式有所不同，但基本原理是相同的。它们都是先将地基按其性质和应力状态进行分层，同时算出地基范围内不同层次和深度的自重应力 σ_{cz} 和附加应力 σ_z，并按照古典弹性理论将地基土看作是一种完全弹性、均质、各向同性的半无限空间连续体，且将非线性应力与应变关系段取其割线，作为近似的线性增量进行处理。然后根据土中应力分布和土工试验测定的地基土的物理指标、变形参数（孔隙比 e、压缩系数 a_{1-2} 和压缩模量 E_s 等），自上而下依此进行各层地基土沉降量的计算，最后通过总和——叠加算出总的地基沉降量。前者较烦琐，且精度不高；后者计算简单，精度高，是规范规定必须采用的，一般前者仅作为理论学习参考。在计算过程中，对变形计算参数和指标的选择，规范和实际工程中大多数选用压缩模量 E_s；同时结合经验、其他指标和方法综合考虑确定。当然，也可采用其他参数和指标。对于重要建筑，还要进行现场载荷试验、新技术应用、科技创新和多方综合等诸多大量工作及运用多种方法，来最终确定地基与基础的最终沉降量，这里仅对此作简要介绍，具体详见有关资料和工程实际。

3.3.3.1 竖向分层总和法计算地基最终沉降量 s 的原理介绍

1. 基本原理

如图 3-24 所示，该方法只考虑地基的竖向变形，没有考虑侧向变形，故该地基的变形与室内侧限压缩试验中的情况基本相同，同属单一竖向压缩问题。所以，地基土的最终沉降量可用室内压缩试验测出的基本参数 e、a、E_s 进行计算，根据下列参数公式：$e_i = e_0 - (1+e_0)\dfrac{\Delta h_i}{h_0}$、$a=\dfrac{e_1-e_2}{p_2-p_1}$、$E_s=\dfrac{1+e_1}{a}$，同时考虑地基土中的自重应力和附加应力实情，最终得出单层土压缩变形的沉降量多参数（指标）式。

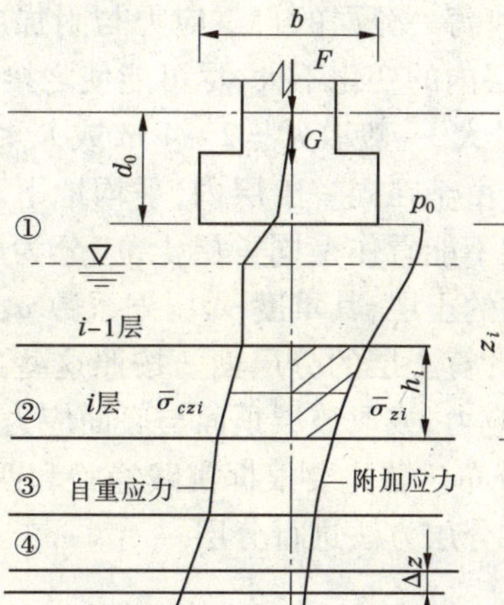

图 3-24 分层总和法计算地基沉降量

$$s_i = \Delta s_i = \Delta h_i = \frac{e_{1i}-e_{2i}}{1+e_{1i}}h_i = \frac{a_i(p_{2i}-p_{1i})}{1+e_{1i}}h_i = \frac{a_i\Delta p_i}{1+e_{1i}}h_i = \frac{\Delta p_i}{E_{si}}h_i = \frac{\overline{\sigma}_{zi}}{E_{si}}z_i \tag{3-26}$$

式中 s_i、Δs_i、Δh_i——单层土压缩变形的沉降量，m 或 mm；

e_{1i}——地基受建筑物荷载即附加应力之前，仅在土自重应力作用下的天然孔隙比；

e_{2i}——地基在自重应力和附加应力共同作用下压缩稳定后得到的孔隙比；

h_i、z_i——地基土中、第 i 层土的土层厚度，m；

a_i——地基土中第 i 层土的压缩系数；

p_{1i}——第 i 层地基土的自重应力平均值，kPa；

p_{2i}——第 i 层地基土的自重应力平均值和附加应力平均值之和，kPa；

$\overline{\sigma}_{zi}$、Δp_i——地基土中、第 i 层土的平均附加应力，kPa。

计算沉降量时，在地基可能受荷载变形的压缩层范围内，先根据土的特性、应力状态和地下水位进行分层，然后按式（3-26）计算各单层的沉降量，最后将各单层的沉降量叠加起来，则为地基的最终总沉降量 s，即

$$s = \sum_{i=1}^{n} s_i \tag{3-27}$$

式中 s——整个地基总的沉降量，m 或 mm；

s_i——第 i 层土的压缩沉降量，m 或 mm；

n——地基内土层总数。

2. 计算步骤

首先应根据基础底面形状尺寸和荷载类型，确定地基应力计算是属于平面问题还是空间问题；然后参照地基的土质条件、基础条件、荷载分布情况和实践经验及两倍基础宽度等综合预估计算深度，并分层。

（1）分层的原则是既要考虑土层的性质，又要考虑土中应力的变化，还要考虑地下水位的影响，以及不同计算厚度对计算精度的影响等诸多方面。一般分层厚度越薄，计算精度越高，但计算越复杂，工量、难度越大。所以，要有一个合理值。具体分层方法常有的三种：其一，因为在分层计算地基变形量时，每一分层的自重应力与附加应力所采用的都是平均值。为了使自重应力与附加应力在分层内的变化不大，尽可能使之接近直线，同时由于计算精度的要求，所以其分层厚度 h_i 不宜过大，一般取 $h_i = 2 \sim 4$ m 或 $h_i \leqslant 0.4b$，当土层较厚时，同一层土可分为多层进行计算。其二，由于在同一土层内，平均地下水位面以上和以下的土，其含水情况和重度大小各不相同，故不能看作是同一层土，应分为两种土层。所以，地下水位面应作为分层面。其三，不同性质的土层，其重度 γ、压缩系数 a_{1-2} 与孔隙比 e 都不一样，故地基土层的天然分层面也应作为计算土层的分层面。按照这些条件进行分层后，每一计算土层的平均应力可取该层中点的应力，或取该层顶面与底面应力的平均值。

（2）计算土中应力的大小和分布。首先要根据实践经验和两倍基础宽度等预估计算深度，然后根据地质资料和以上所讲分层方法进行分层。

①由式 $\sigma_{cz} = \sum\limits_{i=1}^{n} \sigma_{czi} = \sum\limits_{i=1}^{n} \gamma_i h_i$（kPa），自天然地面计算地基土中各计算分层的顶、底自重应力及二者平均值 $\overline{\sigma}_{cz} = \dfrac{\sigma_{cz顶} + \sigma_{cz底}}{2}$（kPa），即相应压缩试验中的 p_1。

②计算基底压力。

$$p = \frac{F + G}{A} = \frac{F + 20A\overline{d}}{A} \quad (\text{kPa})$$

式中　$\overline{d}$——自设计地面算起的基础室内外埋深的平均值，m。

③计算基底附加压力。

$$p_0 = p - \sigma_{cz0} = p - \gamma_0 d_0$$

式中　σ_{cz0}——基础底面处自天然地面算起的土的自重应力，kPa，遇到多层土时叠加计算；

γ_0——基底以上天然土体的加权平均重度，$\gamma_0 = \dfrac{\gamma_1 h_1 + \gamma_2 h_2 + \cdots + \gamma_n h_n}{h_1 + h_2 + \cdots + h_n}$，kN/m^3；

d_0——基础在天然地面下的埋深，m。

④自基底中心向下各计算土层中顶、底附加应力 $\sigma_z = kp_0$（kPa）及二者平均值 $\overline{\sigma_z} = \dfrac{\sigma_{z顶} + \sigma_{z底}}{2}$（kPa），即相应压缩试验中的 $p_2 - p_1 = \Delta p$（k 为计算点处土的竖向附加应力系数，具体要视荷载种类，查对应的附加应力系数表或由对应公式计算确定）。

⑤绘制自重应力 σ_{cz} 和土中附加应力 σ_z 分布曲线。

（3）确定地基压缩层计算深度：①一般土在 $\dfrac{\sigma_z}{\sigma_{cz}} \leqslant 20\%$ 处；②软土在 $\dfrac{\sigma_z}{\sigma_{cz}} \leqslant 10\%$ 处；通常

是边计算边比较，直至符合。

(4)做各天然土层室内压缩试验，绘制 $e \sim p$ 曲线。

(5)由各土层 $e \sim p$ 曲线，查得各土层 p_1、p_2 所对应的孔隙比 e_1、e_2，同时算出各土层压缩系数 a_{1-2} 和压缩模量 E_s。

(6)由式(3-26)和式(3-27)计算各土层沉降量，常有书面详细计算法和书面列表简化计算法两种，前者计算过程、公式、参数等清晰可见，易于检查，但占用篇幅较大。后者节省篇幅，综观全局分析决策快，但计算过程、公式、参数等不够详细、清晰，不便检查和检验，计算时一定要认真细致、周到全面，做到准确无误。具体可根据自己的习惯、熟练程度和工作需要视情选定。

(7)由式(3-27)叠加各土层沉降量，得总的最终沉降量。

3.3.3.2 《建筑地基基础设计规范》(GB 50007—2011)推荐的沉降计算法

1. 基本知识

由于多种原因分层总和法计算值与实测值之间存有较大差异，精度不高，而且分层多，工作繁杂、量大。经长期而广泛的实践和探究，为简化计算、提高效率和精度，分层以天然地面作为分层面，且引入沉降计算经验系数 ψ_s，对分层总和法加以修正、精练和提高，由此便产生了我国《建筑地基基础设计规范》(GB 50007—2011)所推荐的沉降计算方法，简称规范法。

由图 3-25 可导出规范法的计算公式，在分层总和法公式中，$\sigma\Delta z(z_i)$ 的乘积可作为附加应力图的面积 $cdfe$，此面积是曲线面积 $abfe$ 与曲线面积 $abdc$ 之差。曲线面积 $abfe$ 可用矩形面积 $p_0 z_i \overline{\alpha}_i$ 表示，另一曲线面积 $abdc$ 可用矩形面积 $p_0 z_{i-1}\overline{\alpha}_{i-1}$ 表示。代入式(3-26)、式(3-27)便得地基最终沉降量：

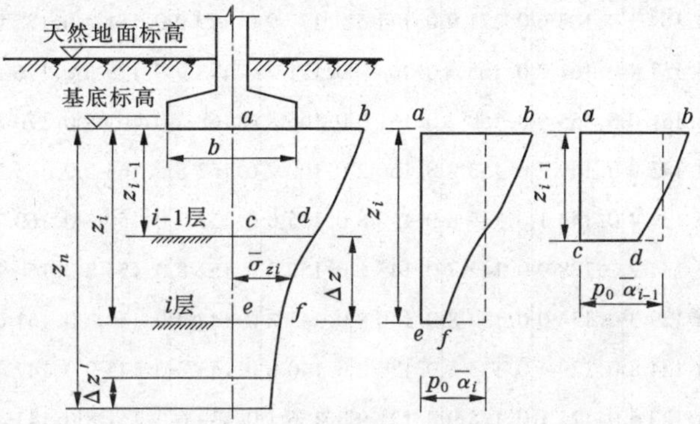

图 3-25 规范法计算图

$$s' = \sum_{i=1}^{n} \frac{p_0}{E_{si}}(z_i \overline{\alpha}_i - z_{i-1}\overline{\alpha}_{i-1}) \tag{3-28}$$

将理论计算的地基沉降量 s' 乘以沉降计算经验系数 ψ_s 便得地基最终沉降量：

$$s = \psi_s s' \tag{3-29}$$

式中 p_0——对应于荷载标准值基础底面处的附加压力，kPa；

E_{si}——基础底面下第 i 层土的压缩模量，按实际应力范围取值，MPa；

n——地基沉降计算深度 z_n 范围内所划分的土层数；

z_i、z_{i-1}——基础底面至第 i 层土、第 $i-1$ 层土底面的距离,m;

$\overline{\alpha}_i$、$\overline{\alpha}_{i-1}$——基础底面计算点至第 i 层土、第 $i-1$ 层土底面范围内的平均附加应力系数,可查与基础类型对应的附加应力系数表(见表 3-8)。

ψ_s——沉降计算经验系数,根据地区沉降观测资料及经验确定,无时可采用表 3-9 的数值。

表 3-8 矩形面积上均布荷载作用下角点的平均附加应力系数 α

z/b	l/b												
	1.0	1.2	1.4	1.6	1.8	2.0	2.4	2.8	3.2	3.6	4.0	5.0	10.0
0.0	0.250 0	0.250 0	0.250 0	0.250 0	0.250 0	0.250 0	0.250 0	0.250 0	0.250 0	0.250 0	0.250 0	0.250 0	0.250 0
0.2	0.249 6	0.249 7	0.249 7	0.249 8	0.249 8	0.249 8	0.249 8	0.249 8	0.249 8	0.249 8	0.249 8	0.249 8	0.249 8
0.4	0.247 4	0.247 9	0.248 1	0.248 3	0.248 3	0.248 4	0.248 5	0.248 5	0.248 5	0.248 5	0.248 5	0.248 5	0.248 5
0.6	0.242 3	0.243 7	0.244 4	0.244 8	0.245 1	0.245 2	0.245 4	0.245 5	0.245 5	0.245 5	0.245 5	0.245 5	0.245 6
0.8	0.234 6	0.237 2	0.238 7	0.239 5	0.240 0	0.240 3	0.240 7	0.240 8	0.240 9	0.240 9	0.241 0	0.241 0	0.241 0
1.0	0.225 2	0.229 1	0.231 3	0.232 6	0.233 5	0.234 0	0.234 6	0.234 9	0.235 1	0.235 2	0.235 2	0.235 3	0.235 3
1.2	0.214 9	0.219 9	0.222 9	0.224 8	0.226 0	0.226 8	0.227 8	0.228 2	0.228 5	0.228 6	0.228 7	0.228 8	0.228 9
1.4	0.204 3	0.210 2	0.214 0	0.216 4	0.218 0	0.219 1	0.220 4	0.221 1	0.221 5	0.221 7	0.221 8	0.222 0	0.222 8
1.6	0.193 9	0.200 6	0.204 9	0.207 9	0.209 9	0.211 3	0.213 0	0.213 8	0.214 3	0.214 6	0.214 8	0.215 0	0.215 2
1.8	0.184 0	0.191 2	0.196 0	0.199 4	0.201 8	0.203 4	0.205 5	0.206 6	0.207 3	0.207 7	0.207 9	0.208 2	0.208 4
2.0	0.174 5	0.182 2	0.187 5	0.191 2	0.193 8	0.195 8	0.198 2	0.199 6	0.200 4	0.200 9	0.201 2	0.201 5	0.201 8
2.2	0.165 9	0.173 7	0.179 3	0.183 3	0.186 2	0.188 3	0.191 1	0.192 7	0.193 7	0.194 3	0.194 7	0.195 2	0.195 5
2.4	0.157 8	0.165 7	0.171 5	0.175 7	0.178 9	0.181 2	0.184 3	0.186 2	0.187 3	0.188 0	0.188 5	0.189 0	0.189 5
2.6	0.150 3	0.158 3	0.164 3	0.168 6	0.171 9	0.174 5	0.177 9	0.179 9	0.181 2	0.182 0	0.182 5	0.183 2	0.183 8
2.8	0.143 3	0.151 4	0.157 4	0.161 9	0.165 4	0.168 0	0.171 7	0.173 9	0.175 3	0.176 3	0.176 9	0.177 7	0.178 4
3.0	0.136 9	0.144 9	0.151 0	0.155 6	0.159 2	0.161 9	0.165 8	0.168 2	0.169 8	0.170 8	0.171 5	0.172 5	0.173 3
3.2	0.131 0	0.139 0	0.145 0	0.149 7	0.153 2	0.156 2	0.160 2	0.162 8	0.164 5	0.165 7	0.166 4	0.167 5	0.168 5
3.4	0.125 6	0.133 4	0.139 4	0.144 1	0.147 8	0.150 8	0.155 0	0.157 7	0.159 5	0.160 7	0.161 6	0.162 8	0.163 9
3.6	0.120 5	0.128 2	0.134 2	0.138 9	0.142 7	0.145 6	0.150 0	0.152 8	0.154 8	0.156 1	0.157 0	0.158 3	0.159 5
3.8	0.115 8	0.123 4	0.129 3	0.134 0	0.137 8	0.140 8	0.145 2	0.148 2	0.150 2	0.151 6	0.152 6	0.154 1	0.155 4
4.0	0.111 4	0.118 9	0.124 8	0.129 4	0.133 2	0.136 2	0.140 8	0.143 8	0.145 9	0.147 4	0.148 5	0.150 0	0.151 6
4.2	0.107 3	0.111 7	0.120 5	0.125 1	0.128 9	0.131 9	0.136 5	0.139 6	0.141 8	0.143 4	0.144 5	0.146 2	0.147 9
4.4	0.103 5	0.110 7	0.116 4	0.121 0	0.124 8	0.127 9	0.132 5	0.135 7	0.137 9	0.139 6	0.140 7	0.142 5	0.144 4
4.6	0.100 0	0.107 0	0.112 7	0.117 2	0.120 9	0.124 0	0.128 7	0.131 9	0.134 2	0.135 9	0.137 1	0.139 0	0.141 0
4.8	0.096 7	0.103 6	0.109 1	0.113 6	0.117 3	0.120 4	0.125 0	0.128 3	0.130 7	0.132 4	0.133 7	0.135 7	0.137 9
5.0	0.093 5	0.100 3	0.105 7	0.110 2	0.113 9	0.116 9	0.121 6	0.124 9	0.127 3	0.129 1	0.130 4	0.132 5	0.134 8
5.2	0.090 6	0.097 2	0.102 6	0.107 0	0.110 6	0.113 6	0.118 3	0.121 7	0.124 1	0.125 9	0.127 3	0.129 5	0.132 0
5.4	0.087 8	0.094 3	0.099 6	0.103 9	0.107 5	0.110 5	0.115 2	0.118 6	0.121 1	0.122 9	0.124 3	0.126 3	0.129 2
5.6	0.085 2	0.091 6	0.096 8	0.101 0	0.101 6	0.107 6	0.112 2	0.115 6	0.118 1	0.120 0	0.121 5	0.123 8	0.126 6
5.8	0.082 8	0.089 0	0.0941	0.098 3	0.101 8	0.104 7	0.109 4	0.112 8	0.115 3	0.117 2	0.118 7	0.121 1	0.124 0

续表 3-8

z/b	l/b												
	1.0	1.2	1.4	1.6	1.8	2.0	2.4	2.8	3.2	3.6	4.0	5.0	10.0
6.0	0.080 5	0.086 6	0.091 6	0.095 7	0.099 1	0.102 1	0.106 7	0.110 1	0.112 6	0.114 6	0.116 1	0.118 5	0.121 6
6.2	0.078 3	0.084 2	0.089 1	0.093 2	0.096 6	0.099 5	0.104 1	0.107 5	0.110 1	0.112 0	0.113 6	0.116 1	0.119 8
6.4	0.076 2	0.082 0	0.086 9	0.090 9	0.094 2	0.097 1	0.101 6	0.105 0	0.107 6	0.109 6	0.111 1	0.113 7	0.117 1
6.6	0.074 2	0.079 9	0.084 7	0.088 6	0.091 9	0.094 8	0.099 5	0.102 7	0.105 3	0.107 3	0.108 6	0.111 4	0.114 9
6.8	0.072 3	0.077 9	0.082 6	0.086 5	0.089 8	0.092 6	0.097 0	0.100 4	0.103 0	0.105 0	0.106 6	0.109 2	0.112 9
7.0	0.070 5	0.076 1	0.080 6	0.084 4	0.087 7	0.090 4	0.094 9	0.098 2	0.100 8	0.102 8	0.104 4	0.107 1	0.110 9
7.2	0.068 8	0.074 2	0.078 7	0.082 5	0.085 7	0.088 4	0.092 8	0.096 2	0.098 7	0.100 8	0.102 3	0.105 1	0.109 0
7.4	0.067 2	0.072 5	0.076 9	0.080 6	0.083 8	0.086 5	0.090 8	0.094 2	0.096 7	0.096 8	0.100 4	0.103 1	0.107 1
7.6	0.056 6	0.070 9	0.075 2	0.078 9	0.082 0	0.084 6	0.088 9	0.092 2	0.094 8	0.096 8	0.098 4	0.101 2	0.105 4
7.8	0.064 2	0.069 3	0.073 6	0.077 1	0.080 2	0.082 8	0.087 1	0.090 4	0.092 9	0.095 0	0.096 6	0.099 4	0.103 6
8.0	0.062 7	0.067 8	0.072 0	0.075 5	0.078 5	0.081 1	0.085 3	0.088 6	0.091 2	0.093 2	0.094 8	0.097 6	0.102 0
8.2	0.061 4	0.066 3	0.070 5	0.073 9	0.076 9	0.079 5	0.083 7	0.086 9	0.089 4	0.091 4	0.093 1	0.095 9	0.100 4
8.4	0.060 1	0.064 9	0.069 0	0.072 4	0.075 4	0.077 9	0.082 0	0.085 2	0.087 8	0.089 8	0.091 4	0.094 3	0.098 8
8.6	0.058 8	0.063 6	0.067 6	0.071 0	0.073 9	0.076 4	0.080 5	0.083 6	0.086 2	0.088 2	0.089 8	0.092 7	0.097 3
8.8	0.057 6	0.062 3	0.066 3	0.069 6	0.072 4	0.074 9	0.079 0	0.082 1	0.084 6	0.086 6	0.088 2	0.091 2	0.095 9
9.2	0.055 4	0.059 9	0.063 7	0.067 0	0.069 7	0.072 1	0.076 1	0.079 2	0.081 7	0.083 7	0.085 3	0.088 2	0.093 1
9.6	0.053 3	0.057 7	0.061 4	0.064 5	0.067 2	0.069 6	0.073 4	0.076 5	0.078 9	0.080 9	0.082 5	0.085 5	0.090 5
10.0	0.051 4	0.055 6	0.059 2	0.062 2	0.064 9	0.067 2	0.071 0	0.073 9	0.076 3	0.078 3	0.079 9	0.082 9	0.080 0
10.4	0.049 6	0.053 7	0.057 2	0.060 1	0.062 7	0.064 9	0.068 6	0.071 6	0.073 9	0.077 5	0.077 5	0.080 4	0.085 7
10.8	0.047 9	0.051 9	0.055 3	0.058 1	0.060 6	0.062 8	0.066 4	0.069 3	0.071 7	0.073 6	0.075 1	0.078 1	0.083 4
11.2	0.046 3	0.050 2	0.053 5	0.056 3	0.058 7	0.060 9	0.061 4	0.067 2	0.069 2	0.071 4	0.073 0	0.075 9	0.081 3
11.6	0.044 8	0.048 6	0.051 8	0.054 5	0.056 9	0.059 0	0.062 5	0.065 2	0.067 5	0.069 1	0.070 9	0.073 8	0.079 3
12.0	0.043 5	0.047 1	0.050 2	0.052 9	0.055 2	0.057 3	0.060 6	0.063 4	0.065 6	0.067 4	0.069 0	0.071 9	0.077 4
12.8	0.040 9	0.044 4	0.047 4	0.049 9	0.052 1	0.051 1	0.057 3	0.059 9	0.062 1	0.063 9	0.065 4	0.068 2	0.073 9
13.6	0.038 7	0.042 0	0.044 8	0.047 2	0.049 3	0.051 2	0.054 3	0.056 8	0.058 9	0.060 7	0.062 1	0.067 9	0.077 0
14.4	0.036 7	0.039 8	0.042 5	0.044 8	0.046 8	0.048 6	0.051 6	0.054 0	0.056 1	0.057 7	0.059 2	0.061 9	0.067 7
15.2	0.034 9	0.037 9	0.040 4	0.042 6	0.044 6	0.048 3	0.049 2	0.051 5	0.053 5	0.055 1	0.056 5	0.059 2	0.065 0
16.0	0.033 2	0.036 1	0.038 5	0.040 7	0.042 5	0.041 2	0.046 9	0.049 2	0.051 1	0.052 7	0.051 0	0.056 7	0.062 5
18.0	0.029 7	0.032 3	0.034 5	0.036 4	0.038 1	0.039 6	0.042 2	0.044 2	0.046 0	0.047 5	0.048 7	0.051 2	0.057 0
20.0	0.026 9	0.029 2	0.031 2	0.033 0	0.034 5	0.035 9	0.038 3	0.040 2	0.041 8	0.043 2	0.044 4	0.046 8	0.052 4

注：b 为基础短边，m；l 为基础长边，m。

地基沉降计算深度 z_n 的确定应符合下式要求：

$$\Delta s'_n \leqslant 0.025 \sum_{i=1}^{n} \Delta s'_i \tag{3-30}$$

式中　$\Delta s'_i$——在计算深度范围内第 i 层土的计算沉降值；

$\Delta s'_n$——在由计算深度 z_n 处向上取 $\Delta z'$厚的土层计算沉降值，$\Delta z'$按表 3-10 确定。

表 3-9　沉降计算经验系数 ψ_s

基底附加压力	$\overline{E}_s$(MPa)				
	2.5	4.0	7.0	15.0	20.0
$p_0 \geqslant f_k$	1.4	1.3	1.0	0.4	0.2
$p_0 \leqslant 0.75f_k$	1.1	1.0	0.7	0.4	0.2

注：1. 表列数值可内插；

2. 表中 f_k 为地基承载力标准值；

3. p_0 为基底附加压力；

4. $\overline{E}_s$ 为沉降计算深度范围内压缩模量的当量值，按分层变形加权平均求得，即 $\overline{E}_s = \dfrac{\Sigma A_i}{\Sigma \dfrac{A_i}{E_{si}}}$，式中 A_i 及 E_{si} 分别为压缩层内第 i 层土的附加应力面积及压缩模量，其中 $A_i = p_0(z_i\overline{\alpha}_i - z_{i-1}\overline{\alpha}_{i-1})$，$E_{si}$ 查地质资料或公式计算求得。

表 3-10　地基沉降计算检验层厚度 $\Delta z'$

b(m)	≤2	2 < b≤4	4 < b≤8	8 < b≤15	15 < b≤30	>30
$\Delta z'$(m)	0.3	0.6	0.8	1.0	1.2	1.5

当确定的计算深度下部仍有较软土层时，应继续往下计算。当无相邻荷载影响，基础宽度在 1～50 m 范围内时，基础中点的地基沉降计算深度也可按简化式(3-31)计算：

$$z_n = (2.5 - 0.4\ln b)b \tag{3-31}$$

式中　b——基础宽度，m。

在计算深度范围内存在基岩时，z_n 可取至基岩表面。

2. 应用计算

【例 3-6】　设基础底面处的平均压力 $p = 180$ kN/m²，基础埋深 $d = 1.5$ m，地基承载力设计值 150 kN/m²，基础平面尺寸和各层土的压缩模量如图 3-26 所示，求基础Ⅰ的最终沉降量。

解：取天然土层面作为分层面。

(1)基础底面处土的自重应力。

$$\sigma_{cz} = \gamma d = 18 \times 1.5 = 27(\text{kN/m}^2)$$

(2)基底附加压力。

$$p_0 = p - \sigma_{cz} = 180 - 27 = 153(\text{kN/m}^2)$$

(3)土中附加应力系数。在附加压力 p_0 作用下基础Ⅰ底面中点 o 下各深度处的应力可用角点法求解。由图可知，基础Ⅰ底面中点至第 i 层土底面范围内的平均附加应力系数 $\overline{\alpha}_i$ 由两部分组成：基础Ⅰ本身产生的 $\overline{\alpha}_{\text{I}i} = 4\overline{\alpha}_{\text{I}i小}$ 及基础Ⅱ影响产生在基础Ⅰ处的 $\overline{\alpha}_{\text{II}-\text{I}i} = 2\overline{\alpha}_{i\ ocgd} - 2\overline{\alpha}_{i\ obfd}$，即 $\overline{\alpha}_i = \overline{\alpha}_{\text{I}i} + \overline{\alpha}_{\text{II}-\text{I}i}$。

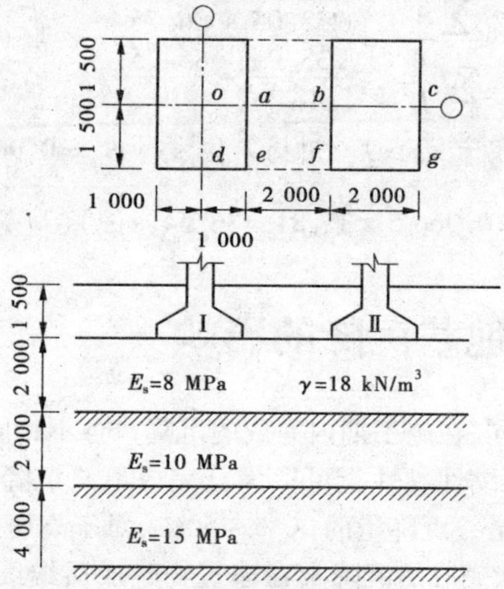

图 3-26　例 3-6 图

(4)检验层厚度。基础宽度 $b=2$ m，在深度 z_n 处向上取土层厚 $\Delta z'$ 为 0.3 m。

(5)各土层的沉降量计算，详见表 3-11，过程从略。

基底下 4 m(2b)处的总沉降量 $\sum_{i=1}^{n}\Delta s_i'=37.81$(mm)，该处以上 0.3 m 厚土层的沉降量 $\Delta s_n'=0.89$ mm，现有 $\frac{0.89}{37.81}=0.024<0.025$ 已符合式(3-30)的要求，故地基沉降计算深度定为 4 m(2b)。

表 3-11　各土层沉降量计算

z (m)	基础Ⅰ			基础Ⅱ对基础Ⅰ的影响			应力图面积 $p_0 z_i \bar{\alpha}_i$ (kN/m)	第 i 层附加应力面积 $A=p_0(z_i\bar{\alpha}_i-z_{i-1}\bar{\alpha}_{i-1})$ (kN/m)	E_s (MPa)	$\Delta s'=\frac{A}{E_s}$ (mm)	$\sum_{i=1}^{n}\Delta s'$ (mm)
	$\frac{l}{b}$	$\frac{z}{b}$	$\bar{\alpha}_i$	$\frac{l}{b}$	$\frac{z}{b}$	$\bar{\alpha}_{Ⅱ-Ⅰ}$					
0	1.5	0		$\frac{5}{1.5}=3.3$ $\frac{3}{1.5}=2.0$	0						
2	1.5	2	4×0.189 4 =0.757 6		1.3	2×(0.225 0－0.223 0)=0.004 0	153×0.761 6×2=233.05	233.05	8	29.13	29.13
4	1.5	4	4×0.127 1 =0.508 4		2.7	2×(0.178 5－0.171 4)=0.014 2	153×0.522 6×4=319.8	86.75	10	8.675	37.81
3.7	1.5	3.7	4×0.134 1 =0.536 4		2.5	2×(0.184 3－0.177 9)=0.012 8	153×0.549 2×3.7=310.90	8.9	10	0.89	

地基沉降计算深度范围内土层压缩模量的当量值为

$$\bar{E}_s = \frac{\sum A_i}{\sum \frac{A_i}{E_{si}}} = \frac{233.05 + 86.75}{\frac{233.05}{8} + \frac{86.75}{10}} = 8.46(\text{MPa})$$

由表3-9，因基底附加压力$p_0 \geqslant f_k$，用插入法求得$\psi_s = 0.9665$，故基础Ⅰ的最终沉降量为：$s = \psi_s s' = \psi_s \sum_{i=1}^{n} \Delta s' = 0.9665 \times 37.81 = 36.54(\text{mm})$（地基侧限小时，适当提高）。

3.4 应力历时对地基沉降的影响

一般建筑物地基土不同，在施工期内完成的沉降量各不相同：对于砂土可认为其最终沉降量已基本完成，对于低压缩性黏性土可认为已完成最终沉降量的50%～80%，对于中压缩性黏性土可认为已完成最终沉降量的20%～50%，对于高压缩性黏性土可认为已完成最终沉降量的5%～20%。未完成的沉降量在建筑物建成后继续沉降，特别是饱和黏土受荷载作用后，一般都要经历缓慢的渗透固结过程，其压缩变形才能逐渐终止。上述沉降计算方法得出的是渗透固结终了时达到的最终沉降量。为了掌握地基的整个沉降过程，便于分析处理建筑物在建设、使用过程中出现的问题，这时就需要了解地基沉降与时间的关系，即了解地基沉降过程中某一时间的沉降量或达到某固结度或沉降量时所需要的时间等。此外，在研究土体的稳定性时，还需了解土体中孔隙水压力值，尤其是超静孔隙水压力。这两个问题需依赖土体渗流固结理论方能得以解决。

3.4.1 有效应力原理

以上所讲的土体在自重应力作用下，只考虑了土中单位面积上的平均应力。饱和性黏土是由土粒和孔隙水共同组成的两相体（见图3-27(a)），实际上作用在土体上的荷载是由土粒和孔隙水共同承担的，这里把通过土粒接触点传递的应力称有效应力，用σ'表示，接触点面积用$\sum A_i$表示，接触点的合力用$\sum F_i$表示；通过孔隙水传递的应力，称孔隙水压力，用u表示。

现取饱和土单元体任一水平断面，如图3-27(b)所示，a_1为粒间接触点距离，其横截面面积为A，竖向应力σ等于该单元体以上孔隙水压力u和外加荷载σ'之和，通常把此应力称为总应力。由上得：

$$\sigma = \frac{\sum F_i}{A} + \frac{(A - \sum A_i)u}{A} = \sigma' + \left(1 - \frac{\sum A_i}{A}\right)u \tag{3-32}$$

试验表明，土粒接触点面积$\sum A_i$很小，一般只有总面积A的百分之几，故可略去不计，得到下式：

$$\sigma = \sigma' - u \tag{3-33}$$

$$\sigma' = \sigma + u \tag{3-34}$$

土体压缩固结可分三个阶段，具体如下：

为了更好地理解固结过程中土的颗粒骨架与孔隙水共同分担附加应力，以及它们的变化情况，太沙基提出了一维渗压模型来模拟现场土层中一点的固结过程，如图3-28所示的弹簧模型模拟。在一个装满水的圆筒中，放置一个弹簧，弹簧顶与水面齐平，然后在水面上

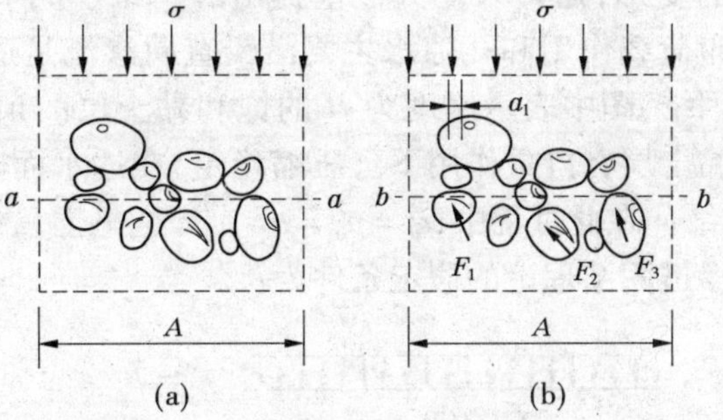

图 3-27　土体截面上力的传递示意图

放置一个具有若干排水孔的活塞。由于在较小荷载作用下,土可被看作是线性变形体,其应力与应变成比例关系,故模型中的弹簧与土的颗粒骨架相当,而圆筒中的水则与土体孔隙水相当。当活塞板上没有外加荷载 σ 作用时,测压管中的水位与圆筒中的静水位齐平,没有超静水压力 u ,筒中水不会通过活塞板上小孔流出,说明土中未出现渗流,如图 3-28(a)所示。第一阶段,当在活塞上突然施加压应力 σ 时,即在开始 $t=0$ 的瞬间由于水来不及排出,因此弹簧没有受压变形,附加压力完全由活塞底面下的水承担,即 $t=0$、$u=\sigma$、$\sigma'=0$,如图 3-28(b)所示。第二阶段,随时间的发展和延长,即 $t\neq 0$ 时,在孔隙水压力作用下,水开始经过活塞下部小孔排出,活塞下降,弹簧被压缩开始承担压力,σ 的一部分转为有效应力 σ',并且 σ' 在不断增大逐渐趋向于 σ,而超静水压力 u 相应地不断减小,并逐渐趋向于零,即 $t\neq0,u\to0,\sigma'\to\sigma,\Delta h_2\to0$,如图 3-28(c)所示。第三阶段,当达到压缩稳定状态后,压力 σ 全部转移到弹簧(土粒)上,此时水不再承担压力,也不再继续排出,固结变形就此终止,即 $t\to\infty$,$\sigma'=\sigma,u=0,\Delta h_3=0$,没有了超静水压力 u,如图 3-28(d)所示。

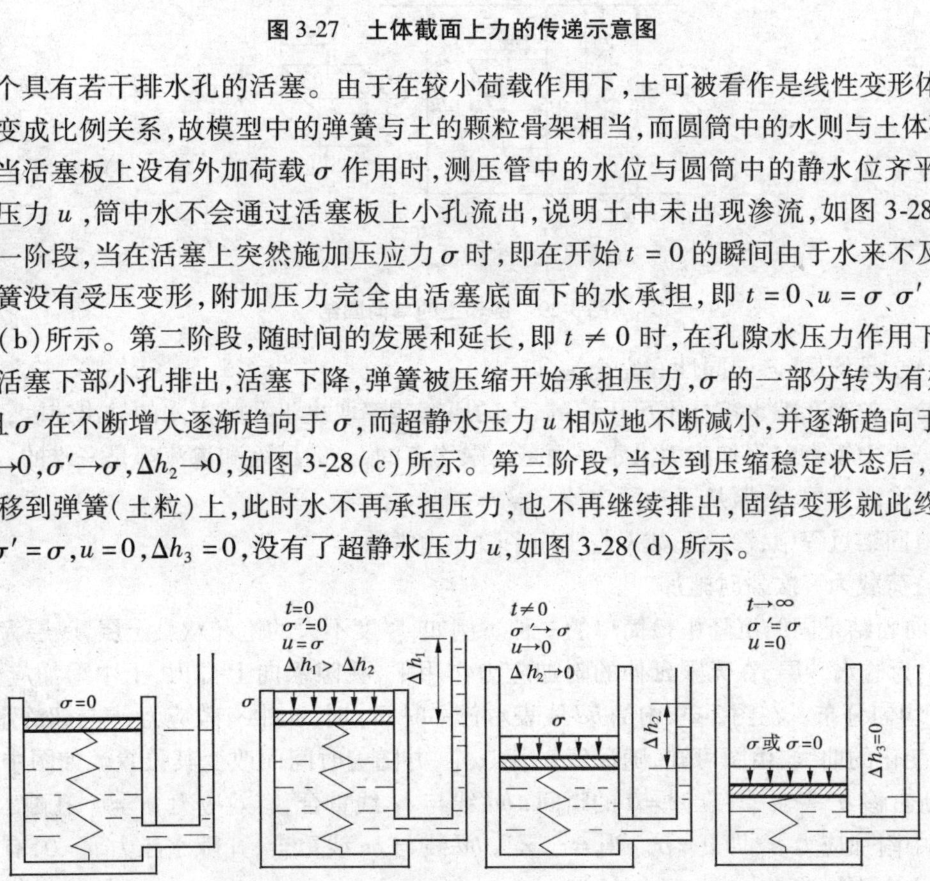

图 3-28　太沙基饱和土一维(单向)渗压模型

上述渗压模型说明了土中一点的应力随时间的转化过程,即在渗透固结过程中,随着孔隙水压力逐渐消失,有效应力逐渐增大,土的体积逐渐减小,密度逐渐增大,强度不断提高。

由上述模拟试验可知:在饱和黏土中任一点的总应力总是等于有效应力 σ' 与孔隙水压力 u 之和,这就是由太沙基提出的有效应力原理。

3.4.2　土的单向固结理论

经上述模型试验分析可知:地基的变形是随时间 t 而增长的,要确定饱和黏性土层在渗透固结过程中任一时间的变形,通常采用太沙基提出的一维(单向)渗透固结理论进行计算。该理论对无限大均布荷载作用和孔隙水主要沿铅直向渗流是适用的。如图 3-29 所示的土层情况属单向渗透固结,图中表示厚度为 H 的饱和黏土层的顶面是透水的,而底面是不透水的土层。该饱和黏土层在自重作用下已压缩稳定,在透水面上一次施加连续均布荷载 p_0 而引起新的土层固结。在此过程中,$\sigma = p_0 = \sigma' + u$,这里土只沿竖向排出孔隙水的压缩,称为单向固结,单向渗透固结理论的假定条件为:

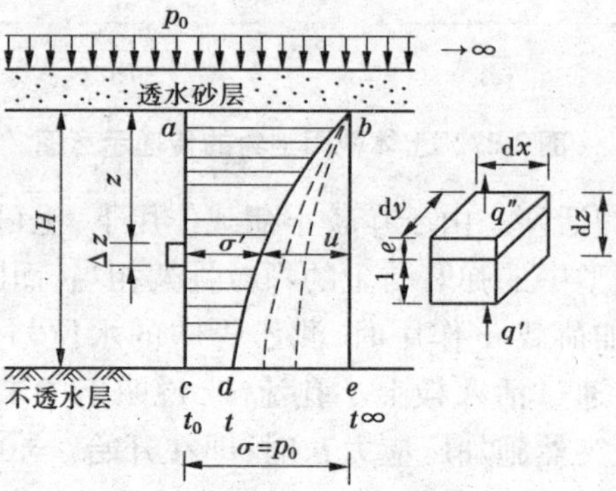

图 3-29　饱和土的单向固结

(1)土是均质、各向同性和完全饱和的;

(2)土粒和孔隙水都是不可压缩的,土的压缩速率取决于孔隙中水的排出速度;

(3)土中铅直向附加应力沿水平面是无限均布的,土的压缩和渗流都是一维的;

(4)渗流为层流,服从于达西定律 $v = ki$;

(5)固结过程中,渗透系数 k 与压缩系数 a 为常数;

(6)荷载为一次瞬时施加。

单向固结是固结沉降中最简单的一种。例如,厚度不大的饱和软黏土层,底层为不透水层,面层为透水砂层,在无限延伸的附加应力作用下,孔隙水向上排出,土中附加应力 σ 沿深度 H 均匀分布。在图 3-29 中的 bd 线表示任一时间 t 时,土中有效应力 σ' 与超静水压力 u 沿深度变化的曲线,由图可知,随深度 $\sigma'\downarrow$、$u\uparrow$,并随着时间而改变其位置。如图中虚线所示,不断右移 $\sigma'\uparrow$、$u\downarrow$。当 $t=0$ 的瞬间,bd 线与 ac 线重合,有效应力 $\sigma'=0$,孔隙水压力 u 等于土中附加应力 σ,即 $u=\sigma$。当 $t = \infty$,bd 线与 be 线重合,孔隙水压力 $u=0$,有效应力 σ' 等于土中附加应力 σ,即 $\sigma'=\sigma$。

根据以上研究,为了更好地表达土体压缩变形与时间的关系,了解土在任一时间的压缩变形和固结,特引入固结度这一概念和指标。所谓固结度,是指土体在一定荷载作用下,经一段时间后被压缩固结的程度,或者说地基在一定压力下,经某段时间 t 产生的变形量 s_t 与地基最终变形量 s 的比值,称为地基土的固结度,通常用 U_v 表示,其表达式为

$$U_v = \frac{s_t}{s} \tag{3-35}$$

$$s_t = U_v s \tag{3-36}$$

式中　s_t——基础在某一时刻 t 的沉降量;

　　　s——基础最终沉降量。

由式(3-35)和式(3-36)可知,要想求出地基在任一时间的沉降量 s_t,必须知道土的固结度 U_v 和最终沉降量 s,其中地基最终沉降量 s 可通过沉降计算等方法求得。而对于饱和黏土层的竖向排水的平均固结度 U_v,可用某一时间 t 时有效应力面积 $abdc$ 与全部有效应力面积 $abec$ 的比值表示,经过理论推导与简化,可得用级数表示的竖向固结度 U_v 与时间因数 T_v 的关系式:

$$U_v = 1 - \frac{8}{\pi^2}\sum_{m=1}^{\infty}\frac{1}{m^2}e^{-\frac{m^2\pi^2}{4}T_v} = 1 - \frac{8}{\pi^2}\left(e^{-\frac{\pi^2}{4}T_v} + \frac{1}{9}e^{-\frac{9\pi^2}{4}T_v} + \cdots\right) \tag{3-37}$$

式(3-37)括号内的级数收敛很快,近似计算可取第一项,即

$$U_v = 1 - \frac{8}{\pi^2}e^{-\frac{\pi^2}{4}T_v} \tag{3-38}$$

式中 m——正整奇数,即 1、3、5、…、$2m+1$;

U_v——固结度,其值在 0 与 1 之间;

T_v——竖向固结的时间因数 $T_v = C_v t/H^2$,C_v 为竖向固结系数,$C_v = k_v(1+e_m)/(a\gamma_w)$,$\text{mm}^2$/年,$k_v$ 为土的竖向渗透系数,mm^2/年,e_m 为土的平均孔隙比,$e_m = (e_1+e_2)/2$,其他研究和有关图书资料介绍直接取 e_1,不取平均值,具体视情况而定,a 为土的压缩系数,mm^2/N,γ_w 为水的重力密度,$\gamma_w = 9.8\times10^{-6}\ \text{N/mm}^3$,$t$ 为固结时间,年;

e——自然对数的底,取 2.718 28。

式(3-37)、式(3-38)表达的 U_v 与 T_v 的关系可用图 3-30 中 $V=p_a/p_b$ 对应关系曲线表示。实际饱和黏性土层内基底下的压力分布是有多种情况的,在理论上可求得 $V=p_a/p_b$ 不同情况时的 $U_v \sim T_v$ 关系曲线,如图 3-30 所示。图中 $V=p_a/p_b$ 式中的 p_a 是土层顶面的附加应力,p_b 是土层底面的附加应力。

(1) $V=p_a/p_b=1$,相当于土层在自重应力作用下已经固结,基础底面积较大,而压缩土层较薄的情况,即 $p_a=p_b$;

(2) $V=p_a/p_b=0$,相当于大面积新沉积或新填的土层,由于土自重压力产生的固结情况;

(3) $V=p_a/p_b<1$,相当于地基在自重压力作用下还未固结,就在上面建造建筑物的情况;

(4) $V=p_a/p_b=\infty$,相当于地基在自重压力作用下已完成固结,基底面积小,而压缩层很厚,土层底面附加应力已接近于零的情况;

(5) $p_a/p_b>1$,与情况(4) $V=p_a/p_b=\infty$ 类似,但土层底面附加应力远大于零的情况。

以上都是单面排水的情况,若压缩土层的底面与顶面均有排水条件时则为双面排水,不论压力分布如何,均按照 $V=1$ 考虑,且用 $H/2$ 代替 H。

利用图 3-30 计算十分简便。例如,已知固结度 U_v(%)及压力分布情况 V 值,可求得相应的时间因数 T_v 及时间,即可绘制 $U_v \sim T_v$ 关系曲线;如果已知该土层的最终固结沉降量 s,就可得某一时间 t 的沉降量 $s_t = U_v s$,即可绘制 $s_t \sim t$ 关系曲线。

【例 3-7】 如图 3-31 所示,某饱和黏土层厚 10 m,单面排水,自重应力作用下的孔隙比 $e_1=1.0$,自重应力和附加应力作用下的孔隙比 $e_2=0.9$,压缩系数 $a=0.1\ \text{MPa}^{-1}$,渗透系数 $k_v=7.0$ mm/年,顶面附加应力 $p_a=0.2$ MPa,底面附加应力 $p_b=0.1$ MPa,土自重应力下已完成固结,求固结度达 90% 时需要的时间及相应的沉降量。

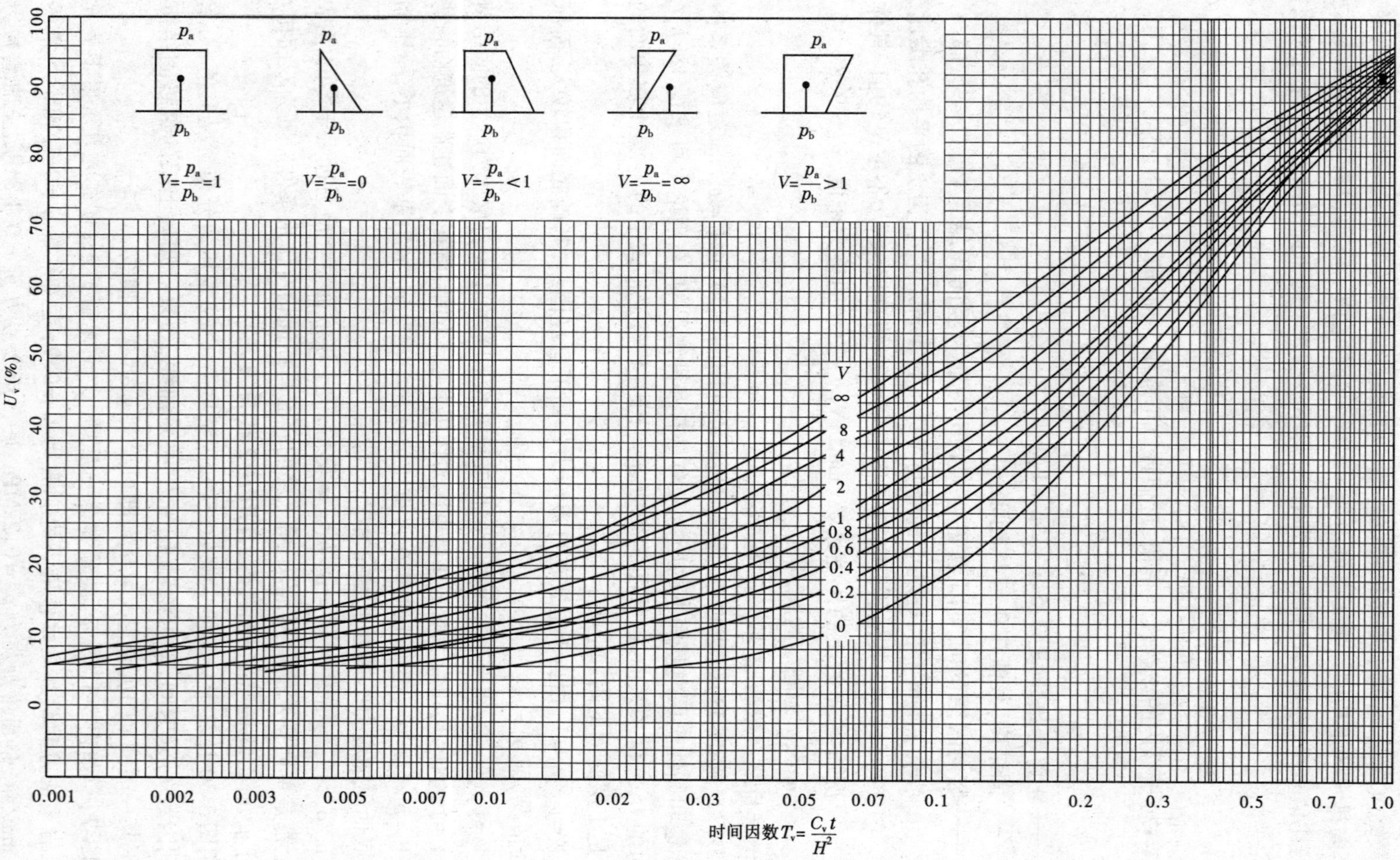
p_a
p_b
$V=\frac{p_a}{p_b}=1$
$V=\frac{p_a}{p_b}=0$
$V=\frac{p_a}{p_b}<1$
$V=\frac{p_a}{p_b}=\infty$
$V=\frac{p_a}{p_b}>1$
U_v (%)
100
90
80
70
60
50
40
30
20
10
0
V
∞
8
4
2
1
0.8
0.6
0.4
0.2
0
0.001
0.002
0.003
0.005
0.007
0.01
0.02
0.03
0.05
0.07
0.1
0.2
0.3
0.5
0.7
1.0
时间因数$T_v=\frac{C_v t}{H^2}$

图3-30 U_v~T_v 曲线

解:$e_m=(e_1+e_2)/2=(1.0+0.9)/2=0.95$

竖向固结系数:

$$C_v=\frac{k_v(1+e_m)}{a\gamma_w}=\frac{7.0\times\left(1+\frac{1.0+0.9}{2}\right)}{0.1\times9.8\times10^{-6}}=13.928\ 571\times10^6(\text{mm}^2/\text{年})$$

根据 $U_v=90\%$、$V=\frac{p_a}{p_b}=\frac{0.2}{0.1}=2$,由图 3-30 查得 $T_v=0.82$,故所需时间:

$$t_v=\frac{H^2T_v}{C_v}=\frac{10\ 000^2\times0.82}{13.928\ 571\times10^6}=5.887\ 2(\text{年})$$

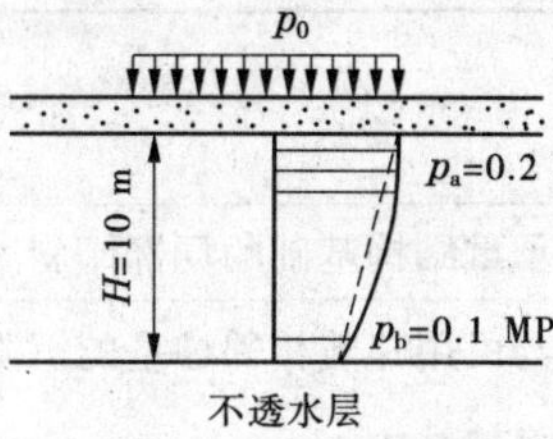

图 3-31　例 3-7 图

该层土的总固结沉降量:

$$s=\frac{e_1-e_2}{1+e_1}H=\frac{1-0.9}{1+1}\times10\ 000=500(\text{mm})$$

相应的沉降量:

$$s_t=U_vs=0.9\times500=450(\text{mm})$$

3.5　建筑物沉降观测地基允许变形值

3.5.1　地基变形特征及允许值

地基变形特征可分为沉降量、沉降差、倾斜和局部倾斜,如图 3-32 所示。

(1)沉降量:指基础中心的沉降量,如图 3-32(a)所示。

(2)沉降差:指两相邻单独基础沉降量的差值 $\Delta s=s_1-s_2$,如图 3-32(b)所示。

(3)倾斜:指基础倾斜方向两端点的沉降差与其距离的比值,如图 3-32(c)所示。

(4)局部倾斜:指砌体承重结构沿纵墙 6~10 m 内基础两点间的沉降差与其距离的比值,如图 3-32(d)所示。

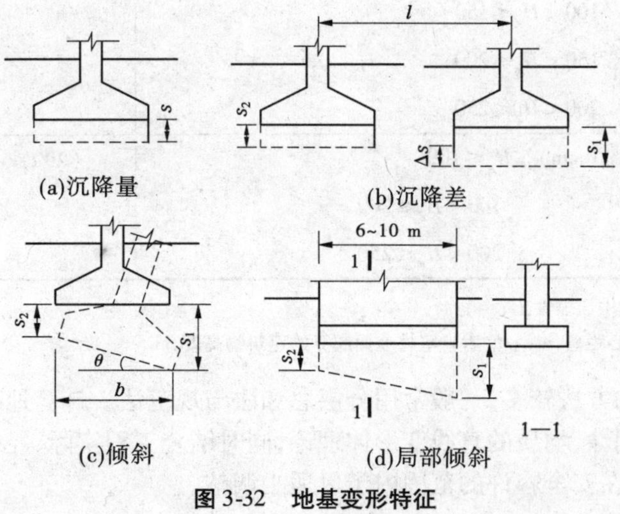

图 3-32　地基变形特征

3.5.2　建筑物的地基变形允许值

建筑物的地基变形计算值不应大于《建筑地基基础设计规范》(GB 50007—2011)规定的地基变形允许值,建筑物的地基变形允许值应符合表 3-12 的规定,且以新规范为准。

表 3-12　建筑物的地基变形允许值

<table>
<tr><th rowspan="2">变形特征</th><th colspan="2">地基土类别</th></tr>
<tr><th>中、低压缩性土</th><th>高压缩性土</th></tr>
<tr><td>砌体承重结构基础的局部倾斜</td><td>0.002</td><td>0.003</td></tr>
<tr><td>工业与民用建筑相邻柱基的沉降差</td><td></td><td></td></tr>
<tr><td>①框架结构</td><td>0.002l</td><td>0.003l</td></tr>
<tr><td>②砖石墙填充的边排柱</td><td>0.000 7l</td><td>0.001l</td></tr>
<tr><td>③当基础不均匀沉降时不产生附加应力的结构</td><td>0.005l</td><td>0.005l</td></tr>
<tr><td>单层排架结构(柱距为 6 m)柱基的沉降量(mm)</td><td>120</td><td>200</td></tr>
<tr><td>桥式吊车轨面的倾斜(按不调整轨道考虑)</td><td colspan="2"></td></tr>
<tr><td>纵向</td><td colspan="2">0.004</td></tr>
<tr><td>横向</td><td colspan="2">0.003</td></tr>
<tr><td>多层和高层建筑基础的倾斜　$H_g \leq 24$</td><td colspan="2">0.004</td></tr>
<tr><td>$24 < H_g \leq 60$</td><td colspan="2">0.003</td></tr>
<tr><td>$60 < H_g \leq 100$</td><td colspan="2">0.002</td></tr>
<tr><td>$H_g > 100$</td><td colspan="2">0.001 5</td></tr>
<tr><td>高耸结构基本的倾斜　$H_g \leq 20$</td><td colspan="2">0.08</td></tr>
<tr><td>$20 < H_g \leq 50$</td><td colspan="2">0.06</td></tr>
<tr><td>$50 < H_g \leq 100$</td><td colspan="2">0.05</td></tr>
<tr><td>$100 < H_g \leq 150$</td><td colspan="2">0.04</td></tr>
<tr><td>$150 < H_g \leq 200$</td><td colspan="2">0.03</td></tr>
<tr><td>$200 < H_g \leq 250$</td><td colspan="2">0.02</td></tr>
<tr><td>高耸结构基础的沉降量(mm)　$H_g \leq 100$</td><td rowspan="3">(200)</td><td>400</td></tr>
<tr><td>$100 < H_g \leq 200$</td><td>300</td></tr>
<tr><td>$200 < H_g \leq 250$</td><td>200</td></tr>
</table>

注:1. 有括号者仅适用于中压缩性土;

2. l 为相邻柱基的中心距离,mm;H_g 为自室外地面起算的建筑物高度,m。

地基变形计算的方法较多,一般常用分层总和法与规范法。计算地基变形时,地基内的应力分布采用各向同性、均质的直线变形体理论,同时结合工程实际,经多方研究论证、实践检验和上报批准,可在安全容许的范围内予以适当调整。

3.5.3 建筑物的沉降观测

在地基设计中，对于一般建筑所用到的地基变形量，往往是通过理论计算和经验得到的数值。高等级的建筑还要通过现场试验、新技术、新成果、新材料、新工艺的应用和科研创新、多方综合及合理修正等多种复杂的工作，从中得到较为科学合理和比较准确的地基变形值。尽管如此，但由于地基具有复杂多变性，其性能状态往往伴随季节、气候和环境是不断变化的。所以，仍与实际的地基变形情况有所差异，很难做到完全一致。因此，对于某些沉降难以把握的建筑物，特别是一些重要建筑物和比较软弱易出问题的地基，使用中必须进行系统的沉降观测，并规定相应的地基变形容许值，以确保建筑物的正常使用是非常重要和不可缺少的工作。

(1)设置作用。建筑物的沉降观测能反映地基变形的实际情况以及地基变形对建筑物的影响程度。因此，系统的沉降观测资料是验证地基基础设计是否正确，分析地基事故以及判别施工质量的重要依据；也是确定建筑物地基的容许变形值的重要资料。此外，通过对沉降计算值与实际观测值的对比，还可以了解现行沉降计算方法的准确性，以便修改完善和改进提高，使沉降计算方法更加精准，符合实际和建设质量更高、更好。同时及时处理有关问题。

(2)设置对象。对高层建筑物、重要的新型建筑或有代表性的建筑物，或形式特殊的建筑物，或构造上、使用上对不均匀沉降有严格限制和特殊要求的建筑物，或大型高炉、平炉、筒式钢制油罐，或软弱地基，或基础下有故河道、池塘、暗浜的建筑物等，常需进行系统的沉降观测。

(3)设置方法。通常水准基点的设置以保证其稳定可靠为原则，要求不少于两个，宜设置在坚实不易扰动的土层上，离被观测的建筑物 30 ~ 80 m。应对水准基点妥加保护，使其不受外界影响与损害。在一个观测区内，水准基点不应少于 3 个，一般 3 ~ 6 个，具体视情况而定。观测点的布置应能全面反映建筑物基础的沉降，并根据建筑物的规模、形式和结构特征以及建筑场地的工程地质和水文地质条件等确定，要求便于施测和不易遭到损坏。

(4)观测点宜设在下列各处：

①建筑物的四周角点、中点、重载点、转角处和地基软弱处，沿建筑物周边每隔 10 ~ 20 m 可设一点，具体视情况而定；

②沉降缝的两侧，新建与原有建筑物连接处的两侧和伸缩缝的任一侧；

③宽度大于 15 m 的建筑物内部承重墙(柱)上，同时宜设在纵横轴线上；

④重型设备基础和动力基础的四角；

⑤有相邻荷载影响处；

⑥易受振源振动影响的区域；

⑦地基软弱、差异处和基础下有暗河、暗浜等处；

⑧框架结构的每个或部分柱基上；

⑨沿筏片或箱形基础的周边和纵横轴线上；

⑩筒式钢制油罐基础沿周边每隔 10 m 设一点，并均匀对称布置。

为取得较完整的资料，要求在浇筑基础时开始施测，施工期的观测可根据施工进度确定，例如，民用建筑每加高一层应观测一次；工业建筑物在不同荷载阶段分别进行观测。竣工后，前三个月每月测一次，以后根据沉降速率每2～6个月测一次，具体视情况而定，直至沉降稳定。沉降稳定标准可采用半年沉降量不超过2 mm。遇地下水位升降、打桩、地震、洪水淹没现场等情况，应及时观测。当建筑物出现突然严重裂缝或大量沉降时，应连续观测建筑物的沉降量。对影响建筑安全稳定和正常使用的有关问题，及时作出处理，特别是重要建筑和重大问题，还要及时聘请专家会诊处理。

小　结

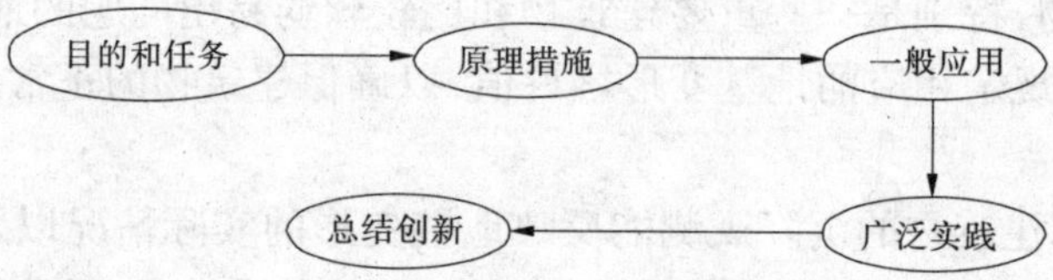

能力扩展与应用

在以上基本知识和基本能力教学的同时：

(1)选一栋真实的房屋建筑工程项目(教师指定或学生自选均可)，全面系统地归纳总结、实践应用自重应力、基底压力、基底附加压力、地基中附加应力、沉降计算和沉降观测的方法步骤、具体措施、注意要点和精度准确性的提高措施；

(2)根据所学知识全面系统地分析总结与地基沉降有关的因素和防范措施；

(3)通过校内外全面系统的学习、总结、研讨和广泛实践，展示一下你的聪明才智，尝试一下创新，点滴见解和方法措施均可，越多越好。

注：一定要在老师的有效指导下师生共同完成。通过深入广泛的教学实践，使学生全面系统地掌握地基沉降量计算、观测和案例处理的基本知识和基本技能。

课后知识面扩展

根据课程进度，边教、边学、边实践，师生共同努力，不断深入建筑工地和图书馆、资料室，及时获取至少一项真实的建设工程地质报告、施工图纸，并根据工程地质报告和资料、施工图和现场，做一真实的地基沉降计算和观测，并与设计院和施工现场工程技术人员相结合，检验自己的计算是否准确，有哪些经验需要学习，有哪些知识需要丰富完善，并写出该项工程的地基沉降实践报告。内容有：一是目的和要求；二是时间安排；三是工程项目名称、地点，勘探、设计、施工单位和负责人，工程地质勘察报告和书写人、施工图纸和设计人；四是个人沉降计算与结果；五是工程实际沉降计算与个人计算比较和修正；六是施工现场有关沉降问题和案例的分析解决；七是经验学习与创新；八是全面总结，对自己的教室或寝室做一沉降观测和考察分析。

注：在老师指导下由学生独立完成，使学生具有全面丰富的知识，且达到和形成实际的地基沉降计算、观测的能力和实际问题的处理能力。

第 4 章　土的抗剪强度及地基承载力

知识目标

- 掌握土的抗剪强度的概念及其基本规律。
- 了解抗剪强度指标的来源及影响因素。

能力目标

- 能用莫尔圆表示土中某点的应力状态。
- 熟悉抗剪强度指标的测定方法。
- 了解确定地基承载力的方法。

4.1　土的抗剪强度

【课堂导入】　何为土的抗剪强度？地基破坏与抗剪强度的关系？

土的抗剪强度是指土体抵抗剪切破坏的极限能力，是土的重要力学性质之一。工程中的地基承载力、挡土墙土压力、土坡稳定等问题都与土的抗剪强度直接相关。

建筑物地基在外荷载作用下将产生剪应力和剪切变形，土具有抵抗这种剪应力的能力，并随剪应力的增加而增大，当这种剪应力达到某一极限值时，土就要发生剪切破坏，这个极限值就是土的抗剪强度。如果土体内某一部分的剪应力达到土的抗剪强度，在该部分就开始出现剪切破坏，随着荷载的增加，剪切破坏的范围逐渐扩大，最终在土体中形成连续的滑动面（见图 4-1），地基发生整体剪切破坏而丧失稳定性（见图 4-2）。

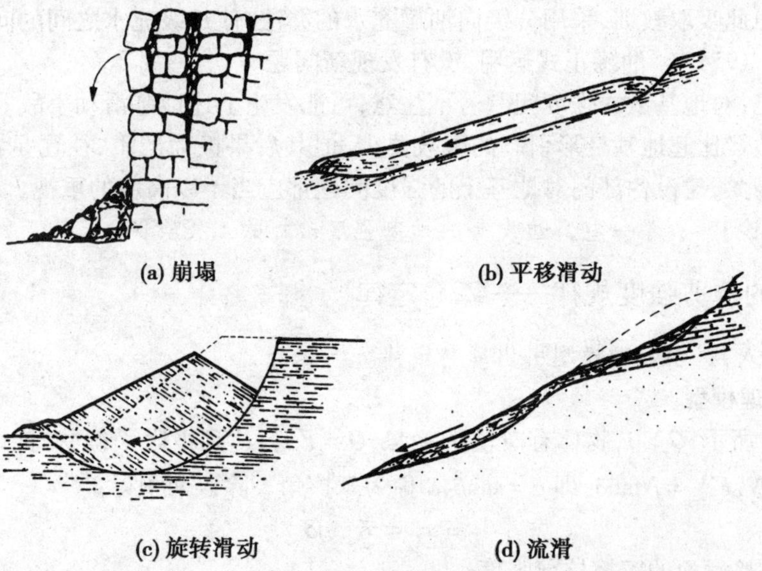

图 4-1　各种类型的滑坡

加拿大特朗斯康大型谷仓与美国纽约汉森河旁一座水泥仓库的严重事故，都是地基强度破坏的典型工程实例。分析这两起灾难性事故的原因，均为仓库满载时超过地基强度的极限荷载，引起地基整体滑动破坏。

另一工程实例为南美洲巴西的一幢 11 层大厦，这幢高层建筑高度为 29 m，宽度为 12 m。地基软弱，设计桩基础，柱长 21 m，共计 99 根桩。此大厦于 1955 年动工，至 1958 年 1 月竣工时，发现大厦背面产生明显沉降。1 月 30 日，大厦沉降速率高达 4 mm/h。晚间 8 时沉降加剧，在 20 s 内整幢大厦倒塌，平躺在地面。分析这一起重大事故的原因：大厦的建筑场地为沼泽土，软弱土层很厚；邻近其他建筑物采用的桩长为 26 m，穿透软弱土层，到达坚实土层，而此大厦的桩长仅 21 m，桩尖悬浮在软弱黏土和泥炭层中，必然导致地基产生整体滑动而破坏。

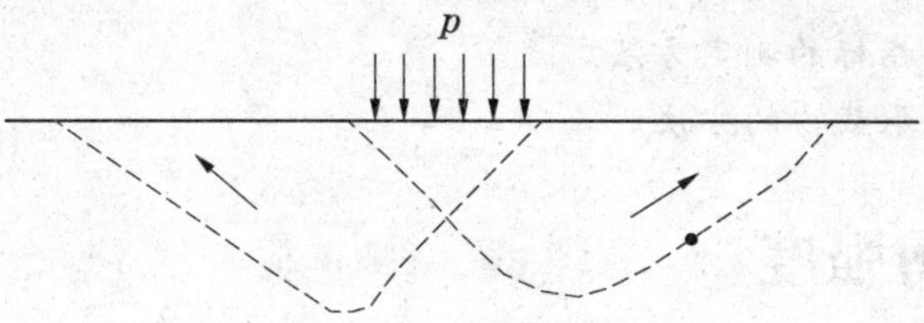

图 4-2 地基的破坏

又一起工程事故实例为挪威弗莱德里克斯特 T8 号油罐。该油罐的直径为 25.4 m，高度为 19.3 m，容积为 6 230 m^3。1952 年快速建造这座大油罐。竣工后试水，在 35 h 内注入油罐的水量约 6 000 m^3，因荷载增加太快，2 h 后，发现此油罐向东边倾斜，同时发现油罐东边的地面有很大隆起。事故发生后，立即将油罐中的水放空，量测油罐最大的沉降差达 508 mm，最大的地面隆起为 406 m。同时，地基位移扩展约 10.36 m。事后查明：油罐的地基为海积粉质黏土和海积黏土，为高灵敏度土，且油罐东部地基中存在局部软黏土层。在油罐充水荷载为 55 000 kN，相当于承受 110.9 kPa 均布荷载时，油罐地基通过局部软黏土层产生滑动破坏。由此吸取教训，采用分级向油罐充水的办法，使每级充水之间的间隔时间能使地基发生固结。1954 年，油罐正式运用，没有发现新问题。

由此可见，对地基土的强度问题若不注意，可能发生上述地基滑动事故。尽管这类地基强度事故的数量比起地基变形引起的事故要少，但其后果极为严重，往往是灾难性的破坏，难以挽救。为此，建设各部门对地基土的强度问题都应当予以高度的重视。

【课堂讨论】 列举一些身边发生的地基强度破坏的工程实例。

4.1.1 土的抗剪强度规律——库仑定律

【课堂导入】 由物理模型引出库仑定律。

4.1.1.1 物理模型

如图 4-3 所示，$Q>0$，物体有滑动的趋势；$Q=F_{max}$，达到极限平衡状态。由物理学知识可得 $F_{max}=\mu N$，$F_{max}=N\tan\delta$，即 $\mu=\tan\delta$，δ 称为摩擦角。除以面积得：

$$\tau_f = \sigma\tan\delta$$

式中 τ_f——接触面的摩擦抗剪强度；

σ——正应力。

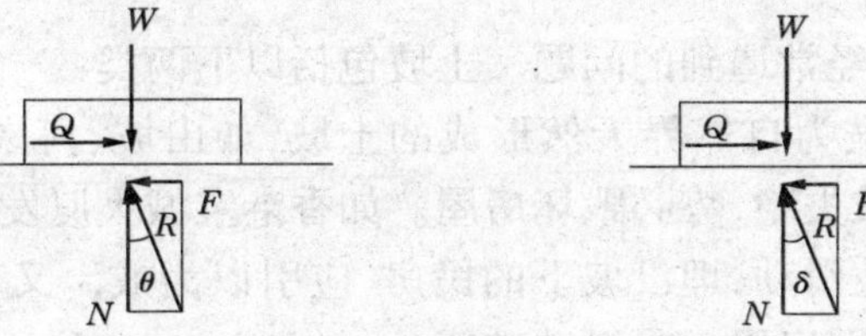

图 4-3　物体滑动示意图

4.1.1.2　库仑定律

1776 年法国科学家库仑(C. A Coulomb)总结土体剪切试验成果,提出黏性土的抗剪强度表达式:

$$\tau_f = \sigma\tan\varphi + c \tag{4-1}$$

式中　τ_f——土的抗剪强度,kPa;

σ——剪切面上的法向应力,kPa;

φ——土的内摩擦角,(°);

c——土的黏聚力,kPa,对于无黏性土,$c=0$。

砂土:

$$\tau_f = \sigma\tan\varphi \tag{4-2}$$

根据库仑定律可以绘出图 4-4 所示的抗剪强度曲线,其中直线与横轴的夹角称为土的内摩擦角 φ,直线在纵轴上的截距 c 为黏聚力。c 和 φ 称为土的抗剪强度指标,与土的性质有关,需根据试验确定。

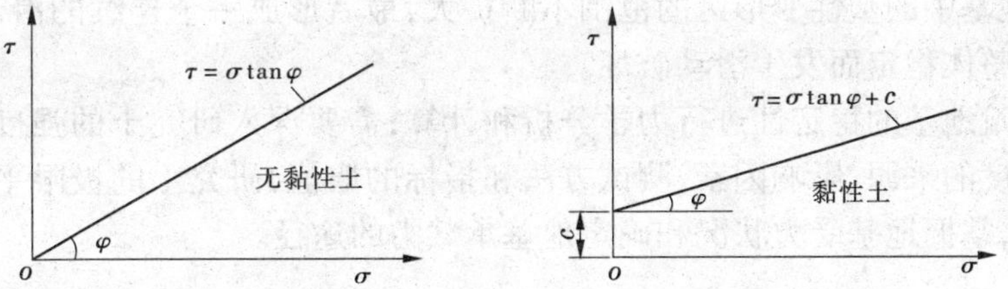

图 4-4　库仑直线

抗剪强度指标 c、φ 不仅与土的性质有关,而且与测定方法有关。同一种土体在不同条件下测出的强度指标也有所不同,但同一种土在同一方法下测定的强度指标几乎是相同的。因此,谈及抗剪强度指标 c、φ 时,应注明它的试验条件。

4.1.2　抗剪强度成果的应用

土的强度问题的研究成果在工程上的应用很广,归纳起来主要有下列三方面。

4.1.2.1　地基承载力与地基稳定性

地基承载力与地基稳定性是每一项建筑工程都遇到的问题,具有普遍意义。这是本章要研究解决的课题。

当上部荷载较小,地基处于压密阶段或地基中塑性变形区很小时,地基是稳定的。

若上部荷载很大,地基中的塑性变形区越来越大,最后连成一片,则地基发生整体滑动,即强度破坏,这种情况下地基是不稳定的。

4.1.2.2 土坡稳定性

土坡稳定性也是工程中经常遇到的问题。土坡包括以下两类：

(1)天然土坡。天然土坡为自然界天然形成的土坡，如山坡、河岸、海滨等。若在山麓或山坡上建造房屋，一旦山坡失稳，势必毁坏房屋。如香港宝城大厦发生山坡滑动冲毁大厦的灾难；又如大连市南山山坡滑动，埋没坡下的民房，应引以为戒。又若在河岸或海滨建造房屋，可能导致岸坡滑动，连同房屋一起滑动破坏。

(2)人工土坡。人工土坡为人类活动造成的土坡，如基坑开挖、修筑堤防、土坝、路基等。

若基坑失去稳定，基坑附近地面上的建筑物和堆放的材料将一起滑入基坑。若路基发生滑动，可能连同路上行驶的车辆一起滑动，导致人员伤亡。

由此可见，土坡稳定性极为重要。

4.1.2.3 挡土墙及地下结构上的土压力

在各类挡土墙及地下结构设计中，必须计算所承受的土压力的数值，土压力的计算建立在强度理论的基础上。关于土压力理论和计算，也将在第五章中介绍。

上述土的强度在工程上应用的三个方面，非指土的抗压强度或抗拉强度，而特指土的抗剪强度。这是因为地基受荷载作用后，土中各点同时产生法向应力和剪应力；其中法向应力作用将使土体发生压密，这是有利的因素；而剪应力作用可使土体发生剪切，这是不利的因素。若地基中某点的剪应力数值达到该点的抗剪强度，则此点的土将沿着剪应力作用方向产生相对滑动，此时称该点已发生强度破坏。如果随着外荷增大，地基中到达强度破坏的点越来越多，即地基中的塑性变形区的范围不断扩大，最后形成一个连续的滑动面，则建筑物的地基会失去整体稳定而发生滑动破坏。

为了对建筑地基的稳定性进行力学分析和计算，需要深入研究土的强度问题，包括：了解土的抗剪强度的来源、影响因素、测试方法和指标的取值，研究土的极限平衡理论和土的极限平衡条件，掌握地基受力状况和确定地基承载力的途径。

4.2 土的极限平衡理论

4.2.1 土体中任一点的应力状态

4.2.1.1 最大主应力与最小主应力

假定土体是均匀的、连续的半空间弹性体，研究水平地面下任一深度 z 处 M 点的应力状态，如图 4-5(a)所示。由 M 点取一微元体 $dxdydz$，并使微元体的上、下面平行于地面。因这微元体很微小，可忽略微元体本身的质量。现分析此微元体的受力情况，将微元体放大，如图 4-5(b)所示。

微元体顶面和底面作用力，均为

$$\sigma_1 = \gamma z \tag{4-3}$$

式中 σ_1——作用在微元体上的竖向法向应力，即土的自重应力，kPa。

微元体侧面作用力为

$$\sigma_2 = \sigma_3 = K_0 \gamma z \tag{4-4}$$

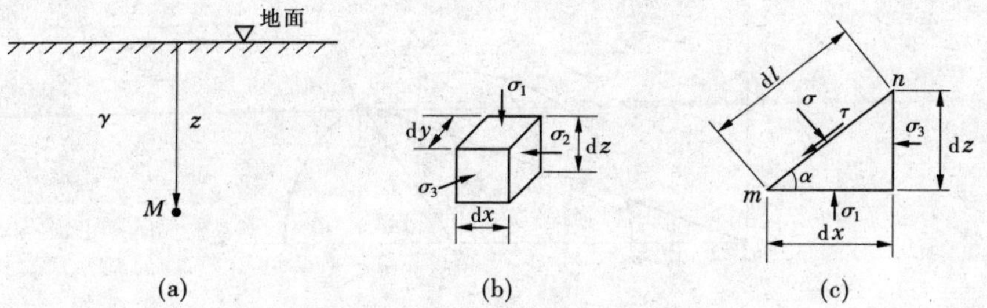

图 4-5　土体中任一点的应力

式中　σ_2、σ_3——作用在微元体侧面的水平向法向应力，kPa；

K_0——土的静止侧压力系数，小于 1。

因为土体并无外荷作用，只有土的自重作用，故在微元体各个面上没有剪应变，也就没有剪应力，凡是没有剪应力的面称为主应面。作用在主应面上的力称为主应力，因此图 4-5 中的 σ_1 为最大主应力，σ_3 为最小主应力。同时，中主应力 $\sigma_2 = \sigma_3$。

4.2.1.2　任一截面上的应力

在微元体上取任一截面 mn，与大主应面即水平面成角 α，截面 mn 上作用法向应力 σ 和剪应力 τ，如图 4-5(c) 所示。现在求 σ 与 τ 的计算公式。

取 $z\mathrm{d}y = 1$，按平面问题计算。设直角坐标：以 m 点为坐标原点 o，ox 向右为正，oz 向下为正。根据静力平衡条件，取水平与竖向合力为零。

$$\sum x = 0: \sigma \cdot \mathrm{d}l \cdot \sin\alpha - \sigma_3 \cdot \mathrm{d}l \cdot \sin\alpha - \tau \cdot \mathrm{d}l \cdot \cos\alpha = 0 \tag{4-5a}$$

$$\sum y = 0: \sigma \cdot \mathrm{d}l \cdot \cos\alpha - \sigma_1 \cdot \mathrm{d}l \cdot \cos\alpha + \tau \cdot \mathrm{d}l \cdot \sin\alpha = 0 \tag{4-5b}$$

解联立方程式(4-5a)和式(4-5b)，可求得任一截面 mn 上的法向应力 σ 与剪应力 τ：

$$\left.\begin{aligned} \sigma &= \frac{1}{2}(\sigma_1 + \sigma_3) + \frac{1}{2}(\sigma_1 - \sigma_3)\cos 2\alpha \\ \tau &= \frac{1}{2}(\sigma_1 - \sigma_3)\sin 2\alpha \end{aligned}\right\} \tag{4-6}$$

式中　σ——与大主应力作用面成 α 角的斜截面 mn 上的法向应力，kPa；

τ——同一截面上的剪应力，kPa。

4.2.1.3　用莫尔应力圆表示斜面上的应力

由式(4-6)即可计算已知 α 角的截面上相应的法向应力 σ 与剪应力 τ。若斜面与主应面的夹角变化为 $\alpha_i(i=1、2、3、\cdots)$，可重复应用式(4-6)计算相应的 σ_i 与 τ_i。计算工作量十分繁重。

现用莫尔应力圆则可简便地计算任意 α 角时相应的 σ 与 τ 值，方法如下：

取 τ、σ 直角坐标系。在横坐标 $o\sigma$ 上，按一定的应力比例尺，确定 σ_1 和 σ_3 的位置，以 $\sigma_1 - \sigma_3$ 为直径作圆，即为莫尔应力圆，如图 4-6 所示。取莫尔应力圆的圆心为 o_1，自 $o_1\sigma_1$ 逆时针转 2α 角，得半径 o_1a。a 点为莫尔圆圆周上一点。此 a 点的坐标(σ,τ)，即为 M 点处与最大主应面成 α 角的斜面 mn 上的法向应力和剪应力值。

证明如下：

由图 4-6 可知

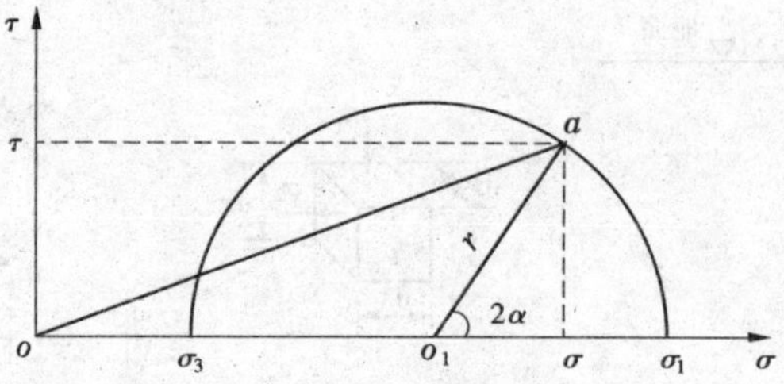

图 4-6　莫尔应力圆

$$\sigma = \overline{oo_1} + \overline{o_1\sigma} = \frac{\sigma_1 + \sigma_3}{2} + r \cdot \cos 2\alpha = \frac{\sigma_1 + \sigma_3}{2} + \frac{\sigma_1 - \sigma_3}{2}\cos 2\alpha$$

$$\tau = \overline{a\sigma} = r \cdot \sin 2\alpha = \frac{\sigma_1 - \sigma_3}{2}\sin 2\alpha$$

由此可见,用莫尔应力圆可表示任一斜面上的法向应力 σ 与剪应力 τ,简单明了。

4.2.2　莫尔－库仑破坏理论

前已说明,土的强度特指抗剪强度,土体的破坏为剪切破坏。关于材料强度理论有多种,不同的理论适用于不同的材料。通常认为,莫尔－库仑理论最适合土体的情况。

莫尔强度理论认为材料受荷载发生破坏是剪切破坏,在破坏面上的剪应力 τ_f 是法向应力 σ 的函数:

$$\tau_f = f(\sigma)$$

由此函数关系所确定的曲线称为莫尔破坏包线。

黏性土抗剪强度包线与莫尔应力圆画在同一张坐标图(见图 4-7)上,它们之间的关系有以下三种情况:

(1)整个莫尔圆位于抗剪强度包线的下方圆Ⅰ,说明该点在任何平面上的剪应力都小于土所能发挥的抗剪强度 $\tau < \tau_f$,因此不会发生剪切破坏。

(2)抗剪强度包线是莫尔圆的一条割线圆Ⅲ,说明该点某些平面上的剪应力已超过了土的抗剪强度 $\tau > \tau_f$,实际上这种情况是不可能存在的。

(3)莫尔圆与抗剪强度包线相切圆Ⅱ,切点为 A,说明在 A 点所代表的平面上剪应力正好等于抗剪强度,即 $\tau = \tau_f$,该点就处于极限平衡状态。圆Ⅱ称为极限应力圆。

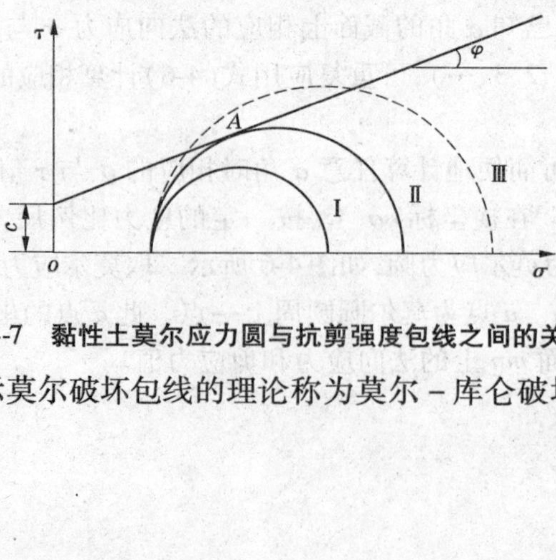

图 4-7　黏性土莫尔应力圆与抗剪强度包线之间的关系

这种以库仑定律表示莫尔破坏包线的理论称为莫尔－库仑破坏理论,此理论在世界各国得到广泛应用。

4.2.3 土的极限平衡条件

4.2.3.1 地基中任一平面 *mn* 上的应力状态

在地基中取任一平面 *mn*,此平面上作用着总应力 σ_0。此总应力可分解为两个分力:垂直于 *mn* 面的法向应力 σ 和平行于 *mn* 面的剪应力 τ,如图 4-8 所示。

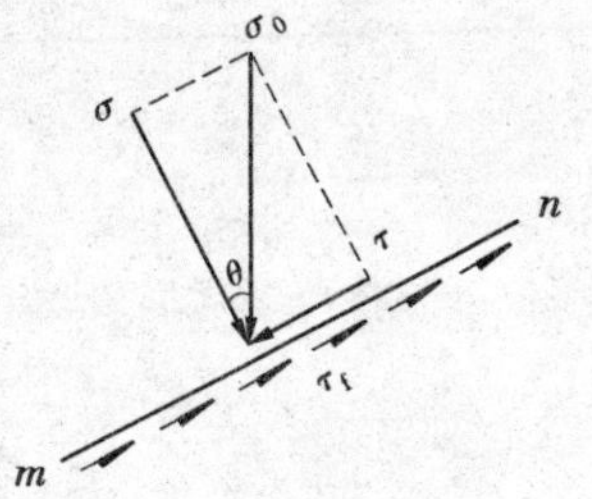

图 4-8 任一平面上的应力

现将作用在平面 *mn* 上的剪应力 τ 与地基土的抗剪强度 τ_f 进行比较:当 $\tau<\tau_f$ 时,平面 *mn* 为稳定状态;当 $\tau>\tau_f$ 时,平面 *mn* 发生剪切破坏;当 $\tau=\tau_f$ 时,平面 *mn* 处于极限平衡状态。

如地基某点上的剪应力 τ,由小不断增大,趋向临界状态。试问:是否在剪应力最大 τ_{max} 的平面最先发生破坏?为了回答这一问题,需要研究土的极限平衡条件。

4.2.3.2 莫尔-库仑破坏准则

把莫尔应力圆与库仑强度包线相切的应力状态作为土的破坏准则,即莫尔-库仑破坏准则。根据土体莫尔-库仑破坏准则,当土中一点处于极限平衡状态时,库仑直线与莫尔应力圆相切,则有:

$$\sin\varphi=\frac{\frac{1}{2}(\sigma_1-\sigma_3)}{c\cot\varphi+\frac{1}{2}(\sigma_1+\sigma_3)} \tag{4-7}$$

式(4-7)经三角变换后(也可通过几何证明)得如下极限平衡条件(见图 4-9):

$$\sigma_1=\sigma_3\tan^2\left(45^\circ+\frac{\varphi}{2}\right)+2c\tan\left(45^\circ+\frac{\varphi}{2}\right) \tag{4-8}$$

或

$$\sigma_3=\sigma_1\tan^2\left(45^\circ-\frac{\varphi}{2}\right)-2c\tan\left(45^\circ-\frac{\varphi}{2}\right) \tag{4-9}$$

【课堂讨论】 上述三个公式是等价的。

式(4-7)~式(4-9)均为土中一点的极限平衡条件式,对于 $c=0$ 的无黏性土,黏聚力的影响为零,极限平衡条件式可以简化。依图可分析出:土处于极限平衡状态时,破坏面与大主应力作用面的夹角 α_f 为

$$\alpha_f=\frac{1}{2}(90^\circ+\varphi)=45^\circ+\frac{\varphi}{2}$$

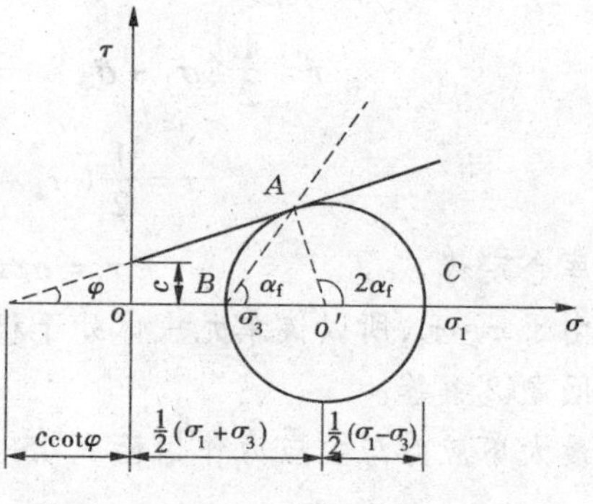

图 4-9 极限平衡的几何条件

【课堂讨论】 剪破面并不产生于最大剪应力面,而与大主应力作用面成 $45^\circ+\varphi/2$ 的夹角。

【例 4-1】 地基中某一单元土体上的大主应力为 450 kPa,小主应力为 150 kPa。通过试验测得土的抗剪强度指标 $c=20$ kPa,$\varphi=26^\circ$。试问:①该单元土体处于何种状态?②单元土体最大剪应力出现在哪个面上,是否会沿剪应力最大的面发生剪破?

解:(1)利用极限平衡条件式判别。

比较 $\sigma_{1f} \sim \sigma_1$，如果 $\sigma_1 > \sigma_{1f}$→土体破坏，如果 $\sigma_1 < \sigma_{1f}$→土体稳定，见图 4-10。

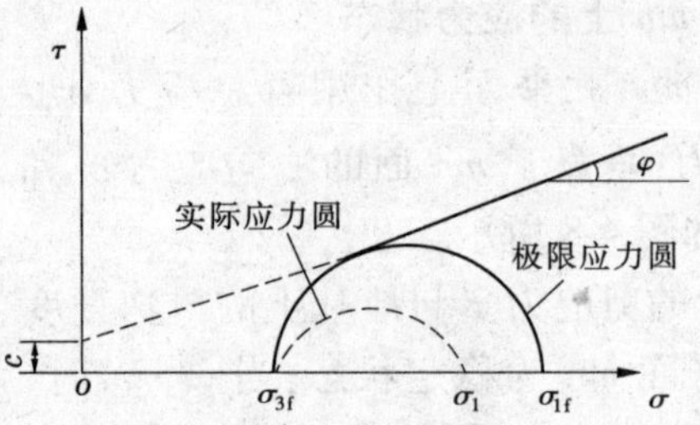

图 4-10　例 4-1 图

也可比较 $\sigma_{3f} \sim \sigma_3$，可画应力圆与抗剪强度直线参考。

(2)利用定义判别，即比较与大主应力作用面成 $45° + \varphi/2$ 面上的 τ 与 τ_f。

(3)比较最大剪应力作用面(与大主应力作用面成45°面)上的 τ 与 τ_f。

问题①解答：

已知 $\sigma_1 = 450\ \text{kPa}, \sigma_3 = 150\ \text{kPa}, c = 20\ \text{kPa}, \varphi = 26°$。

方法 1：

$$\sigma_{1f} = \sigma_3 \tan^2\left(45° + \frac{\varphi}{2}\right) + 2c\tan\left(45° + \frac{\varphi}{2}\right) = 448.2(\text{kPa})$$

计算结果表明，σ_{1f} 接近该单元土体实际大主应力 σ_1，所以该单元土体处于极限平衡状态。

$$\sigma_{3f} = \sigma_1 \tan^2\left(45° - \frac{\varphi}{2}\right) - 2c\tan\left(45° - \frac{\varphi}{2}\right) = 150.7(\text{kPa})$$

计算结果表明，σ_{3f} 接近该单元土体实际小主应力 σ_3，所以该单元土体处于极限平衡状态。

方法 2：

在剪切面上
$$\alpha_f = \frac{1}{2}(90° + \varphi) = 45° + \frac{\varphi}{2} = 58°$$

$$\sigma = \frac{1}{2}(\sigma_1 + \sigma_3) + \frac{1}{2}(\sigma_1 - \sigma_3)\cos 2\alpha_f = 234.2(\text{kPa})$$

$$\tau = \frac{1}{2}(\sigma_1 - \sigma_3)\sin 2\alpha_f = 134.8(\text{kPa})$$

库仑定律
$$\tau_f = \sigma\tan\varphi + c = 134.2(\text{kPa})$$

由于 $\tau \approx \tau_f$，所以该单元土体处于极限平衡状态。

问题②解答：

最大剪应力与主应力作用面成45°。

$$\tau_{max} = \frac{1}{2}(\sigma_1 - \sigma_3)\sin 90° = 150(\text{kPa})$$

最大剪应力面上的法向应力：

$$\sigma = \frac{1}{2}(\sigma_1 + \sigma_3) + \frac{1}{2}(\sigma_1 - \sigma_3)\cos 90° = 300(\text{kPa})$$

库仑定律
$$\tau_f = \sigma\tan\varphi + c = 166.3(\text{kPa})$$

最大剪应力面上 $\tau < \tau_f$，所以不会沿剪应力最大的面发生破坏。

由案例可知，判别土体一点的应力状态可以有不同的方法，但判别结果是一致的，在实际应用中需要用一种方法即可。由极限平衡条件求解一点的应力状态时，应结合图形理解其含义，以免出错。

4.3　抗剪强度指标的测定方法

土的抗剪强度是土的一个重要力学性质，在计算承载力、评价地基的稳定性以及计算挡土墙的土压力时，都要用到土的抗剪强度指标，因此正确地测定土的抗剪强度在工程上具有重要意义。

土的抗剪强度指标包括内摩擦角 φ 与黏聚力 c 两项，为建筑地基基础设计的重要指标，此指标 φ、c 由专用的仪器进行试验后确定。世界各国测定土的抗剪强度的常用仪器有：直接剪切仪、三轴压缩仪、无侧限压力仪和十字板剪切仪等。各种仪器的构造与试验方法都不一样，应根据各类建筑工程的规模、用途与地基土的情况，选择相应的仪器与方法进行试验。

在实验室内常用的有直接剪切试验、三轴压缩试验和无侧限抗压强度试验，在现场原位测试的有十字板剪切试验等。本节着重介绍几种常用的试验方法。

4.3.1　直接剪切试验

直接剪切试验是一种快速有效地求抗剪强度指标的方法，在一般工程中普遍使用。

直接剪切试验是最早的测定土的抗剪强度的试验方法，在世界各国广泛应用。直接剪切试验的主要仪器为直剪仪，分应变控制式和应力控制式两种，前者是等速推动试样产生位移，测定相应的剪应力，后者则是对试件分级施加水平剪应力测定相应的位移，目前我国普遍采用的是应变控制式直剪仪，如图 4-11 所示，该仪器的主要部件由固定的上盒和活动的下盒组成，试样放在盒内上下两块透水石之间。试验时，由杠杆系统通过加压活塞和透水石对试件施加某一垂直压力 p，然后等速转动手轮对下盒施加水平推力，使试样在上下盒的水平接触面上产生剪切变形，直至破坏，剪应力的大小可借助与上盒接触的量力环的变形值计算确定。

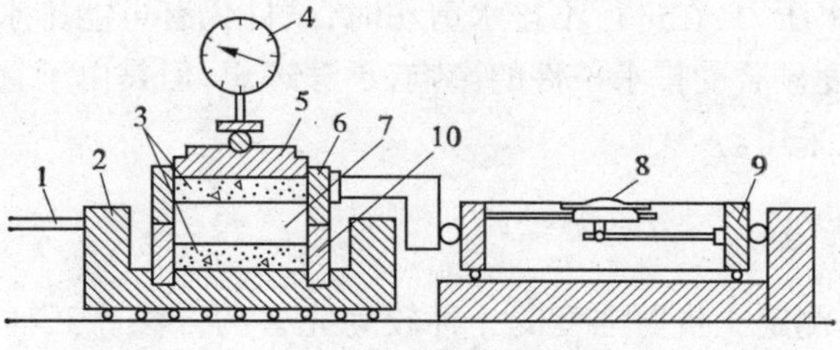

1—轮轴；2—底座；3—透水石；4—测微表；5—活塞；6—上盒；
7—土样；8—测微表；9—量力环；10—下盒

图 4-11　应变控制式直剪仪结构示意图

在剪切过程中，随着上下盒相对剪切变形的发展，土样中的抗剪强度逐渐发挥出来，直到剪应力等于土的抗剪强度时，土样剪切破坏，所以土样的抗剪强度可用剪切破坏时的剪应力来量度。

图 4-12(a)表示剪切过程中剪应力 τ 与剪切位移 δ 之间的关系，通常可取峰值或稳定值

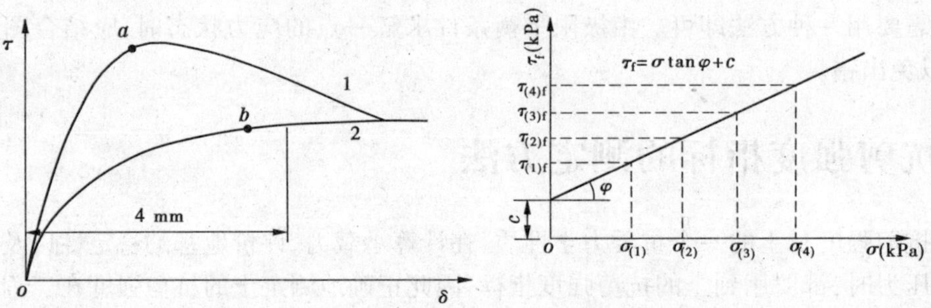

(a)剪应力τ与剪切位移δ之间的关系　　(b)抗剪强度与法向应力的关系

图 4-12　直接剪切试验结果

作为破坏点,如图中 a、b 值所示。

对同一种土至少取 4 个试样,分别在不同垂直压应力 σ 下剪切破坏,一般可取垂直压应力为 100 kPa、200 kPa、300 kPa、400 kPa,将试验结果绘制成图 4-12(b)所示的抗剪强度 τ_f 和法向应力 σ 之间的关系。试验结果表明,对于黏性土 $\tau_f \sim \sigma$ 基本上呈直线关系,该直线与横轴的夹角为内摩擦角 φ,在纵轴上的截距为黏聚力 c,直线方程可用库仑式(4-1)表示,对于无黏性土,τ_f 与 σ 之间的关系则是通过原点的一条直线,可用式(4-2)表示。

为了近似模拟土体在现场受剪的排水条件,直接剪切试验可分为快剪、固结快剪和慢剪三种方法,快剪试验是在试样施加竖向压应力 σ 后,立即快速施加水平剪应力使试样剪切破坏。固结快剪试验是允许试样在竖向压应力下充分排水,待固结稳定后,再快速施加水平剪应力使试样剪切破坏。慢剪试验则是允许试样在竖向压力下排水,待固结稳定后,以缓慢的速率施加水平剪应力,使试样剪切破坏。

直接剪切仪具有构造简单、操作方便等优点,但它存在若干缺点,主要有:①剪切面限定在上下盒之间的平面,而不是沿土样最薄弱的面剪切破坏;②剪切面上剪应力分布不均匀,土样剪切破坏时先从边缘开始,在边缘发生应力集中现象;③在剪切过程中,土样剪切面逐渐缩小,而在计算抗剪强度时却是按土样的原截面面积计算的;④试验时不能严格控制排水条件,不能量测孔隙水压力,在进行不排水剪切时,试件仍有可能排水,特别是对于饱和黏性土,由于它的抗剪强度显著受排水条件的影响,不够理想,但是由于它具有前面所说的优点,故仍为一般工程广泛采用。

4.3.2　三轴压缩试验

三轴压缩试验是测定土抗剪强度的一种较为完善的方法。三轴压缩仪由压力室、轴向加荷系统、施加周围压力系统、孔隙水压力量测系统等组成,如图 4-13 所示,压力室是三轴压缩仪的主要组成部分,它是一个由金属上盖、底座和透明有机玻璃圆筒组成的密闭容器。

常规试验方法的主要步骤如下:将土切成圆柱体,套在橡胶膜内,放在密封的压力室中,然后向压力室内压入水,使试件在各向受到周围压力 σ_3,并使液压在整个试验过程中保持不变,这时试件内各向的三个主应力都相等,因此不发生剪应力。然后通过传力杆对试件施加竖向压力,这样,竖向主应力就大于水平向主应力,当水平向主应力保持不变,而竖向主应力逐渐增大时,试件终于受剪而破坏。设剪切破坏时由传力杆加在试件上的竖向压应力为

$\Delta\sigma_1$，则试件上的大主应力为 $\sigma_1=\sigma_3+\Delta\sigma_1$，而小主应力为 σ_3。以 $(\sigma_1-\sigma_3)$ 为直径可画出一个极限应力圆，如图 4-14 中的最小一个圆，用同一种土样的若干个试件（3 个以上）按以上所述方法分别进行试验，每个试件施加不同的周围压力 σ_3，可分别得出剪切破坏时的大主应力 σ_1，将这些结果绘成一组极限应力圆，如图 4-14 中的一系列圆。由于这些试件都剪切至破坏，根据莫尔－库仑理论，作一组极限应力圆的公共切线，即土的抗剪强度包线，通常可近似取为一条直线，该直线与横坐标的夹角即土的内摩擦角 φ，直线与纵坐标的截距即土的黏聚力 c。

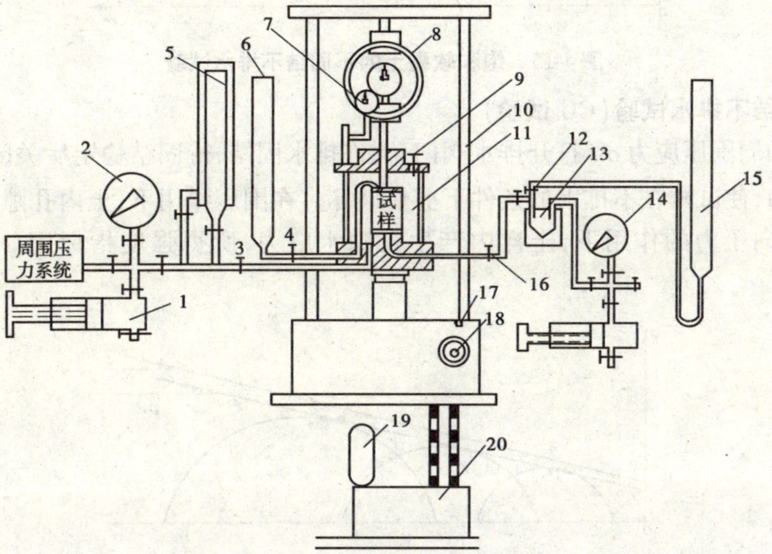

1—调压筒；2—周围压力表；3—周围压力阀；4—排水阀；5—体变管；6—排水管；
7—变形量表；8—量力环；9—排气孔；10—轴向加压设备；11—压力室；12—量管阀；13—零位指示器；
14—孔隙压力表；15—量管；16—孔隙压力阀；17—离合器；18—手轮；19—马达；20—变速箱

图 4-13　应变控制式三轴压缩仪

若要量测试验过程中的孔隙水压力，可以打开孔隙水压力阀，在试件上施加压力以后，由于土中孔隙水压力增加迫使零位指示器的水银面下降，为量测孔隙水压力，可用调压筒调整零位指示器的水银面始终保持原来的位置，这样，孔隙水压力表中的读数就是孔隙水压力值。若要量测试验过程中的排水量，可打开排水阀门，让试件中的水排入量水管中，根据量水管中水位的变化可算出在试验过程中试样的排水量。

图 4-14　抗剪强度包线

对应于直接剪切试验的快剪、固结快剪和慢剪试验，三轴压缩试验按剪切前的固结程度和剪切时的排水条件，分为以下三种试验方法。

4.3.2.1　不固结不排水试验（UU 试验）

试样在施加周围压力和随后施加竖向压力直至剪切破坏的整个过程中都不允许排水，

试验自始至终关闭排水阀门，土样中孔隙水应力大，有效应力小，所得强度指标以 c_u、φ_u 表示。对于饱和软黏土，不管如何改变 σ_3，所绘出的莫尔应力圆直径都相同，仅是位置不同，库仑直线是一条水平线，如图 4-15 所示。该试验指标适用于地基排水条件不好，加荷速度又快的施工期地基稳定或土工构筑物稳定的情况。

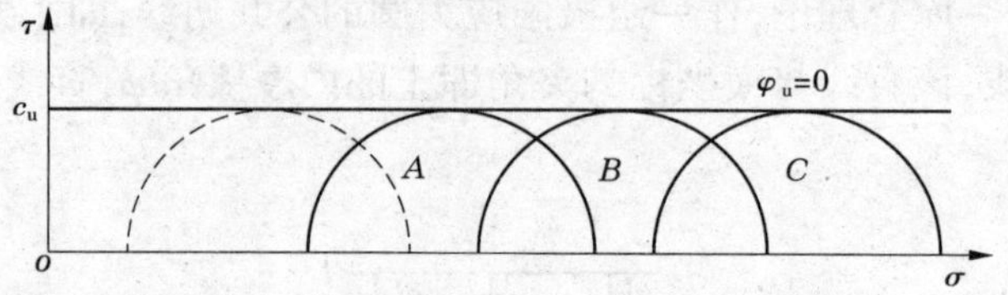

图 4-15　饱和软黏土的不固结不排水试验

4.3.2.2　固结不排水试验（CU 试验）

试样施加周围压应力 σ_3 打开排水阀门，允许排水固结，待固结稳定后关闭排水阀门，再施加竖向压力，使试样在不排水的条件下剪切破坏。在围压作用下，土内孔隙水应力逐渐减小至零，在竖向压力的作用下，土样内产生孔隙水应力，所得强度指标用 φ_{cu}、c_{cu} 表示，如图 4-16 所示。

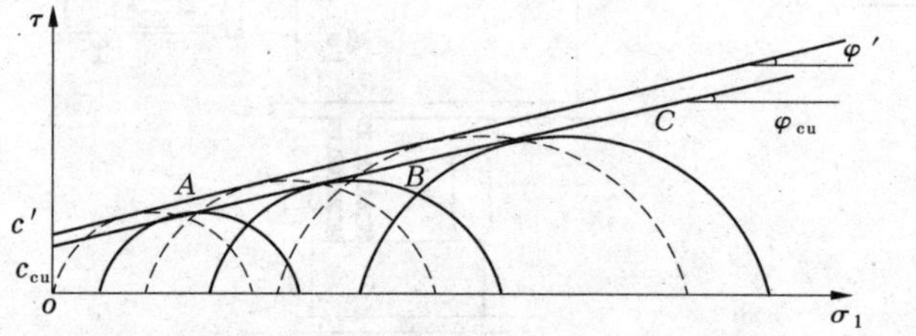

图 4-16　正常固结土的固结不排水试验

固结不排水试验适用于一般正常固结土在工程竣工或在使用阶段受到大量、快速的动荷载或新增荷载的作用所对应的受力情况，如地震情况、路基正常使用情况等。

4.3.2.3　固结排水试验（CD 试验）

试样在施加周围压应力 σ_3 时允许排水固结，待固结稳定后，再在排水条件下施加竖向压力至试件剪切破坏。所得强度指标用 φ_d、c_d 表示，如图 4-17 所示。该方法适用于地基排水条件好、加荷速度慢的情况。

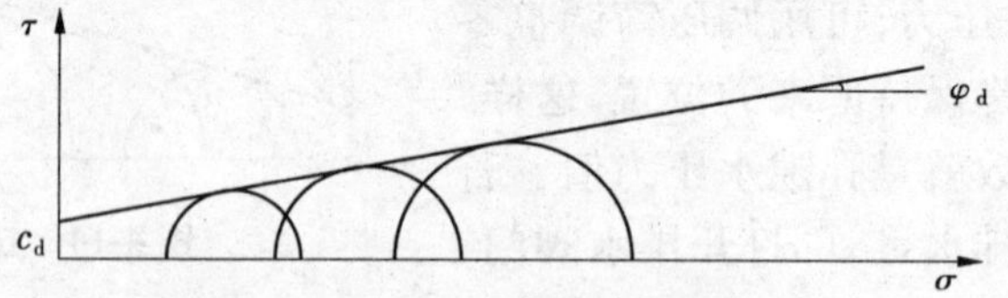

图 4-17　固结排水抗剪强度包线

三轴压缩仪的突出优点是能较为严格地控制排水条件以及可以量测试件中孔隙水压力的变化。此外，试件中的应力状态也比较明确，破裂面是在最弱处，而不像直接剪切仪那样限定在上下盒之间。一般来说，三轴压缩试验的结果比较可靠，三轴压缩仪还用以测定土的其他力学性质，因此它是土工试验不可缺少的设备。三轴压缩试验的缺点是试件的中主应力 $\sigma_2=\sigma_3$，而实际上土体的受力状态未必都属于这类轴对称情况。另外，三轴试验的试件制备比较麻烦,土样易受扰动。

【课堂讨论】 直剪试验和三轴试验的优缺点。

4.3.3 无侧限抗压强度试验

无侧限抗压强度试验实际是三轴剪切试验的特殊情况,又称单剪试验。试验时的受力情况如图 4-18 所示,土样侧向压力为零($\sigma_3=0$),仅在轴向施加压力,在土样破坏时的 σ_{1f} 即为土样的无侧限抗压强度 q_u。利用无侧限抗压强度试验可以测定饱和软黏土的不排水抗剪强度,并可以测定饱和黏性土的灵敏度 S_t。由于饱和软黏土的不排水抗剪强度指标 $\varphi_u=0$,由此可得:

$$\tau_f = c_u = \frac{q_u}{2} \tag{4-10}$$

式中 τ_f——土体的不排水抗剪强度,kPa;

c_u——土体的不排水黏聚力,kPa;

q_u——无侧限抗压强度,kPa。

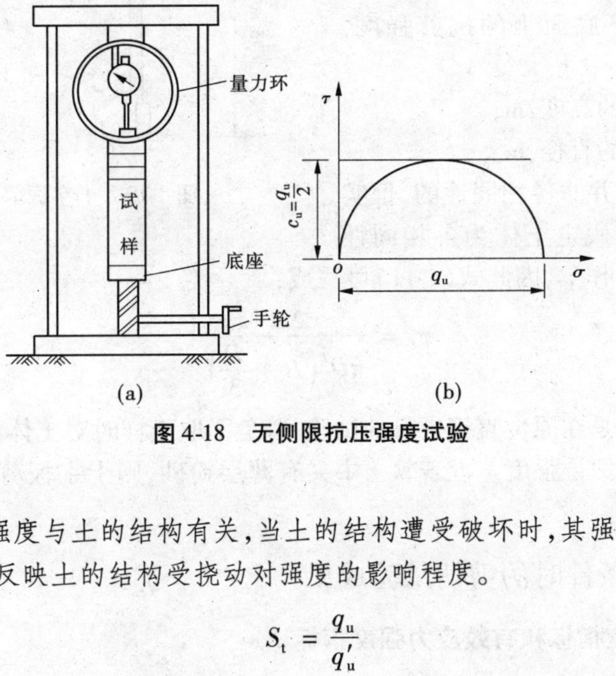

图 4-18 无侧限抗压强度试验

【知识链接】

饱和黏性土的强度与土的结构有关,当土的结构遭受破坏时,其强度会迅速降低,工程上常用灵敏度 S_t 来反映土的结构受挠动对强度的影响程度。

$$S_t = \frac{q_u}{q'_u}$$

式中 q_u——原状土的无侧限抗压强度,kPa;

q'_u——重塑土(指在含水量和密度不变的条件下,使土的天然结构彻底破坏再重新制备的土)的无侧限抗压强度,kPa。

根据灵敏度可将饱和黏性土分为三类:

低灵敏度土　　$1<S_t\leqslant 2$

中灵敏度土　　$2<S_t\leqslant 4$

高灵敏度土　　$S_t>4$

土的灵敏度愈高,其结构性愈强,受挠动后土的强度就降低愈多。

4.3.4 十字板剪切试验

十字板剪切试验是一种利用十字板剪切仪在现场测定土的抗剪强度的方法。这种试验方法适合于在现场测定饱和黏性土的原位不排水强度，特别适用于均匀的饱和黏性土。

十字板剪切仪的构造如图 4-19 所示，试验时在钻孔中放入十字板，并压入土中 0.75 m，通过地面上的装置施加扭矩，使埋在土中的十字板扭转，直到土体剪切破坏，记录土体破坏时的扭矩 M。土体破坏面为圆柱面上的剪应力所产生的抵抗矩应该等于所施加的扭矩 M，即

$$M = \frac{1}{2}\pi D^2 H\tau_v + \frac{1}{6}\pi D^3 H\tau_H \quad (4\text{-}11)$$

式中 M——剪切破坏时的扭矩，kN · m；

τ_v、τ_H——剪切破坏时圆柱体侧面和上下底面土的抗剪强度，kPa；

H——十字板的高度，m；

D——十字板的直径，m。

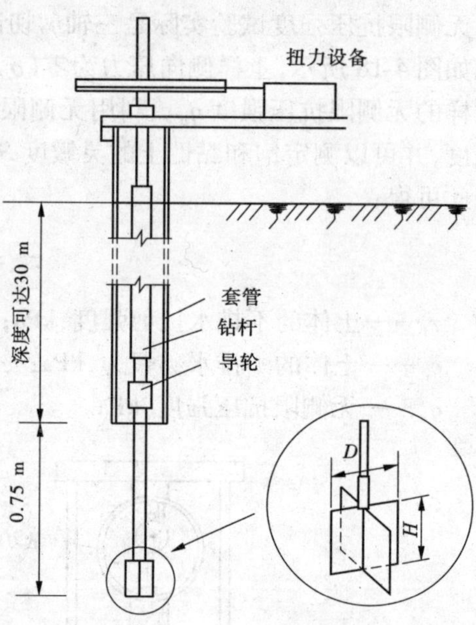

图 4-19 十字板剪切仪构造

天然状态的土体并非各相同性的，但实用上为了简化计算，假定土体为各相同性体，则 $\tau_v = \tau_H$，可以计作 τ_f，因此式(4-11)可写成：

$$\tau_f = \frac{2M}{\pi D^2\left(H + \frac{D}{3}\right)} \quad (4\text{-}12)$$

十字板剪切试验是在原位直接进行的试验，避免了取土样时对土体的扰动，因此试验结果比较能反映土体的原位强度。但若软土中夹有薄层粉砂，则十字板剪切试验的结果就可能会偏大。

4.3.5 不同排水条件时的剪切试验成果

4.3.5.1 总应力强度指标和有效应力强度指标

$$\tau_f = \sigma\tan\varphi + c$$

若垂直法向应力 σ 为总应力，计算出的 c、φ 为总应力意义上的土的黏聚力和内摩擦角，称之为总应力强度指标。

根据土的有效应力原理和固结理论，抗剪强度取决于剪切面上的法向有效应力：

$$\tau_f = \sigma'\tan\varphi' + c' = (\sigma - u)\tan\varphi' + c' \quad (4\text{-}13)$$

式中 c'、φ'——土的有效应力强度指标。

有效应力强度指标确切地表达出了土的抗剪强度的实质，是比较合理的表达方法。

4.3.5.2 不同排水条件时的剪切试验方法及成果表达

1. 不固结不排水剪(UU)

三轴试验中,施加 σ_3、$\Delta\sigma$ 直至剪破的整个过程不允许试样排水固结,使土样含水量不变,称为不固结不排水剪(UU),简称不排水剪。

直剪试验通过试验加荷的快慢来实现是否排水。施加垂直压力之后,立即施加水平剪力,并在 3 ~5 min 内剪破,称之为快剪。

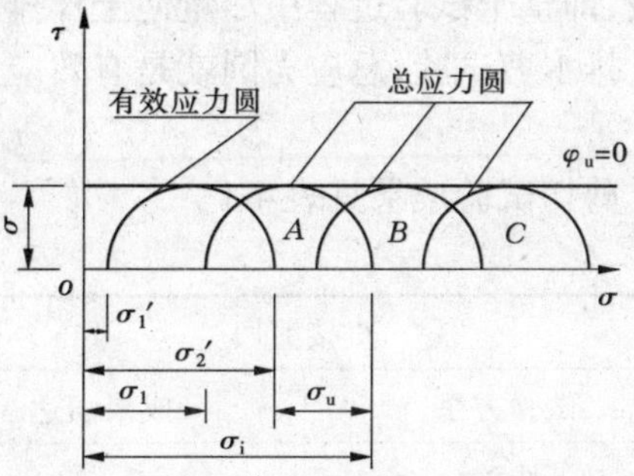

图 4-20 饱和黏性土的不固结不排水试验结果

如果有一组饱和黏性土试样进行不排水剪试验,分别在不同 σ_3 下剪切至破坏,破坏时的主应力差相等,强度包线是一条水平线,如图 4-20所示,即

$$\varphi_u = 0$$

$$\tau_f = c_u = \frac{1}{2}(\sigma_1 - \sigma_3)$$

式中 φ_u——不排水内摩擦角,(°);

c_u——不排水抗剪强度,kPa。

2. 固结不排水剪(CU)

三轴试验中,在施加 σ_3 时打开排水阀门,使试样完全排水固结。然后关闭排水阀门,再施加 $\Delta\sigma$,使试样在不排水条件下剪切破坏,称为固结不排水剪(CU)。

直剪试验中,剪前使试样在垂直荷载下充分固结,剪切时速率较快,尽量使土样在剪切过程中不再排水,这种剪切方法称为固结快剪(CQ)。

将总应力圆在水平轴上左移 u_f 即得有效应力圆,如图 4-21 所示。总应力强度线可表示为

$$\tau_f = \sigma\tan\varphi_{cu} + c_{cu} \tag{4-14}$$

有效应力强度线可表达为

$$\tau_f = \sigma'\tan\varphi' + c' \tag{4-15}$$

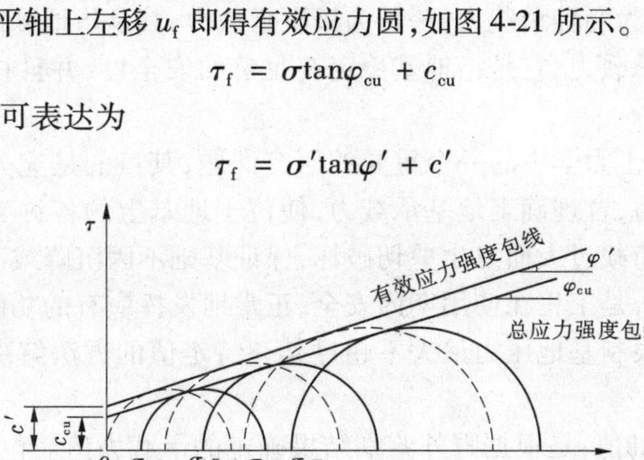

图 4-21 饱和黏性土的固结不排水试验结果

3. 固结排水剪(CD)

三轴试验中,使试样在 σ_3 作用下排水固结,再缓慢施加轴向压力增量 $\Delta\sigma$,直至剪破,始终保持试样的孔隙水压力为零,称为固结排水剪(CD),简称排水剪。

直剪试验中,施加垂直压力 σ 后待试样固结稳定,再以缓慢的速率施加水平剪力,直至

剪破,即整个试验过程中尽量使土样排水。该试验方法称为慢剪(S)。

排水剪试验,总应力圆就是有效应力圆,总应力强度线就是有效应力强度线。

$$\tau_f = \sigma\tan\varphi_d + c_d \tag{4-16}$$

剪切试验成果见表4-1。

表4-1 剪切试验成果

直接剪切		三轴剪切	
试验方法	成果表达	试验方法	成果表达
快剪	c_q、φ_q	不排水剪	c_u、φ_u
固结快剪	c_{cq}、φ_{cq}	固结不排水剪	c_{cu}、φ_{cu}
慢剪	c_s、φ_s	排水剪	c_d、φ_d

【课堂讨论】 对于同一种土,分别在UU、CU或CD三种不同的排水条件下进行试验,如果以总应力表示,将得到完全不同的试验结果;但无论何种排水条件,都可获得相同的c'、φ',它们不随试验方法而变。

4.4 地基破坏类型及地基承载力的确定

4.4.1 概述

地基基础设计时,必须满足上部结构荷载通过基础传到地基土的压力不得大于地基承载力的要求,以确保地基土不丧失稳定性。因此,地基承载力就是指地基土单位面积上承受荷载的能力。通常区分为两种承载力:一种为极限承载力,其是指地基即将丧失稳定性时的承载力;另一种是容许承载力,它是指地基稳定有足够的安全度,并且控制在建筑物容许变形值范围内时的承载力。

地基承载力问题是土力学中的一个重要的研究课题,其目的是充分掌握地基的承载规律,发挥地基的承载能力,合理确定地基承载力,使位于地基上的各种工程具备足够的安全储备,确保地基不致因荷载过大而发生剪切破坏,保证基础不因沉降或沉降差过大而影响建筑物的安全和正常使用,是工程在使用期内安全、正常地发挥应有的功能。为了达到上述要求,工程上一般都采用限制基地压力最大不超过某一特定值的方法解决。该承载力特定值还包括以下几个:

(1)地基承载力标准值:是根据野外鉴别结果确定的承载力值。包括标准贯入试验、静力触探试验、旁压试验及其他原位测试得到的值。

(2)地基承载力基本值:是根据室内物理、力学指标平均值,查表确定的承载力值,包括载荷试验得到的值。

土的抗剪强度是土体抵抗剪切破坏的能力,地基承载力取决于地基土的抗剪强度,地基承载力是地基土抗剪强度的一种宏观表现,影响地基土抗剪强度的因素对地基承载力同样产生影响。一般情况下,工程上可以进行类比判断。相同情况下,一般含水量高的地基土抗剪强度低,承载力也低;孔隙比大的地基土抗剪强度低,承载力低。影响承载力的因素还有地基土的成因和沉积条件，如地基土层的分布、地下水、作用荷载历史、建筑情况、结构特点、基础形式、尺寸和埋深、刚度、施工方法等。

地基承载力是地基基础设计中的关键性数据，而且非常复杂，当前已有的解决途径有如下方法：

(1)原位试验法：是一种通过现场直接试验确定承载力的方法。包括(静)载荷试验、静力触探试验、标准贯入试验、旁压试验等，其中以载荷试验法为最可靠的基本的原位测试法。

(2)理论公式法：是根据土的抗剪强度指标计算的理论公式确定承载力的方法。

(3)规范表格法：是根据室内试验指标、现场测试指标或野外鉴别指标，通过查规范所列表格得到承载力的方法。规范不同(包括不同部门、不同行业、不同地区的规范)，其承载力不会完全相同，应用时需注意各自的使用条件。

(4)当地经验法：是一种基于地区的使用经验，收集已有的测试数据，通过统计分析，总结出各种类型的土在某种状态下的承载力数值。我国一些行业和地方地基基础设计规范中提供的承载力表基本属于这一类。另外，也有借鉴条件相近的已有建(构)筑物的成功经验来确定。

本节主要从地基承载力理论着手讨论，最后介绍浅基础地基承载力设计值的确定方法。

4.4.2 地基破坏的模式

不同土层在荷载作用下，其破坏模式是不同的，因此确定其地基承载力的方法也应该有所不同。

4.4.2.1 地基剪切破坏的三个模式

为了了解地基土在受荷以后剪切破坏的过程以及承载力的性状，有人通过现场载荷试验对地基土的破坏模式进行了研究。载荷试验实际上是一种基础的原位试验，模拟基础作用于地基的是一块刚性的载荷板，载荷板的面积一般为 0.25 ~ 1.0 m^2，在载荷板上逐级施加荷载，同时测定在各级荷载作用下载荷板的沉降量及周围土体的位移情况，加荷直至地基土破坏失稳为止。

由试验得到荷载 p 与所对应的稳定沉降量 s 的关系曲线如图 4-22 所示。从曲线 $p \sim s$ 的特征可以了解不同性质土体在荷载作用下的地基破坏机理，曲线 a 在开始阶段呈直线关系，但当荷载增大到某个极限值以后沉降急剧增大，呈现脆性破坏的特征；曲线 b 在开始阶段也呈直线关系，在到达某个极限以后虽然随着荷载增大，沉降增大较快，但不出现急剧增大的特征；曲线 c 在整个沉降发展的过程中不出现明显的拐弯点，沉降对压力的变化率也没有明显的变化。这三种曲线代表了三种不同的地基破坏特征，太沙基(K. Terzaghi)等对此作了分析，阐述如下。

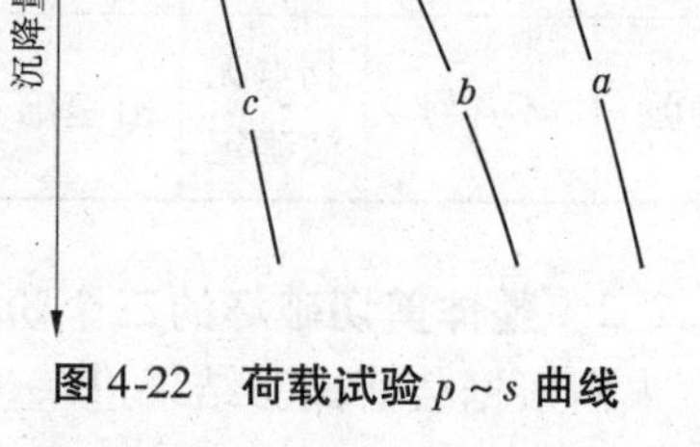

图 4-22 荷载试验 $p \sim s$ 曲线

太沙基根据上述试验研究提出两种典型的地基破坏模式，即整体剪切破坏及局部剪切破坏。图 4-23(a)给出了整体破坏的特征，当基础上荷载较小时，基础下形成一个三角形压密区Ⅰ，随着荷载增大，压密区向两侧挤压，土中产生塑性区，从基础边缘逐步扩大为图中的

Ⅱ、Ⅲ塑性区，直到最后形成连续的滑动面延伸到地面，土从基础两侧挤出并隆起，基础的沉降急剧增大，整个地基失稳破坏。其 $p \sim s$ 曲线如图 4-22 曲线 a 所示，有一个明显的拐弯点。整体剪切破坏通常发生在浅埋基础下的密砂或硬黏土等坚硬地基中。

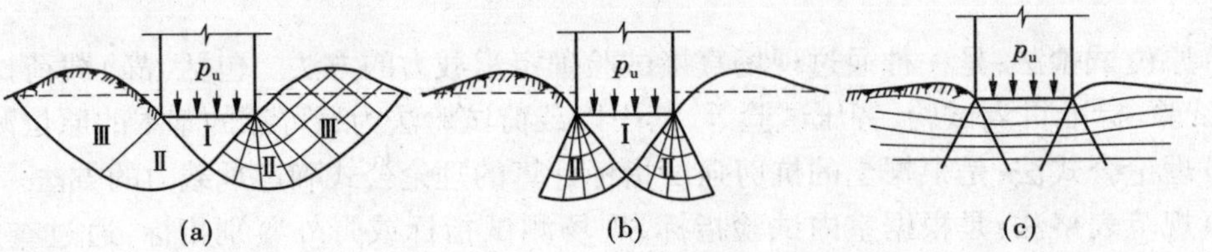

图 4-23　地基破坏模式

局部剪切破坏的特征是随着荷载的增加，地基中也产生压密区Ⅰ及塑性区Ⅱ，但塑性区的发展限制在地基中的某一范围以内，地基内的滑动面并不延伸到地面，仅在地基两侧地面微微隆起，如图 4-23(b)所示。其 $p \sim s$ 曲线如图 4-22 曲线 b 那样有一个转折点，但不像整体剪切破坏那么明显，压力超过转折点以后的沉降也没有整体剪切破坏那样急剧增加。局部剪切破坏通常发生在中等密实砂土中。

魏锡克(Vesic, A. B)提出了上述两种地基破坏模式以外的第三种破坏模式，称为冲剪破坏，这种破坏模式通常发生在松砂或软土地基中。其破坏特征是随着荷载 p 的增加，基础下面的土层产生压缩变形，基础下沉并在基础两侧产生竖向的剪切变形，使基础"切入"土中，但侧向的变形比较小，基础附近的地面没有明显的隆起现象，如图 4-23(c)所示。冲剪破坏的 $p \sim s$ 曲线如图 4-22 曲线 c，曲线上没有明显的特征点，没有比例界限，也没有极限荷载。地基的剪切破坏形式与多种因素有关，目前尚无合理的理论作为统一的判别标准。表 4-2综合列出了条形基础在中心荷载下地基不同剪切破坏形式的各种特征，以供参考。

表 4-2　条形基础在中心荷载下地基不同剪切破坏形式的各种特征

破坏形式	地基中滑动面	$p \sim s$ 曲线	基础四周地面	基础沉降	基础表现	控制指标	事故出现情况	适用条件		
								基土	埋深	荷载速率
整体剪切	连续，至地面	有明显拐点	隆起	较小	倾斜	强度	突然倾斜	密实	小	缓慢
局部剪切	连续，地基内	拐点不易确定	有时稍有隆起	中等	可能倾斜	变形为主	较慢下沉时有倾斜	松散	中	快速或冲击荷载
冲剪	不连续	拐点无法确定	沿基础下陷	较大	仅有下沉	变形	缓慢下沉	软弱	大	快速或冲击荷载

4.4.2.2　整体剪切破坏的三个阶段

人们根据载荷试验结果进一步发现了地基整体剪切破坏的三个发展阶段，如图 4-24 所示。

1. 压密阶段

压密阶段又称直线变形阶段，相当于图示 $p \sim s$ 曲线上的 oa 段，$p \sim s$ 曲线接近于直线，土中各点的剪应力小于土的抗剪强度，土体处于弹性状态。载荷板的沉降主要是由于土体的压密引起的，直线阶段终点的对应荷载 p_{cr} 称为比例界限或临塑荷载，亦可称为拐点压力。地基的压密变形状态如图 4-24(b)所示。

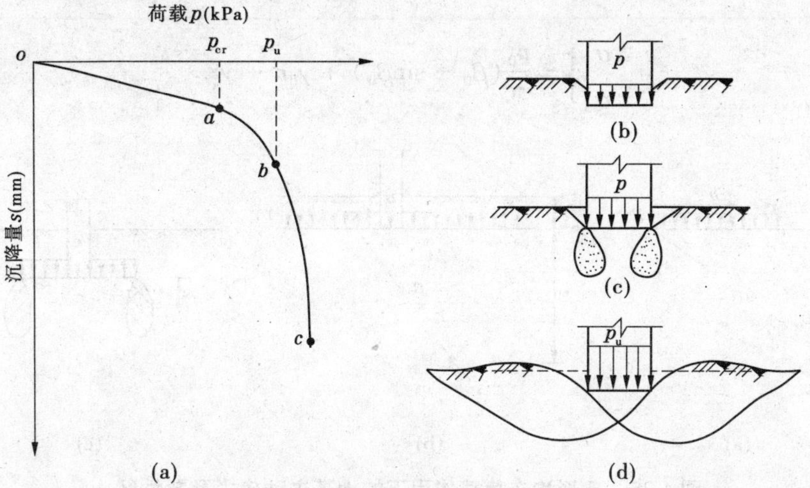

图 4-24　整体剪切破坏的三个阶段

2. 剪切阶段

剪切破坏相当于 $p\sim s$ 曲线上的 ab 段，在这一阶段 $p\sim s$ 曲线不再保持线性关系，沉降的增长率 $\Delta s/\Delta p$ 随荷载的增大而增加。其变形特征表示土体中已局部发生剪切变形，产生塑性区。塑性区首先从基础边缘处出现，随着荷载的继续增加，地基中的塑性区范围逐步扩大如图 4-24(c)所示，直至达到土中形成连续的滑动面，从载荷板两侧挤出而破坏。可见，剪切阶段也就是地基中塑性区的发生与发展的阶段。剪切阶段终点的对应荷载 p_u 称为极限荷载。

3. 破坏阶段

破坏阶段相当于 $p\sim s$ 曲线上的 bc 段。当荷载超过极限荷载后，载荷板急剧下沉，即使不增加荷载，沉降也不能稳定，$p\sim s$ 曲线直线下降，由于地基中塑性区不断发展，最后在土体中形成连续滑动面，土从载荷四周挤出，地基土失稳而破坏，如图 4-24(d)所示。

4.4.3　地基承载力特征值

4.4.3.1　地基临塑荷载和塑性荷载

临塑荷载是指地基土中将要出现但尚未出现塑性变形区时的基底压力。其计算公式可根据土中应力计算的弹性理论和土体极限平衡条件导出。

设地表作用一均布条形荷载 p_0，如图 4-25(a)所示，根据弹性理论可求得地基中任意点 M 由条形均布荷载所引起的附加大、小主应力为

$$\left.\begin{matrix}\sigma_1\\ \sigma_3\end{matrix}\right\} = \frac{p_0}{\pi}(\beta_0 \pm \sin\beta_0) \tag{4-17}$$

实际上，一般基础都具有一定的埋置深度 d，如图 4-25(b)所示，此时地基中某点 M 的应力除由基底附加应力 $p_0 = p - \gamma d$ 产生外，还有土的自重应力。严格地说，M 点上土的自重应力在各向是不等的，因此上述两项在 M 点产生的应力在数值上不能叠加。为了简化起

见，在下述荷载公式推导中，假定土的自重应力在各向相等，即相当于土的侧压力系数 $K_0=1.0$，因此土的水平和竖向自重应力取值为 $\gamma_0 d+\gamma z$。故地基中任一点的 σ_1 和 σ_3 可写为

$$\left.\begin{matrix}\sigma_1\\ \sigma_3\end{matrix}\right\}=\frac{p_0}{\pi}(\beta_0\pm\sin\beta_0)+\gamma_0 d+\gamma z \tag{4-18}$$

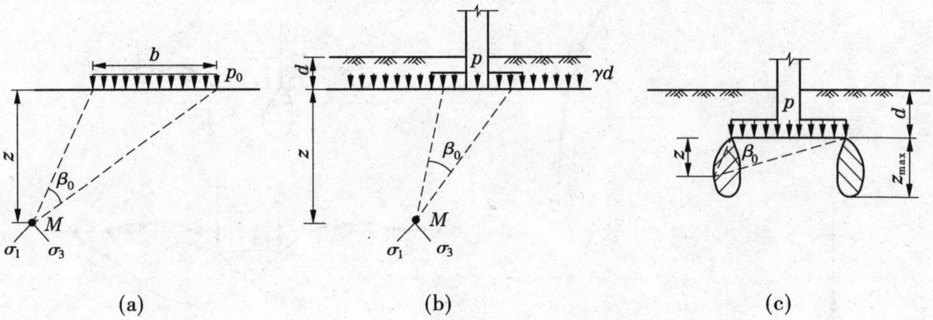

图 4-25　条形均布荷载作用下的地基主动应力及塑性区

根据极限平衡理论，当 M 点处于极限平衡状态时，该点的大、小主应力应满足极限平衡条件式：

$$\sigma_1=\sigma_3\tan^2\left(45^\circ+\frac{\varphi}{2}\right)+2c\tan\left(45^\circ+\frac{\varphi}{2}\right)$$

整理上两式可得塑性区的边界方程为

$$z=\frac{p-\gamma_0 d}{\gamma\pi}\left(\frac{\sin\beta_0}{\sin\varphi}-\beta_0\right)-\frac{c}{\gamma\tan\varphi}-\frac{\gamma_0}{\gamma}d \tag{4-19}$$

式(4-19)表示在荷载 p 作用下地基土的塑性区边界上任一点的 z 与 β_0 之间的关系，亦称塑性界线方程。如果 p、γ_0、γ、d、c 和 φ 已知，则根据式(4-19)可绘出塑性区的边界线，如图 4-25(c)所示。采用弹性理论计算，基础两边点的主应力最大，因此塑性区首先从基础两边点开始向深度发展。

对式(4-19) β_0 求导数，并令其等于零，即

$$\frac{\mathrm{d}z}{\mathrm{d}\beta_0}=\frac{p-\gamma_0 d}{\pi r}2\left(\frac{\cos\beta_0}{\sin\varphi}-1\right)=0 \tag{4-20}$$

则有：

$$\cos\beta_0=\sin\varphi\Rightarrow\beta_0=\frac{\pi}{2}-\varphi$$

将 β_0 代入式(4-19)，即可得到塑性区开展的最大深度 z_{max} 为

$$z_{max}=\frac{p-\gamma_0 d}{\gamma\pi}\left(\cot\varphi-\frac{\pi}{2}+\varphi\right)-\frac{c}{\gamma\tan\varphi}-\frac{\gamma_0}{\gamma}d \tag{4-21}$$

式(4-21)可以变形为

$$p=\frac{\gamma\pi z_{max}}{\cot\varphi-\frac{\pi}{2}+\varphi}+\gamma_0 d\left(1+\frac{\pi}{\cot\varphi-\frac{\pi}{2}+\varphi}\right)+c\left(\frac{\pi\cot\varphi}{\cot\varphi-\frac{\pi}{2}+\varphi}\right) \tag{4-22}$$

式中　γ_0——基底标高以上土的加权平均重度，kN/m^3；

φ——地基土的内摩擦角(弧度)。

为了简化上式,常令:

$$N_q = 1 + \frac{\pi}{\cot\varphi - \frac{\pi}{2} + \varphi};$$

$$N_c = \frac{\pi\cot\varphi}{\cot\varphi - \frac{\pi}{2} + \varphi};$$

$$N_\gamma = \frac{\pi z_{max}}{\cot\varphi - \frac{\pi}{2} + \varphi}$$

N_γ、N_q、N_c 分别称作承载力系数,而且发现 N_q、N_c 仅与土的抗剪强度指标 φ 有关,仅有 N_γ 大小取决于 z_{max} 与 φ,则公式可简写为

$$p = N_\gamma \gamma b + N_q \gamma_0 d + N_c c \tag{4-23}$$

由式(4-23)可见,当其他条件不变时,荷载 p 增大,塑性区就发展,该区的最大深度也随着增大。

那么当 $z_{max} = 0$ 时,则表示地基中将要出现但尚未出现塑性变形区,其相应的荷载即为临塑荷载 p_{cr}。同时可以发现式(4-23)中,只有承载力系数 N_γ 发生变化,且当 $z_{max} = 0$ 时 $N_\gamma = 0$,代入式(4-23)可得到临塑荷载 p_{cr} 的表达式为

$$p_{cr} = N_q \gamma_0 d + N_c c \tag{4-24}$$

式(4-24)表明临塑荷载 p_{cr} 由两部分组成:一部分为基础埋深 d 的影响,另一部分为地基土黏聚力 c 的作用,而且两部分都是内摩擦角 φ 的函数,随 φ 的增大而增大。临塑荷载 p_{cr} 随埋深 d 的增大而增大,随 c 的增大而增大。

工程实践表明,即使地基发生局部剪切破坏,地基中塑性区有所发展,只要塑性区范围不超出某一限度,就不致影响建筑物的安全和正常使用,因此以 p_{cr} 作为地基土的承载力偏于保守。塑性荷载就是指地基土中已经出现塑性变形区,但尚未达到极限破坏时的基底压力。地基塑性区发展的容许深度与建筑物类型、荷载性质以及土的特性等因素有关,目前在国际上尚无一致意见。

如果我们规定了塑性区开展深度的容许值[z],那么:

若 $z_{max} \leqslant [z]$,地基是稳定的;

若 $z_{max} > [z]$,地基的稳定是没有保证的。

根据工程实践经验,在中心垂直荷载下,塑性区的最大发展深度 z_{max} 可控制在基础宽度的 $\frac{1}{4}b$,相应的塑性荷载用 $p_{\frac{1}{4}}$ 表示。当 $z_{max} = \frac{1}{4}b$,代入式(4-23),可得计算公式:

$$p_{\frac{1}{4}} = N_{\frac{1}{4}} \gamma b + N_q \gamma_0 d + N_c c \tag{4-25}$$

式中承载力系数 $N_{\frac{1}{4}} = \dfrac{\pi b}{4\left(\cot\varphi - \frac{\pi}{2} + \varphi\right)}$。

式(4-25)计算结果与载荷试验结果对比后,发现式(4-25)计算结果较适合黏性土,对内摩擦角 φ 较大的砂类土,N_γ 值偏低。

而对于偏心荷载作用的基础，则取 $z_{max}=\dfrac{b}{3}$，代入式(4-23)，$p_{\frac{1}{3}}$ 作为地基的承载力，即

$$p_{\frac{1}{3}} = N_{\frac{1}{3}}\gamma b + N_q\gamma_0 d + N_c c \tag{4-26}$$

式中承载力系数 $N_{\frac{1}{3}}=\dfrac{\pi b}{3\left(\cot\varphi-\dfrac{\pi}{2}+\varphi\right)}$。

注意：(1)公式 $[p]=N_\gamma\gamma b+N_q\gamma_0 d+N_c c$，是在均质地基的情况下得到的，如果基底上、下是不同的土层，则此式中的第一项采用基底以下土的重度 γ，而第二项应采用基底以上土的重度 γ_0。

(2)以上公式中由条形基础均布荷载推导得来，对矩形或圆形基础偏于安全。

(3)公式应用弹性理论，对已出现塑性区情况条件不严格；但因塑性区的范围不大，其影响为工程所允许，故临界载荷为地基承载力，应用仍然较广。

承载力系数 $N_{\frac{1}{4}}$、$N_{\frac{1}{3}}$、N_q、N_c 与 φ 的关系值见表4-3。

表4-3　承载力系数 $N_{\frac{1}{4}}$、$N_{\frac{1}{3}}$、N_q、N_c 与 φ 的关系值

φ	N_q	N_c	$N_{\frac{1}{4}}$	$N_{\frac{1}{3}}$	φ	N_q	N_c	$N_{\frac{1}{4}}$	$N_{\frac{1}{3}}$
0°	1.00	3.00	0.00	0.00	23°	3.65	6.24	0.66	0.88
1°	1.06	3.23	0.01	0.02	24°	3.87	6.45	0.72	0.96
2°	1.12	3.32	0.03	0.04	25°	4.11	6.67	0.78	1.04
3°	1.18	3.41	0.04	0.06	26°	4.37	6.90	0.84	1.12
4°	1.25	3.51	0.06	0.08	27°	4.64	7.14	0.91	1.21
5°	1.32	3.61	0.08	0.11	28°	4.93	7.40	0.98	1.31
6°	1.39	3.71	0.10	0.13	29°	5.25	7.67	1.06	1.42
7°	1.47	3.82	0.12	0.16	30°	5.59	7.95	1.15	1.53
8°	1.55	3.93	0.14	0.18	31°	5.95	8.24	1.24	1.65
9°	1.64	4.05	0.16	0.21	32°	6.34	8.55	1.34	1.78
10°	1.73	4.17	0.18	0.24	33°	6.76	8.88	1.44	1.92
11°	1.83	4.29	0.21	0.28	34°	7.22	9.22	1.55	2.07
12°	1.94	4.42	0.23	0.31	35°	7.71	9.58	1.68	2.24
13°	2.05	4.55	0.26	0.35	36°	8.24	9.97	1.81	2.41
14°	2.17	4.69	0.29	0.39	37°	8.81	10.37	1.95	2.60
15°	2.30	4.84	0.32	0.43	38°	9.44	10.80	2.11	2.81
16°	2.43	4.99	0.36	0.48	39°	10.11	11.26	2.28	3.04
17°	2.57	5.15	0.39	0.52	40°	10.85	11.74	2.46	3.28
18°	2.73	5.31	0.43	0.58	41°	11.64	12.25	2.66	3.55
19°	2.89	5.48	0.47	0.63	42°	12.51	12.79	2.88	3.84
20°	3.06	5.66	0.51	0.69	43°	13.46	13.37	3.12	4.15
21°	3.24	5.84	0.56	0.75	44°	14.50	13.99	3.38	4.50
22°	3.44	6.04	0.61	0.81	45°	15.64	14.65	3.66	4.88

【例4-2】 有一条形基础，宽度 $b=3.0\ \text{m}$，埋置深度 $d=1.0\ \text{m}$，地基土的湿重度 $\gamma=18\ \text{kN/m}^3$，饱和重度 $\gamma_{sat}=20\ \text{kN/m}^3$，$\varphi=10°$，$c=15\ \text{kPa}$，试求地基的临塑荷载 p_{cr}，塑性荷载 $p_{\frac{1}{4}}$、$p_{\frac{1}{3}}$ 值；若地下水位上升至基础底面，假定土的抗剪强度指标不变，p_{cr}、$p_{\frac{1}{4}}$、$p_{\frac{1}{3}}$ 有何变化？

解：(1)查表4-3在 $\varphi=10°$ 时，承载力系数 $N_q=1.73$，$N_c=4.17$，$N_{\frac{1}{4}}=0.18$，$N_{\frac{1}{3}}=0.24$，将参数代入相应公式得：

$$p_{cr}=N_q\gamma_0 d+N_c c$$
$$=1.73\times18\times1+4.17\times15=93.69(\text{kPa})$$
$$p_{\frac{1}{4}}=N_{\frac{1}{4}}\gamma b+N_q\gamma_0 d+N_c c$$
$$=0.18\times18\times3+1.73\times18\times1+4.17\times15=103.41(\text{kPa})$$
$$p_{\frac{1}{3}}=N_{\frac{1}{3}}\gamma b+N_q\gamma_0 d+N_c c$$
$$=0.24\times18\times3+1.73\times18\times1+4.17\times15=106.65(\text{kPa})$$

(2)地下水位上升到基础底面，不会对承载力系数产生影响，此时水位以下土重应取有效重度，则：

$$\gamma'=\gamma_{sat}-\gamma_w=20-10=10(\text{kPa})$$
$$p_{cr}=N_q\gamma_0 d+N_c c$$
$$=1.73\times18\times1+4.17\times15=93.69(\text{kPa})$$
$$p_{\frac{1}{4}}=N_{\frac{1}{4}}\gamma b+N_q\gamma_0 d+N_c c$$
$$=0.18\times10\times3+1.73\times18\times1+4.17\times15=99.09(\text{kPa})$$
$$p_{\frac{1}{3}}=N_{\frac{1}{3}}\gamma b+N_q\gamma_0 d+N_c c$$
$$=0.24\times10\times3+1.73\times18\times1+4.17\times15=100.89(\text{kPa})$$

比较可见，当地下水上升到基底时，地基的临塑荷载没有变化，地基的塑性荷载降低，例题的减少量在5%左右。不难看出，当地下水位上升到基底以上，临塑荷载也将降低。由此可见，对于工程而言，做好排水工作，防止地表水渗入地基，保持水环境对于保证地基有足够的承载力具有重要意义。

【例4-3】 某宾馆设计采用框架结构独立基础，基础底面尺寸：$L\times b=3.00\ \text{m}\times2.40\ \text{m}$，承受偏心荷载。基础埋深1.00 m。地基土分三层：表层为素填土，天然重度 $\gamma_1=17.8\ \text{kN/m}^3$，厚 $h_1=0.8\ \text{m}$，$\varphi_1=16°$，$c_1=15\ \text{kPa}$；第二层为粉土，$\gamma_2=18.8\ \text{kN/m}^3$，$\varphi_2=24°$，$c_2=20\ \text{kPa}$，$h_2=7.4\ \text{m}$，计算宾馆地基的临界荷载。

解：应用偏心荷载作用下临界荷载计算公式：

$$p_{\frac{1}{3}}=N_{\frac{1}{3}}\gamma b+N_q\gamma_0 d+N_c c$$

查表4-3，知当 $\varphi=24°$ 时，承载力系数 $N_q=3.87$，$N_c=6.45$，$N_{\frac{1}{3}}=0.96$。

γ_0 应为基础深度 $d=1.00\ \text{m}$ 范围内的加权平均重度，按下式计算：

$$\gamma_0=\frac{0.8\gamma_1+0.2\gamma_2}{0.8+0.2}=18.0(\text{kN/m}^3)$$

$$c=c_2=20(\text{kPa})$$

参数代入可得：

$$p_{\frac{1}{3}}=0.96\times18.8\times2.40+3.87\times18.0\times1.00+6.45\times20=241.98(\text{kPa})$$

宾馆地基的临界荷载为241.98 kPa。

4.4.3.2 **地基极限承载力**

在土力学的发展中,已经提出了许多极限荷载公式,1920 年普朗德尔(L. Prandtl)首先根据塑性平衡理论导出了介质达到极限荷载时,沿着曲面发生滑动的数学方程,并认为介质的抗剪强度性质,可以用强度指标 c、φ 表示,但是,他的研究结果只适用于无重量的介质的极限平衡平面课题。

随后不少学者引用他的研究结果来求解地基土的极限荷载,并进一步作了不同形式的修正和补充,以便在工程中加以应用。太沙基根据普朗德尔相似的概念,导出了考虑地基土自重影响的极限荷载公式。但这些公式都忽略了基础底面以上覆盖土层的抗剪强度的影响,故只适用于计算浅基础的极限荷载。

梅耶霍夫进一步考虑了基础底面以上覆盖层的抗剪强度的影响,从而提出了浅基础和深基础的极限荷载公式。

4.4.3.3 **静力载荷试验确定地基承载力特征值**

2011 年现行《建筑地基基础设计规范》(GB 50007—2011),把地基承载力分为地基承载力特征值和修正后地基承载力特征值。地基承载力特征值(f_{ak})指由载荷试验测定的地基土压力变形曲线线形变形段内规定的变形所对应的压力值,其最大值为比例界限值。修正后的地基承载力特征值(f_{ak})则是地基承载力特征值经深宽修正后的地基承载力值。《建筑地基基础设计规范》(GB 50007—2011)中规定地基承载力特征值可由载荷试验或其他原位测试、公式计算,并结合工程实践经验等方法综合确定。

在现场通过一定尺寸的载荷板对扰动较少的地基土体直接加荷,所测得的成果一般能反映相当于 1 ~2 倍载荷板宽度的深度以内土体的平均值。这样大的影响范围为许多其他测试方法所不及。有些地基规范中地基承载力表所提供的经验数值也是以静载荷试验成果为基础的。

下面介绍怎样利用静力载荷试验记录整理而成的 $p\sim s$ 曲线来确定地基承载力特征值。

承载力特征值的确定应符合下列规定:

(1)当 $p\sim s$ 曲线上有比例界限时,取该比例界限所对应的荷载值;

(2)当极限荷载小于对应比例界限的荷载值的 2 倍时,取极限荷载值的一半;

(3)当不能按上述两条款要求确定时,当压板面积为 0.25 ~0.50 m^2,可取 $s/b=0.01\sim0.015$ 所对应的荷载,但其值不应大于最大加载量的一半。

(4)同一土层参加统计的试验点不应少于三点,当试验实测值的极差不超过其平均值的 30% 时,取此平均值作为该土层的地基承载力特征值(f_{ak})。

原位测试试验可通过动力触探试验、静力触探试验、标准贯入试验、旁压试验等方法确定。《建筑地基基础设计规范》(GB 50007—2011)规定,静力触探、动力触探、标准贯入等原位测试,用于确定地基承载力,在我国已有丰富的经验,可以应用。但必须有地区经验,即当地的对比资料。同时应注意,当地基基础设计等级为甲级或乙级时,应结合室内试验成果综合分析,不宜单独应用。下面,我们介绍一些 GB 50007—2011 和有关手册中的地基承载力的确定方法,可作为使用中的参考。在使用中注意逐步积累资料,建立本地区的原位试验参数与地基承载力之间的经验关系式。

由标准贯入试验锤击数 N 和轻便触探锤击数 N_{10} 确定地基承载力标准值时,应对现场锤击数根据杆长修正,再经下式计算:

$$N(N_{10}) = N - 1.645\sigma \tag{4-27}$$

式中　N——杆长修正后平均值；

σ——标准差。

根据 $N(N_{10})$ 值查表4-4～表4-7确定砂土、黏性土、素填土的地基承载力标准值。

表4-4　砂土承载力标准值 f_k

土类	N			
	10	15	30	50
中、粗砂 f_k(kPa)	180	250	340	500
粉、细砂 f_k(kPa)	140	180	250	340

表4-5　黏性土承载力标准值 f_k(一)

N	3	5	7	9	11	13	15	17	19	21	23
f_k(kPa)	105	145	190	235	280	325	370	430	515	600	680

表4-6　黏性土承载力标准值 f_k(二)

N_{10}	15	20	25	30
f_k(kPa)	105	145	190	230

表4-7　素填土承载力标准值 f_k

N_{10}	10	20	30	40
f_k(kPa)	85	115	135	160

注：本表只适用于黏性土与粉土组成的素填土。

由重型圆锥动力触探和超重型圆锥动力触探试验结果可确定碎石土、砂土的地基承载力标准值（见表4-8、表4-9）。表中动力触探锤击数 $N_{63.5}$、N_{120} 须经过杆长修正。

表4-8　碎石土、砂土承载力标准值

击数平均值 $N_{63.5}$	3	4	5	6	7	8	9	10	12	14	16
碎石土 f_k(kPa)	140	170	200	240	280	320	360	400	470	540	600
中、粗、砾砂 f_k(kPa)	120	150	180	220	260	300	340	380			

表4-9　碎石土 N_{120} 与承载力 f_k 的关系

N_{120}	3	4	5	6	8	10	12	14	≥16
f_k(kPa)	250	300	400	500	640	720	800	850	900

4.4.3.4 《建筑地基基础设计规范》(GB 50007—2011)推荐的公式计算地基承载力特征值

对竖向荷载偏心和水平力都不大的基础来说，当荷载偏心距 $e \leqslant b/30$（b 为偏心方向基础边长）时，可以采用《建筑地基基础设计规范》(GB 50007—2011)推荐的公式计算地基承载力特征值。

$$f_a = M_b \gamma b + M_d \gamma_0 d + M_c c_k \tag{4-28}$$

式中 f_a——由土的抗剪强度指标确定的地基承载力特征值；

b——基础底面宽度，m，大于 6 m 时按 6 m 考虑，对于砂土地基小于 3 m 时按 3 m 考虑；

M_b、M_d、M_c——承载力系数，按 φ_k 值查表 4-10；

φ_k、c_k、γ——基础底下一倍基础宽度内土的内摩擦角(°)、黏聚力(kPa)和重度(kN/m^3)的标准值，地下水位以下取土的有效重度；

d——基础埋深，m；

γ_0——埋深 d 范围内土的加权平均重度，kN/m^3。

表 4-10　承载力经验系数 M_b、M_d、M_c

φ_k(°)	M_b	M_d	M_c	φ_k(°)	M_b	M_d	M_c
0	0	1.00	3.14	22	0.61	3.44	6.04
2	0.03	1.12	3.32	24	0.80	3.87	6.45
4	0.06	1.25	3.51	26	1.10	4.37	6.90
6	0.10	1.39	3.71	28	1.40	4.93	7.40
8	0.14	1.55	3.93	30	1.90	5.59	7.95
10	0.18	1.73	4.17	32	2.60	6.35	8.55
12	0.23	1.94	4.42	34	3.40	7.21	9.22
14	0.29	2.17	4.69	36	4.20	8.25	9.97
16	0.36	2.43	5.00	38	5.00	9.44	10.80
18	0.43	2.72	5.31	40	5.80	10.84	11.73
20	0.51	3.06	5.66				

上述公式来源于土的临塑荷载、塑性荷载确定地基土的承载力的公式。因而，临塑荷载、塑性荷载及极限荷载确定地基土的承载力的公式可以作为计算修正后地基土承载力特征值的理论公式之一。

4.4.3.5　工程实践经验确定

经过长期的勘察工作，在各地区、各单位勘察技术人员依据大量工程实践及系统分析对比，都对本地区各地层地基承载力有了自己的实践经验，总结编制了可供使用的图表，这些都是极有价值的资料，因此对于一些中小型工程，即可直接用类比法，依据经验确定地基承载力，并直接用于设计中。在勘察中，除应用各种技术方法确定承载力外，工程实践经验也可以比较准确地确定地基承载力，要注意的是，应该将实践经验与各种技术方法相对照，不断地进行检查修正，以获得更为准确的地基承载力数据。

用以上各种方法确定的某一地层的地基承载力特征值必须经过综合分析评价后，才能提供一个较为可靠的代表性数值，因而要求尽可能多地采用多种方法进行评价，提供的数据才有可靠性。

4.4.3.6　修正后地基承载力特征值

由载荷试验或其他原位测试等方法确定的地基承载力特征值，当基础宽度大于 3 m 或埋置深度大于 0.5 m 时，尚应按下式修正：

$$f_a = f_{ak} + \eta_b \gamma (b - 3) + \eta_d \gamma_m (d - 0.5) \tag{4-29}$$

式中 f_{ak}——地基承载力的标准值（由规范或原位测试求得），kPa；

γ——基底以下土的重度，地下水位以下取浮重度，kN/m^3；

γ_m——基底以上土的加权平均重度，地下水位以下取浮重度，kN/m^3；

b——基础宽度，当 $b<3$ m 时，取 $b=3$ m，当 $b>6$ m 时，取 $b=6$ m；

d——基础埋深，m；

η_b、η_d——基础宽度和埋置深度的承载力修正系数，按表 4-11 查取。

表 4-11　承载力修正系数

土的类别		η_b	η_d
淤泥和淤泥质土		0	1.0
人工填土、e 或 I_L 大于等于 0.85 的黏性土		0	1.0
红黏土	含水比 $\alpha_w > 0.8$	0	1.2
	含水比 $\alpha_w \leq 0.8$	0.15	1.4
大面积压实填土	压实系数大于 0.95，黏粒含量 $\rho_c \geq 10\%$ 的粉土	0	1.5
	最大干密度大于 2.1 t/m^3 的级配砂石	0	2.0
粉土	黏粒含量 $\rho_c \geq 10\%$ 的粉土	0.3	1.5
	黏粒含量 $\rho_c < 10\%$ 的粉土	0.5	2.0
e 及 I_L 均小于 0.85 的黏性土		0.3	1.6
粉砂、细砂（不包括很湿与饱和时的稍密状态）		2.0	3.0
中砂、粗砂、砾砂和碎石土		3.0	4.4

注：强风化和全风化的岩石，可参照所风化成的相应土类取值，其他状态下的岩石不修正。

小　结

(1)基本概念。

土的抗剪强度、土的极限平衡状态、土的极限平衡条件、莫尔应力圆、破坏角、峰值强度、残余强度等。

(2)基本规律与基本原理。

①库仑定律。土体的强度由抗剪强度决定。

土的抗剪强度不是常数，它与剪切面上的正应力成正比，且呈线性关系。

土体的抗剪强度包括内摩擦力 $\sigma\tan\varphi$ 和黏聚力 c 两部分。

砂土的黏聚力 $c=0$，抗剪强度只由内摩擦力组成。

②受剪面的破坏准则。土体受剪面是否破坏,可以根据该面上的剪应力和抗剪强度的关系来判别。当截面上的剪应力大于该面上的抗剪强度时,该截面破坏;当受剪面上的剪应力小于该面上的抗剪强度时,该截面不破坏。

③极限平衡条件。土中一点的极限平衡状态,即为库仑直线与莫尔应力圆相切时单元体所处的状态。极限平衡条件式的表达式;破裂面与第一主平面成 $45° + \varphi/2$ 夹角。

(3)基本方法。

①直接剪切试验。常模拟工程实际选择三种试验方法。

②三轴剪切试验方法。包括不固结不排水剪、固结不排水剪和固结排水剪,其指标分别接近于直接剪切的快剪、固结快剪和慢剪。

(4)地基承载力的确定方法及影响因素。

能力扩展与应用

(1)某土样承受 $\sigma_1 = 200$ kPa,$\sigma_3 = 100$ kPa 的应力,土的内摩擦角 $\varphi = 28°$, $c = 10$ kPa,试计算最大剪应力面上的抗剪强度。

(2)已知某无黏性土的 $\varphi = 28°$, $c = 0$,若对该土取样做试验,问:①若对土样施加大小主应力分别为 200 kPa 和 100 kPa,试样会破坏吗?②若使小主应力保持不变,大主应力是否可以增加到 400 kPa?为什么?

(3)某砂土试样的三轴剪切试验,在围压 $\sigma_3 = 20$ kPa 时,施加轴向应力 $\Delta\sigma = 60$ kPa 时土样剪破,试求该土样的抗剪强度指标。

(4)地基内某点的大主应力为 450 kPa,小主应力为 150 kPa,孔隙水应力为 50 kPa,土的有效内摩擦角 $\varphi' = 30°$, $c' = 0$ 。问该点处于什么状态?

(5)某砂土的直剪试验,当正应力 $\sigma = 250$ kPa 时,测得最大剪应力 $\tau_f = 100$ kPa,试用应力圆求土样剪切面处大小主应力的方向。

(6)某方形基础受中心垂直荷载作用,$b = 1.5$ m,$d = 2$ m,地基为坚硬黏土,重度 $\gamma = 18.0$ kN/m^3,$c = 27$ kPa,$\varphi = 22°$。试用太沙基公式确定地基的承载力(安全系数取3)。

(7)某建筑物受中心荷载的柱下独立基础底面尺寸 3.5 m×1.8 m,埋深 $d = 1.8$ m;地基土为粉土,土的物理力学性质指标:$\gamma = 17.0$ kN/m^3,$c_k = 2.5$ kPa,$\varphi_k = 30°$。试计算持力层的地基承载力特征值。

课后知识面扩展

抗剪强度指标的选用

首先根据工程问题的性质确定分析方法,进而决定采用总应力强度指标或有效应力强度指标,然后选择测试方法。

由三轴固结不排水试验确定的有效应力强度指标 c'和 φ'宜用于分析地基的长期稳定性,例如土坡的长期稳定性分析,估计挡土结构物的长期土压力,位于软土地基上结构物地基长期稳定分析等。

对于饱和软黏土的短期稳定性问题，则宜采用不排水剪的强度指标 c_u。

一般工程问题多采用总应力分析法。

工程经验：

(1)若建筑物施工速度较快，而地基土的透水性和排水条件不良，则可采用不排水剪和快剪强度指标。

(2)如果地基加荷速率较慢，地基土的透水性好(如低塑性的黏性土)以及排水条件又较佳时(如黏性土层中夹砂层)，则采用排水剪或慢剪强度指标。

(3)如果介于以上两种情况，或建筑物竣工以后较久，荷载又突然增加，则采用固结不排水剪或固结快剪强度指标。

第 5 章　土压力与土坡稳定

5.1　挡土墙与边坡概述

5.1.1　挡土墙

挡土墙是用来支撑天然或人工斜坡不致坍塌,以保持土体稳定性的一种构筑物。在挡土墙横断面中,与被支撑土体直接接触的部位称为墙背;与墙背相对的、临空的部位称为墙面;与地基直接接触的部位称为基底;与基底相对的、墙的顶面称为墙顶;基底的前端称为墙趾;基底的后端称为墙踵,如图 5-1 所示。

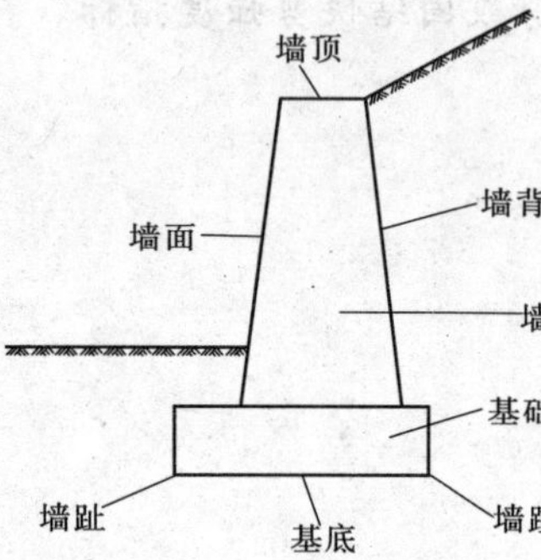

图 5-1　挡土墙结构

挡土墙广泛应用在房屋建筑、水利工程、铁路工程以及桥梁中,如图 5-2 所示。

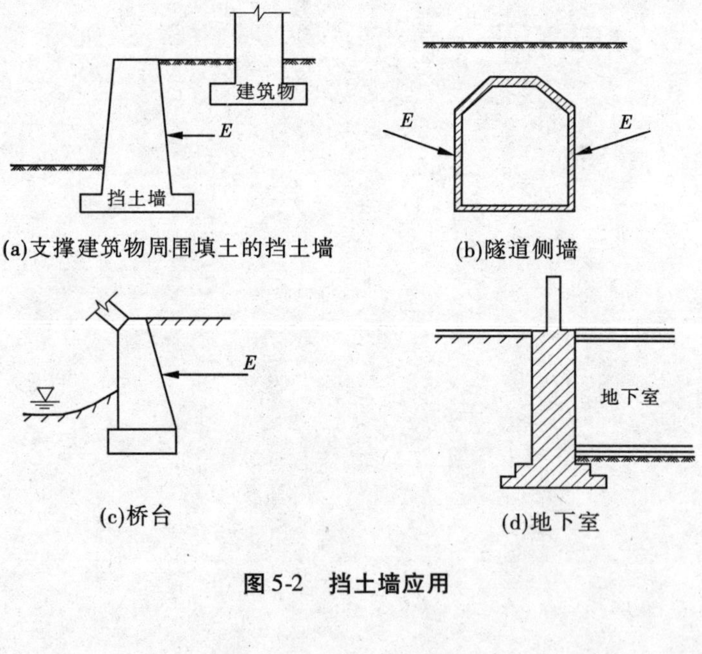

图 5-2　挡土墙应用

5.1.2　边坡

边坡指具有倾斜坡面的岩土体。天然土坡是由于地质作用自然形成的土坡,如山坡、江河的岸坡等。天然土坡的稳定性由组成坡体的工程地质条件、水文地质条件和岩土体力学性质决定。人工土坡是经过人工挖、填的土工建筑物,如基坑、渠道、土坝、路堤等的边坡,其稳定性受土的性质、施工质量、地下水等控制。

由于边坡表面倾斜，在岩土体自重及其他外力作用下，整个岩土体都有从高处向低处滑动的趋势。边坡丧失其原有稳定性，一部分岩土体相对于另一部分岩土体发生滑动的现象，称为滑坡。

土坡滑动失稳的原因一般有两类：一是外界力的作用破坏了土体内原来的应力平衡状态。如基坑的开挖，由于地基内自身重力发生变化，改变了土体原来的应力平衡状态；又如路堤的填筑、土坡顶面上作用外荷载、土体内的渗流、地震力的作用等也都会破坏土体内原有的应力平衡状态，导致土坡坍塌。二是土的抗剪强度由于受到外界各种因素的影响而降低，促使土坡失稳。如外界气候等自然条件的变化，使土体干湿、收缩膨胀、冻结、融化等，从而使土变松，强度降低；土坡内因雨水的浸入使土湿化，强度降低。

引起滑坡的根本原因在于：土体内部某个面上的剪应力达到了它的抗剪强度，稳定平衡遭到破坏。

5.2 土压力分类

土压力是指挡土墙后的填土因自重或外荷载作用对墙背产生的侧向压力。实践证明，土压力的大小主要与挡土墙的位移、挡土墙的形状、墙后填土的性质以及填土的刚度等因素有关，但起决定因素的是墙的位移。图 5-3 所示为土压力与刚性挡墙位移（移动或转动）之间的关系。

根据墙身位移的情况，作用在墙背上的土压力可分为静止土压力、主动土压力和被动土压力。其中，主动土压力和被动土压力分别是土体处于主动极限破坏状态和被动极限平衡状态下的土压力，它们都属于极限平衡状态时的土压力。

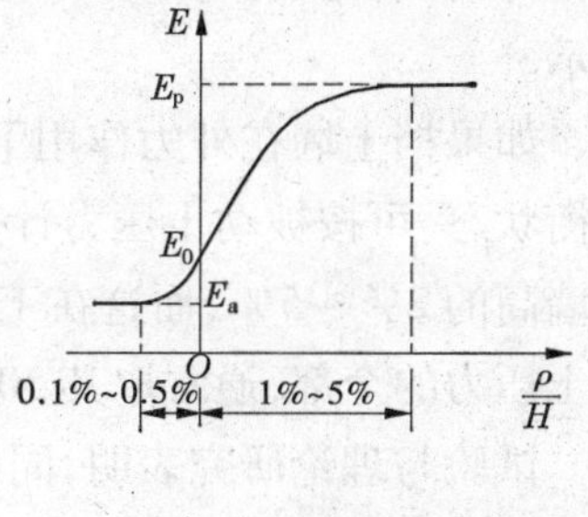

图 5-3　土压力与位移之间的关系

5.2.1　土压力的类型与产生条件

5.2.1.1　静止土压力

挡土墙在土压力作用下，不向任何方向发生位移或转动时，墙后土体处于弹性平衡状态，这时土体作用在挡土墙的压力称为静止土压力，如图 5-4(a) 所示。静止土压力强度用 σ_0 表示，作用在每延米长挡土墙上的静止土压力合力用 E_0 表示。

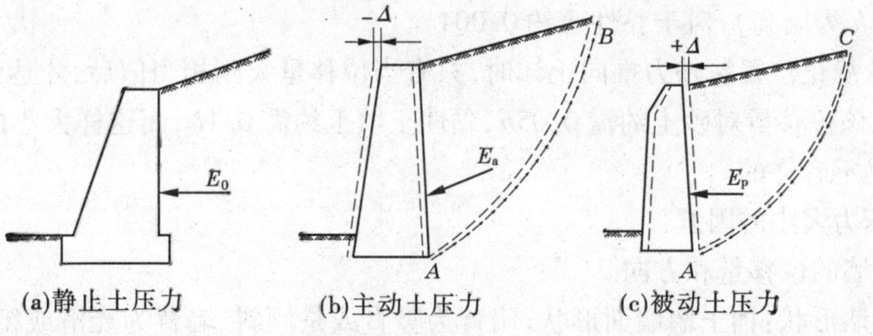

图 5-4　三种土压力

如果挡土墙直接浇筑在岩基上，且墙的刚度很大，墙体产生的位移很小，不足以使填土产生主动破坏，此时可近似按静止土压力计算。此外，对于地下结构的侧墙，若刚度大，墙顶又无法位移，也可认为墙上作用的是静止土压力。

5.2.1.2 主动土压力

挡土墙向前移离填土，随着墙的位移量的逐渐增大，土体作用于墙上的土压力逐渐减小，当墙后土体达到主动极限平衡状态并出现滑动面时，作用于墙上的土压力减至最小，称为主动土压力，如图5-4(b)所示。主动土压力强度用 σ_a 表示，主动土压力的合力用 E_a 表示。

如果挡土墙在墙后填土自重等作用下产生离开填土方向的位移，并且使墙后填土达到了极限破坏状态，可按主动土压力计算。试验研究表明，挡土墙的位移达到墙高的0.1%～0.3%，填土就可能发生主动破坏，而这是一般的挡土墙都容易达到的。因此，通常情况下挡土墙的土压力可按主动土压力计算。

5.2.1.3 被动土压力

挡土墙在外力作用下移向填土，随着墙位移量的逐渐增大，土体作用于墙上的土压力逐渐增大，当墙后土体达到被动极限平衡状态并出现滑动面时，作用于墙上的土压力增至最大，称为被动土压力，如图5-4(c)所示。被动土压力强度用 σ_p 表示，被动土压力合力用 E_p 表示。

如果挡土墙在外力作用下产生向着填土方向挤压的位移，并且使墙后填土达到了极限平衡状态，可按被动土压力计算。但试验表明，欲使填土发生被动破坏，挡土墙位移量需达到墙高的2%～5%，而这在工程中是不允许的，所以在验算挡土墙的稳定性时，并不采用被动土压力的全部，通常取其30%。

试验与理论研究表明，同样高度填土的挡土墙，作用有不同性质的土压力时，有如下的关系：

$$E_p > E_0 > E_a$$

在工程中需定量地确定这些土压力值。

Terzaghi(1934)曾用砂土作为填土进行了挡土墙的模型试验，后来一些学者用不同土作为墙后填土进行了类似的试验。

试验表明，当墙体离开填土移动时，位移量很小，即发生主动土压力。该位移量对于砂土约 $0.001h$(h 为墙高)，对于黏性土约 $0.004h$。

当墙体从静止位置被外力推向土体时，只有当位移量大到相当值后，才达到稳定的被动土压力值 E_p，该位移量对砂土约需 $0.05h$，黏性土填土约需 $0.1h$，而这样大小的位移量实际上对工程常是不容许的。

影响土压力大小的因素：

(1)挡土墙的位移量和方向。

(2)挡土墙形状：挡土墙墙面形状，墙背为竖直或是倾斜、墙背为光滑或粗糙，都关系采用何种土压力计算理论公式和计算结果。

(3)填土的性质：填土松密程度即重度、干湿程度即含水量、土的强度指标即内摩擦角和黏聚力的大小。

(4)挡土墙的材料:若挡土墙的材料采用素混凝土和钢筋混凝土,可认为墙的表面光滑,不计摩擦力;若为砌石挡土墙,就必须计摩擦力,因而土压力的大小和方向都不相同。

5.2.2 静止土压力计算

在挡土墙后水平填土表面以下,任意深度 z 处取一微元体。作用在此微元体上的竖向力为土的自重压力 γz,该处的水平向作用力即为静止土压力,按以下方法计算:

$$\sigma_0 = K_0 \gamma z \tag{5-1}$$

式中 K_0——静止土压力系数,即土的侧压力系数;

γ——墙后填土重度,kN/m^3;

z——计算点距离填土表面的深度,m。

K_0 确定方法如下:

(1)经验值:砂土 $K_0 = 0.34 \sim 0.45$;黏性土 $K_0 = 0.5 \sim 0.7$。

(2)半经验公式:$K_0 = 1 - \sin\varphi'$(φ'为土的有效内摩擦角(°))。

(3)根据侧限条件下的试验测定。这种方法是最可靠的确定方法。

由式(5-1)可知,静止土压力沿墙高为三角形分布,如果取单位墙长,则作用在墙背上的总静止土压力为

$$E_0 = \frac{1}{2}\gamma H^2 K_0 \tag{5-2}$$

式中 H——挡土墙的高度,m。

方向垂直指向墙背。合力 E_0 的作用点在距离墙底$\frac{H}{3}$处,如图 5-5 所示。

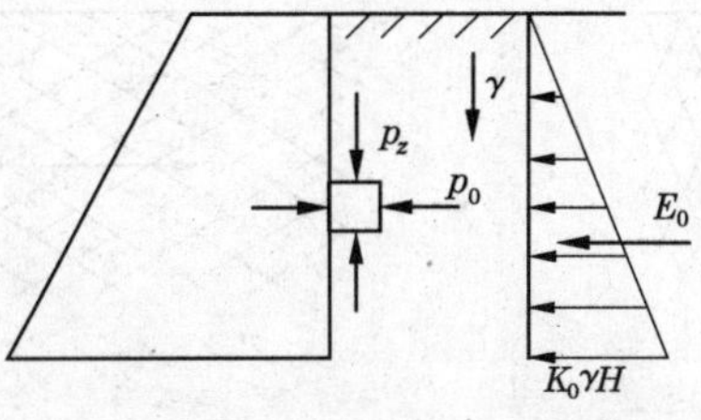

图 5-5 总静止土压力分布

静止土压力可用于以下三种情况:

(1)地下室外墙。通常地下室外墙,都有内隔墙支挡,墙位移或转角为零,按静止土压力计算。

(2)岩基上的挡土墙。挡土墙与岩石地基牢固联结,墙不可能位移与转动,按静止土压力计算。

(3)拱座。拱座不允许产生位移,故亦按静止土压力计算。此外,水闸、船闸的边墙,因与闸底板连成整体,边墙位移可忽略不计,也都按静止土压力计算。

5.3 朗肯土压力理论

5.3.1 基本原理

1857 年英国学者朗肯(Rankin)提出了著名的朗肯土压力理论。朗肯土压力理论认为当墙后填土达到极限平衡状态时,与墙背接触的任一土单元体都处于极限平衡状态,然后根据土单元体处于极限平衡状态时应力所满足的条件来建立土压力的计算公式。朗肯土压力理论适用于干的均质无黏性土、黏性土及有水的情况。

在其理论推导中,首先作出以下基本假定:

(1)挡土墙是刚性的墙背垂直;

(2)挡土墙的墙后填土表面水平;

(3)挡土墙的墙背光滑,不考虑墙背与填土之间的摩擦力。

采用这样的假定,目的是使墙后土单元体在水平方向和竖直方向为主应力方向,墙后深度 z 处的土单元体所受的应力如图 5-6 所示。

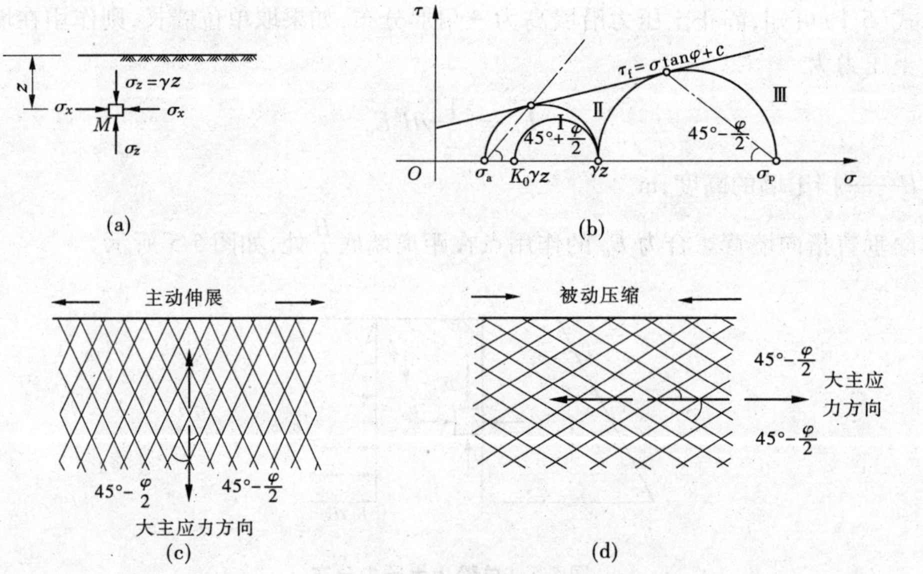

图 5-6　半空间的极限平衡状态

图 5-6(a)表示一表面为水平面的半空间,即土体向下和沿水平方向都伸展至无穷,在离地表 z 处取一单位微体 M,当整个土体都处于静止状态时,各点都处于弹性平衡状态。设土的重度为 γ,显然 M 单元水平截面上的竖向应力等于该处土的自重应力,即

$$\sigma_z = \gamma z$$

而竖直截面上的水平应力为

$$\sigma_x = K_0 \gamma z$$

由于土体内每一竖直面都是对称面,因此竖直截面和水平截面上的剪应力都等于零,因而相应截面上的法向应力 σ_z 和 σ_x 都是主应力,此时的应力状态用莫尔圆表示为如图 5-6

(b)所示的圆Ⅰ,由于该点处于弹性平衡状态,故莫尔圆没有和抗剪强度包线相切。

设想由于某种原因将使整个土体在水平方向均匀地伸展或压缩,使土体由弹性平衡状态转为塑性平衡状态。如果土体在水平方向伸展,则 M 单元在水平截面上的竖向应力 σ_z 不变而竖直截面上的法向应力却逐渐减小,直至满足极限平衡条件(称为主动朗肯状态),此时 σ_z 达最低限值 σ_a,因此 σ_a 是小主应力,而 σ_z 是大主应力,并且莫尔圆与抗剪强度包线相切,如图 5-6(b)圆Ⅱ所示。若土体继续伸展,则只能造成塑性流动,而不致改变其应力状态。反之,如果土体在水平方向压缩,那么 σ_x 不断增加而 σ_z 却仍保持不变,直到满足极限平衡条件(称为被动朗肯状态)时 σ_x 达最大限值 σ_p,这时,σ_p 是大主应力而 σ_z 是小主应力,莫尔圆为图 5-6(b)中的圆Ⅲ。

由于土体处于主动朗肯状态时大主应力所作用的面是水平面,故剪切破坏面的夹角为 $45°-\dfrac{\varphi}{2}$(见图 5-6(c)),当土体处于被动朗肯状态时,大主应力所作用的面是竖直面,故剪切破坏面与水平面的夹角为 $45°-\dfrac{\varphi}{2}$(见图 5-6(d)),因此整个土体由互相平行的两簇剪切面组成。剪切破坏面与大主应力方向的夹角为 $45°-\dfrac{\varphi}{2}$。

5.3.2　主动土压力理论

如果挡土墙在土压力作用下朝背离墙体方向移动,微元体侧面上作用的应力 $\sigma_3=\sigma_x=K_0\gamma z$ 将逐渐减小,而顶面的法向应力 $\sigma_z=\gamma z$ 并不改变。当位移量减小到此竖向应力 $\sigma_z=\gamma z$ 更小,直至某一很小数值时,墙后土体达到极限平衡状态,即朗肯主动状态。

$$\sigma_3=\sigma_1\tan^2\left(45°-\frac{\varphi}{2}\right)-2c\tan\left(45°-\frac{\varphi}{2}\right)=\sigma_z K_a-2c\sqrt{K_a} \tag{5-3}$$

式中,$K_a=\tan^2(45°-\varphi/2)$称为朗肯理论的主动土压力系数。

5.3.2.1　无黏性土的主动土压力

假设墙后填土为干的均质无黏性土,并且填土表面无超载作用,即 $\sigma_z=\gamma z$ 且 $c=0$,则可以得到任一深度 z 处主动土压力大小为

$$\sigma_a=\gamma z K_a \tag{5-4}$$

由式(5-4)可见,主动土压力沿深度 z 呈三角形线性分布,如图 5-7(a)所示。

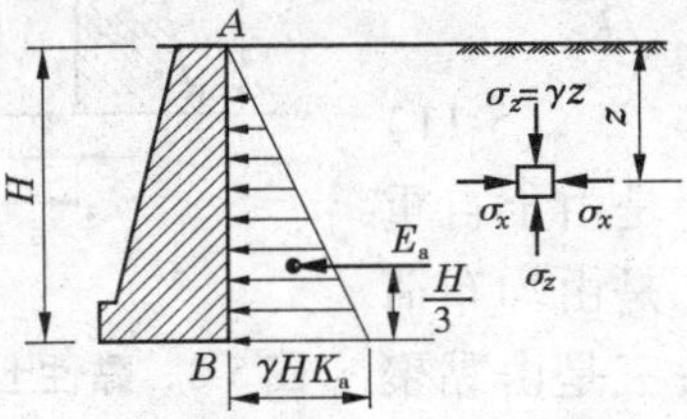

(a)无超载作用

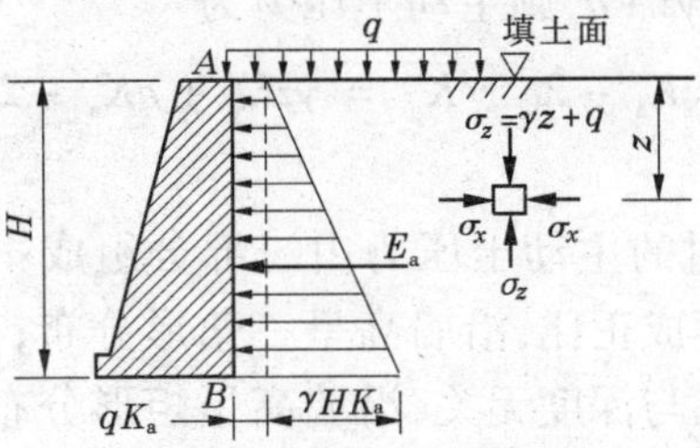

(b)有均布荷载作用

图 5-7　无黏性土主动土压力分布图

设挡土墙高度为 H,则作用在墙上的总主动土压力大小可按三角形分布图的面积计算,

即

$$E_a = \frac{1}{2}\gamma H^2 K_a \tag{5-5}$$

E_a 作用点位于图形的形心处，即 $H/3$ 处。

如果填土表面有均布荷载 q，如图 5-7(b)所示，则深度 z 处土单元体所受竖向应力为

$$\sigma_z = \gamma z + q$$

将上式代入式(5-4)，则作用在地面下深度 z 处墙背上的主动土压力为

$$\sigma_a = (\gamma z + q)K_a \tag{5-6}$$

可见，此时的主动土压力由两部分组成：一是由均布荷载引起的，与深度无关，沿墙高呈矩形分布；二是由土自重引起的，与深度成正比，沿墙高呈三角形分布。于是作用在墙背上的总的主动土压力大小可按梯形分布图的面积计算，即

$$E_a = \frac{1}{2}\gamma H^2 K_a + qHK_a \tag{5-7}$$

E_a 作用在梯形的形心处。

5.3.2.2　**黏性土的主动土压力**

假设墙后填土为干的均质黏性土，即有 $c \neq 0$，则任一深度 z 处主动土压力大小为

$$\sigma_a = \gamma z K_a - 2c\sqrt{K_a} \tag{5-8}$$

可见，黏性土主动土压力沿深度 z 呈线性变化，与无黏性土不同的是，它由两部分组成：一是由自重引起的土压力，沿墙高呈三角形分布；一是由黏聚力引起的拉力，与深度无关，沿墙高呈矩形分布。正是由于黏性土黏聚力的存在，使得主动土压力在某一深度范围内会出现负值，即存在拉力区，拉力区的深度 z_0 为 $p_a = 0$ 处的 z 值，有

$$z_0 = \frac{2c}{\gamma\sqrt{K_a}} \tag{5-9}$$

由于土体实际上不能够承受拉力，所以作用在墙背上的主动土压力的分布图形应为图 5-8所示的下部三角形。总的主动土压力大小可按该阴影三角形的面积计算，即

$$E_a = \frac{1}{2}\gamma(H - z_0)^2 K_a \tag{5-10}$$

E_a 的作用点位于墙底面以上 $(H - z_0)/3$ 处。

如果填土表面有均布荷载 q，深度 z 处土单元体所受竖向应力为 $\sigma_z = \gamma z + q$，则主动土压力为

$$\sigma_a = \sigma_z K_a - 2c\sqrt{K_a} = \gamma z K_a + qK_a - 2c\sqrt{K_a} \tag{5-11}$$

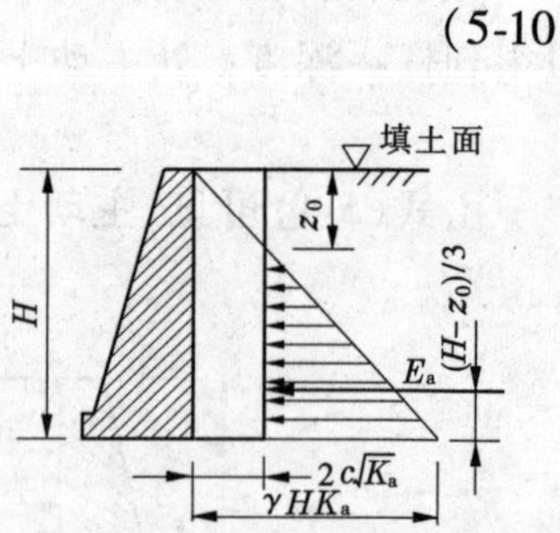

图 5-8　黏性土的主动土压力

可见，此时的主动土压力由三部分组成：一是由土自重引起的，与深度成正比，沿墙高呈三角形分布；二是由均布荷载引起的压力，与深度无关，沿墙高呈矩形分布；三是由黏聚力引起的拉力，与深度无关，沿墙高呈矩形分布。

对于有均布荷载的黏性土主动土压力，有可能出现拉力区，也可能不出现拉力区。令 $\sigma_a = 0$，可以得到填土受拉区的最大深度为

$$z_0 = \frac{2c}{\gamma\sqrt{K_a}} - \frac{q}{\gamma} \tag{5-12}$$

如果 z_0 大于零，则填土中存在拉力区，主动土压力为三角形分布，如图 5-9(a)中下部的三角形所示。总的主动土压力大小计算公式仍为式(5-10)，作用点位于墙底面以上 $(H-z_0)/3$ 处。

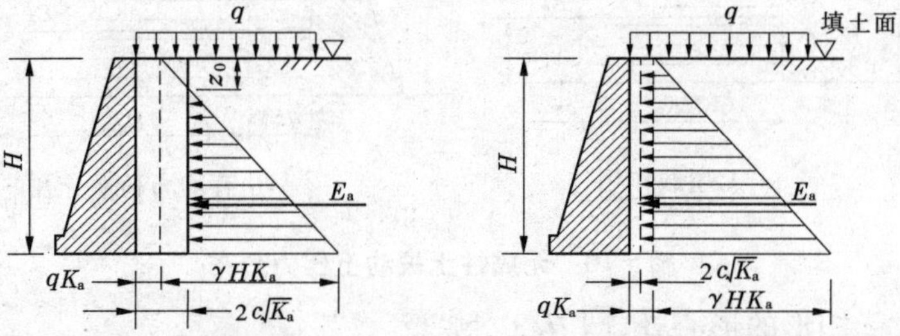

(a)有拉应力区　　(b)无拉应力区

图 5-9　有均布荷载时黏性土的主动土压力

如果 z_0 小于零，则均布荷载引起的土压力使填土中不出现拉力区，主动土压力的分布为梯形分布，如图 5-9(b)中的右部所示。总的主动土压力大小可按阴影梯形的面积计算，即

$$E_a = \frac{1}{2}\gamma H^2 K_a + qHK_a - 2cH\sqrt{K_a} \tag{5-13}$$

E_a 作用点在梯形的形心处。

5.3.3　被动土压力理论

如果挡土墙在外力作用下挤压土体，朝墙体方向移动，微元体侧面上作用的应力 $\sigma_x = K_0\gamma z$ 将逐渐增加，而顶面的法向应力 $\sigma_z = \gamma z$ 并不改变。当位移增加到比法向应力 $\sigma_z = \gamma z$ 更大，直至某一很大数值时，墙后土体达到极限平衡状态，即朗肯被动状态。由 σ_x 和 $\sigma_x = K_0\gamma z$ 可以得到一个与抗剪强度曲线相切于 T_2 点新的莫尔应力圆，如图 5-6(b)中莫尔应力圆Ⅲ所示。

在极限平衡条件下有公式：

$$\sigma_p = \sigma_z \tan^2(45° + \frac{\varphi}{2}) + 2c\tan(45° + \frac{\varphi}{2}) = \sigma_z K_p + 2c\sqrt{K_p} \tag{5-14}$$

式中 $K_p = \tan^2(45° + \varphi/2)$ 称为朗肯土压力理论的被动土压力系数。

5.3.3.1　无黏性土的被动土压力

假设墙后填土为干的均质无黏性土，并且填土表面无超载作用，即有 $\sigma_z = \gamma z$ 且 $c = 0$，则可以得到任一深度 z 处被动土压力大小为

$$\sigma_p = \gamma z K_p \tag{5-15}$$

由式(5-15)可见，被动土压力沿深度 z 呈线性变化，为三角形分布，如图 5-10(a)所示。

设挡土墙高度为 H，则作用在墙上的总的被动土压力大小可按三角形分布图的面积计算，即

$$E_p = \frac{1}{2}\gamma H^2 K_p \tag{5-16}$$

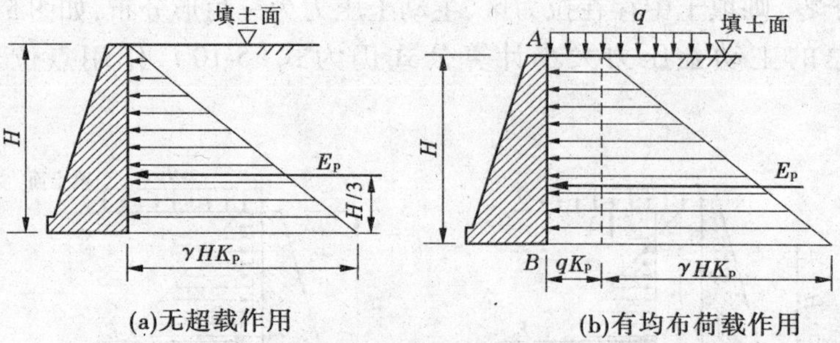

图 5-10　无黏性土被动土压力分布

E_p 作用点位于图形的形心处，即 $H/3$ 处。

如果填土表面有均布荷载 q，如图 5-10（b）所示，深度 z 处土单元体所受竖向应力为 $\sigma_z = \gamma z + q$，则被动土压力为

$$\sigma_p = (\gamma z + q)K_p \tag{5-17}$$

可见，此时的被动土压力由两部分组成：一是由均布荷载引起的，与深度无关，沿墙高呈矩形分布；二是由土自重引起的，与深度成正比，沿墙高呈三角形分布。于是作用在墙背上的总的被动土压力大小可按梯形分布的面积计算，即

$$E_p = \frac{1}{2}\gamma H^2 K_p + qHK_p \tag{5-18}$$

E_p 作用在梯形的形心处。

5.3.3.2　黏性土的被动土压力

假设墙后填土为干的均质黏性土，即有 $c \neq 0$，则任一深度 z 处被动土压力大小为

$$\sigma_p = \gamma z K_p + 2c\sqrt{K_p} \tag{5-19}$$

可见，被动土压力沿深度 z 呈线性变化，它由两部分组成：一是由自重引起的，沿墙高呈三角形分布；二是由黏聚力引起的，与深度无关，沿墙高呈矩形分布，其分布如图 5-11（a）所示 。作用在墙背上的总的被动土压力大小可按梯形分布的面积计算，即

$$E_p = \frac{1}{2}\gamma H^2 K_p + 2cH\sqrt{K_p} \tag{5-20}$$

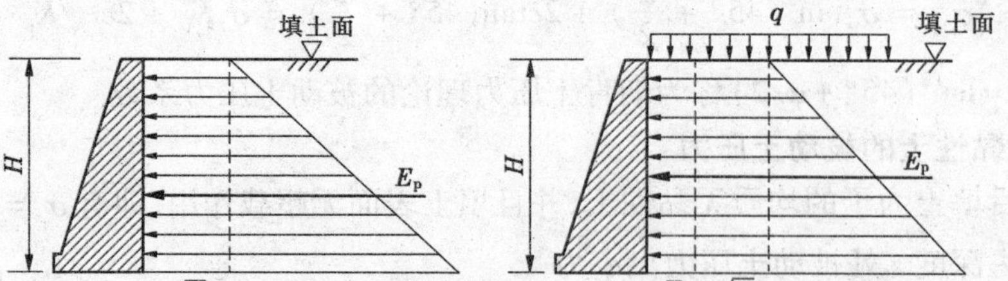

图 5-11　黏性土被动土压力分布

E_p 作用点在梯形的形心处。

如果填土表面有均布荷载 q，则被动土压力为

$$\sigma_p = \sigma_z K_p + 2c\sqrt{K_p} = \gamma z K_p + qK_p + 2c\sqrt{K_p} \tag{5-21}$$

可见，此时的被动土压力由三部分组成：一是由土自重引起的，与深度成正比，沿墙高呈三角形分布；另两项是由均布荷载和黏聚力引起的，与深度无关，沿墙高呈矩形分布，其分布如图 5-11(b)所示。总的被动土压力大小可按梯形的面积计算，即

$$E_p = \frac{1}{2}\gamma H^2 K_p + qHK_p + 2cH\sqrt{K_p} \tag{5-22}$$

E_p 作用点在梯形的形心处。

【例 5-1】 已知某混凝土挡土墙，墙高为 $H = 6.0$ m，墙背竖直，墙后填土表面水平，填土的重度 $\gamma = 18.5$ kN/m^3，$\varphi = 20°$，$c = 19$ kPa。试计算作用在此挡土墙上的静止土压力、主动土压力和被动土压力，并绘出土压力分布图。

解：(1)静止土压力，取 $K_0 = 0.5$，$P_0 = \gamma z K_0$，有

$$E_0 = \frac{1}{2}\gamma H^2 K_0 = \frac{1}{2} \times 18.5 \times 6.0^2 \times 0.5 = 166.5(\text{kN/m})$$

E_0 作用点位于下$\frac{H}{3} = 2.0$(m)处，如图 5-12 (a)所示。

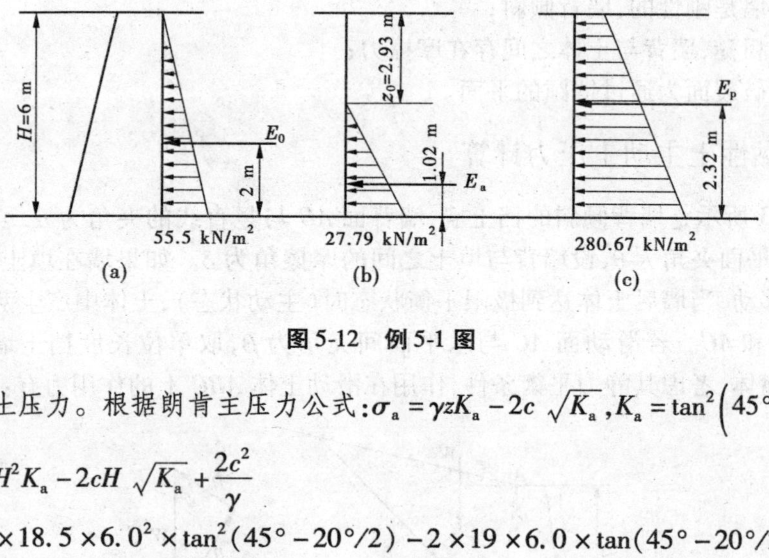

图 5-12 例 5-1 图

(2)主动土压力。根据朗肯主压力公式：$\sigma_a = \gamma z K_a - 2c\sqrt{K_a}$，$K_a = \tan^2\left(45° - \frac{\varphi}{2}\right)$，有

$$\begin{aligned} E_a &= \frac{1}{2}\gamma H^2 K_a - 2cH\sqrt{K_a} + \frac{2c^2}{\gamma} \\ &= 0.5 \times 18.5 \times 6.0^2 \times \tan^2(45° - 20°/2) - 2 \times 19 \times 6.0 \times \tan(45° - 20°/2) + \\ &\quad 2 \times 19^2/18.5 = 42.6(\text{kN/m}) \end{aligned}$$

临界深度：

$$z_0 = \frac{2c}{\gamma\sqrt{K_a}} = \frac{2 \times 19}{18.5 \times \tan\left(45° - \frac{20°}{2}\right)} = 2.93(\text{m})$$

E_a 作用点距墙底(见图 5-12(b))：

$$\frac{1}{3}(H - z_0) = \frac{1}{3} \times (6.0 - 2.93) = 1.02(\text{m})$$

(3)被动土压力：

$$E_p = \frac{1}{2}\gamma H^2 K_p + 2cH\sqrt{K_p}$$

$$= \frac{1}{2} \times 18.5 \times 6.0^2 \times \tan^2\left(45° + \frac{20°}{2}\right) + 2 \times 19 \times 6.0 \times \tan\left(45° + \frac{20°}{2}\right)$$

$$= 1\,005(\text{kN/m})$$

墙顶处土压力：

$$\sigma_a = 2c\sqrt{K_p} = 54.27(\text{kPa})$$

墙底处土压力：

$$\sigma_b = \gamma H K_p + 2c\sqrt{K_p} = 280.67(\text{kPa})$$

总被动土压力作用点位于梯形底重心，距墙底 2.32 m 处，如图 5-12(c)所示。

5.4 库仑土压力

1776 年法国的学者库仑提出了适用面较广的库仑土压力理论。库仑土压力理论是以整个滑动土体上力的平衡条件来确定土压力的。

库仑理论的基本假设为：

(1)墙后填土为均匀的无黏性土；

(2)挡土墙是刚性的，墙背倾斜；

(3)墙面粗糙，墙背与土体之间存在摩擦力；

(4)滑动破裂面为通过墙踵的平面。

5.4.1 无黏性土主动土压力计算

如图 5-13 所示一墙背倾斜的挡土墙，墙背面 AB 与竖直线的夹角为 α，填土表面 BC 是一平面，与水平面夹角为 θ，设墙背与填土之间的摩擦角为 δ。如果墙在填土压力作用下离开填土向前移动，当墙后土体达到极限平衡状态时(主动状态)，土体中产生两个通过墙脚 A 的滑动面 AB 和 AC。若滑动面 AC 与水平面间夹角为 β，取单位长度挡土墙，把滑动土体 ABC 作为脱离体，考虑其静力平衡条件，作用在滑动土体 ABC 上的作用力有：

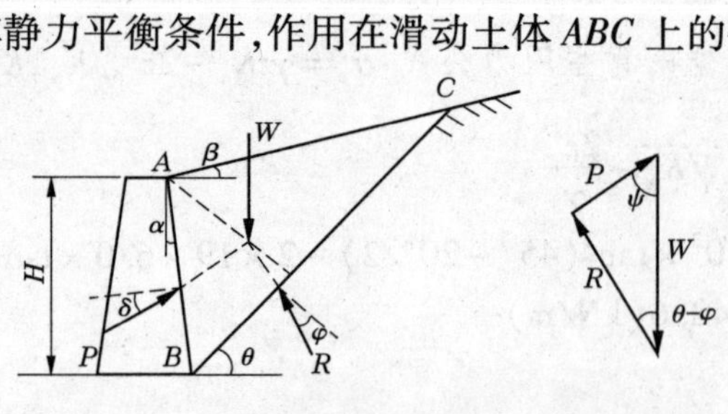

图 5-13　无黏性土的库仑主动土压力

滑动土体 ABC 的重量为 W，若 θ 已知，则 W 的大小、方向及作用点位置均已知。

土体作用在破坏面 AC 上的反力 R，R 是 AC 面上摩擦力和法向反力的合力，R 的方向与破坏面法线的夹角等于土的内摩擦角 φ。由于滑动土体 ABC 相对于滑动面 AC 右边的土体是向下移动的，故摩擦力的方向向上。R 的作用方向已知，R 的大小未知。

墙背面 AB 对滑动面土体的反力 P(大小等于土压力)，P 是 AB 面上摩擦力和法向反力的合力，P 的方向与墙背面的法线夹角为 δ，由于滑动土体 ABC 相对于墙背是向下滑动的，故墙背在 AB 面产生的摩擦力的方向向上。P 的作用方向已知，P 的大小未知。

根据静力平衡条件，W、R、P 应相交于一点，绘出作用在滑动土体 ABC 的力矢三角形，如图 5-13 所示。根据正弦定律可得：

$$P = \frac{W\sin(\theta - \varphi)}{\sin(\theta - \varphi + \psi)} \tag{5-23}$$

由图 5-13 可知：

$$W = \gamma \cdot S_{ABC} = \frac{1}{2}\gamma H^2 \frac{\cos(\alpha - \beta)\cos(\theta - \alpha)}{\cos^2\alpha\sin(\theta - \beta)} \tag{5-24}$$

由于主动土压力是假定一系列破坏面计算出的土压力中的最大值，将 P 对 θ 求导数，并令其等于零，即令

$$\frac{\mathrm{d}P}{\mathrm{d}\theta} = 0$$

解出 θ，代入式(5-23)中，就可得到作用在墙背上的总库仑主动土压力计算公式：

$$E_a = \frac{1}{2}\gamma H^2 K_a \tag{5-25}$$

$$K_a = \frac{\cos^2(\varphi - \alpha)}{\cos^2\alpha\cos(\alpha + \delta)\left[1 + \sqrt{\frac{\sin(\varphi + \delta)\sin(\varphi - \beta)}{\cos(\alpha + \delta)\cos(\alpha - \beta)}}\right]^2} \tag{5-26}$$

式中 γ、φ——墙后填土的重度和内摩擦角；

H——挡土墙的高度；

α——墙背与竖直线夹角，墙背仰斜时为正值，反之墙背俯斜时为负值；

β——填土表面与水平面间的倾角，在水平面以上为正，在水平面以下为负；

δ——墙背与填土间的摩擦角，取决于墙背面粗糙程度、填土性质、墙背面倾斜形状等。

式中的 K_a 就称为库仑理论的主动土压力系数，具体数值可参见有关设计手册。由式(5-25)可以看出，主动土压力 E_a 的大小与墙高 H 的平方成正比，因此可以推定主动土压力沿墙高按直线规律分布，沿墙高的压强为 $\gamma_z K_a$，如图 5-14 所示，总的主动土压力的大小等于压力分布的面积，其方向与墙背面法线成 δ 角，其作用点距墙底 $H/3$ 处。

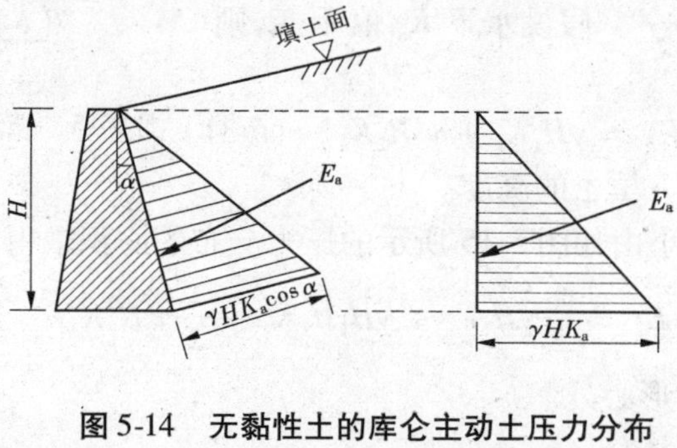

图 5-14　无黏性土的库仑主动土压力分布

由于库仑土压力理论是根据滑动土体上力的平衡条件来确定土压力，所以与朗肯土压力理论相比，其优点是可以考虑填土面为倾斜，墙背为粗糙、倾斜的情况。如果假设填土面

水平，墙背竖直、光滑，即 $\alpha=0,\beta=0,\delta=0$，则由式（5-26）可得 $K_a=\tan^2(45°-\varphi/2)$，与无黏性土朗肯土压力公式相比，两者完全相同。由此可见，某种特定条件下，朗肯土压力理论是库仑土压力理论的一个特例。

5.4.2 无黏性土被动土压力计算

用同样的方法，可得：

$$E_p=\frac{1}{2}\gamma H^2\frac{\cos^2(\varphi+\alpha)}{\cos^2\alpha\cos(\alpha-\delta)\left[1-\sqrt{\dfrac{\sin(\varphi+\delta)\sin(\varphi+\beta)}{\cos(\alpha-\delta)\cos(\alpha-\beta)}}\right]^2} \tag{5-27}$$

令

$$K_p=\frac{\cos^2(\varphi+\alpha)}{\cos^2\alpha\cos(\alpha-\delta)\left[1-\sqrt{\dfrac{\sin(\varphi+\delta)\sin(\varphi+\beta)}{\cos(\alpha-\delta)\cos(\alpha-\beta)}}\right]^2} \tag{5-28}$$

则

$$E_p=\frac{1}{2}\gamma H^2K_p \tag{5-29}$$

式中 K_p——库仑被动土压力系数。

5.5 特殊情况下土压力计算

5.5.1 填土中有地下水时的土压力

当墙后填土中有水时，需要考虑地下水位以下的填土由于浮力作用使有效重量减轻引起的土压力的减小，在计算竖向应力时，水下填土部分采用浮重度。另外，需注意的是，作用在墙背上的总压力中还应包括水压力的作用。

以图 5-15 为例，地下水位以上的主动土压力计算与无水时相同，即 B 点的主动土压力为

$$(\sigma_a)_B=(\sigma_z)_BK_a=\gamma H_1K_a \tag{5-30}$$

式中 H_1——地下水位以上填土的高度。

地下水位以下部分，在计算土单元体竖向应力 σ_z 时，需将土的重度改为浮重度 γ'。假设水下 K_a 值不变，则 C 点的主动土压力为

$$(\sigma_a)_C=(\sigma_z)_CK_a=\gamma H_1K_a+\gamma' H_2K_a \tag{5-31}$$

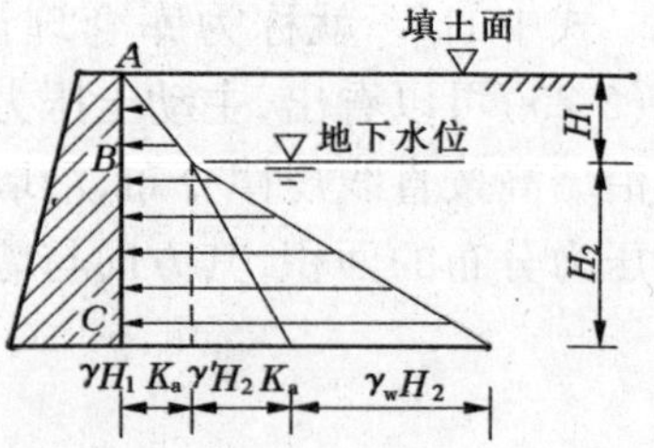

图 5-15 填土中有水时的主动土压力

式中 H_2——地下水位以下填土的高度。

总的主动土压力的大小由如图 5-15 所示的压力分布的面积求得，即

$$E_a=\frac{1}{2}\gamma H_1^2K_a+\gamma H_1H_2K_a+\frac{1}{2}\gamma' H_2^2K_a \tag{5-32}$$

E_a 作用点位于图形的形心处。

作用在墙背面的水压力为

$$P_w=\frac{1}{2}\gamma_wH_2^2 \tag{5-33}$$

于是在进行挡土墙设计时，作用在墙背上的总压力为

$$P = E_a + P_w = \frac{1}{2}\gamma H_1^2 K_a + \gamma H_1 H_2 K_a + \frac{1}{2}\gamma' H_2^2 K_a + \frac{1}{2}\gamma_w H_2^2 \tag{5-34}$$

5.5.2 填土为成层土时的土压力

如果墙后填土是由不同土层组成的，应考虑填土性质不同（重度、黏聚力、内摩擦角）对土压力的影响。在确定成层土的土压力时，需注意两点：一是由于各层填土重度不同，使得填土竖向应力分布在土层交界面上出现转折；二是由于各层填土黏聚力和内摩擦角不同，所以在计算主动或被动土压力系数时，需采用计算点所在土层的黏聚力和内摩擦角。

以图 5-16 所示两层无黏性填土的主动土压力为例，如果两层填土的内摩擦角 φ 不同，

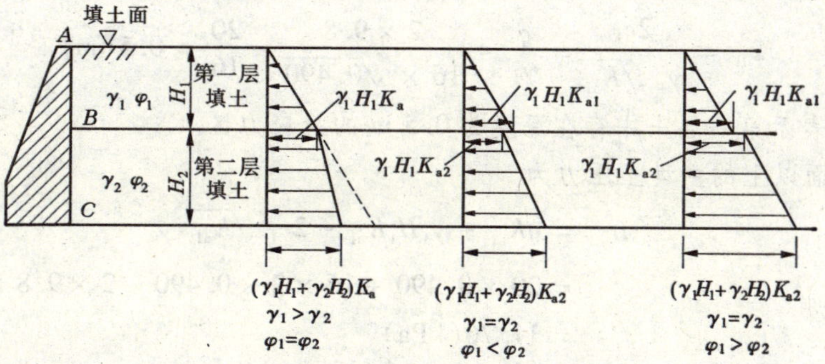

图 5-16 填土为成层土时的主动土压力

则土压力分布图在两层土交界面 B 处会发生突变，在交界面 B 点之上的主动土压力为

$$(\sigma_a)_{B上} = (e_z)_B K_{a1} = \gamma H_1 K_{a1} \tag{5-35}$$

在交界面 B 点之下的主动土压力为

$$(\sigma_a)_{B下} = (e_z)_B K_{a2} = \gamma H_1 K_{a2} \tag{5-36}$$

C 点的主动土压力为

$$(\sigma_a)_C = (e_z)_C K_{a2} = (\gamma_1 H_1 + \gamma_2 H_2) K_{a2} \tag{5-37}$$

式中 K_{a1}、K_{a2}——第一层与第二层填土的主动土压力系数。

总的主动土压力的大小如图 5-16 所示的压力分布的面积求得，即

$$E_a = \frac{1}{2}\gamma_1 H_1^2 K_{a1} + \gamma_1 H_1 H_2 K_{a2} + \frac{1}{2}\gamma_2 H_2^2 K_{a2} \tag{5-38}$$

【例 5-2】 如图 5-17 所示一高 5 m 的挡土墙，墙后填土由两层组成，填土表面有 20 kPa 的均布荷载，试计算作用在墙上的总的主动土压力和作用点的位置。

解：第一层填土主动土压力系数为

$$K_{a1} = \tan^2\left(45° - \frac{\varphi_1}{2}\right) = \tan^2\left(45° - \frac{20°}{2}\right) = 0.490$$

第二层填土主动土压力系数为

$$K_{a2} = \tan^2\left(45° - \frac{\varphi_2}{2}\right) = \tan^2\left(45° - \frac{16°}{2}\right) = 0.568$$

因为 c_1 大于零，因此首先需要判别填土中是否存在拉应力区。第一层填土中土压力强

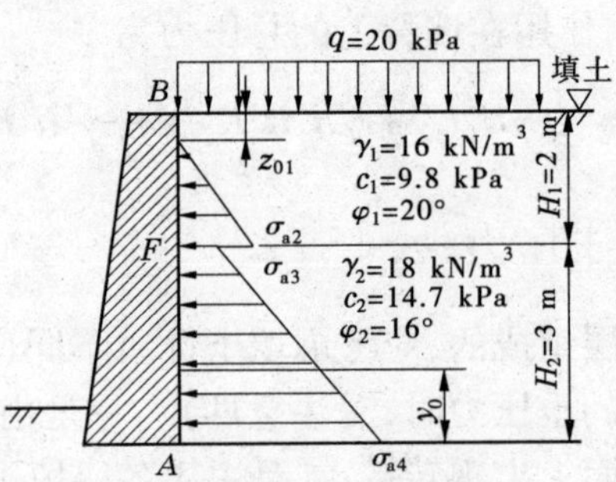

图 5-17　挡土墙受力分布

度为零的深度为

$$z_{01}=\frac{2c_1}{\gamma_1\sqrt{K_{a1}}}-\frac{q}{\gamma_1}=\frac{2\times 9.8}{16\times\sqrt{0.490}}-\frac{20}{16}=0.5(\text{m})$$

z_{01}大于零表示第一层土中存在深度为 0.5 m 的拉应力区。

F 点交界面以上的主动土压力为

$$\begin{aligned}\sigma_{a2}&=qK_{a1}+\gamma_1H_1K_{a1}-2c_1\sqrt{K_{a1}}\\&=20\times 0.490+16\times 2\times 0.490-2\times 9.8\times\sqrt{0.490}\\&=11.76(\text{kPa})\end{aligned}$$

F 点交界面以下的主动土压力为

$$\begin{aligned}\sigma_{a3}&=qK_{a2}+\gamma_1H_1K_{a2}-2c_2\sqrt{K_{a2}}\\&=20\times 0.568+16\times 2\times 0.568-2\times 14.7\times\sqrt{0.568}\\&=7.38(\text{kPa})\end{aligned}$$

A 点的主动土压力为

$$\begin{aligned}\sigma_{a4}&=qK_{a2}+(\gamma_1H_1+\gamma_2H_2)K_{a2}-2c_2\sqrt{K_{a2}}\\&=20\times 0.568+(16\times 2+18\times 3)\times 0.568-2\times 14.7\times\sqrt{0.568}\\&=38.05(\text{kPa})\end{aligned}$$

第一层总的主动土压力为

$$E_{a1}=\frac{1}{2}\gamma_1(H_1-z_{01})^2K_{a1}=\frac{1}{2}\times 16\times(2-0.5)^2\times 0.490=8.82(\text{kN/m})$$

第二层总的主动土压力为

$$E_{a2}=\frac{\sigma_{a3}+\sigma_{a4}}{2}\times H_2=\frac{7.38+38.05}{2}\times 3=68.15(\text{kN/m})$$

整个墙上总的主动土压力为

$$E_a=E_{a1}+E_{a2}=8.82+68.15=76.97(\text{kN/m})$$

E_a 作用点在 A 点以上的距离为

$$y_0=\frac{E_{a1}\times\left(H_2+\dfrac{H_1-z_{01}}{3}\right)+E_{a2}\times\left(\dfrac{2\sigma_{a3}+\sigma_{a4}}{3\sigma_{a3}+3\sigma_{a4}}\times H_2\right)}{E_a}$$

$$= \frac{8.82 \times \left(3 + \frac{2 - 0.5}{3}\right) + 68.15 \times \left(\frac{2 \times 7.38 + 38.05}{3 \times 7.38 + 3 \times 38.05} \times 3\right)}{76.97}$$

$$= 1.43(\mathrm{m})$$

5.6 挡土墙设计

5.6.1 挡土墙的类型

5.6.1.1 按结构形式分类

1. 重力式挡土墙

这种形式的挡土墙如图 5-18 所示，墙面暴露于外，墙背可以做成倾斜和垂直的。

墙基的前缘称为墙趾，而后缘叫作墙踵。重力式挡土墙通常由块石或素混凝土砌筑而成，因而墙体抗拉强度较小，作用于墙背的土压力所引起的倾覆力矩全靠墙身自重产生的抗倾覆力矩来平衡，因此墙身必须做成厚而重的实体才能保证其稳定，这样，墙身的断面也就比较大。通常用于高度 $h<5$ m 且地基承载力较高地段的低挡土墙。重力式挡土墙具有结构简单、施工方便、能够就地取材、应用范围广等优点；缺点是工程量大，沉降大。

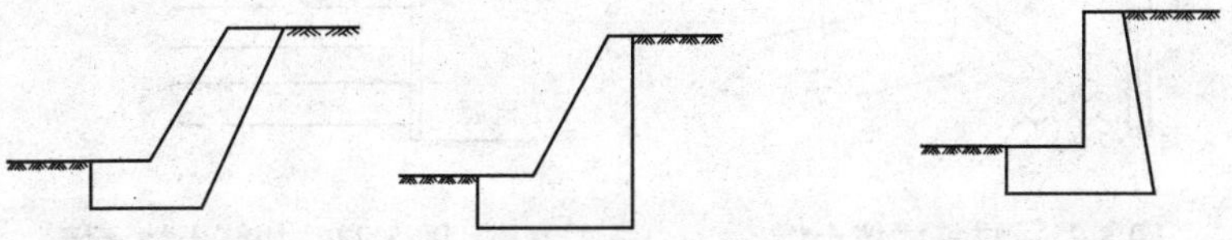

(a)仰斜　(b)俯斜　(c)垂直

图 5-18　重力式挡土墙

2. 悬臂式挡土墙

悬臂式挡土墙一般用钢筋混凝土建造，它由三个悬臂板组成，即立壁、墙趾悬臂和墙踵悬臂，如图 5-19 所示。墙的稳定主要靠墙踵底板上的土重，而墙体内的拉应力则由钢筋承担。因此，这类挡土墙的优点是能充分利用钢筋混凝土的受力特性，墙体截面较小；缺点是钢材用量大，技术复杂。适用于地质差且墙高 $h>5$ m 的重要工程，如市政工程以及厂矿贮库中广泛应用这种挡墙。

3. 扶壁式挡土墙

当墙后填土比较高时，为了增强悬臂式挡土墙中立壁的抗弯性能，常沿墙的纵向每隔一定距离设一道扶壁，以改善其抗弯性能，同时增加墙的整体刚度，如图 5-20 所示。适用于地质条件差且墙高 $h>10$ m 的重要工程。优点是工程量较小；缺点是技术复杂，费钢材。

4. 锚杆式挡土墙

锚杆挡土墙通常由立柱、墙面板和锚杆三部分组成的轻型支挡结构。墙面用预制的钢筋混凝土立柱和挡板进行拼装，把土体产生的土压力传给钢拉杆，钢拉杆再把拉力传给锚定板，结构依靠锚定板的抗拔力而支挡土体，如图 5-21 所示。适用于地基承载力较低的重要工程，墙高 h 可达 27 m。

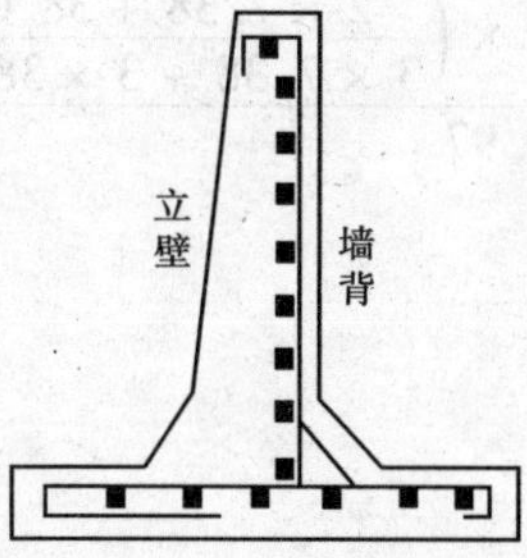

图 5-19　悬臂式挡土墙

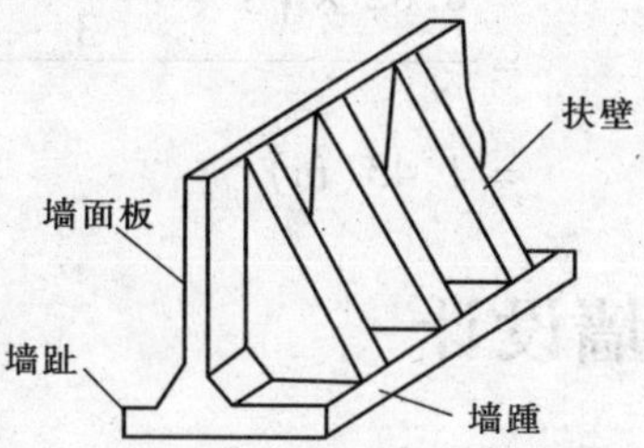

图 5-20　扶壁式挡土墙

5. 加筋土挡土墙

加筋土挡土墙由墙面板、拉筋及填土共同组成，如图 5-22 所示。它依靠填土、拉筋之间的摩擦力使填土与拉筋结合成一个整体。拉筋一般采用镀锌扁钢或土工织物。墙面用预制混凝土板，墙面板用拉筋进行拉结。适用于加固河堤、围堰等。

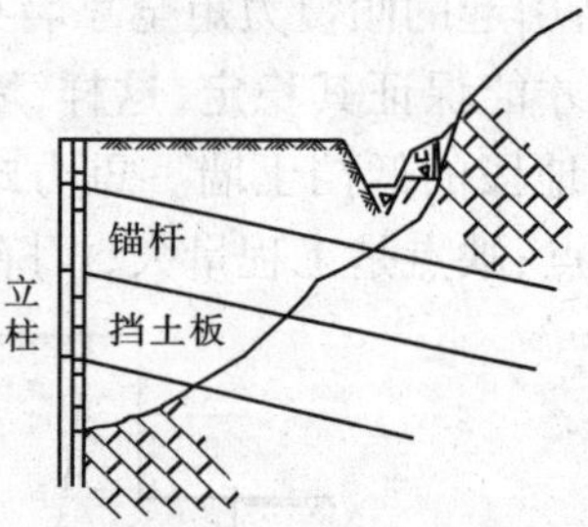

图 5-21　锚杆式挡土墙

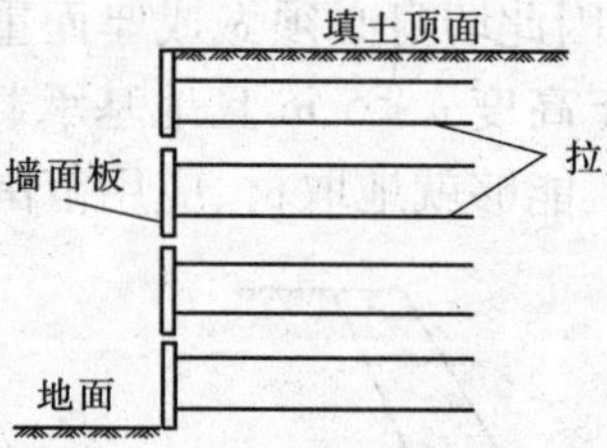

图 5-22　加筋土挡土墙

5.6.1.2　按刚度及位移方式分类

1. 刚性挡土墙

刚性挡土墙指用砖、石或混凝土所筑成的断面较大的挡土墙。

由于刚度大，墙体在侧向土压力作用下，仅能发生整体平移或转动，本身的挠曲变形则可忽略。墙背受到的土压力呈三角形分布，最大压力强度发生在底部，类似于静水压力分布。

2. 柔性挡土墙

柔性挡土墙指墙身受土压力作用时发生挠曲变形的挡土墙。

3. 临时支撑

临时支撑指边施工边支撑的临时性支挡结构。

5.6.2　挡土墙的计算

挡土墙的截面一般按试算法确定，即先根据挡土墙所处的条件（工程地质、填土性质以及墙体材料和施工条件等）凭经验初步拟定截面尺寸，然后进行挡土墙的验算，若不满足要求，则应改变截面尺寸或采取其他措施。

挡土墙的计算通常包括下列内容：

（1）稳定性验算，包括抗倾覆和抗滑移稳定验算；

（2）地基的承载力验算；

(3)墙身强度验算。

在上列计算内容中，地基的承载力验算，一般偏心荷载作用下基础的计算方法相同，即要求同时满足基底平均应力 $P_k \leqslant f_a$（f_a 为持力层地基承载力特征值）和基底最大压应力 $P_{kmax} \leqslant 1.2f_a$。至于墙身强度验算，应根据墙身材料分别按砌体结构、素混凝土结构或钢筋混凝土结构的有关计算方法进行。

挡土墙的稳定性破坏通常有两种形式：一种是在主动土压力作用下外倾，对此应进行倾覆稳定性验算；另一种是在土压力作用下沿基底外移，需进行滑动稳定性验算。

挡土墙上所受到的力有：墙体自重、墙后土体的土压力和地基反力。在这些力共同作用下，挡土墙可能的破坏情况有强度破坏和稳定性破坏。强度破坏包括墙身的强度破坏和地基的强度破坏两种形式，稳定性破坏包括倾覆和滑移两种形式。

5.6.2.1 抗倾覆验算

倾覆，即挡土墙绕墙 O 点作外倾运动（见图5-23）。

将所有作用于墙体的力都分解在水平和竖直方向上，求出绕 O 点阻止转动的力（抗倾覆力矩）和引起转动的力矩（倾覆力矩），这二者的比值称为抗倾覆安全系数 K_t，它应满足下式：

$$K_t = \frac{G_{x0} + E_{ax}x_f}{E_{az}z_f} \geqslant 1.6 \tag{5-39}$$

$$E_{ax} = E_a\sin(\alpha - \delta) \quad E_{az} = E_z\cos(\alpha - \delta) \quad E_a = \varphi_z \frac{1}{2}\gamma h^2 K_a$$

$$x_f = b - z\cot\alpha \quad z_f = z - b\tan\alpha_0$$

式中 G——挡土墙每延米自重，kN/m；

b——基点的水平投影宽度，m；

z——土压力作用点离墙踵的高度，m；

δ——土对挡土墙墙背的摩擦角，见表5-1；

E_{ax}——主动土压力在 x 方向的投影，kN/m；

E_{az}——主动土压力在 z 方向的投影，kN/m；

α——挡土墙墙背与水平面的夹角；

α_0——挡土墙基底与水平面的夹角；

φ_z——主动土压力增大系数，土坡高度小于5 m时，宜取1.0，高度为5～8 m时，宜取1.1，高度大于8 m时，宜取1.2。

表5-1 土对挡土墙墙背的摩擦角

挡土墙情况	摩擦角 δ
墙背平滑、排水不良墙背	$(0 \sim 0.33)_k$
粗糙、排水良好	$(0.33 \sim 0.50)_k$
墙背很粗糙、排水良好	$(0.50 \sim 0.67)_k$
墙背与填土间不可能滑动	$(0.67 \sim 1.00)_k$

5.6.2.2 挡土墙抗滑移验算

挡土墙稳定性验算时，要考虑墙体沿基底处发生滑移。应使沿滑移面的抗滑力大于滑移力，这二者之比称为抗滑安全系数 K_s，它应符合下式要求（见图 5-24）：

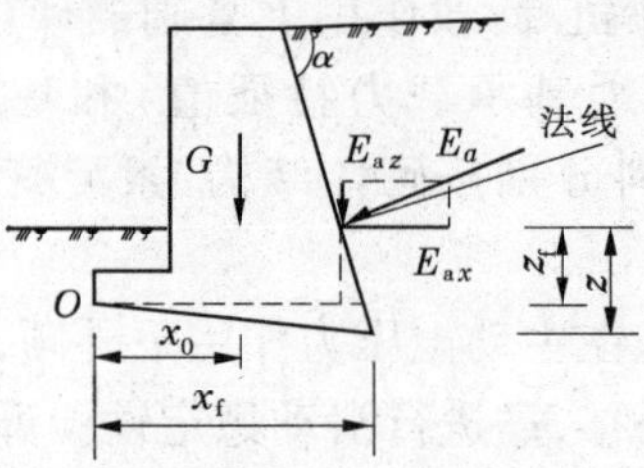

图 5-23　挡土墙抗滑稳定验算示意图

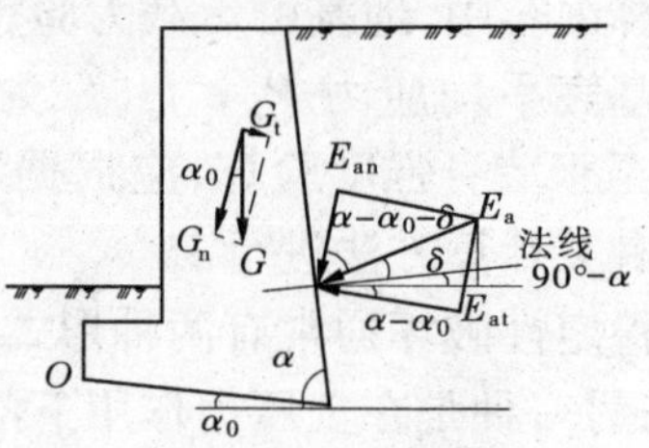

图 5-24　抗滑移图

$$K_s = \frac{(G_n + E_{an})\mu}{E_{at} - G_t} \geqslant 1.3 \tag{5-40}$$

$$G_n = G\cos\alpha_0$$

$$G_t = G\sin\alpha_0$$

$$E_{an} = E_a\cos(\alpha - \alpha_0 - \delta)$$

$$E_{at} = E_a\sin(\alpha - \alpha_0 - \delta)$$

式中　μ——土对挡土墙基底的摩擦系数，见表 5-2。

表 5-2　挡土墙基底的摩擦系数

土的类别		摩擦系数 μ
黏性土	可塑	0.25～0.30
	硬塑	0.30～0.35
	坚塑	0.35～0.45
粉土		0.30～0.40
中砂、粗砂、砾砂		0.40～0.50
碎石土		0.40～0.60
软质岩石		0.40～0.60
表面粗糙的硬质岩		0.65～0.75

注：1. 易风化的软质和塑性指数 I_P 大于 22 的黏性土，基底摩擦系数应通过试验确定；

2. 对碎石土，可根据其密实程度、填充状况、风化程度等确定。

5.6.3　重力式挡土墙的体型选择和构造措施

合理地选择墙型，对安全和经济地设计挡土墙具有重要意义。

5.6.3.1　墙背的倾斜形式

对于墙背不同倾斜方向的挡土墙，若用相同的计算方法和计算指标进行计算，其主动土压力以仰斜为最小，直立居中，俯斜最大。因此，就墙背所受的主动土压力而言，仰斜墙背较为合理。

若在开挖临时边坡以后筑墙，采用仰斜墙背可与边坡紧密贴合，而俯斜墙则须在墙背回填土，因此仰斜墙比较合理。反之，如果在填方地段筑墙，仰斜墙背填土的夯实比俯斜墙或直立墙困难,此时,俯斜墙和直立墙比较合理。

从墙前地形的陡缓看,当较为平坦时,用仰斜墙背较为合理。若墙前地形较陡,则宜用直立墙,因为俯斜墙的土压力较大,而用仰斜墙时,为了保证墙趾与墙前土坡面之间保持一定距离,就要加高墙身,使砌筑工程量增加。

因此,墙背的倾斜形式应根据使用要求、地形和施工等情况综合考虑确定。

5.6.3.2 墙面坡度的选择

当墙前地面较陡时,墙面坡可取1:0.05~1:0.2,亦可采用直立的截面。当墙前地形较为平坦时,对于中、高挡土墙,墙面坡度可较缓,但不宜缓于1:0.4,以免增高墙身或增加开挖宽度。仰斜墙背坡度愈缓,主动土压力愈小,但为了避免施工困难,仰斜墙背坡度一般不宜缓于1:0.25,墙面坡应尽量与墙背坡平行。

5.6.3.3 基底逆坡坡度

在墙体稳定性验算中,滑动稳定常比倾覆稳定不易满足要求,为了增加墙身的抗滑稳定性,将基底做成逆坡是一种有效的方法。但是基底逆坡过大,可能使墙身连同基底下的一块三角形土体一起滑动,因此一般土质地基的基底逆坡不宜大于0.1:1,对岩石地基一般不宜大于0.2:1。

5.6.3.4 墙趾台阶和墙顶宽度

当墙高较大时,基底压力常常是控制截面的重要因素。为了使基底压力不超过地基承载力设计值,可加墙趾台阶,以便扩大基底宽度,这对墙的倾覆稳定也是有利的。墙趾台阶的高宽比可取 $h:a=2:1$,a 不得小于20 cm,此外,基底法向反力的偏心距应满足 $e\leqslant\frac{b_1}{4}$ 的条件(b_1 为无台阶时的基底宽度)。

挡土墙的顶宽若无特殊要求,对于一般块石挡土墙不应小于0.5 m,对于混凝土挡土墙最小可为0.2~0.4 m。

5.6.3.5 排水措施

挡土墙所在地段往往由于排水不良,大量雨水经墙后填土下渗,结果使墙后土的抗剪强度降低,重度增高,土压力增大,有的还受水的渗流或静水压力影响,在一定条件下,或因土压力过大,或因地基软化,结果造成挡土墙的破坏,因此需在墙身布置适量的泄水孔,方案如图5-25所示。据某地区挡土墙调查,仅1966年由于排水不良或未作排水处理而发生挡土墙破坏的有十多处,为当地发生事故类型的70%~80%。

5.6.3.6 填土质量要求

挡土墙的回填土料应尽量选择透水性较大的土,例如砂土、砾石、碎石等,因为这类土的抗剪强度较稳定,易于排水。不应采用淤泥、耕植土、膨胀性黏土等作为填料,填土料中还不应夹杂有大的冻结土块、木块或其他杂物。

实际上所遇到的大多数回填土都多少含有一定的黏性土,这时应适当混以块石。对于重要的、高度较大的挡土墙,用黏性土做回填土料是不合适的,因为黏性土的性能不稳定,在干燥时体积收缩,而在雨季时膨胀,由于回填土的交错收缩与膨胀可在挡土墙上产生较大的侧压力。这种侧压力在设计中往往无法考虑,其数值还可能比计算压力大许多倍,它可使挡土墙外移,甚至使挡土墙失去作用。在工程中曾有因黏性土作为填料而引起的事故。

填土压实质量是挡土墙施工中的一个关键问题。填土时应分层夯实。

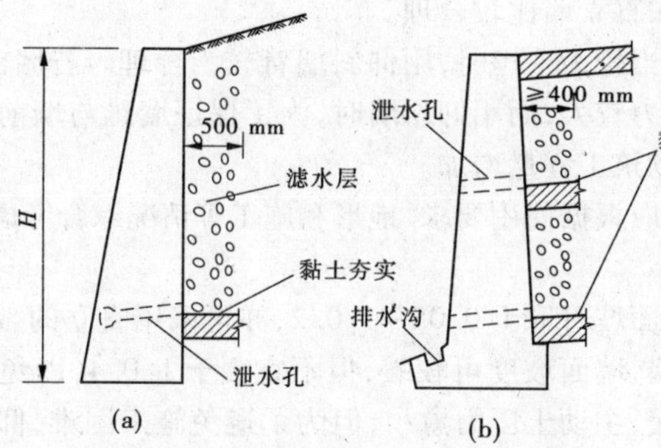

图 5-25　挡土墙的排水措施

5.7　土坡稳定分析

5.7.1　土坡失稳原因分析

土坡的失稳受内部和外部因素制约，当超过土体平衡条件时，土坡便发生失稳现象。

5.7.1.1　产生滑动的内部因素

(1)斜坡的土质：各种土质的抗剪强度、抗水能力是不一样的，如钙质或石膏质胶结的土、湿陷性黄土等，遇水后软化，使原来的强度降低很多。

(2)斜坡的土层结构：如在斜坡上堆有较厚的土层，特别是当下伏土层(或岩层)不透水时，容易在交界上发生滑动。

(3)斜坡的外形：突肚形的斜坡由于重力作用，比上陡下缓的凹形坡易于下滑；由于黏性土有黏聚力，当土坡不高时尚可直立，但随时间和气候的变化，也会逐渐塌落。

5.7.1.2　促使滑动的外部因素

(1)降水或地下水的作用：持续的降雨或地下水渗入土层中，使土中含水量增高，土中易溶盐溶解，土质变软，强度降低；还可使土的重度增加，以及孔隙水压力的产生，使土体作用有动、静水压力，促使土体失稳，故设计斜坡应针对这些原因，采取相应的排水措施。

(2)振动的作用：如在地震的反复作用下，砂土极易发生液化；黏性土，振动时易使土的结构破坏，从而降低土的抗剪强度；施工打桩或爆破，由于振动也可使邻近土坡变形或失稳等。

(3)人为影响：由于人类不合理地开挖，特别是开挖坡脚；或开挖基坑、沟渠、道路边坡时将弃土堆在坡顶附近；在斜坡上建房或堆放重物时，都可引起斜坡变形破坏。

5.7.2　无黏性土坡稳定性分析

5.7.2.1　干的无黏性土坡

处于不渗水的砂、砾、卵石组成的无黏性土坡，只要坡面上颗粒能保持稳定，那么整个土坡便是稳定的。在无黏性土坡表面取一小块土体来进行分析(见图 5-26)，无黏性土坡坡角为 α，自坡面上取一单元土体，其重量为 W，由 W 引起的顺坡向下的滑力为 $T = W\sin\alpha$，对下

滑单元体的阻力为 $T_f = N\tan\varphi = W\cos\alpha\tan\varphi$（$\varphi$ 为无黏性土的内摩擦角），因此无黏性土坡的稳定系数为

$$k = \frac{T_f}{T} = \frac{W\cos\alpha\tan\varphi}{W\sin\alpha} = \frac{\tan\varphi}{\tan\alpha} \tag{5-41}$$

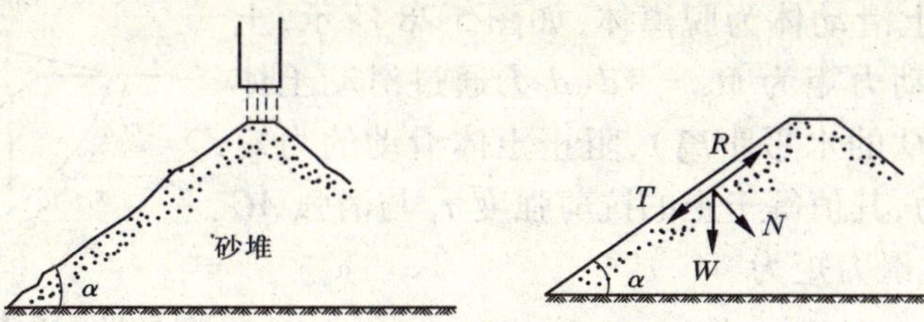

图 5-26　无黏性土坡

由此可得如下结论：当 $\alpha = \varphi$ 时，$k = 1$，土坡处于极限稳定状态，此时的坡角 α 为自然休止角；无黏性土坡的稳定性与坡高无关，仅取决于 α 角，当 $\alpha < \varphi$ 时，$k > 1$，土坡稳定。为了使土坡具有足够的安全储备，一般取 $k = 1.1 \sim 1.5$。

5.7.2.2　**有渗流作用的无黏性土坡**

有渗流作用的无黏性土坡因受到渗透水流的作用，滑动力加大，抗滑力减小，见图 5-27，沿渗流逸出方向的渗透力为 $J = i\gamma_w$。由 J 对单元土体产生的下滑分力为 $i\gamma_w\cos(\alpha - \theta)$，法向分力为 $i\gamma_w\sin(\alpha - \theta)$。其中：$i$ 为渗透水力坡降；γ_w 为水的重度；θ 为渗流方向与水平面的夹角。

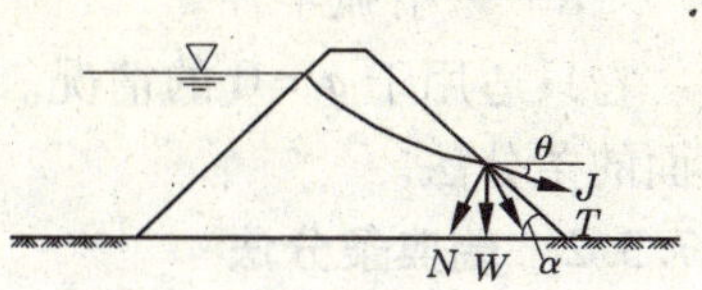

图 5-27　有渗流作用的无黏性土坡

因土渗水，其重量采用浮重度 γ' 进行计算，故其稳定系数为

$$k = \frac{[\gamma'\cos\alpha - i\gamma_w\sin(\alpha - \theta)]\tan\varphi}{\gamma'\sin\alpha + i\gamma_w\cos(\alpha - \theta)} \tag{5-42}$$

当渗流方向为顺坡时，$\theta = \alpha$，$i = \sin\alpha$，则其 k 为

$$k = \frac{\gamma'\tan\varphi}{\gamma_{sat}\tan\alpha} \tag{5-43}$$

式中 $\frac{\gamma'}{\gamma_{sat}} \approx 1$，说明渗流方向为顺坡时，无黏性土坡的稳定系数与干坡相比，将降低 1/2。

当渗流方向为水平逸出坡面时，$\theta = 0$，$i = \tan\alpha$，则 k 为

$$k = \frac{(\gamma' - \gamma_w\tan^2\alpha) - \tan\varphi}{(\gamma' + \gamma_w)\tan\alpha} \tag{5-44}$$

式中 $\frac{\gamma' - \gamma_w\tan^2\alpha}{\gamma' + \gamma_w} < \frac{1}{2}$，说明与干坡相比下降了一半多。

上述分析说明，有渗流情况下无黏性土坡只有当坡角 $\alpha \leq \varphi$ 时，才稳定。

5.7.3　黏性土坡稳定性分析

5.7.3.1　**整体圆弧滑动法**

瑞典的彼得森于 1915 年采用圆弧滑动法分析了边坡的稳定性。此后，该法在世界各国的土木工程界得到了广泛的应用。所以，整体圆弧滑动法也被称为瑞典圆弧法。

1. 基本假设

均质黏性土坡滑动时，其滑动面常近似为圆弧形状，假定滑动面以上的土体为刚性体，即设计中不考虑滑动土体内部的相互作用力，假定土坡稳定，属于平面应变问题。

2. 基本公式

取圆弧滑动面以上滑动体为脱离体，如图 5-28 所示，土体绕圆心 O 下滑的滑动力矩为 $M_S = Wd$（d 为通过滑动土体中心的竖直线与圆心 O 的水平距离），阻止土体滑动的力矩是滑弧 AC 上的抗滑力，其值等于土的抗剪强度 τ_f 与滑弧 AC 长度 L 的乘积，故其抗滑力矩为

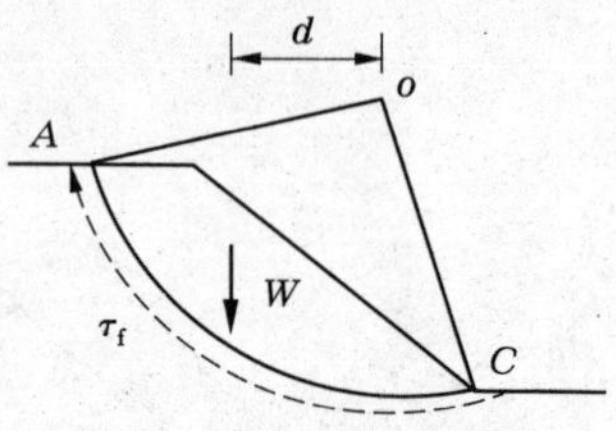

图 5-28　整体圆弧滑动受力分析

$$M_R = \tau_f \widehat{L} R \tag{5-45}$$

黏性土坡的安全系数为

$$k = \frac{抗滑力矩}{滑动力矩} = \frac{M_R}{M_S} = \frac{\tau_f \widehat{L} R}{Wd} > 1 \tag{5-46}$$

式中　L——滑弧弧长；

R——滑弧半径。

它只适用于 $\varphi = 0$ 的情况。若 $\varphi \neq 0$，则抗滑力与滑动面上的法向力有关，其求解可参阅下面的条分法。

5.7.3.2　瑞典条分法

1. 基本原理

当按滑动土体这一整体力矩平衡条件计算分析时，由于滑面上各点的斜率都不相同，自重等外荷载对弧面上的法向和切向作用分力不便按整体计算，因而整个滑动弧面上反力分布不清楚；另外，对于 $\varphi > 0$ 的黏性土坡，特别是土坡为多层土层构成时，求 W 的大小和重心位置就比较麻烦。故在土坡稳定分析中，为便于计算土体的重量，并使计算的抗剪强度更加精确，常将滑动土体分成若干竖直土条，求各土条对滑动圆心的抗滑力矩和滑动力矩，各取其总和，计算安全系数，这即为条分法的基本原理。该法也假定各土条为刚性不变形体，不考虑土条两侧面间的作用力，如图 5-29 所示。

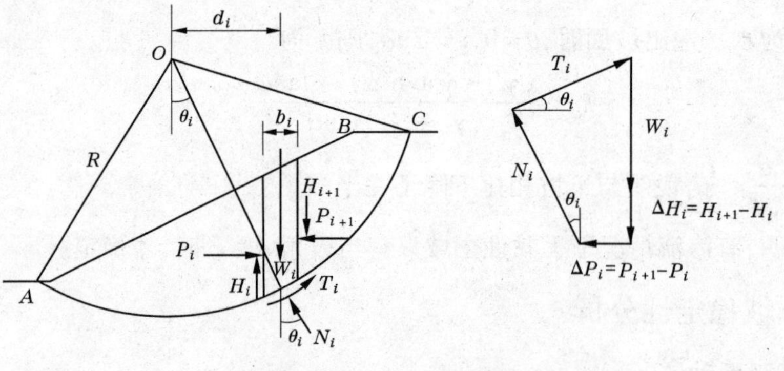

图 5-29　瑞典条分法条块作用力分析

2. 计算步骤

(1)按一定比例尺画坡。

(2)确定圆心 O 和半径 R,画弧 AC。

(3)分条并编号,为了计算方便,土条宽度可取滑弧半径的 1/10,即 $b=0.1R$,以圆心 O 为垂直线,向上顺序编为 0、1、2、3…向下顺序为 −1、−2、−3…这样,0 条的滑动力矩为 0,0 条以上土条的滑动力矩为正值,0 条以下滑动力矩为负值。

(4)计算每个土条的自重:

$$W_i = \gamma H_i b \quad (H_i \text{ 为土条的平均高度}) \tag{5-47}$$

(5)分解滑动面上的两个分力:

$$N_i = W_i \cos\theta_i \tag{5-48}$$

根据滑动弧面上的极限平衡条件,有:

$$T_i = \frac{1}{k} \times T_{fi} = \frac{c_i L_i + N_i \tan\varphi_i}{k} \tag{5-49}$$

式中 θ_i——法向应力与垂直线的夹角。

(6)计算滑动力矩:

$$M_T = R\sum_{i=1}^{n} W_i \sin\theta_i \tag{5-50}$$

式中 n——土条数目。

(7)计算抗滑力矩:

$$M_R = R\tan\varphi \sum_{i=1}^{n} W_i \cos\theta_i + RcL \tag{5-51}$$

式中 L——滑弧 AC 总长。

(8)计算稳定安全系数:

$$k = \frac{M_R}{M_T} = \frac{\tan\varphi \sum_{i=1}^{n} W_i \cos\theta_i + cL}{\sum_{i=1}^{n} W_i \sin\theta_i} \tag{5-52}$$

(9)求最小安全系数,即找最危险的滑弧,重复步骤(2)~(8),选择不同的滑弧,求 k_1、k_2、k_3…值,取最小者。

该法计算简便,但工作量大,可用计算机进行,由于它忽略了条间力对 N_i 值的影响,可能低估安全系数 5%~20%。

5.7.3.3 土坡稳定分析的总应力法和有效应力法

由于许多情况下土体内存在孔隙水压力,因此在讨论边坡稳定计算方法中,作用在滑动土体上的力是用总应力表示还是用有效应力表示,这是一个十分重要的问题。

当土坡中因某种原因存在孔隙水压力,计算摩阻力时如果扣除孔隙水压力,完全由有效应力计算,抗剪强度指标应用有效强度指标,这样的分析方法称为有效应力法;如果不扣除孔隙水压力,摩擦阻力直接用公式 $T_{fi}=N_i\tan\varphi$ 计算,这就是总应力法。

本书对几个控制时期如何应用总应力法和有效应力法作较详细的探讨,其基本规律如下:

(1)稳定渗流期土坡稳定分析,由于坝体内各点的孔隙水压力均能由流网确定,因此原则上用有效应力法分析，而不用总应力法。

(2)施工期的边坡稳定分析，可以分别用总应力法和有效应力法，前者不直接考虑孔隙水压力的影响，后者必须先计算施工期填土内孔隙水压力的发生和发展情况，然后才能进行稳定计算。

(3)地震对边坡稳定的影响有两种作用：一是在边坡土体上附加作用一个随时间变化的加速度，因而产生随时间变化的惯性力，促使边坡滑动；另一种作用是振动使土体趋于变密，引起孔隙水压力上升，即产生振动孔隙水压力，从而减小土的抗剪强度。对于密实的黏性土，惯性力是主要作用，对于饱和、松散的无黏性土和低塑性黏性土，则第二种的作用影响更大。目前用有效应力法进行地震边坡稳定分析尚有一定的难度，一般情况下均采用总应力法。计算时将随时间变化的惯性力等价成一个静的地震惯性力，作用在滑动土体上，故称拟静力法。

5.8 深基坑支护工程简介

为进行建筑物(构筑物)基础与地下室的施工所开挖的地面以下的空间称为深基坑，例如地下室、地下车库、地铁车站等。基坑工程是指为保证基坑施工、主体地下结构的安全和周边环境不受损害而采取的支护结构、降水止水、土方开挖和回填等，它包括勘察、设计、施工、监测等。

基坑开挖影响范围主要有以下几类：

(1)影响范围内的建筑物结构类型、层数、基础类型、埋深、基础荷载大小、上部结构现状。

(2)基坑周边各类地下设施，如上下水、电缆煤气、污水、雨水、热力管线或管道等分布和性状。

(3)基坑周边和邻近地区地表水和地下水汇流排泄情况、地下水管渗漏情况、对基坑开挖和支护的影响程度。

(4)四周道路距离、车辆载重等。

(5)相邻基础施工。

(6)周边的边坡、河渠及其与基坑关系。

(7)其他基坑堆载(包括临时材料、车辆、土体、住房等堆载)。

为保证基坑施工、主体地下结构的安全和周边环境安全，对基坑侧壁和周边环境采样的支挡、加固和保护措施等称为基坑支护。

目前基坑支护类型主要分为两大类，即支挡型和加固型，其主要类型如下。

5.8.1 支挡型

5.8.1.1 桩排支挡结构

1. 稀疏桩排

当边坡土质尚好、地下水位较低时，可利用土拱作用，以稀疏桩排支挡边坡。

2. 连续桩排

对于不能形成土拱作用的软土边坡，支挡桩必须连续密排。密排的钻孔桩可以互相搭连，或在桩身混凝土强度尚未形成时在相邻桩之间做一根素混凝土树根桩，把钻孔桩排连接起来，从而形成一种既挡土又防渗的简易连续墙。

3. 双排桩

当土软弱或开挖深度大时，单排桩的横向刚度往往不能满足控制变形的要求。这时，可采用双排桩通过桩顶盖梁联成门式刚架式的整体，这种框架式桩排具有较大的侧向刚度，可以有效地限制边坡的侧向变形。

4. 组合式桩排

(1)主桩与挡板组合：这实际上也是一种稀疏桩排支挡，只是桩距较大，利用挡板把桩间土的侧压力传递给主桩，同时起到一定的防渗作用。

(2)主桩与水泥土拱组合：以水泥搅拌桩相互搭接组成平面拱代替挡板，把侧压力传递给主桩。这种支挡具有良好的防渗效果，施工更不方便，适用于更深的基坑。

(3)桩排与水泥土防渗墙组合：在地下水位高的软土地区，防渗是保证基坑支护成功的重要一环。采用稀疏桩排(单排或双排)挡土，水泥搅拌桩排防渗的组合结构被实践证明是经济有效的一种支护类型。

5.8.1.2 地下连续墙

地下连续墙的优点是对周围环境影响小、对地层条件适应性强、墙体长度可任意调节。它适用于各种深度的基坑开挖。还可将地下连续墙作为支护结构与主体结构，从而大大降低工程造价。又可采用逆作法施工，减少对环境和地面交通的影响。地下连续墙作为支护结构还具有抗弯刚度、防渗性能和整体性好等优点。开挖深度可达 30 m。目前，用于支护的地下连续墙，已从单一的一字型发展出折板型和 π 型等，以获得更大的侧向刚度。

以上所述支挡型支护结构均可加上内支撑或锚杆作用，使其具有更大的适应性。

5.8.2 加固型

5.8.2.1 水泥搅拌桩加固法

水泥搅拌桩加固法是软土加固的一种有效方法，国内用于开挖工程首先是在上海四平路地下车库的基坑支护工程，获得成功后很快在上海地区推广开来，之后又推广到江、浙、闽等软土地区。其优点突出表现为：施工无环境污染(无噪声、无振动、无排污)、造价低廉及防渗性能好。

加固原理是：利用具有一定强度的水泥搅拌桩相互搭接组成格构体系，从而使边坡滑动棱体范围内的土体得到加固，保持边坡稳定。加固体按重力式挡土墙验算，当稳定性不足时，增加加固体的厚度和深度，直到满足稳定性。

粉喷水泥搅拌桩也开始用于基坑支护，上海医药工业研究院新楼基坑深约 6 m，采用粉喷桩获得成功。证明粉喷桩同样可以用于边坡加固支护。

5.8.2.2 高压旋喷桩加固法

高压旋喷桩加固法也是加固软弱地基的方法，由于其水泥含量高，强度比水泥搅拌桩高得多，因此加固边坡厚度可以较薄。当基坑为圆形时，可利用拱效应进一步减小加固厚度。

5.8.2.3 注浆加固法

注浆加固法的基本原理是：用气压、液压或电化学方法，把水泥浆或其他化学溶液注入土体孔隙中，改善地基土的物理力学性质，达到加固土体或防渗的目的。

5.8.2.4 网状树根桩加固法

网状树根桩加固法原理是:使边坡破坏棱体范围内的土体与树根桩网构成一个桩土复合体,它具有良好的整体稳定性,足以抵抗土压力、水压力和地面超载。

5.8.2.5 插筋补强法

插筋补强法是通过在边坡土体中插入一定数量抗拉强度较大并具有一定刚度的插筋锚体,使之与土体形成复合土体共同工作。这种方法可提高边坡土体的结构强度和抗变形刚度,减小土体侧向变形,增强边坡整体稳定性。在工作机理及施工工艺上,它明显不同于在填土中敷设板带的加筋土技术,也不同于护坡支撑中的锚杆技术。插筋补强护坡技术是吸取了上述某些工艺技术的特点而发展起来的一种以主动制约机理为基础的新型边坡稳定技术。它以发挥插筋锚体与土体相互作用形成复合土体的补强效应为基本特征,以插筋作为补强的基本手段。与其他护坡技术相比,虽然它的护坡深度不可能太大,但它不需大型施工机械,不需单独占用场地,而且具有施工简单、适用性广泛、费用低、可以竖直开挖等优点,因而有广泛的应用前景。

深基坑支护工程是基础施工所必需的临时结构,深大基坑支护的施工造价与设计的合理紧密相关,合理的设计是影响整个工程施工进度与造价的关键所在。

为了保证基坑设计的合理性与经济性,基坑支护设计施工技术的发展建议采取如下措施与对策:

(1)建立可靠的设计质量管理办法。

(2)采用动态设计信息施工技术法,保证基坑安全施工。

(3)加强深基坑支护技术的科研工作,促进技术进步。

小　结

土压力与土坡稳定性是工程上经常遇到的问题,本章学习的重点是明确土压力的基本概念,掌握朗肯土压力、库仑土压力的基本理论和计算方法,掌握特殊情况下土压力的计算方法。

要熟悉规范法,了解挡土墙的类型,掌握重力式挡土墙的构造,熟练掌握重力式挡土墙设计与计算,熟悉土压力的类型及其产生条件,了解土坡稳定分析,了解深基坑工程的类型。

能力扩展与应用

(1)某挡土墙高9 m,墙背铅直光滑,墙后填土表面水平,有均布荷载 $q=20$ kPa,土的重度为 $\gamma=19$ kN/m^3,$\varphi=30°$,$c=0$。试绘出墙背的主动土压力分布图,确定总主动土压力三要素。

(2)某挡土墙高7 m,墙背铅直光滑,填土地面水平,并作用有均布荷载 $q=20$ kPa,墙后土分两层,上层厚3 m,$\gamma=18$ kN/m^3,$\varphi_1=20°$,$c_1=12$ kPa,地下水埋深3 m,水位以下土的重度 $\gamma_{sat}=19.2$ kN/m^3,$\varphi_2=26°$,$c_2=6.0$ kPa。试绘出墙背的主动土压力分布图,确定总侧压力三要素。

(3)某挡土墙高5 m,墙背倾角为10°,填土表面倾角15°,填土为无黏性土,重度 $\gamma=$

15.68 kN/m^3,内摩擦角 $\varphi=30°$。墙背与土的摩擦角 $\delta=\frac{2}{3}\varphi$。试求作用在墙上的总主动土压力三要素。

(4)某挡土墙高 4 m,水平填土表面上作用大面积均布荷载 $q=20$ kPa,墙后为黏性填土 $\gamma=20$ kN/m^3,$c=5$ kPa,$\varphi=30°$。已知实测挡土墙所受土压力为 64 kN/m,静止土压力系数为 0.5。试用朗肯土压力理论说明此时墙后填土是否达到极限平衡状态,为什么?

第 6 章 工程地质勘察

知识目标

- 了解工程地质勘察的任务、方法和勘察工艺及工程地质勘察报告的表现形式。
- 了解基槽检验的基本方法。
- 熟悉工程地质勘察的内容。

能力目标

- 能正确使用资料，具有基槽检验的基本能力。
- 具备阅读工程地质勘察报告的能力，能对土的性质进行评价。
- 能在工程中正确应用土的基本物理性质指标。
- 能够对地基进行局部处理。

6.1 概 述

【课堂导入】 为何要进行工程地质勘察？中小工程荷载不大，是否要勘察？

任何建筑物都是建造在地基之上的，地基岩土的工程地质条件将直接影响着建筑物的安全，因此在建筑物建造之前，必须通过各种勘察手段和测试方法进行地基勘察，为设计和施工提供可靠的工程地质资料。

相对于建筑工程，工程地质勘察又是一个专业，有关知识面广量多，难以一一述尽。本章主要介绍地基勘察的任务、现场测试方法及工程地质勘察报告的编写等。具体内容主要参考《岩土工程勘察规范》(GB 50021—2001)的有关规定。

6.1.1 工程地质勘察的目的

工程地质勘察的目的在于使用各种勘察手段和方法，调查研究和分析评价建筑场地和地基的工程地质条件，为设计和施工提供所需的工程地质资料。

建筑场地地形平坦，地表土坚实，并不代表地基土均匀与坚实。优良的设计方案必须以准确的工程地质资料为依据，地基土层的分布、土的松密、压缩性高低、强度大小、均匀性、地下水埋深及水质、土层是否会液化等条件都关系着建筑物的安危和正常使用。

在工程实践中，有不少因不经过调查研究而盲目进行地基基础设计和施工而造成严重工程事故的例子，但是更常见的是勘察不详或分析结论有误，以致延误工程进度、浪费大量资金，甚至后患无穷。因此，采用必要的勘察手段和方法，提供准确无误的工程地质勘察报告是必不可少的。

6.1.2 工程地质勘察的任务

工程地质勘察是工程建设的先行工作，具体而言，工程地质勘察任务可归纳为：

(1)探明建筑场地的岩性及地质构造；

(2)探明水文地质条件；

(3)探明地貌及物理地质现象；

(4)提取岩土样及水样，提供野外试验条件。

【课堂讨论】 在建筑物场地上勘探，一般要做哪些项目的勘探？

6.1.3 工程地质勘察阶段的划分

工程地质勘察阶段的划分是与设计阶段的划分相一致的。一定的设计阶段需要相应的勘察工作所提供的地质资料和分析论证作为依据。工程地质勘察阶段一般分为可行性研究勘察阶段、初步设计勘察阶段、详细勘察(施工图设计勘察)阶段和施工勘察阶段。

6.1.3.1 可行性研究勘察阶段

可行性研究勘察阶段主要收集场区和附近地区的工程地质资料，初步了解场地的地层结构、岩土性质、不良地质现象和地下水情况等，对拟建场地稳定性和建筑适宜性作出评价。

选择场地时，一般应避开下列地段：不良地质现象发育，对场地稳定性有直接危害或潜在威胁的地段；地基土性质严重不良的地段；对建筑抗震不利的地段；洪水或地下水对建筑场地有严重威胁或不良影响的地段；地下有未开采的有价值的矿藏或不稳定的地下采空区。

6.1.3.2 初步设计勘察阶段

勘察工作主要包括收集本项目的可行性研究阶段岩土工程勘察报告等基本资料；初步查明地层、构造、岩土性质、地下水埋藏条件、不良地质现象的成因、分布及其对场地稳定性的影响程度和发展趋势；对抗震设防烈度等于或大于 7 度的场地，初步判定场地和地基的地震效应；对场地内建筑地段的稳定性作出评价，为确定建筑物总平面布置、选择主要建筑物地基基础方案和不良地质现象的防治对策进行论证。

6.1.3.3 详细勘察阶段

详细勘察密切结合技术设计或施工图设计，按不同建筑物或建筑群提出详细的工程地质资料和设计所需的岩土设计参数，对建筑地基作出岩土工程分析评价，为基础设计、地基处理、不良地质现象的防治等具体方案作出论证、结论和建议。

6.1.3.4 施工勘察阶段

浅基础的基槽开挖后应进行施工验槽，验槽若发现岩土条件与原勘察资料不符，应进行施工勘察。新发现地基中溶洞或土洞较发育时，应查明情况并提出处理意见，施工中出现有边坡失稳危险时，应查明原因，进行监测并提出处理意见。

6.2 工程地质勘察的方法

工程地质勘察的方法通常采用钻探取样、室内土工试验、触探及其他原位测试，有时也采用井、槽探和其他地球物理勘探等。

6.2.1 勘探

勘探是地基勘察中查明地基岩土性质和分布、采集岩土试样或进行原位测试时采用的基本手段。勘探可分为钻探、井探、槽探、坑探和地球物理勘探等。

6.2.1.1 钻探

钻探是勘探方法中应用最广泛的一种。它采用钻探机具向地下钻孔(见图6-1),用以鉴别和划分地层、观测地下水位,并采取原状土样和水样,以供室内试验之用,确定土的物理、力学性质指标和地下水的化学成分。

图6-1 钻探施工

钻探成果包括钻探野外编录、野外钻孔地质柱状图、所取岩土试样等。

钻探野外编录是钻探过程的详细文字记载,是岩土工程勘察最基本的原始资料,它包括两方面的内容:

(1)岩土描述,包括地层名称、分层厚度、岩土的性质等。岩石的描述侧重于结构、构造、风化程度、完整程度等。地基土按颗粒级配和塑性指数分为碎石土、砂土、粉土和黏性土,对于不同的土,描述的侧重点也有所不同。

(2)钻进记录,包括钻进方法、护壁方式、孔内情况、取样位置及编号、原位测试类型及结果、岩芯采取率等。

钻孔的野外编录应由经过专业训练的人员承担,钻探现场可采用肉眼鉴别和手触方法,钻探成果可采用钻孔野外柱状图或分层记录表示,岩土芯样可根据工程要求保存一定期限或长期保存,亦可拍摄岩芯、土芯彩照纳入勘察成果资料(见图6-2)。

图6-2 钻探岩芯

6.2.1.2　井探、槽探、坑探

当钻探方法难以查明地下情况时，可采用挖探井、探槽进行勘探。对探井、探槽以及探坑除文字描述记录外，尚应以剖面图、展开图等反映井、槽、洞壁及底部的岩柱、地层分界、构造特征、取样及原位试验位置，并辅以代表性部位的彩色照片（见图 6-3）。槽探、井探特点及用途见表 6-1。

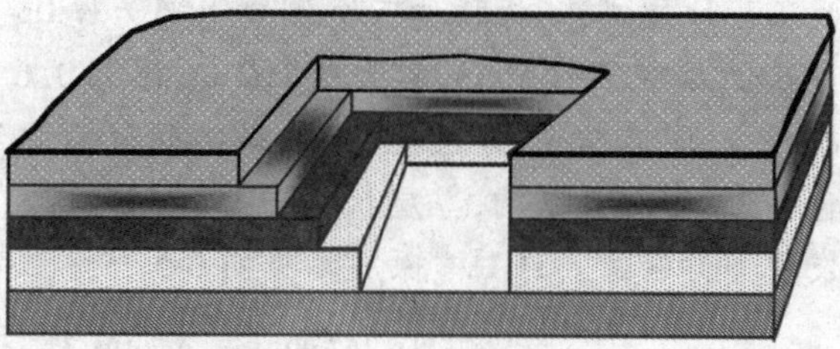

图 6-3　槽探原理

表 6-1　槽探、井探特点及用途

类型	特点	用途
试坑	深数十厘米的小坑，形状不定	局部剥除表覆土，揭露基岩
浅井	入地表向下垂直，断面呈圆形或方形，深 5~15 m	确定覆盖层及风化层的岩性及厚度，取原样土，载荷试验，渗水试验
探槽	在地表垂直岩层或构造线挖掘成深度不大的（小于 3~5 m）长条形槽子	追索构造线、断层、探查残坡积层、风化岩石的厚度和岩性
竖井	形状与浅井同，但深度可达 20 m 以上，一般在平缓山坡、漫滩、阶地等岩层较平缓的地方，有时带支护	了解覆盖层厚度及性质，构造线，岩石破碎情况、岩溶、滑坡等，岩层倾角较小时效果较好
平洞	在地面有出口的水平坑道，深度较大，适用较陡的基岩岩坡	调查斜坡地质构造，对查明地层岩性、软弱夹层、破碎带、风化岩层时效果较好，还可取样做原位试验

6.2.1.3　地球物理勘探

地球物理勘探是以专用仪器探测地壳表层各种地质体的物理场来进行地层划分，判明地质构造、水文地质及各种物理地质现象的地球勘探方法（见图 6-4）。与钻探相比，具有设备轻便、成本低、效率高、工作空间广等优点。但它由于不能取样，不能直接观察，故多与钻探配合使用。

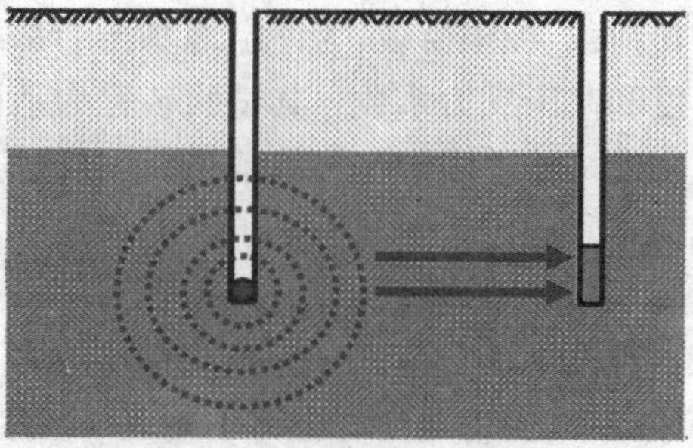

图 6-4　地球物理勘探原理

6.2.2　原位试验

原位试验是在岩土原来所处的位置上，基本保持其天然结构、天然含水量及天然应力状态下进行测试的技术。它的作用与室内试验是取长补短、相辅相成的。

【知识链接】 槽探展示实例

工程地质描述：探槽的三个侧壁上部为厚0～7.0 m的粉质黏土夹砂岩块石，硬塑土，土石比8:2，块径7～65 cm，最大达1.2 m，顶部0.6 m发育有大量植物根系。侧壁下部为红色砂质泥岩，泥质结构，厚层状构造，岩芯破碎为强风化带，厚0～2.5 m。探槽底部为黄灰－灰色砂岩，中细粒结构，厚层状构造，钙质胶结，主要成分为长石、石英、云母。岩体较完整，未发现卸荷裂隙。TC1槽探展示见图6-5。

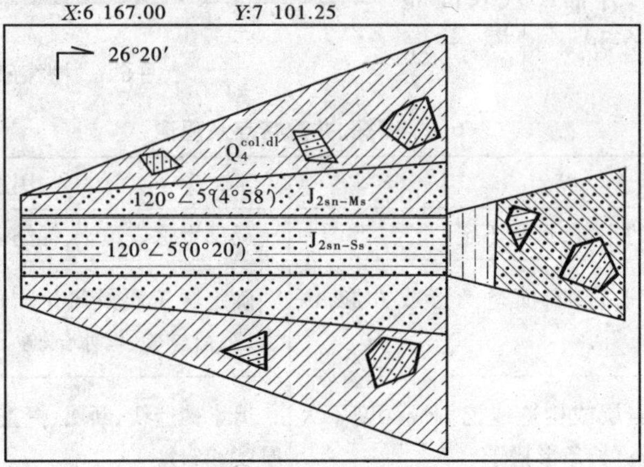

图6-5 TC1槽探展示图(垂直1:100 水平1:100)

常用的原位测试方法主要有载荷试验、动力触探试验、静力触探试验、十字板剪切试验、旁压试验等。

6.2.2.1 载荷试验

载荷试验指在拟建场地上，在挖至设计的基础埋置深度的平整坑底放置一定规格的方形或圆形承压板，在其上逐级加荷载，测定相应荷载作用下地基土的稳定沉降量，分析研究地基土的强度与变形特性，求得地基土容许承载力与变形模量等力学数据（见图6-6）。载荷试验分为浅层平板载荷试验、螺旋板载荷试验、深层平板载荷试验等，用以确定地基土的临塑荷载、极限荷载，为评定地基土的承载力提供依据；估算地基土的变形模量、不排水抗剪强度和基床反力系数。其试验装置为承压板、加荷与传压装置及沉降观测装置等。浅层平板载荷试验适用于浅层地基；螺旋板载荷试验适用于深部或地下水位以下的地层；深层平板载荷试验适用于埋深不小于3 m和地下水位以上的地基土。本节主要介绍浅层平板载荷试验。

浅层平板载荷试验应布置在场地内具有代表性位置的基础底面标高处，每个场地不宜小于3个，当场地内岩土体不均时，应适当增加，试坑宽度不应小于承压板宽度或直径的3倍。载荷试验宜用液压千斤顶均匀加荷，由压重平台上的堆载提供反力，承压板面积不应小于0.25 m^2，对软土不应小于0.5 m^2，在岩层中，承压板尺寸宜根据节理裂隙的密度确定。

试验时荷载应分级施加，加荷等级不应少于8级，最大加载量不应少于荷载设计值的2倍。开始加载时先按间隔10 min、10 min、10 min、15 min、15 min，以后每隔30 min测读一次沉降。当连续2 h内，每小时沉降量小于0.1 mm时，则认为已趋稳定，可加下一级荷载。

地基破坏的判定：

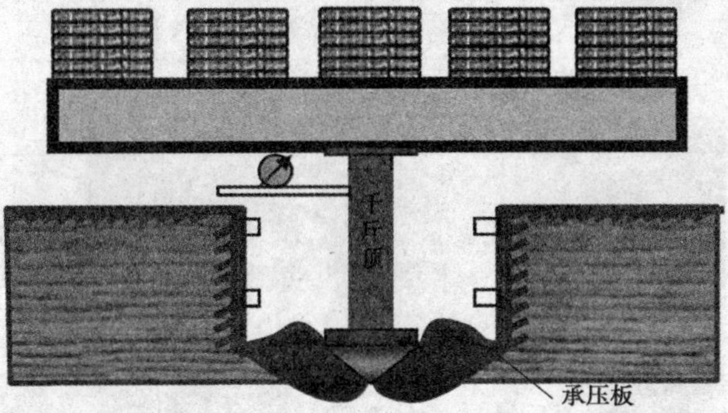

图 6-6　载荷试验

(1)侧压板周围的土明显侧向挤出、隆起或发生裂纹;

(2)荷载增量很小,沉降量急剧增加;

(3)某级荷载增量下,24 h 内沉降不能稳定;

(4)沉降量与承压板宽度或直径之比 $s/b>0.06$。

满足前三种情况之一时,其对应的前一级荷载定为极限荷载。

根据实测结果绘制沉降与时间($s\sim t$)关系曲线及荷载与沉降($p\sim s$)关系曲线(见图 6-7),由此确定地基承载力、地基土的变形模量、估算地基土的不排水抗剪强度、估算地基土基床反力系数等。

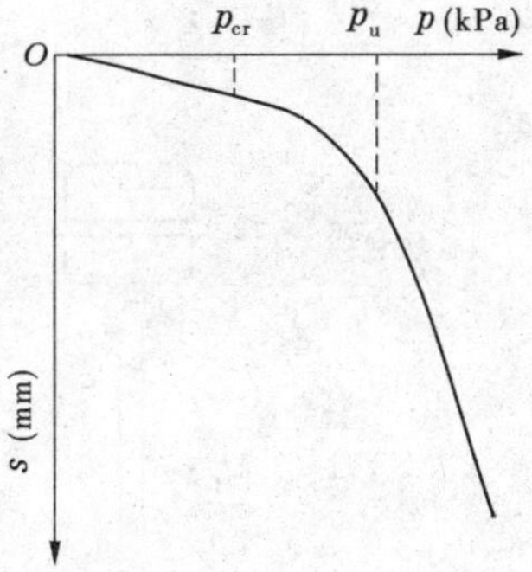

图 6-7　荷载沉降曲线($p\sim s$ 曲线)

6.2.2.2　动力触探试验

动力触探是利用一定的锤击能量,将一定形式的探头贯入土中,并记录贯入一定深度所需要的锤击数,以此判断土的性质。动力触探依照探头形式分为标准贯入试验和圆锥动力触探。

1. 标准贯入试验

标准贯入试验是动力触探类型之一,其利用规定重量的穿心锤,从恒定高度上自由落下,将一定规格的探头打入土中,根据打入的难易程度判别土的性质(见图 6-8)。标准贯入试验适用于砂土、粉土和一般黏性土,最适用于 $N=2\sim50$ 击的土层。

其目的是采取扰动样,鉴别和描述土类,按颗粒分析结果定名。根据标准贯入击数 N,利用地区经验,为砂土的密实度、粉土及黏性土的状态、土的强度参数、变形模量、地基承载力等作出评价,判定饱和粉砂、砂质粉土的地震液化可能性及液化等级。

2. 圆锥动力触探

圆锥动力触探指利用锤击动能,将一定规格的圆锥探头打入土中,根据打入土中的阻抗大小判别土层的变化,对土层进行力学分层,并确定土层的物理力学性质,对地基土作出工程地质评价。动力触探试验适用于强风化、全风化的硬质岩石、各种软质岩石及各类土。试验装置动力触探设备主要由探头和落锤两部分组成,可分为轻型、中型及重型三类(见图 6-9)。

图 6-8　标准贯入试验

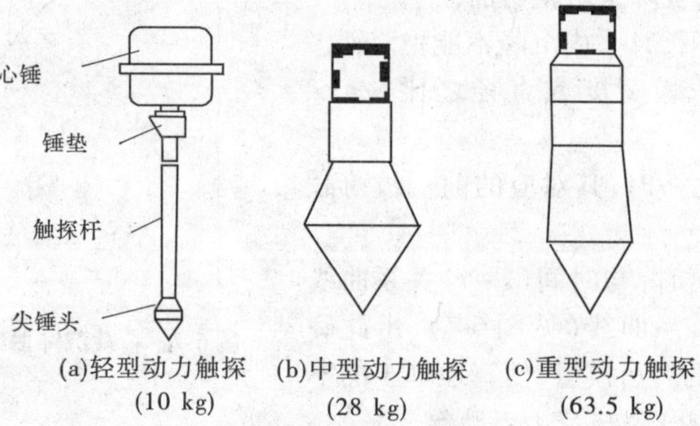

图 6-9　锥状探头

6.2.2.3　静力触探试验

静力触探试验指通过一定的机械装置，将某种规格的金属触探头用静力压入土层中，同时用传感器或直接量测仪表测试土层对触探头的贯入阻力，以此来判断、分析、确定地基土的物理力学性质（见图 6-10 ~ 图 6-12）。静力触探试验装置主要设备为静力触探仪，其由贯入装置（包括反力装置）、传动系统和量测系统三部分组成。静力触探试验适用于黏性土、粉土和砂土，以及不易取得原状土样的饱和砂土、高灵敏度软黏土地层，主要用于划分土层、

图 6-10　静力触探试验

图 6-11　静力触探试验数据采集

估算地基土的物理力学指标参数、评定地基土的承载力、估算单桩承载力及判定砂土地基的液化等级等。但是静探不能直接识别土层,而且对碎石类土和较密实的砂土层难以贯入,所以在工程地质勘察中,它只能作为钻探的配合手段。

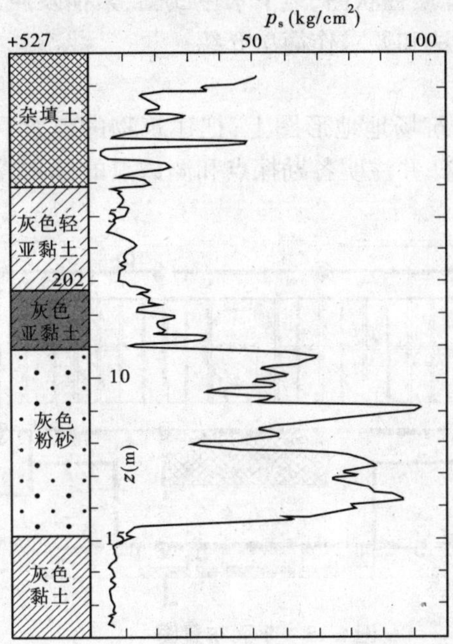

图 6-12　静力触探曲线

6.3　工程地质勘察报告

6.3.1　工程地质勘察报告的编制

工程地质勘察的最终成果是以报告书的形式提出的。勘察工作结束后,将取得的野外工作和室内试验的记录和数据以及收集到的各种直接和间接资料进行分析整理、检查校对、归纳总结后,作出建筑场地的工程地质评价。这些内容,最后要以简要明确的文字和图表编成工程地质勘察报告,报告要求资料完整、真实准确、数据无误、图表清晰、结论有据、建议合理、便于使用和适宜长期保存,并应因地制宜,重点突出,有明确的工程针对性。报告内容应根据内容要求、勘察阶段、地质条件、工程特点等具体情况确定,一般应包含下列内容:

(1)勘察的目的、要求和任务。

(2)拟建工程概况。

(3)勘察方法和勘察工作布置。

(4)场地地形、地貌、地层、地质构造、地下水、不良地质现象的描述与评价。

(5)场地稳定性与适宜性的评价。

(6)岩土参数的分析与选用。

(7)岩土体的利用、整治、改造方案及其分析和论证。

(8)工程施工和运营期间可能发生的岩土工程问题的预测及监控措施的建议。

(9)应附图表。根据工程的具体情况酌情确定,常见的图表包括:①勘探点平面布置图;②工程地质柱状图;③工程地质剖面图;④原位测试成果图表;⑤室内试验成果图表;⑥岩土利用、整治、改造方案的有关图表;⑦岩土工程计算简图及计算成果图表;⑧必要时,尚可附综合工程地质图、综合地质柱状图、地下水位线图、素描及照片等。

下面将常用图表的编制方法和要求作简单介绍。

6.3.1.1 勘探点平面布置图

勘探点平面布置图是在建筑场地地形图上,把建筑物的位置、各类勘探及测试点的位置、编号用不同的图例表示出来,并注明各勘探点和测试点的标高、深度、剖面线及其编号等(见图6-13)。

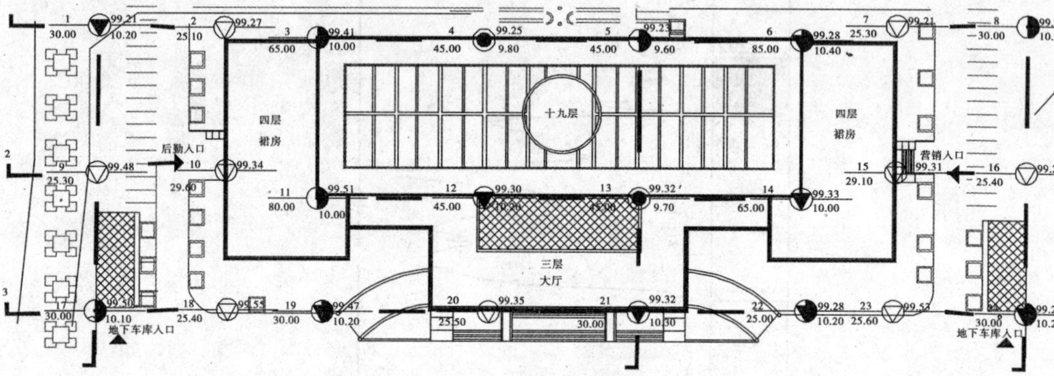

图6-13 平面布置图

6.3.1.2 钻孔柱状图

钻孔柱状图是根据钻孔的现场记录整理出来的。记录中除注明钻进的工具、方法和具体事项外,其主要内容是关于地基土层的分布(层面深度、分层厚度)和地层的名称及特征的描述(见图6-14)。绘制柱状图时,应从上而下对地层进行编号和描述,并用一定的比例尺、图例和符号表示。在柱状图中还应标出取土深度、地下水位高度等资料。

6.3.1.3 工程地质剖面图

柱状图只反映场地一般勘探点处地层的竖向分布情况,工程地质剖面图则反映某一勘探线上地层沿竖向和水平向的分布情况(见图6-15)。由于勘探线的布置常与主要地貌单元或地质构造轴线垂直,或与建筑物的轴线相一致,故工程地质剖面图能最有效地标示场地工程地质条件。

工程地质剖面图绘制时,首先将勘探线的地形剖面线画出,标出勘探线上各钻孔的地层层面,然后在钻孔的两侧分别标出层面的高度和深度,再将相邻钻孔中相同土层分界点以直线相连。当某地层在邻近钻孔中缺失时,该层可假定于相邻两孔中间尖灭。

6.4 基坑验槽与地基的局部处理

6.4.1 基槽检验

基槽检验就是通常所说的验槽,它是在基槽开挖时,根据施工揭露的地层情况,对地质

工程名称	××业务用房	工程编号	2009-074	钻孔编号	11	X坐标(m)	47 520.84	Y坐标(m)	77 682.27	孔口高程(m)	99.51
终孔深度(m)	80.00	开孔日期		终孔日期		开孔直径(m)	0.00	终孔直径(m)	0.00	初始水位(m)	
稳定水位(m)	10.00	承压水位(m)									

地层编号	地层名称	高程(m)	深度(m)	厚度(m)	地层描述	取样编号	N(击)
①	粉土	96.21	3.30	3.30	粉土：黄褐色，稍湿，稍密，韧性低，干强度低，无光泽反应，摇震无反应，局部表层覆盖约30.0 cm素填土	•1	
②	粉土	93.51	6.00	2.70	粉土：浅灰色，稍湿，稍密，韧性低，干强度低，无光泽反应，摇震无反应	•2	
③	粉土	92.51	7.00	1.00	粉土：浅灰色，稍湿，稍密，韧性低，干强度低，无光泽反应，摇震无反应	•3	
④	粉质黏土	91.51	8.00	1.00	粉质黏土：深灰色，软-可塑，韧性中等，干强度低，切面稍光滑，摇震无反应，局部夹薄层黄灰色、稍密状粉土	•4 •5	
⑤	粉土	88.81	10.70	2.70	粉土：深灰色，稍湿，稍密，韧性低，干强度低，无光泽反应，摇震反应中等	•6	
⑥	粉质黏土	87.61	11.90	1.20	粉质黏土：深灰色，软-可塑，韧性中等，干强度低，切面稍光滑，摇震无反应，偶见螺壳碎片	○r2	
⑥-1	粉土夹粉砂	86.21	13.30	1.40	粉土夹粉砂：浅灰-黄灰色，湿，稍-中密，韧性低，干强度低，无光泽反应，摇震反应迅速，粉砂颗粒含量较高	○r3 ○r4	
⑥	粉质黏土	83.51	16.00	2.70	粉质黏土：深灰色，软-可塑，韧性中等，干强度低，切面稍光滑，摇震无反应，偶见螺壳碎片	○r5	
⑦	粉土	82.81	16.70	0.70	粉土：黄灰色，湿，中密，韧性低，干强度低，无光泽反应，摇震反应中等	○r6	
⑧	细砂	80.51	19.00	2.30	细砂：黄灰色，饱和，中密，其主要矿物组成成分为石英、长石，分选性一般，级配差，局部夹少量的粉土团块	○r7	
⑨	细砂	68.51	31.00	12.00	细砂：褐黄色，饱和，密实，其主要矿物组成成分为石英、长石，分选性一般，级配好，局部为颗粒较粗的中砂	○r8	
⑩	粉质黏土	54.51	45.00	14.00	粉质黏土：黄褐色，硬塑，韧性中等，干强度中等，切面稍光滑，摇震无反应，含锈黄斑，灰白斑，含较多粒径1.0~5.0 cm的钙核，含量10%~30%，局部富集，局部夹厚10~30 cm密实状粉土或粉砂，切面光滑	○r9 •7 •8 ○r10	
⑪	粉砂	48.51	51.00	6.00	粉砂：褐灰色，饱和，密实，其主要矿物组成成分为石英、长石，分选性一般，级配一般，含零星小砾石或钙核，局部夹10~30 cm坚硬状黏土团块	○r11	
⑫	粉土	26.51	73.00	22.00	粉土：褐灰色，湿，密实，韧性低，干强度低，无光泽反应，摇震无反应，含锈黄斑，灰绿斑块，夹大量粉砂薄层厚20~40 cm,局部夹灰白色、硬塑状粉质黏土	•9 •10 •11 •12 ○r12	
⑬	粉质黏土	19.51	80.00	7.00	粉质黏土：灰白色，坚硬，韧性中等，干强度中等，切面稍光滑，摇震无反应，含锈黄斑，含较多粒径1.0~5.0 cm的钙核，含量10%~25%，局部夹厚10~30 cm密实状粉土或粉砂		

柱状图图例 1：250；深度比例 1：250

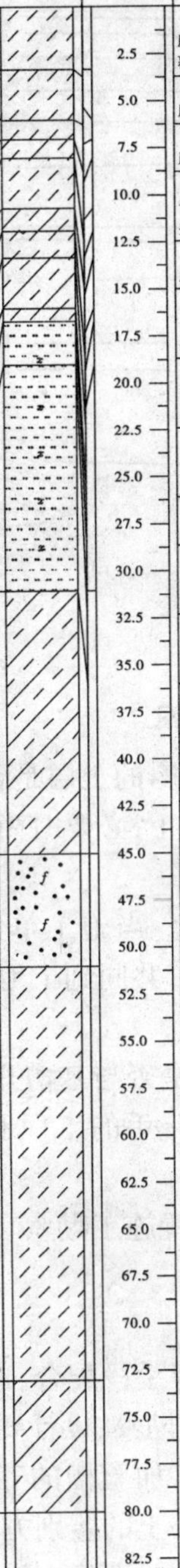

工程负责人		审核		核对		图号	11

图 6-14　钻孔柱状图

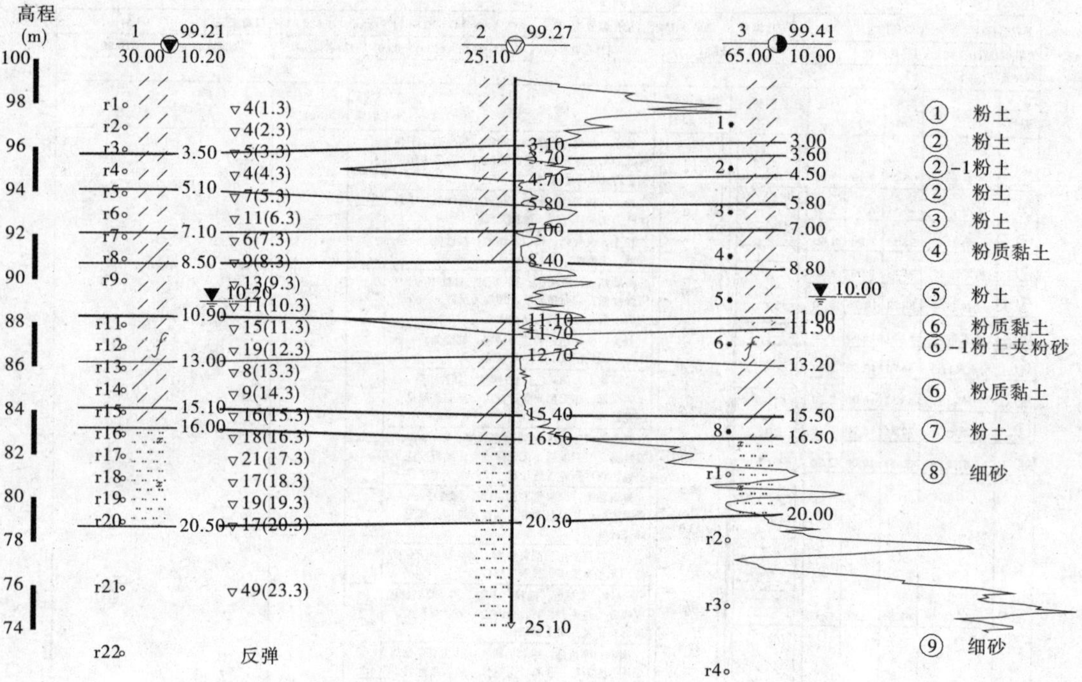

图 6-15　工程地质剖面图

勘察成果与评价建议等进行现场的检查，校核施工所揭露的土层是否与勘察成果相符，结论与建议是否符合实际情况。如果有出入，应进行补充修正，必要时尚应作施工勘察。

6.4.1.1　验槽的目的

验槽是一般工程地质勘察工作中的最后一个环节。当施工单位挖完基槽并普遍钎探后，由甲方约请勘察、设计、监理与施工单位技术负责人，共同到工地验槽。验槽的主要目的是：

(1)检验工程地质勘察成果及结论建议是否正确，是否与基槽开挖后的实际情况一致。

(2)根据挖槽后的直接揭露，设计人员可以掌握第一手的工程地质和水文地质资料，对出现的异常情况及时提出分析处理意见。

(3)解决勘察报告中未解决的遗留问题，必要时布置施工勘察项目，以便进一步完善设计，确保施工质量。

6.4.1.2　验槽的内容

基槽检验主要以细致的观察为主，并以钎探、夯声等手段配合，这一过程的主要内容有：

(1)校核基槽开挖的平面位置与槽底标高是否符合勘察、设计要求。

(2)检验槽底持力层土质与勘察报告是否相同。参加验槽的五方代表需下槽底，依次逐段检验。发现可疑之处，用铁铲铲出新鲜土面，用野外土的鉴别方法进行鉴定。

(3)当发现基槽平面土质显著不均匀，或局部有古井、菜窖、坟穴、河沟等不良地基时，可用钎探查明平面范围与深度。

(4)检验基槽钎探情况。钎探位置：条形基槽宽度小于 800 mm 时，可沿中心线打一排钎探孔；槽宽大于 800 mm 时，可打两排错开孔。钎探孔间距为 1.5 ~2.5 m。

6.4.1.3　**验槽的注意事项**

(1)验槽前应完成合格钎探,提供验槽的数据。

(2)验槽时间应抓紧,基槽挖好后立即组织验槽。尤其夏季要避免下雨浸泡,冬季要防冰冻,不可形成隐患。

(3)基槽设计标高位于地下水位以下较深时,必须做好基槽排水,保证槽底不泡水。

(4)验槽时,应验看新鲜土面,清除加填虚土。冬季冻结地表土或夏日干晒土,都是虚假状态。

6.4.1.4　**基槽的防护处理**

(1)采用较大型机械开挖基槽时,应先挖至设计标高以上 30 ~ 50 cm,然后用人工挖掘的方法挖至设计标高,防止地基土遭受破坏而降低承载力。

(2)如果地基土比较软弱,施工运料不应直接从槽顶将砖石抛至槽内,而应沿斜坡滑下,以免扰动地基土的结构。

(3)若槽底土被扰动,基础施工前应先清除扰动部分土,做适当垫层后再施工基础。

(4)干砂地基,基础施工前应适当洒水夯实。

6.4.2　地基的局部处理

在土方工程施工过程中,若发现地基土质局部过硬或过软不符合设计要求,或发现空洞、墓穴、枯井等存在,应本着使建筑物各部位沉降尽量趋于一致,以减小地基不均匀沉降的原则进行局部处理。

6.4.2.1　**松土坑(填土、墓穴、淤泥等)的处理**

松土坑处理的基本方法是将坑中松软虚土挖除,然后采用与坑边的天然土层压缩性相近的材料分层回填夯实,或用平板振捣器振密。每层厚度可根据填料、夯实方法不同而定。处理时有关要求如下:

(1)当天然土为第四纪砂土时,用砂或级配砂石夯填;若天然土为较密实的黏性土,则用3∶7灰土夯填;若为中密的可塑的黏性土或新近沉积黏性土,则用1∶9或2∶8灰土夯填。

(2)当松土坑的范围较小时,应将虚土全部挖出至坑底及四壁均见天然土,如图 6-16(a)所示。

(3)当坑的范围较大或其他条件限制,基槽不能开挖太宽,槽壁挖不到天然土层时,则应将该范围内的基槽适当加宽。当用砂土或砂石回填,基槽每边均应按 $l_1 : h_1 = 1 : 1$ 放宽;当用1∶9或2∶8灰土回填按 $l_1 : h_1 = 0.5 : 1$ 放宽;当用3∶7灰土回填时,若坑长不大于2 m,且具有较大刚度的条形基础,基槽可不放宽,但需将灰土与松土壁接触处紧密夯实,如图 6-16(b)所示。

(4)当坑在槽内长度较大(不小于 5 m 长)且坑深度不大时,也可将基础落深,做 1∶2 踏步与两端相接,每步高不大于 0.5 m,长度不小于 1.0 m,如图 6-16(c)所示。

(5)在以上几种情况中,当遇到地下水位较高或坑内积水无法夯实时,亦可用砂石或混凝土代替灰土。

(6)对于较深的松土坑(如坑深大于槽宽或大于 1.5 m 时),槽底处理后,还应考虑是否需要加强上部结构的强度。如在灰土基础上 1 ~ 2 皮砖处(或混凝土基础内)、防潮层下 1 ~ 2 皮砖处及首层顶板处各配置 3 ~ 4 根Φ 8 ~ Φ 12 钢筋,如图 6-17 所示。

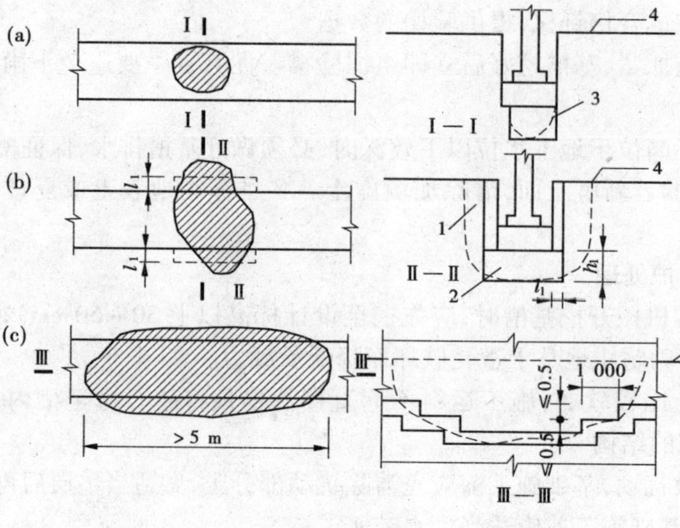

1—软弱土;2—2∶8灰土;3—松土全部挖除然后回填好土;4—天然地面

图 6-16　松土坑的处理

6.4.2.2　砖井或土井的处理

当砖井在基础中间,井内填土已较密实,则应将井的砖圈拆除至槽底以下不少于 1 m,挖除该深度井内土,用 2∶8或 3∶7灰土分层夯实至槽底,如图 6-18 所示。若井的直径大于 1.5 m,则应适当考虑加强上部结构的强度,如在墙内配筋或做地基梁跨越砖井。若井在基础的转角处,除采用以上办法处理外,还应对基础加强处理。

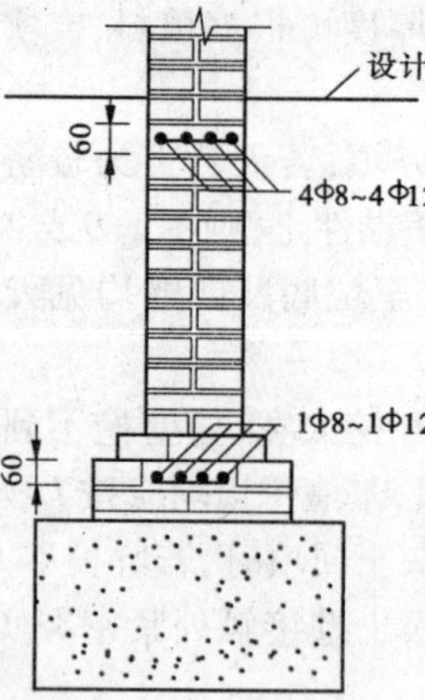

图6-17　基础内配筋构造示意图

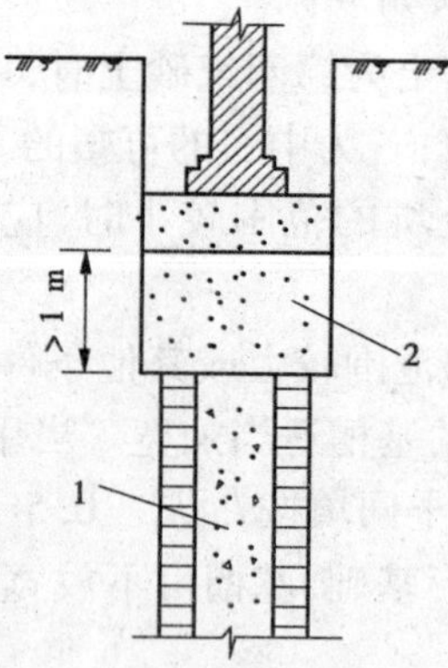

1—砖井;2—回填土

图 6-18　基槽下砖井处理方法

(1)当井位于转角处,基础压在井上部分不多,则可从基础中挑梁。

(2)当井位于转角处,基础压在井上面积较大,且采用挑梁办法较困难或不经济时,可将基础沿墙长方向向外延长,延长部分落在天然土上的基础总面积应等于井圈范围内原有基础的面积(即 $A_1+A_2=A$),然后在基础墙内配筋或做钢筋混凝土梁来加强。

当井已回填但不密实,甚至还是软土时,可用大石块将下面软土挤紧,再选用上述办法回填处理。若井内不能夯填密实,则可在井的砖圈上加钢筋混凝土盖封口,再回填处理至槽底。

6.4.2.3 局部范围内硬土(或硬物)的处理

当独立基础或部分沟槽下,有较其他部分过于坚硬的土质时,例如基岩、旧墙基、老灰土、化粪池、大树根、砖窑底、压实的路面等,均应尽可能挖除,以防建筑物由于局部落于较硬物上造成不均匀沉降,而使上部建筑物开裂。

硬土(或硬物)挖除后,视具体情况回填土砂混合物或落深基础。

6.4.2.4 "橡皮土"的处理

当地基为黏性土,且含水量很大趋于饱和时,夯拍后使地基土变成踩上去有一种颤动感觉的"橡皮土",当发现地基土含水量很大趋近于饱和时,要避免直接夯拍,这时可采用晾槽或掺石灰粉的办法降低土的含水量。若已出现"橡皮土",可铺填一层碎砖或碎石,将土挤紧,或将颤动部分的土挖除,填以砂土或级配砂石。

小　结

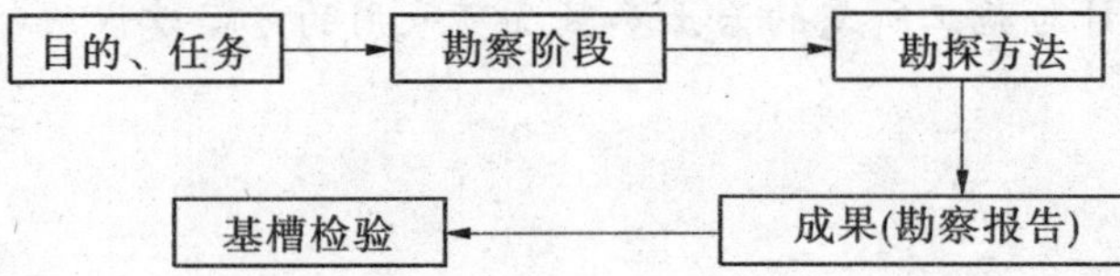

能力扩展与应用

(1)请归纳常用的勘察方法。

(2)试探讨静力触探、动力触探、静载荷试验的适用条件及用途。

(3)试总结阅读工程地质勘察报告重点要注意的问题。

课后知识面扩展

工程地质勘察报告实例

1　工程概况

1.1　工程简介

拟建文化艺术中心共7层,其中地上6层,地下1层,结构高度45.0 m,框架-剪力墙结构,基底标高-8.0 m(大剧院主舞台台仓约-17.0 m),基底压力约150 kN/m²,柱下最大轴力标准值约20 000 kN,拟采用桩筏基础。

1.2　勘察目的、任务

本次勘察阶段为详细勘察,根据《岩土工程勘察规范》(GB 50021—2001)第3.1.1~

3.1.4条规定,该拟建建筑物工程重要性等级为一级,场地复杂程度为二级,地基复杂程度为二级,则本工程岩土工程勘察等级为甲级。其主要是为施工图设计和施工提供可靠的岩土技术参数及依据,对建筑地基作出岩土工程分析评价,并对桩基设计、桩基选型、桩基施工、不良地质作用的防治等具体方案作出论证和建议,本次勘察主要进行下列工作:

(1)查明不良地质作用的类型、成因、分布范围、危害程度,提出整治方案的建议。

(2)查明场地内地层的类型、深度、分布、工程特性,分析和评价地基的稳定性、均匀性和承载力。

(3)查明暗藏的河道、沟浜、墓穴、防空洞、孤石等对工程不利的埋藏物。

(4)查明场地内有无液化土层,并对液化可能性及液化等级作出评价,提供建筑场地类别、抗震设计有关参数及场地卓越周期等。

(5)查明地下水的埋藏条件,提供地下水位及变化幅度、抗浮设防水位。

(6)判定水和土对建筑材料的腐蚀性。

(7)提供场地土的标准冻结深度。

(8)对需要进行沉降计算的建筑物提供地基变形计算参数。

(9)提供经济合理的地基基础方案及设计与施工过程中应注意的问题。

(10)提供基坑设计与施工所需的岩土参数及可采用的方案建议。

1.3 参考资料

(略)

1.4 勘察依据、标准

(1)甲方提供的《工程设计地质勘察详勘要求》和拟建项目总平面图1021、平面图10-20(电子版)。

(2)现行规范、标准。

1.5 勘察方法及完成的工作量

1.5.1 勘察点布置

根据拟建工程特点,结合规范要求、建筑物形状,勘探孔按网格及建筑物周边、中心布置。勘探孔间距不超过30 m,控制性勘探孔深度为50.0 m(大剧院主舞台部分70.0 m),一般性勘探孔深度为45.0 m。

1.5.2 勘察方法

本次勘察主要采用工程钻探、原位测试(包括双桥静力触探试验、标准贯入试验、波速试验、抽水试验、扁铲侧胀试验、地脉动测试等)和室内土工试验等相结合的方法。

1.5.3 完成工作量及勘察方法

本次勘察共布置并施工完成勘探点68个(不包括3个扁铲侧胀试验点和3个地脉动测试点),其中取土试样钻孔20个、标准贯入试验孔18个、鉴别孔14个、静力触探试验孔16个,钻孔设计深度为25.0~70.0 m。本次完成勘探总延米为3 117.80 m(包括253.80 m静探补孔,不包括扁铲侧胀孔)。

2 区域地质概况

(略)

3　工程地质条件描述

3.1　地形、地貌

（略）

3.2　工程地质条件

3.2.1　地基土层分布

本次勘察70.0 m范围内揭露地层以第四系冲洪积地层为主，主要以黏性土、粉土为主，偶见砂土，根据其岩性及物理力学性质自上而下分可分为16层，现简述如下：

①层素填土：以粉土为主，稍密—中密，稍湿—湿，含砖块、植物根系等，局部为杂填土，该层层顶普遍分布有耕植土。

②层粉土：黄褐—褐黄色，稍密—中密，一般稍湿，局部含水量较低，含氧化铁、云母、少量姜石，可见孔隙，局部黏粒含量较高，渐变为粉质黏土，局部含砂粒较多，近粉细砂。属中低压缩性土。本层共做标准贯入试验20次，实测击数为10.0~18.0击，平均13.4击。该层层底普遍分布$②_1$层粉质黏土。

$②_1$层粉质黏土：灰褐—黄褐色，局部色稍发红，软塑—可塑，含白色细条纹，干强度及韧性中等。属中压缩性土。本层共做标准贯入试验6次，实测击数为6.0~15.0击，平均8.1击。

③层粉土：褐黄—灰褐色，稍密—中密，湿—很湿，含砂粒、氧化铁、云母，局部夹粉细砂和粉质黏土薄层，摇震反应中等—迅速，干强度及韧性中等—低。属中压缩性土。本层共做标准贯入试验20次，实测击数为9.0~18.0击，平均12.4击。

④层粉质黏土与黏土：灰—黑灰色，一般为软塑—可塑，局部为硬塑，稍具臭味，干强度及韧性较高，含有机质，偶见白色小螺壳碎屑，该层局部为淤泥质土。属中高压缩性土。本层共做标准贯入试验82次，实测击数为4.0~18.0击，平均8.4击。该层共做有机质含量试验7件，有机质含量为4.7%~6.4%，有机质含量平均值为5.57。夹$④_1$层粉土和$④_2$层粉细砂薄层。

$④_1$层粉土：灰—浅灰色，稍密—中密，湿，稍具臭味，含砂粒。局部黏粒含量较高，干强度及韧性中等。该层分布在④层粉质黏土与黏土中，分布不连续性。属中压缩性土。本层共做标准贯入试验11次，实测击数为4.0~11.0击，平均7.5击。

$④_2$层粉细砂：浅灰—灰色，局部为褐黄色，稍密—中密，很湿—饱和，石英、长石质，不纯含土粒，分选较好。该层分布不连续。本层共做标准贯入试验22次，实测击数为16.0~22.0击，平均19.5击。

⑤层粉土：褐灰—褐黄色，中密—密实，湿—很湿，含浅灰色条纹、砂粒、氧化铁、云母、少量姜石。属中压缩性土。本层共做标准贯入试验14次，实测击数为11.0~17.0击，平均14.0击。

⑥层粉质黏土与黏土：黄褐—褐黄色，可塑—硬塑，含氧化铁、姜石，干强度及韧性较高，可见灰色斑纹，局部为粉土，夹薄砂层。属中压缩性土。本层共做标准贯入试验47次，实测击数为9.0~24.0击，平均17.1击。

⑦层粉土：褐黄色，湿—稍湿，密实，混砂粒，含氧化铁、云母，局部姜石含量较高，姜石最大直径可达10 cm以上。夹粉质黏土薄层，局部有砂胶结。属中压缩性土。本层共做标准

贯入试验35次，实测击数为12.0～33.0击，平均20.6击。该层局部夹细砂定为⑦$_1$层细砂。

⑦$_1$层细砂：褐黄色，中密，湿—很湿，长石、石英质，砂质不纯，混黏性土。本层共做标准贯入试验2次，实测击数为12.0～19.0击。

⑧层粉质黏土：褐黄色，一般硬塑，干强度及韧性高，含氧化铁、云母，姜石含量较高，局部可达30%以上，姜石直径可达10 cm以上。局部粉粒含量较高，渐变为粉土。属中压缩性土。本层共做标准贯入试验44次，实测击数为15.0～35.0击，平均21.8击。该层夹⑧$_1$层粉土。

⑧$_1$层粉土：褐黄色，密实，湿，干强度及韧性中等—低，局部含砂粒、氧化铁。属中压缩性土。本层共做标准贯入试验8次，实测击数为22.0～38.0击，平均32.2击。

⑨层粉土：褐黄色，中密—密实，稍湿—湿，混砂粒，含氧化铁、云母，局部可见大量姜石，姜石含量可达40%以上，干强度及韧性较高。属中低压缩性土。本层共做标准贯入试验18次，实测击数为17.0～43.0击，平均26.3击。夹⑨$_1$层中砂薄层。

⑨$_1$层中砂：褐黄—浅黄色，密实，稍湿—湿，长石、石英质，混黏性土，局部颗粒稍大，偶见砾石。该层分布不连续。本层共做标准贯入试验7次，实测击数为31.0～46.0击，平均37.0击。

⑩层粉质黏土与黏土：黄褐—褐黄色，一般为硬塑，含氧化铁、锰质结核、姜石含量不均匀，局部可达50%以上，可见灰色条纹，干强度及韧性高，切面有光泽。属中压缩性土。本层共做标准贯入试验52次，实测击数为18.0～51.0击，平均24.9击。该层中部夹灰绿色粉质黏土定为⑩$_2$层粉质黏土，局部夹⑩$_2$层粉土薄层，层间呈水平沉积韵律、渐变性过渡。

⑩$_1$层粉质黏土：褐黄色、灰绿色，一般为硬塑，含氧化铁、姜石，局部可见灰绿色条纹，姜石较多。属中压缩性土。该层土共做自由膨胀率试验7件，其中5件不小于40，根据《膨胀土地区建筑技术规范》(GB 50112—2013)，该层粉质黏土具弱膨胀潜势。但由于埋深较大(该层顶板埋深大于30.0 m)，可不考虑其膨胀性对建筑的影响。

⑩$_2$层粉土：褐黄—浅黄色，密实，稍湿—湿，含氧化铁、姜石，混砂粒。属中低压缩性土。

⑪层粉质黏土：褐黄色，一般为硬塑，含氧化铁、锰质结核、姜石，干强度及韧性高。属中低压缩性土。本层共做标准贯入试验32次，实测击数为21.0～41.0击，平均29.8击。该层夹⑪$_1$层细砂。

⑪$_1$层细砂：褐黄—浅黄色，密实，稍湿，长石、石英质，可见少量卵砾石。

⑫层中粗砂：褐黄色，密实，稍湿—湿，石英、长石质，局部可见卵砾石，分选一般。

⑬层粉质黏土：褐黄—黄褐色，硬塑，含氧化铁、姜石，锰质结核，干强度及韧性较高。属中低压缩性土。

⑭层粉质黏土：褐黄—黄褐色，硬塑，含氧化铁、姜石，锰质结核，干强度及韧性较高。局部夹⑭$_1$层细砂。属中低压缩性土。

⑭$_1$层细砂：褐黄—浅黄色，密实，稍湿，长石、石英质，可见少量卵砾石。

⑮层中粗砂：褐黄色，密实，稍湿—湿，石英、长石质，局部可见卵砾石，分选一般。

⑯层粉质黏土：褐黄—黄褐色，硬塑，含氧化铁、姜石，干强度及韧性较高。属中低压缩性土。本次勘察未揭穿该层。

3.2.2 地基土的物理力学性质

根据室内土工试验成果(见土工试验成果)和野外原位试验成果,对地基土的物理力学性质指标进行了分层汇总、统计,统计结果参见“地基土的物理力学性质指标分层统计表”和“地基土的物理力学性质指标分层汇总表”,各主要参数可按标准值使用。

3.2.3 地基土的分析与评价

(略)

4 水文地质条件

4.1 抗浮设防水位

勘察时,钻探结束后统一量测了各钻孔的稳定水位埋深,测得场区地下水静止水位埋深为5.96~7.38 m,标高为47.00~48.53 m。

综合考虑本场区区域水文地质条件、收集的附近场地的水文地质资料、勘察时量测的地下水稳定水位,按最不利条件分析,建议本工程抗浮设计水位标高按49.0 m考虑。

4.2 场地地下水、土的腐蚀性评价

依据《岩土工程勘察规范》(GB 50021—2001)相关规定,本场地按Ⅱ类环境考虑,对本场地地下水、土对建筑材料的腐蚀性进行判定。

本场地地下水对混凝土结构无腐蚀性,对干湿交替环境中钢筋混凝土结构中钢筋具有弱腐蚀性,对钢结构具有中等腐蚀性。本次室内试验对②、③、④层土所取土样中的代表土样进行了土的易溶盐分析,结果表明,该场地土对混凝土结构、钢筋混凝土结构中的钢筋和钢结构均无腐蚀性。

5 场地地震效应

5.1 抗震设防烈度及场地类别

(略)

5.2 地基土液化评价

拟建场地地下水位较浅,20 m以上存在粉土和粉细砂层,且部分粉土的黏粒含量小于10,因此该场地存在地基土液化的可能,利用标准贯入试验判别场地液化。

6 地基评价

6.1 主要持力层岩土工程特性评价

拟建建筑物为大型的公共场所,基底埋深为 -8.0 m,大剧院主舞台部分 -17.0 m。基础主要落在④层粉质黏土与黏土层,大剧院主舞台部分基础主要落在⑥层粉质黏土与黏土层。现对地基主要持力层及下卧层进行分析评价如下:

④层粉质黏土与黏土:灰—黑灰色,软塑—可塑,稍具臭味,干强度及韧性较高,含有机质,该层共做有机质含量试验7件,有机质含量为4.7%~6.4%,有机质含量平均值为5.57。该层局部为淤泥质土。根据高压固结试验结果,该层土及以上土层为新近沉积土,表现为欠固结土。该层土压缩性为中高压缩性,地基土承载力特征值为110 kPa,且局部为淤泥质土,沉积时间较短,工程性能较差。

$④_1$层粉土:灰—浅灰色,稍密—中密,湿,稍具臭味,含砂粒。局部黏粒含量较高,干强

度及韧性中等。该层分布在④层粉质黏土与黏土中，不具连续性。根据高压固结试验结果，该层土及以上土层为新近沉积土，表现为欠固结土。该层土压缩性较高，地基土承载力特征值为 120 kPa，该层土分布不连续，且厚度变化较大，工程性能较差。

$④_2$ 层粉细砂：浅灰—灰色，局部为褐黄色，稍密—中密，很湿—饱和，石英、长石质。该层分布较不连续，主要分布在④层粉质黏土与黏土的层顶。该层土工程性能较差。

⑤层粉土：褐灰—褐黄色，中密—密实，湿—很湿，含浅灰色条纹、砂粒、氧化铁、云母、少量姜石。该层土厚度较小且厚度变化较大，局部缺失。该层土含姜石，局部地段含量较高。

⑥层粉质黏土与黏土：黄褐—褐黄色，可塑—硬塑，含氧化铁、姜石，干强度及韧性较高，可见灰色斑纹，局部为粉土，夹薄砂层。该层土为可塑—硬塑状态的黏性土，压缩性中等，地基土承载力特征值为 150 kPa，工程特性较好。

⑦层粉土：褐黄色，湿—稍湿，密实，混砂粒，含氧化铁、云母，局部姜石含量较高，姜石最大直径可达 10 cm 以上。夹粉质黏土薄层，局部有砂胶结。该层土含姜石、砂胶结，局部地段姜石含量较高且姜石粒径大。

$⑦_1$ 层细砂：褐黄色，中密，湿—很湿，长石、石英质，砂质不纯、混黏性土。该层土分布不连续，局部缺失。

⑧层粉质黏土：褐黄色，一般硬塑，干强度及韧性高，含氧化铁、云母，姜石含量较高，局部可达 30% 以上，姜石直径可达 10 cm 以上。局部粉粒含量较高，渐变为粉土。该层为硬塑状态的黏性土，压缩性中等，分布连续具有一定厚度，可作为钻孔桩桩端持力层。

$⑧_1$ 层粉土：褐黄色，密实，湿，干强度及韧性中等—低，局部含砂粒、氧化铁。该层土为⑧层粉质黏土中的夹层，厚度较小，分布不连续，属中压缩性土。

⑨层粉土：褐黄色，中密—密实，稍湿—湿，混砂粒，含氧化铁、云母，局部可见大量姜石，姜石含量可达 40% 以上，干强度及韧性较高。属中低压缩性土。该层土和 $⑨_1$ 层中砂形成互层，在互层处局部有砂胶结，胶结最大厚度可达 20 cm 以上。

$⑨_1$ 层中砂：褐黄—浅黄色，密实，稍湿—湿，长石、石英质，混黏性土，局部颗粒稍大，偶见砾石。该层土分布不连续、局部缺失。

⑩层粉质黏土与黏土：黄褐—褐黄色，一般为硬塑，含氧化铁、锰质结核、姜石含量不均匀，局部可达 50% 以上，可见灰色条纹，质密，干强度及韧性高，切面有光泽。该层土厚度较大、分布连续稳定，压缩性较低，工程特性良好，是钻孔灌注及预制桩良好的桩端持力层。

⑪层粉质黏土：褐黄色，一般为硬塑，含氧化铁、锰质结核、姜石，干强度及韧性高。该层土厚度较大、分布连续稳定，压缩性较低，工程特性良好，是钻孔灌注及预制桩良好的桩端持力层。

6.2 地基承载力评价

拟建建筑物，对于 −8.0 m 的基坑，地基持力层主要为④层粉质黏土与黏土，承载力特征值修正按《建筑地基基础设计规范》(GB 50007—2011) 第 5.2.4 条计算，公式为

$$f_a = f_{ak} + \eta_b \gamma (b - 3) + \eta_d \gamma_m (d - 0.5)$$

$f_{ak} = 110$ kPa，$\eta_b = 0$，$\eta_d = 1.0$，$\gamma = 9.1\ \text{kN/m}^3$，$\gamma_m = 19.1\ \text{kN/m}^3$，$b = 6.0$ m，$d = 8.0$ m 得 $f_a = 253$ kPa。

对于大剧院主舞台部分，基坑埋深为 −17.0 m，地基持力层主要为⑥层粉质黏土与黏土，按以上公式修正，其中 $f_{ak} = 150$ kPa，$\eta_b = 0.3$，$\eta_d = 1.6$，$\gamma = 10.1\ \text{kN/m}^3$，$\gamma_m = 13.1$

kN/m^3, $b=6.0$ m, $d=9.0$ m 修正得 $f_a=337$ kPa。

拟建建筑物天然地基承载力修正后能满足要求。

6.3 地基均匀性评价

根据本次勘察资料和区域地质资料，本场地及其附近无不良地质作用，拟建场地稳定。

④层粉质黏土与黏土和⑥层粉质黏土与黏土分布连续、稳定且厚度较大，层面坡度小于10%，因此可视为均匀地基。

7 地基基础

7.1 天然地基

拟建建筑物为一座大型的公共场所，工程重要性等级为一级，基底埋深为 −8.0 m，大剧院主舞台部分 −17.0 m，基础主要落在④层粉质黏土与黏土层，大剧院主舞台部分基础主要落在⑥层粉质黏土与黏土层，虽然天然地基承载力修正后能满足设计的要求，但④层粉质黏土与黏土层属中—高压缩性的欠固结土，且拟建建筑物工程重要性等级为一级，结构跨度较大特点，为了控制整体沉降及相邻基础的沉降差，建议采用复合地基或桩基础。

7.2 复合地基

勘察资料表明，本场地⑧层粉质黏土为硬塑状态黏性土，厚度较大、分布连续、稳定，压缩性较低，该拟建建筑物可采用长螺旋泵压混凝土灌注桩复合地基进行地基处理，可以⑧层粉质黏土或以下地层作为复合地基基桩持力层。

7.3 桩基础

根据工程地质条件，本工程当采用桩基础时，可选择的桩基础有预制桩、钻孔灌注桩、扩底灌注桩，但该场区周围北侧为居民区，南侧为××市人民路，对锤击式预制桩在其施工时产生的噪声对周围居民的生活和道路中的管线产生不利影响。因此，基础施工时宜选用低噪声、对环境影响较小的施工工艺，对预制桩建议选用静压法，对灌注桩建议选用旋挖钻机成孔工艺。

从工程地质条件上，该场地⑩层粉质黏土与黏土及以上地层多为可塑—硬塑状态的黏性土和中密—密实状态的粉土、粉细砂层，对静压式预制桩或钻孔灌注桩都能顺利通过⑩层以上地层。根据设计荷载的不同可分别以⑩层粉质黏土与黏土和⑪层粉质黏土作为不同部分的桩端持力层。

8 基坑工程分析

根据《建筑基坑支护技术规程》(JGJ 120—2012)第 3.1.3 条，本工程基坑侧壁安全等级为一级。

8.1 基坑开挖与支护

本工程基坑深 −8.0 m(大剧院主舞台部分 −17.0 m)，基坑开挖深度范围内主要以素填土、黏性土、粉土和粉细砂层为主，且局部夹淤泥质土，土质松软，稳定性和结构性差，地下水位较高，但该工程场地较开阔(北侧距广厦路约 50 m，南侧距人民路约 70 m，东、西场外道路均超过 100 m)，因此该工程对 −8.0 m 基坑可以考虑自然放坡开挖加土钉墙支护措施或排桩支护。

对 −17.0 m 基坑建议采用钢筋混凝土排桩支护外加隔水帷幕措施，内支撑支护或双排桩支护。支撑系统在水平面上的投影应重合，以使每根支撑柱同时贯穿两道支撑，既方便土方开挖，又能节省造价。

8.2 基坑降水分析

该工程地下水位较浅（地下水静止水位埋深为 5.96～7.38 m，标高为 47.00～48.53 m），基坑较深（埋深约 8.0 m），该工程基坑应在开挖时进行降水。本工程基坑降水可采用管井降水，必要时加隔水帷幕，以保证干作业施工，应将地下水降至坑底以下 0.5～1.0 m，同时在基坑外侧设置适量观测井，及时掌握基坑外侧地下水变化情况。

9 结论与建议

(1)根据本次勘察资料和区域地质资料，本场地及其附近无不良地质作用，拟建场地稳定。

(2)本场区抗震设防烈度为 7 度，设计地震分组为第一组，设计基本地震加速度值为 0.15*g*，场地土为中软场地土，建筑场地类别为Ⅲ类，属可进行建设的一般地段。

(3)勘察期间，测得初见水位埋深 11.5～13.8 m，稳定水位埋深 5.96～7.38 m，标高为 47.00～48.53 m，承压水头高出含水层顶板约 5.0 m。抗浮水位可按 1985 国家高程 49.0 m 考虑。

(4)本场区地下水对混凝土结构无腐蚀性，对干湿交替环境中钢筋混凝土结构中钢筋具有弱腐蚀性，对钢结构具有中等腐蚀性。本场地②、③、④层土对混凝土结构、钢筋混凝土结构中的钢筋和钢结构均无腐蚀性。

(5)本工程拟建建筑物可采用桩基础或复合地基。由于该建筑物为公共建筑物，工程重要性等级为一级、跨度大、对变形要求严格，且本场地④层粉质黏土与黏土为软塑—可塑状态，且为欠固结土，根据上部结构荷载形式及拟建建筑物的特点宜选用钻孔灌注桩，优先选用噪声低、环保且施工速度快的旋挖钻机成孔后压浆施工工艺。

根据勘察结果，可选⑩粉质黏土与黏土或⑪层粉质黏土做桩端持力层。

(6)本工程基坑支护对与 −8.0 m 的基坑可采用自然放坡加土钉墙支护措施或排桩支护，对与 −17.0 m 的大剧院主舞台部分基坑应考虑采用钢筋混凝土排桩加隔水帷幕防护措施，并进行基坑降水，以保证干场地作业施工。

(7)建议先施工场外试桩，单桩竖向极限承载力标准值应根据试桩静力载荷试验结果确定。

(8)建议基坑开挖后应对支护结构的变形进行监测。基础施工应尽量缩短施工工期，以减少基坑暴露时间。坡顶一定范围内禁止设置振动大的施工机械，严格控制墙后及坡顶荷载。

(9)夏季施工，须防止积水浸泡基槽和长时间晾晒基坑。冬季施工时须采取有效措施，预防槽底持力层受冻，避免冻土融化导致基底土层不实。

(10)基槽开挖时，加强对槽底土质的检验工作。对异常区域及时采取妥善处理措施。基坑挖至设计标高后应组织相关单位进行基槽检验工作。

(11)本场区标准冻深为 0.4 m。

第7章 天然地基上浅基础设计

知识目标

- 掌握浅基础的类型和设计步骤。
- 熟悉基础埋置深度的确定方法。
- 了解不均匀沉降产生的原因和危害。
- 了解减轻基础不均匀沉降的措施。

能力目标

- 能进行浅基础埋置深度的确定。
- 能进行浅基础底面尺寸的确定。
- 能进行浅基础底面配筋计算。

7.1 地基基础设计的基本规定

【课堂导入】 基础设计有哪些基本规定？基础设计需要考虑哪些因素？

地基基础的工程量、造价和施工工期，在整个建筑工程中占相当大的比重，尤其是高层建筑或软弱地基，有的工程地基基础的造价超过主体工程总造价的1/4～1/3。而且建筑物的基础是地下隐蔽工程，工程竣工验收时已经埋在地下，难以检验。地基基础事故的预兆不易察觉，一旦失事，难以补救。因此，应当充分认识地基基础的重要性。

地基各地千差万别，即使同一城市情况也很不相同。有的地基坚实均匀，可以采用天然地基浅基础；有的地基上部软弱，下部坚实，可考虑用桩基础；有的地基软弱层很厚，可采用人工加固地基；当建筑场地平面范围软硬不均，甚至存在古河道、古水井、坟墓、菜窖、下水道、暖气沟等旧结构物时，还需要特殊处理，由此可见地基基础的复杂性。

地基基础的设计不能孤立地进行，需要对建筑物上部结构和下部建筑场地条件全面考虑，做到上下兼顾：

(1)考虑建筑物上部结构的形式、规模、用途、荷载大小与性质、整体刚度，以及对不均匀沉降的敏感性；

(2)研究建筑物下部工程地质条件、地层结构、各土层的物理力学性质、地基承载力，以及地下水位埋深与水质、当地冻深等因素，因地制宜地进行设计。

进行地基基础设计时，第一步应有针对性地选择地基基础方案。目前工程界采用的各种方案，可归纳为下列四种类型，如图7-1所示。

基础按其埋置深度的不同，分为浅基础和深基础。浅基础埋入地层深度较浅，施工一般采用敞开挖基坑修筑的基础。在设计计算时可以忽略基础侧面土体对基础的影响，基础结构形式和施工方法也较简单。深基础埋入地层较深，结构形式和施工方法较浅基础复杂，在设计计算时需考虑基础侧面土体的影响。地基按其是否经人工加固处理分为天然地基和人

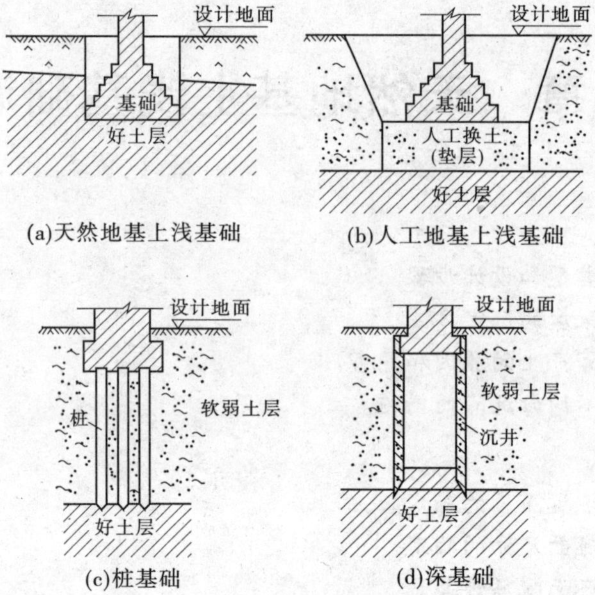

图 7-1　基础方案的类型

工地基。

一般来说,在天然地基上修建浅基础往往施工简单,造价较低。因此,在保证建筑物的安全和正常使用前提下,应首先选用天然地基上浅基础方案,若满足设计要求的方案有多个,则要进行经济技术比较,选择其中的最优方案。

进行地基基础设计前,应具备以下资料:

(1)建筑场地的地形图;

(2)建筑场地的工程地质报告;

(3)建筑物的平、立、剖面图,作用在基础上的荷载,各种管道的布置及标高;

(4)建筑材料的供应情况以及施工单位的设备和技术力量等。

天然地基上浅基础设计的内容和一般步骤是:

(1)选择基础的材料和类型;

(2)选择基础的埋置深度;

(3)确定地基承载力特征值;

(4)确定基础的底面尺寸;

(5)进行必要的地基验算(如变形,稳定性等);

(6)进行基础的结构和构造设计;

(7)绘制基础施工图。

地基基础设计是建筑结构设计的重要内容之一,与建筑物的安全和正常使用有密切关系。设计时必须根据上部结构的使用要求、建筑物的安全等级、上部结构类型特点、工程地质条件、水文地质条件以及施工条件、造价和环境保护等各种条件,合理选择地基基础方案,因地制宜，精心设计，以确保建筑物的安全和正常使用。力求做到使基础工程安全可靠、经济合理、技术先进和施工方便。

7.1.1 建筑物的安全等级

地基基础的设计内容和要求与建筑物的地基基础设计等级有关。根据地基复杂程度、建筑物规模和功能特征以及由于地基问题可能造成建筑物破坏或影响正常使用的程度，将地基基础设计分为三个设计等级，设计时应根据具体情况，按表 7-1 选用。

表 7-1 地基基础设计等级

设计等级	建筑和地基类型
甲级	重要的工业与民用建筑物 30 层以上的高层建筑 体型复杂，层数相差超过 10 层的高低层连成一体的建筑物 大面积的多层地下建筑物(如地下车库、商场、运动场等) 对地基变形有特殊要求的建筑物 复杂地质条件下的坡上建筑物(包括高边坡) 对原有工程影响较大的新建建筑物 场地和地基条件复杂的一般建筑物 位于复杂地质条件及软土地区的二层及二层以上地下室的基坑工程
乙级	除甲级、丙级外的工业与民用建筑物
丙级	场地和地基条件简单，荷载分布均匀的七层和 七层以下民用建筑及一般工业建筑物，次要的轻型建筑物

7.1.2 地基基础设计的一般要求

为了保证建筑物的安全和正常使用，根据建筑物地基基础设计等级及长期荷载作用下地基变形对上部结构的影响程度，地基基础设计应符合下列规定：

(1)所有建筑物的地基计算均应满足承载力计算的有关规定。

(2)甲级、乙级建筑物，均应按地基变形设计。

(3)表 7-2 所列范围内的丙级建筑物可不做变形验算，但当有下列情况之一时，仍应做变形验算：

①地基承载力特征值小于 130 kPa，且体型复杂的建筑。

②在基础上及其附近有地面堆载或相邻基础荷载差异较大，可能引起地基产生过大的不均匀沉降时。

③软弱地基上的建筑物存在偏心荷载时。

④相邻建筑距离过近，可能发生倾斜时。

⑤地基内有厚度较大或厚薄不均的填土，其自重固结未完成时。

(4)对经常受水平荷载作用的高层建筑、高耸结构和挡土墙等，以及建造在斜坡上或边坡附近的建筑物和构筑物,尚应验算其稳定性。

(5)基坑工程应进行稳定验算。

(6)当地下水埋藏较浅,建筑地下室或地下构筑物存在上浮问题时,尚应进行抗浮验算。

表 7-2 可不作地基变形计算设计等级为丙级的建筑物范围

<table>
<tr><td rowspan="2">地基主要受力层情况</td><td colspan="3">地基承载力特征值 f_{ak}(kPa)</td><td>$60 \leqslant f_{ak} < 80$</td><td>$80 \leqslant f_{ak} < 100$</td><td>$100 \leqslant f_{ak} < 130$</td><td>$130 \leqslant f_{ak} < 160$</td><td>$160 \leqslant f_{ak} < 200$</td><td>$200 \leqslant f_{ak} < 300$</td></tr>
<tr><td colspan="3">各土层坡度(%)</td><td>≤5</td><td>≤5</td><td>≤10</td><td>≤10</td><td>≤10</td><td>≤10</td></tr>
<tr><td rowspan="8">建筑类型</td><td colspan="3">砌体承重结构、框架结构(层数)</td><td>≤5</td><td>≤5</td><td>≤5</td><td>≤6</td><td>≤6</td><td>≤7</td></tr>
<tr><td rowspan="4">单层排架结构(6 m柱距)</td><td rowspan="2">单跨</td><td>吊车额定起重量(t)</td><td>5~10</td><td>10~15</td><td>15~20</td><td>20~30</td><td>30~50</td><td>50~100</td></tr>
<tr><td>厂房跨度(m)</td><td>≤12</td><td>≤18</td><td>≤24</td><td>≤30</td><td>≤30</td><td>≤30</td></tr>
<tr><td rowspan="2">多跨</td><td>吊车额定起重量(t)</td><td>3~5</td><td>5~10</td><td>10~15</td><td>15~20</td><td>20~30</td><td>30~75</td></tr>
<tr><td>厂房跨度(m)</td><td>≤12</td><td>≤18</td><td>≤24</td><td>≤30</td><td>≤30</td><td>≤30</td></tr>
<tr><td colspan="2">烟囱</td><td>高度(m)</td><td>≤30</td><td>≤40</td><td>≤50</td><td colspan="2">≤75</td><td>≤100</td></tr>
<tr><td colspan="2" rowspan="2">水塔</td><td>高度(m)</td><td>≤15</td><td>≤20</td><td>≤30</td><td colspan="2">≤30</td><td>≤30</td></tr>
<tr><td>容积(m^3)</td><td>≤50</td><td>50~100</td><td>100~200</td><td>200~300</td><td>300~500</td><td>500~1 000</td></tr>
</table>

注:1. 地基主要受力层是指条形基础底面下深度为 $3b$(b 为基础底面宽度),独立基础下为 $1.5b$,且厚度均不小于 5 m 的范围(二层以下一般的民用建筑除外)。

2. 地基主要受力层中如有承载力特征值小于 130 kPa 的土层,表中砌体承重结构的设计,应符合《建筑地基基础设计规范》(GB 50007—2011)第七章的有关要求。

3. 表中砌体承重结构和框架结构均指民用建筑,对于工业建筑可按厂房高度、荷载情况折合成与其相当的民用建筑层数。

4. 表中吊车额定起重量、烟囱高度和水塔容积的数值是指最大值。

7.1.3 荷载取值

地基基础设计时,所采用的荷载效应最不利组合与相应的抗力限值应符合下列规定:

(1)按地基承载力确定基础底面面积及埋深或按单桩承载力确定桩数时,传至基础或承台底面上的荷载效应应按正常使用极限状态下荷载效应的标准组合。相应的抗力应采用地基承载力特征值或单桩承载力特征值。

(2)计算地基变形时,传至基础底面上的荷载效应按正常使用极限状态下荷载效应的准永久组合,不应计入风荷载和地震作用。相应的限值应为地基变形允许值。

(3)计算挡土墙土压力、地基或斜坡稳定及滑坡推力时,荷载效应按承载能力极限状态下荷载效应的基本组合,但其分项系数均为 1.0。

(4)在确定基础或桩台高度、支挡结构截面、计算基础或支挡结构内力、确定配筋和验算材料强度时，上部结构传来的荷载效应组合和相应的基底反力，应按承载能力极限状态下荷载效应的基本组合，采用相应的分项系数。

当需要验算基础裂缝宽度时，应按正常使用极限状态荷载效应标准组合。

(5)基础设计安全等级、结构设计使用年限、结构重要性系数应按有关规范的规定采用，但结构重要性系数 γ_0 不应小于1.0。

7.2　浅基础的类型

7.2.1　按材料分类

7.2.1.1　刚性基础

通常是由砖、块石、毛石、素混凝土、三合土和灰土等刚性材料建造的基础，被称为刚性基础。这些材料的抗压强度高，而抗拉、抗剪强度较低，所以刚性基础不能承受拉力。由于地基承载能力的限制，当基础承受墙或柱传来的荷载后，为使其单位面积所传递的力与地基的允许承载能力相适应，便以台阶的形式逐渐扩大基础传力面积，这种逐渐扩展的台阶称为大放脚。当建筑物的荷载较大而地基承载力较小时，基础底面必须加宽，如果仍采用刚性基础，则需加大基础的深度，这既增加了挖土工作量，又使材料的用量增加，增长工期和增加造价。

1. *砖基础*

砖砌体具有一定的抗压强度，但抗拉和抗剪强度较低，砖基础所用材料的最低强度等级按《砌体结构设计规范》(GB 50003—2011)规定，不得低于表7-3的要求，并且在地下水位以下或潮湿环境下应采用水泥砂浆砌筑。

表7-3　基础用砖、石料及砂浆最低强度等级

基土的潮湿程度	黏土砖		混凝土砌块	石材	混合砂浆	水泥砂浆
	严寒地区	一般地区				
稍潮湿的	MU10	MU10	MU5	MU20	M5	M5
很潮湿的	MU15	MU10	MU7.5	MU20	—	M5
含水饱和的	MU20	MU15	MU7.5	MU30	—	M7.5

注：1. 石材的重度不应低于18 kN/m³。

2. 地面以下或防潮层以下的砌体，不宜采用空心砖。当采用混凝土空心砌块砌体时，其孔洞应采用强度等级不低于C15的混凝土灌实。

3. 各种硅酸盐材料及其他材料制作的块体，应根据相应材料标准的规定选择采用。

砖基础具有取材容易、价格便宜、施工简单等特点，因此广泛用于六层及六层以下的民用建筑和墙承重厂房。砖基砖底面以下一般做10 cm垫层，其剖面通常做成台阶式，俗称大放脚，如图7-2所示。

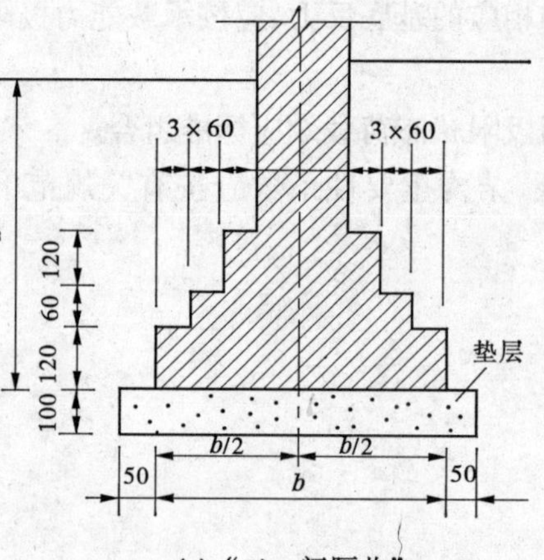

(a)"二一间隔收"

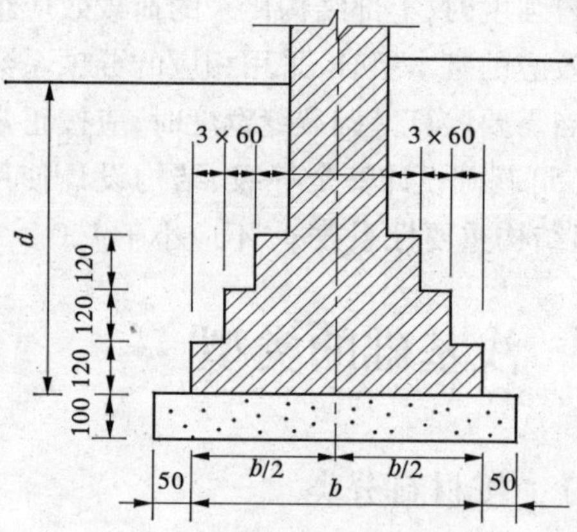

(b)"两皮一收"

图 7-2　砖基础

2. 毛石基础

毛石是指未经加工凿平的石材，毛石基础应选用未经风化的硬质岩石砌筑而成。毛石和砂浆的强度等级应符合表 7-3的要求。毛石基础剖面形状有阶梯形和梯形。每阶高度一般为 300～400 mm，块石应竖砌、错缝，缝内砂浆应饱满，如图 7-3 所示。

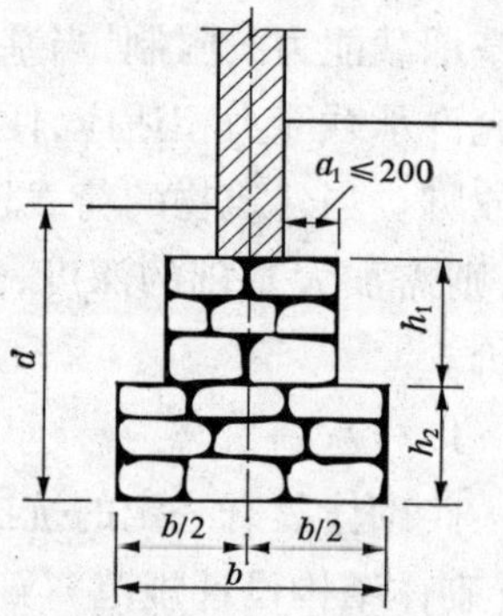

图 7-3　毛石基础

3. 三合土基础

三合土基础是由石灰、砂和骨料（碎石、碎砖或矿渣等）按体积比 1∶2∶4～1∶3∶6配成，加入适量水拌和均匀后铺入槽内，每层虚铺约 220 mm，夯至 150 mm，分层夯实而成。三合土基础在我国南方地区常用，一般用于地下水位较低的四层及四层以下民用建筑。其厚度不小于 300 mm，宽度不小于 700 mm，如图 7-4 所示。

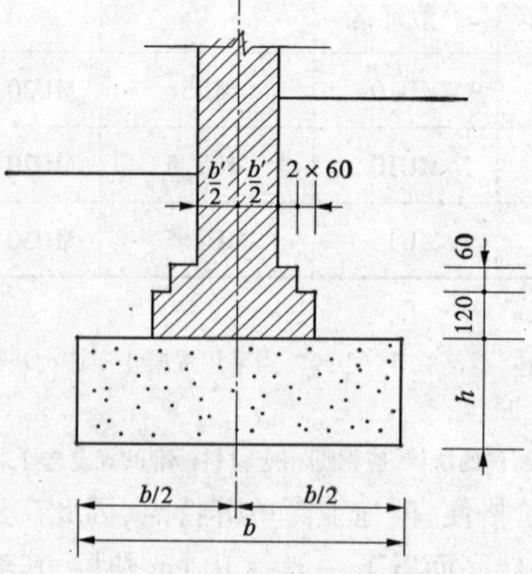

图 7-4　三合土基础

4. 灰土基础

灰土是用石灰和土料配制而成的。石灰和土料的体积比一般为3:7或2:8,加适量水拌匀,然后铺入基槽内分层夯实,方法与三合土基本相同。

灰土基础宜在比较干燥的土层中使用,本身具有一定的抗冻性。在我国华北及西北地区应用较多,一般可用于五层及五层以下的民用建筑。厚度不小于300 mm,条形基础宽度不小于600 mm,独立基础不小于700 mm。

5. 混凝土和毛石混凝土基础

混凝土基础的抗压强度,耐久性、抗冻性都较好,当荷载较大或位于地下水位以下时,常采用混凝土基础,混凝土强度等级一般为C7.5或C10。为了节约水泥用量,降低造价,可在混凝土内渗入25% ~30%的毛石,做成毛石混凝土基础。渗入的毛石尺寸不应大于300 mm,且应冲洗干净。剖面形式如图7-5所示。

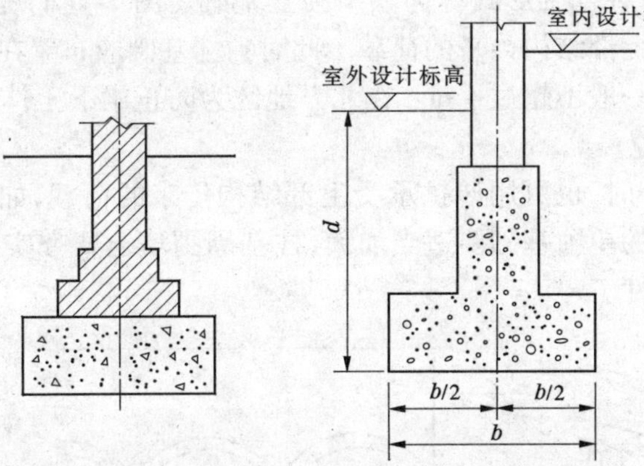

(a)混凝土基础　　(b)毛石混凝土基础

图7-5　混凝土和毛石混凝土基础

7.2.1.2　柔性基础(钢筋混凝土基础)

用钢筋来承受拉应力的混凝土基础为柔性基础。

如果在混凝土基础的底部配以钢筋,利用钢筋来承受拉应力,使基础底部能够承受拉力和较大的弯矩,这种基础称为柔性基础。这时,基础宽度的加大不受刚性角的限制。钢筋混凝土基础不仅其抗压强度、耐久性和抗冻性较好,而且其抗剪和抗拉能力很好,因此在相同条件下可减小基础的高度。当建筑物的荷载较大或地基土较软弱时,常采用此基础。

7.2.2　按结构形式分类

7.2.2.1　独立基础

按支承的上部结构形式,可分为柱下独立基础和墙下独立基础。

1. 柱下独立基础

独立基础是柱基础的主要类型。它所用材料依柱荷载大小及柱身材料而定,通常采用砖、石、混凝土和钢筋混凝土等。

现浇柱下钢筋混凝土基础的截面可做成阶梯形或锥形,预制柱下的基础一般做成杯形,如图7-6所示。

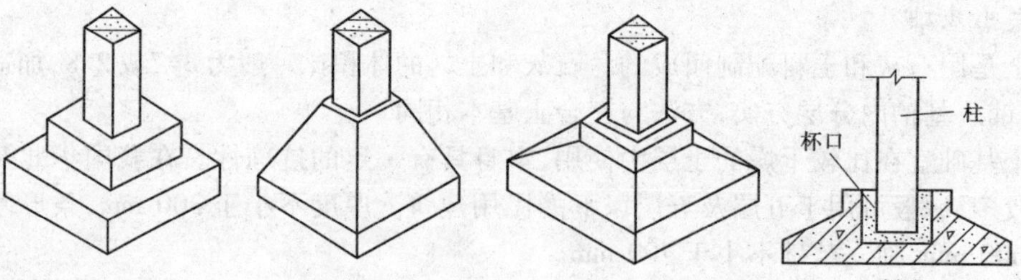

(a)阶梯形　　(b)锥形　　(c)杯形

图 7-6　现浇柱下钢筋混凝土基础

2. 墙下独立基础

当墙下地基土上层土质松软,而在不深处有可做持力层的好土时,为节省基础材料和减少土方开挖量而采用的一种基础形式称为墙下独立基础。图 7-7(a)是在独立基础之间放置钢筋混凝土过梁,承受上部结构传来的荷载。此时独立基础应布置在墙的转角、两墙交叉处和窗间墙等处,其间距一般不超过 4 m。在北方地区为防止梁下土体冻胀使梁破坏,应在梁下留 60 ~90 mm 的空隙。

当上部结构荷载较小时,也可用砖拱承受上部结构传来的荷载,如图 7-7(b)所示。因砖拱有横向推力,墙两端的单独基础要适当加大,柱基周围填土要夯实,有时将端跨基础做成条形基础,增加其稳定性。

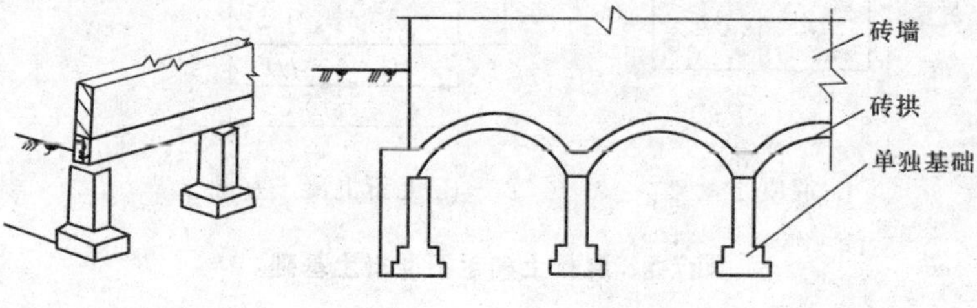

(a)　　(b)

图 7-7　墙下独立基础

7.2.2.2　条形基础

当基础的长度大于或等于 10 倍基础宽度时称为条形基础。墙下条形基础属于平面应变问题,所以可取长度方向 1 延米进行计算。按上部结构形式可分为墙下条形基础和柱下条形基础。

1. 墙下条形基础

条形基础是承重墙基础的主要形式。所用材料一般为砖、毛石、三合土或灰土等,当上部结构荷载较大或地基较差时可采用混凝土或钢筋混凝土条形基础。墙下钢筋混凝土条形基础一般做成无肋式(见图 7-8(a)),但若地基土质不均匀,为了增强基础整体性,减小不均匀沉降,也可做成有肋式的条形基础(见图 7-8(b))。

2. 柱下条形基础

当上部结构荷载较大或地基土层软弱时,若柱下仍采用单独基础,基础底面面积必然很大而相互靠得很近,此时可将同一排的柱基础连通做成钢筋混凝土条形基础,如图 7-9 所示。这样不仅能增强基础的整体刚度,减小不均匀沉降,而且可以方便施工。

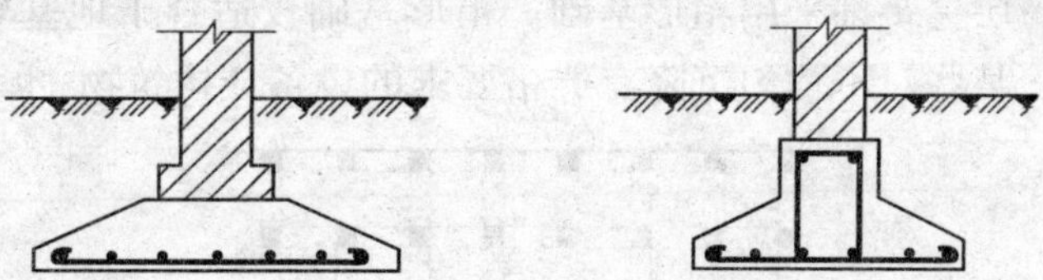

(a)无肋式　　(b)有肋式

图 7-8　墙下条形基础

7.2.2.3　柱下十字交叉基础

荷载较大的高层建筑，若土质较弱，为了增强基础的整体刚度，减小不均匀沉降，可在柱网下纵横两方向设置钢筋混凝土条形基础，形成图 7-10 所示的柱下十字交叉基础。

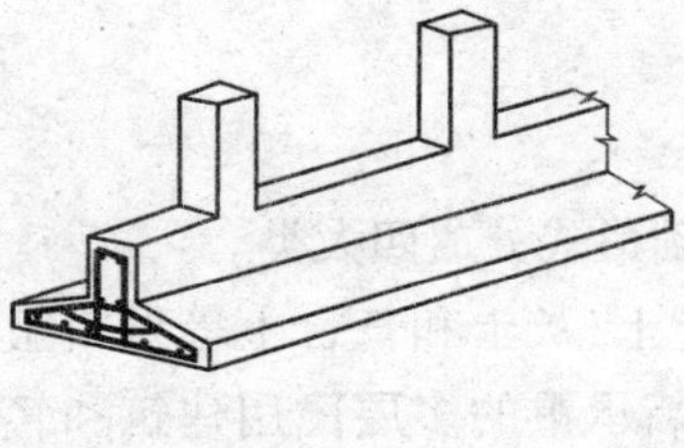

图 7-9　柱下钢筋混凝土条形基础

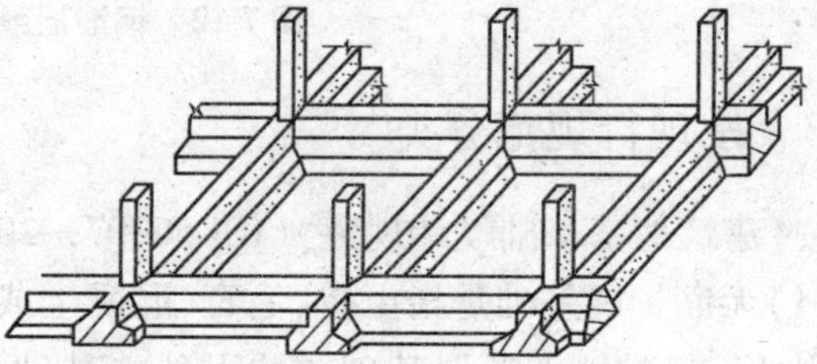

图 7-10　柱下十字交叉基础

7.2.2.4　筏板基础

当地基软弱而荷载又很大，采用十字交叉基础仍不能满足要求或相邻基槽距离很小时，可采用钢筋混凝土筏板基础，如图 7-11 所示。对于设有地下室的建筑物，筏板基础还可兼作地下室的底板。按构造不同，它可分为平板式和梁板式两类。梁板式按梁板的位置不同又可分为两类，柱子支承在梁上称上梁式，将梁放在底板下部称下梁式。

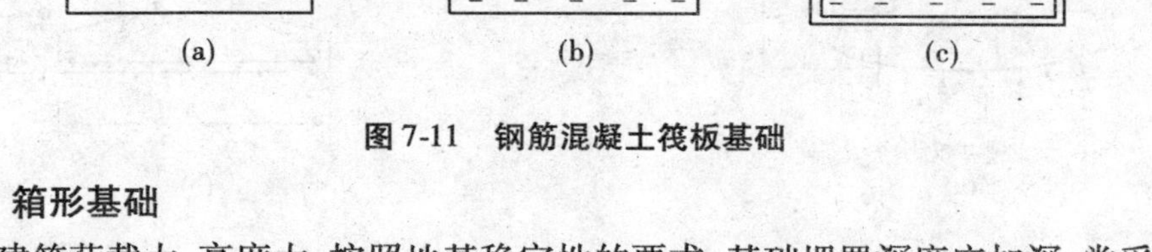

(a)　(b)　(c)

图 7-11　钢筋混凝土筏板基础

7.2.2.5　箱形基础

高层建筑荷载大、高度大，按照地基稳定性的要求，基础埋置深度应加深，常采用箱形基础。箱形基础是由钢筋混凝土底板、顶板和纵横交叉的隔墙构成的，如图 7-12 所示。底板、顶板和隔墙共同工作，具有很大的整体刚度，并可利用箱形基础的空间作为人防、文化活动厅及储藏室、设备层等。根据建筑物高度对地基稳定性的要求和使用功能的需要，箱形基础的高度可设计成一层或多层，北京国际大厦、沈阳中山大厦、兰州工贸大厦、成都蜀都大厦、郑州黄和平大厦等高层建筑都采用箱形基础。箱形基础较适合于地基软弱、平面形状简单的高层建筑物基础。某些对不均匀沉降有严格要求的设备或构筑物,也可采用箱形基础。

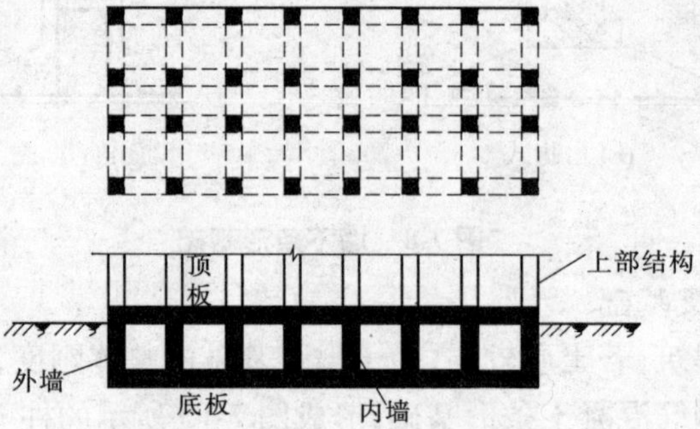

图 7-12　钢筋混凝土箱形基础

7.2.3　按现行规范分类

按《建筑地基基础设计规范》(GB 50007—2011)把基础形式分成四大类。

(1)无筋扩展基础是指由砖、毛石、混凝土或毛石混凝土、灰土和三合土等材料组成的整体刚性较好的墙下条形基础或柱下独立基础。适用于墙承重的多层民用建筑和轻型厂房,以及荷载较小的钢筋混凝土柱下独立基础。

(2)扩展基础是指柱下钢筋混凝土独立基础和墙下钢筋混凝土条形基础。在基础内配置足够的钢筋来承受由弯矩而产生拉应力(见图 7-13),使基础在受弯时不致破坏。这种基础不受刚性角的限制,基础剖面可以做成扁平形状,用较小的基础高度把上部荷载传到较大的基础底面上去,以适应地基承载力的要求,具有钢筋混凝土结构强度高、抗冻性好、耐久性高等优点,是一种应用很广的基础形式。重要的建筑物或利用地基表土硬壳层,设计宽基浅埋以解决存在软弱下卧层强度太低时,常采用钢筋混凝土扩展基础。扩展基础需用钢材、水泥,造价较高。

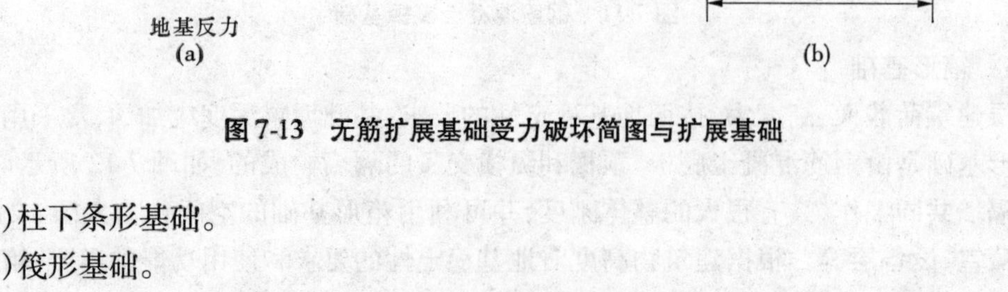

图 7-13　无筋扩展基础受力破坏简图与扩展基础

(3)柱下条形基础。

(4)筏形基础。

7.3 基础埋置深度的选择

从室外地面标高到基础底面的距离称为基础的埋置深度。

选择基础的埋置深度,实质上是选择合适的地基持力层。基础埋置深度的确定,对建筑物的造价、施工工期、施工技术及建筑物的安全和正常使用等影响很大。因此,合理确定基础埋置深度是十分重要的,一般应考虑下面几个主要影响因素。

7.3.1 建筑物用途及基础构造的影响

在满足地基稳定和变形要求的前提下,基础应尽量浅埋,这样可以使施工简单,造价降低,尤其当上层地基的承载力大于下层土时,宜利用上层土做持力层。但规范要求,除岩石地基外,基础埋深不宜小于 0.5 m,且为保护基础免受自然环境及人类活动破坏,基础顶面应低于室外地面 0.1 m。

具有地下室或半地下室的建筑物,其基础埋深须结合建筑物地下部分的设计标高来选定,当在基础范围内有管道或其他地下设备通过时,基础顶板原则上应低于这些设施的底面,通常可将基础整体加深或局部加深。

高层建筑对地基稳定性及变形要求更严,在抗震设防区,除岩石地基外,基础埋深要求不小于建筑物高度的 1/15。位于岩石地基上的高层建筑,其基础埋深应满足抗滑要求。

7.3.2 作用于地基上荷载的大小和性质

一般上部结构荷载大时,要求基础置于较好的土层上。对于承受较大水平荷载的基础,必须加大埋深以获得土的侧向抗力,保证结构的稳定性。对承受上拔力的基础,也要求有较大的埋深以提供足够的抗上拔力。对于承受振动荷载的基础,则不宜选易于液化的土层作为持力层。

7.3.3 工程地质和水文地质条件

建筑场地的工程地质条件往往比较复杂,必须根据场地工程地质报告和建筑物的性质,充分利用较好土层,选择合适的持力层。另外,基础宜埋置在地下水位以上,当必须埋在地下水位以下时,应充分考虑地下水对基础及基础施工的影响,选择合理的施工方案,并采取有效措施,避免地基土在施工时受扰动。

当地基为黏性土,下层卵石中含有承压水时,在基槽开挖中应保留黏性土槽底安全厚度 h_0,防止槽底土层发生流土破坏(见图 7-14)。

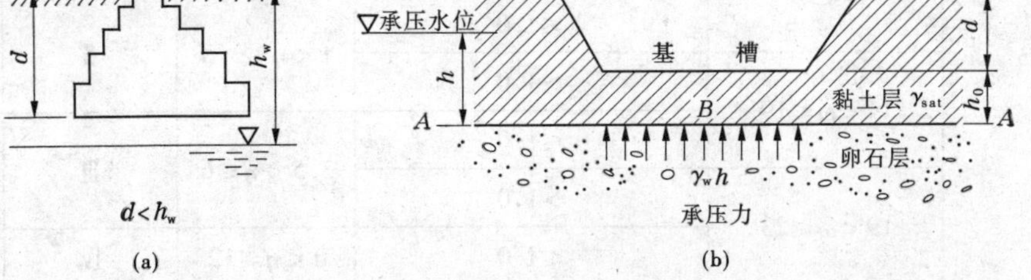

图 7-14 水文地质与埋深关系

7.3.4 相邻建筑物基础埋深的影响

当拟建房屋邻近有旧建筑物时，为了保证原有建筑物的安全和正常使用，要求新建建筑物的基础埋深不宜大于原有建筑基础。当新建建筑物的基础埋深必须大于原有建筑基础埋深时，两基础间应保持一定净距，其数值应根据原有建筑荷载大小、基础形式和土质情况而定。一般取相邻基础底面高差的1～2倍，即$L \geqslant (1 \sim 2)\Delta H$，如图7-15所示。当上述要求不能满足时，应采取分段施工，设临时加固支撑、打板桩、地下连续墙等施工措施，必要时应进行专门的基坑开挖支护设计，或对原有建筑物地基进行加固。

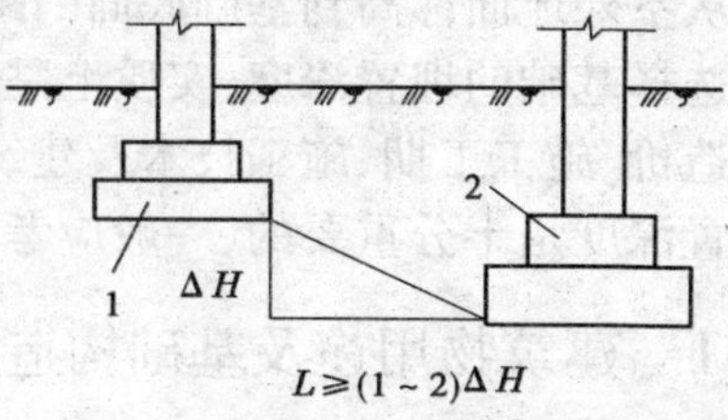

1—原有基础；2—新基础

图7-15 相邻基础的埋深

7.3.5 地基土的冻胀与融陷影响

当地基土的温度在0 ℃以下时，土内孔隙中的水冻结而形成冻土。冻土分季节性冻土和常年冻土两类，季节性冻土是指一年内冻结与解冻交替出现的土层。土体冻结时体积膨胀，称为冻胀。若冻胀产生的上抬力大于作用在基底的竖向力，就会引起建筑物基础上抬，使上部结构开裂甚至破坏。土体解冻时，土中的冰晶体融化，使土体软化，将产生较大的附加沉降，称为融陷。因此，在季节性冻土地区进行基础埋置深度设计时，必须考虑地基的冻胀性。

地基的冻胀性类别应根据冻土层的平均冻胀率η的大小，按表7-4查取。

表7-4 地基土的冻胀性分类

土的名称	冻前天然含水量ω(%)	冻结期间地下水位距冻结面的最小距离h_w(m)	平均冻胀率η(%)	冻胀等级	冻胀类别
碎(卵)石土、砾砂、粗砂、中砂(粒径小于0.075 mm颗粒含量大于15%)，细砂(粒径小于0.075 mm颗粒含量大于10%)	$\omega \leqslant 12$	>1.0	$\eta \leqslant 1$	Ⅰ	不冻胀
		≤1.0	$1 < \eta \leqslant 3.5$	Ⅱ	弱冻胀
	$12 < \omega \leqslant 18$	>1.0			
		≤1.0	$3.5 < \eta \leqslant 6$	Ⅲ	冻胀
	$\omega > 18$	>0.5			
		≤0.5	$6 < \eta \leqslant 12$	Ⅳ	强冻胀
粉砂	$\omega \leqslant 14$	>1.0	$\eta \leqslant 1$	Ⅰ	不冻胀
		≤1.0	$1 < \eta \leqslant 3.5$	Ⅱ	弱冻胀
	$14 < \omega \leqslant 19$	>1.0			
		≤1.0	$3.5 < \eta \leqslant 6$	Ⅲ	冻胀
	$19 < \omega \leqslant 23$	>1.0			
		≤1.0	$6 < \eta \leqslant 12$	Ⅳ	强冻胀
	$\omega > 23$	不考虑	$\eta > 12$	Ⅴ	特强冻胀

续表 7-4

土的名称	冻前天然含水量 ω(%)	冻结期间地下水位距冻结面的最小距离 h_w(m)	平均冻胀率 η(%)	冻胀等级	冻胀类别
粉土	$\omega \leqslant 19$	>1.5	$\eta \leqslant 1$	Ⅰ	不冻胀
		≤1.5	$1 < \eta \leqslant 3.5$	Ⅱ	弱冻胀
	$19 < \omega \leqslant 22$	>1.5	$1 < \eta \leqslant 3.5$	Ⅱ	弱冻胀
		≤1.5	$3.5 < \eta \leqslant 6$	Ⅲ	冻胀
	$22 < \omega \leqslant 26$	>1.5			
		≤1.5	$6 < \eta \leqslant 12$	Ⅳ	强冻胀
	$26 < \omega \leqslant 30$	>1.5			
		≤1.5	$\eta > 12$	Ⅴ	特强冻胀
	$\omega > 30$	不考虑			
黏性土	$\omega \leqslant \omega_P + 2$	>2.0	$\eta \leqslant 1$	Ⅰ	不冻胀
		≤2.0	$1 < \eta \leqslant 3.5$	Ⅱ	弱冻胀
	$\omega_P + 2 < \omega \leqslant \omega_P + 5$	>2.0			
		≤2.0	$3.5 < \eta \leqslant 6$	Ⅲ	冻胀
	$\omega_P + 5 < \omega \leqslant \omega_P + 9$	>2.0			
		≤2.0	$6 < \eta \leqslant 12$	Ⅳ	强冻胀
	$\omega_P + 9 < \omega \leqslant \omega_P + 15$	>2.0			
		≤2.0	$\eta > 12$	Ⅴ	特强冻胀
	$\omega > \omega_P + 15$	不考虑			

注：1. ω_P—塑限含水量(%)，ω—在冻土层内冻前天然含水量的平均值；

2. 盐渍化冻土不在表中；

3. 塑性指数大于 22 时，冻胀性降低一级；

4. 粒径小于 0.005 mm 的颗粒含量大于 60% 时，为不冻胀土；

5. 碎石类土当充填物大于全部质量的 40% 时，其冻胀性按充填物土的类别判断；

6. 碎石土、砾砂、粗砂、中砂(粒径小于 0.075 mm 颗粒含量不大于 15%)，细砂(粒径小于 0.075 mm 颗粒含量不大于 10%)均按不冻胀考虑。

对于不冻胀土的基础埋深，可不考虑季节性冻土的影响；对于弱冻胀、冻胀和强冻胀、特强冻胀土的基础，最小埋深可按下式确定：

$$d_{\min} = z_d - h_{\max} \tag{7-1}$$

式中 $h_{\max}$——基础底面下允许残留冻土层的最大厚度，按表 7-5 查取，当有充分依据时，基底下允许残留冻土层厚度也可根据当地经验确定；

z_d——设计冻深，可按下式计算：

$$z_d = z_0 \cdot \psi_{zs} \cdot \psi_{zw} \cdot \psi_{ze} \tag{7-2}$$

式中 z_0——标准冻深，系采用在地表平坦、裸露、城市之外的空旷场地中不少于 10 年实测最大冻深的平均值，当无实测资料时，按《建筑地基基础设计规范》(GB

50007—2011)附录 F 采用；

ψ_{zs} ——土的类别对冻深的影响系数，按表 7-6 查取；

ψ_{zw} ——土的冻胀性对冻深的影响系数，按表 7-7 查取；

ψ_{ze} ——环境对冻深的影响系数，按表 7-8 查取。

当当地有多年实测资料时，也可：$z_d = h' - \Delta z$，h' 和 Δz 分别为实测冻土层厚度和地表冻胀量。

表 7-5 建筑基底下允许残留冻土层厚度 h_{max} （单位：m）

冻胀性	基础形式	采暖情况	基底平均压力(kPa)						
			90	110	130	150	170	190	210
弱冻胀土	方形基础	采暖	—	0.94	0.99	1.04	1.11	1.15	1.20
		不采暖	—	0.78	0.84	0.91	0.97	1.04	1.10
	条形基础	采暖	—	>2.50	>2.50	>2.50	>2.50	>2.50	>2.50
		不采暖	—	2.20	2.50	>2.50	>2.50	>2.50	>2.50
冻胀土	方形基础	采暖	—	0.64	0.70	0.75	0.81	0.86	—
		不采暖	—	0.55	0.60	0.65	0.69	0.74	—
	条形基础	采暖	—	1.55	1.79	2.03	2.26	2.50	—
		不采暖	—	1.15	1.35	1.55	1.75	1.95	—
强冻胀土	方形基础	采暖	—	0.42	0.47	0.51	0.56	—	—
		不采暖	—	0.36	0.40	0.43	0.47	—	—
	条形基础	采暖	—	0.74	0.88	1.00	1.13	—	—
		不采暖	—	0.56	0.66	0.75	0.84	—	—
特强冻胀土	方形基础	采暖	0.30	0.34	0.38	0.41	—	—	—
		不采暖	0.24	0.27	0.31	0.34	—	—	—
	条形基础	采暖	0.43	0.52	0.61	0.70	—	—	—
		不采暖	0.33	0.40	0.47	0.53	—	—	—

注：1. 本表只计算法向冻胀力，如果基侧存在切向冻胀力，应采取防切向力措施；

2. 本表不适用于宽度小于 0.6 m 的基础，矩形基础可取短边尺寸按方形基础计算；

3. 表中数据不适用于淤泥、淤泥质土和欠固结土；

4. 表中基底平均压力数值为永久荷载标准值乘以 0.9，可以内插。

表 7-6 土的类别对冻深的影响系数

土的类别	影响系数 ψ_{zs}	土的类别	影响系数 ψ_{zs}
黏性土	1.00	中、粗、砾砂	1.30
细砂、粉砂、粉土	1.20	碎石土	1.40

建在冻胀、强冻胀、特强冻胀地基上的建筑物，应采取下列防冻害措施：

(1)对在地下水位以上的基础，基础侧面应回填非冻胀性的中砂或粗砂，其厚度不应小于 10 cm；对在地下水位以下的基础，可采用桩基础、自锚式基础（冻土层下有扩大板或扩底短桩）或采取其他有效措施。

表 7-7　土的冻胀性对冻深的影响系数

冻胀性	影响系数 ψ_{zw}
不冻胀	1.00
弱冻胀	0.95
冻胀	0.90
强冻胀	0.85
特强冻胀	0.80

表 7-8　环境对冻深的影响系数

周围环境	影响系数 ψ_{ze}
村、镇、旷野	1.00
城市近郊	0.95
城市市区	0.90

注：环境影响系数一项，当城市市区人口为 20 万 ~50 万时，按城市近郊取值；当城市市区人口大于 50 万小于或等于 100 万时，按城市市区取值；当城市市区人口超过 100 万时，按城市市区取值，5 km 以内的郊区应按城市近郊取值。

（2）宜选择地势高、地下水位低、地表排水良好的建筑场地。对低洼场地，宜在建筑四周向外一倍冻深距离范围内，使室外地坪至少高出自然地面 300 ~500 mm。

（3）防止雨水、地表水、生产废水、生活污水浸入建筑地基，应设置排水设施。在山区应设截水沟或在建筑物下设置暗沟，以排走地表水和潜水流。

（4）在强冻胀性和特强冻胀性地基上，其基础结构应设置钢筋混凝土圈梁和基础梁，并控制上部建筑的长高比，增强房屋的整体刚度。

（5）当独立基础连系梁下或桩基础承台下有冻土时，应在梁或承台下留有相当于该土层冻胀量的空隙，以防止因土的冻胀将梁或承台拱裂。

（6）外门斗、室外台阶和散水坡等部位宜与主体结构断开，散水坡分段不宜超过 1.5 m，坡度不宜小于 3%，其下宜填入非冻胀性材料。

（7）对跨年度施工的建筑，入冬前应对地基采取相应的防护措施；按采暖设计的建筑物，当冬季不能正常采暖，也应对地基采取保温措施。

7.4　基础底面尺寸的确定

基础尺寸设计，包括基础底面的长度、宽度与基础的高度。根据已确定的基础类型、埋置深度 d，计算地基承载力特征值 f_a 和作用在基础底面的荷载值，进行基础尺寸设计。

作用在基础底面的荷载，包括竖向荷载 F（上部结构自重、屋面荷载、楼面荷载和基础自重)、水平荷载 T(土压力、水压力与风压力等)和力矩 M。按照实际荷载的不同组合,基础尺寸设计按中心荷载作用与偏心荷载作用两种情况分别进行。

7.4.1 根据地基承载力初步确定底面尺寸

选择基础埋置深度后,可以根据持力层地基承载力特征值,初步确定基础尺寸。

7.4.1.1 中心荷载作用下基础尺寸的确定

如图 7-16 所示的独立基础,当按承载力确定基底尺寸时,对中心荷载作用下的基础,要求作用于基础底面处的平均压应力值不大于修正后地基承载力的特征值,即

$$p_k \leqslant f_a \tag{7-3}$$

式中 p_k——相应于荷载效应标准组合时,基础底面处的平均压力值, kPa,即 $p_k = \dfrac{F_k + G_k}{A}$;

f_a——修正后的地基承载力特征值, kPa。

将 $G_k = \gamma_G Ad$ 代入式(7-3)得:

$$\frac{F_k + \gamma_G Ad}{A} \leqslant f_a \tag{7-4}$$

则

$$A \geqslant \frac{F_k}{f_a - \gamma_G d} \tag{7-5}$$

对于条形基础,沿基础长边方向取 1 m 作为计算单元,则基底宽度为

$$b \geqslant \frac{F_k}{f_a - \gamma_G d} \tag{7-6}$$

式中 F_k——沿长度方向单位长度范围内上部结构传至基础顶面的荷载效应标准组合值, kN/m。

在上面的计算中,首先应计算出修正后的地基承载力特征值 f_a。但 f_a 与基底宽度 b 有关。也就是说,上述公式中均含有两个未知数,因此必须用试算法才能得出结果。一般先假定 $b \leqslant 3$ m,仅对地基承载力特征值作深度修正,用这一结果求出 b 值。若此时所求 $b > 3$ m,则应用所求 b 值对地基承载力特征值作宽度修正,用修正后的值重新求得的 b 值,就是初步设计值。

7.4.1.2 偏心荷载作用下基础尺寸的确定

如图 7-17 所示,单独基础受偏心荷载作用。当按承载力极限状态确定基础底面尺寸时,除应符合式(7-3)要求外,还应满足

$$p_{kmax} \leqslant 1.2 f_a \tag{7-7}$$

式中 p_{kmax}——相应于荷载效应标准组合时,基础底面边缘的最大压力, kPa,按下式计算

$$p_{kmax} = \frac{F_k + G_k}{A} + \frac{M_k}{W}$$

偏心荷载作用下基础底面尺寸的确定同样需用试算法。一般步骤为:

(1)首先按轴心荷载作用初估基础底面面积 A_0;

(2)根据偏心荷载作用下应力分布的不均匀程度,将 A_0 提高 10% ~40%,即 $A = (1.1 \sim 1.4) A_0$;

(3)将上述确定的 A 代入式(7-7)进行验算;

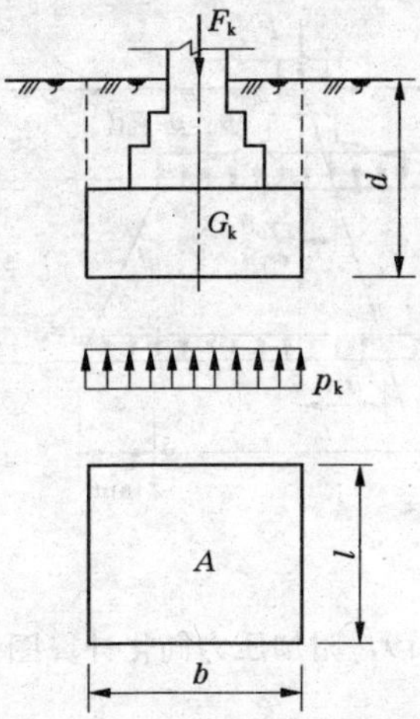

图 7-16　轴心荷载作用下的基础

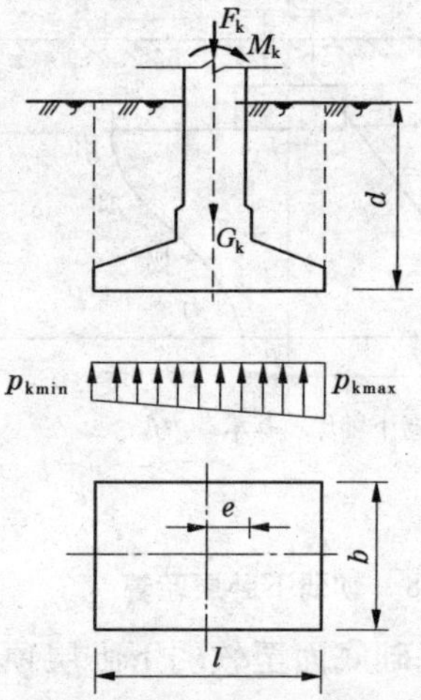

图 7-17　单向偏心荷载作用下的基础

(4)如不满足要求,需重新调整 A 值直至满足式(7-7)的要求。

在确定基础边长时,应注意荷载对基础的偏心距不宜过大,以保证基础不致发生过大的倾斜。一般要求对建在中、高压缩性土上的基础或有吊车的工业厂房柱基础,偏心距 e 不宜大于 $l/6$;对于建在低压缩性土上的基础,可适当放宽,但偏心距 e 不得大于 $l/4$。

7.4.2　验算地基软弱下卧层承载力

基础底面尺寸初步确定后,当地基受力层范围内有软弱下卧层时(见图 7-18),应验算软弱下卧层的承载力,要求作用在软弱下卧层顶面处的总应力不应超过下卧层顶面处经修正后的承载力特征值,即

$$p_z + p_{cz} \leqslant f_{az} \tag{7-8}$$

式中　p_z ——相应于荷载效应标准组合时,软弱下卧层顶面处的附加压力, kPa;

p_{cz} ——软弱下卧层顶面处土的自重压力值, kPa;

f_{az} ——软弱下卧层顶面处经深度修正后地基承载力特征值, kPa。

当上层土与软弱下卧层土的压缩模量比符合表 7-9 要求时,式(7-8)中的 p_z 值可按压力扩散原理简化计算(见图 7-19):

条形基础

$$p_z = \frac{b(p_k - p_c)}{b + 2z\tan\theta} \tag{7-9}$$

矩形基础

$$p_z = \frac{lb(p_k - p_c)}{(b + 2z\tan\theta)(l + 2z\tan\theta)} \tag{7-10}$$

式中　b ——矩形基础或条形基础底边宽度,m;

l ——矩形基础底边长度,m;

p_c ——基础底面处土的自重压力, kPa;

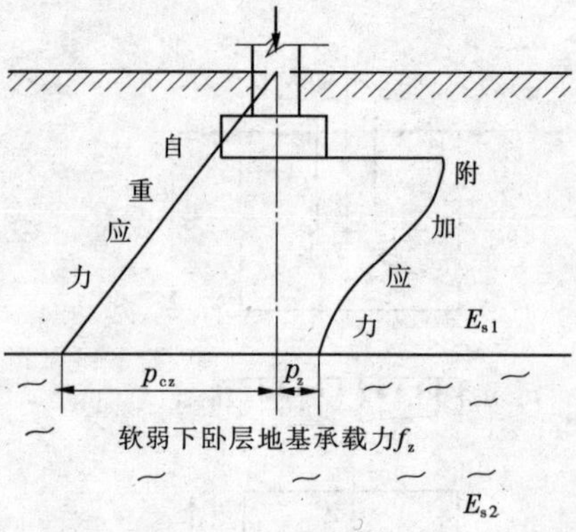

图 7-18　软弱下卧层验算

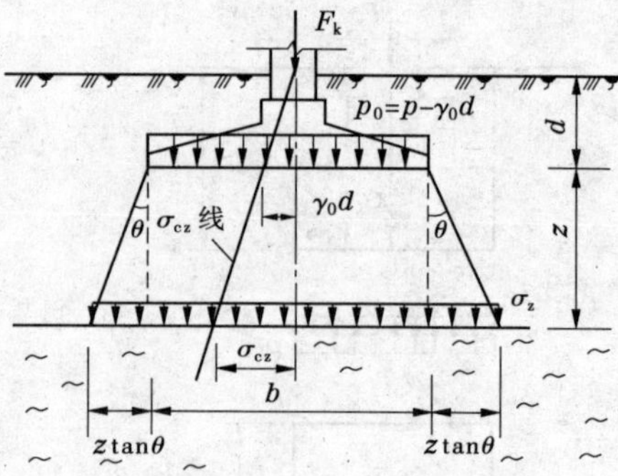

图 7-19　附加压力简化计算图

z——基础底面至软弱下卧层顶面的距离，m；

θ——地基压力扩散线与垂直线的夹角，(°)，可由表 7-9 按内插法查取。

表 7-9　地基压力扩散角 θ

E_{s1}/E_{s2}	$z=0.25\ b$	$z=0.50\ b$
3	6°	23°
5	10°	25°
10	20°	30°

注：1. E_{s1}为上层土压缩模量，E_{s2}为下层土压缩模量；

2. $z<0.25\ b$ 时取 $\theta=0$，必要时，宜由试验确定；$z>0.50\ b$ 时 θ 值不变。

如果下卧层验算不能满足式(7-8)的要求，则可能产生沉降量过大或软弱下卧层发生剪切破坏等情况，这时就需对基础设计方案进行重新调整，如增大基底面积、减小基础埋深等，调整后仍无法满足要求时，应考虑选用其他地基基础设计方案。

【例 7-1】　已知某砖墙承重结构，内横墙采用钢筋混凝土条形基础，承受上部荷载 $F_k=300$ kN/m，基础埋深 $d=3.0$ m，地基土分 4 层，如图 7-20 所示。试求基础底面面积。

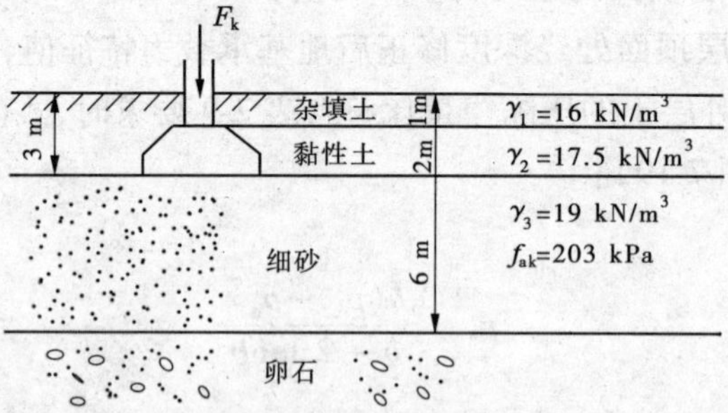

图 7-20　例 7-1 图

解：(1)地基承载力特征值深度宽度修正。

由表查得细砂的承载力修正系数 $\eta_b=2.0$，$\eta_d=3.0$。

基础埋深范围地基土的加权平均重度 γ_m 为

$$\gamma_m = \frac{16 \times 1 + 17.5 \times 2}{1 + 2} = 17.0(\text{kN/m}^3)$$

先假设基底宽度 $b \leqslant 3.0$，经深度修正后的地基承载力特征值 f_a 为

$$f_a = f_{ak} + \eta_d \gamma_m (d - 0.5) = 203 + 3.0 \times 17.0 \times (3.0 - 0.5) = 330.5(\text{kPa})$$

(2)计算条形基础宽度 b。

$$b \geqslant \frac{F_k}{f_a - \gamma_G d} = \frac{300}{330.5 - 20 \times 3.0} = 1.1(\text{m})$$

因为 $b = 1.1\ \text{m} < 3.0\ \text{m}$，符合假设条件，因此可取基础设计宽度 $b = 1.1\ \text{m}$。

【例 7-2】 某工业厂房设计框架结构柱下单独基础如图 7-21 所示，承受上部传来荷载为 $F_k = 1\ 200\ \text{kN}$，$M_k = 300\ \text{kN} \cdot \text{m}$，$V_k = 30\ \text{kN}$，地基土为黏土，其地基承载力特征值 $f_{ak} = 197\ \text{kPa}$，$e = 0.85$，$I_L = 0.6$。试确定基础底面面积。

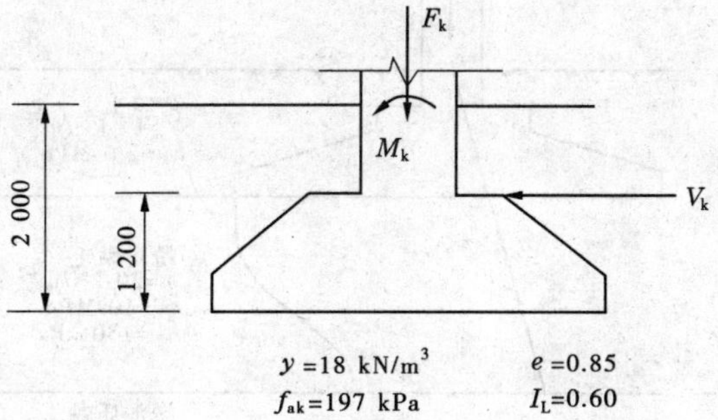

图 7-21　例 7-2 图

解：此基础承受偏心荷载作用。

(1)先按中心荷载估算 A_0。

①计算黏土层地基承载力特征值 f_a。根据 $e = 0.85$，$I_L = 0.6$ 查表得 $\eta_b = 0$，$\eta_d = 1.0$，假设 $b < 3\ \text{m}$，$f_a = f_{ak} + \eta_d \gamma_m (d - 0.5) = 197 + 1.0 \times 18 \times (2 - 0.5) = 224(\text{kPa})$

②计算 A_0。

$$A_0 = \frac{F_k}{f_a - \gamma_G d} = \frac{1\ 200}{224 - 20 \times 2} = 6.52(\text{m}^2)$$

(2)考虑偏心荷载不利影响。

①加大基础底面面积 20%，即 $A = 1.2A_0 = 1.2 \times 6.52 = 7.824(\text{m}^2)$，取 $l \times b = 3.5 \times 2.5 = 8.75(\text{m}^2)$，基础宽度不大于 3 m。

②计算基础及其上覆土层自重。

$$G = \gamma_G A d = 20 \times 8.75 \times 2 = 350(\text{kN})$$

③计算基底抵抗矩。

$$W = \frac{bl^2}{6} = \frac{2.5 \times 3.5^2}{6} = 5.10(\text{m}^3)$$

④计算基底边缘最大与最小应力。

$$p_{\substack{max\\min}} = \frac{F_k + G_k}{A} \pm \frac{M_k + 1.2V_k}{W} = \frac{1\,200 + 350}{8.75} \pm \frac{300 + 1.2 \times 30}{5.10}$$

$$= 177.1 \pm 65.9 = \begin{cases} 243.0 \\ 111.2 \end{cases} (\text{kPa})$$

(3)验算基础底面应力。

① $\frac{p_{max} + p_{min}}{2} = 177.1\ \text{kPa} < f_a = 224\ \text{kPa}$，安全。

② $p_{max} = 243.0\ \text{kPa} < 1.2f_a = 1.2 \times 224 = 268.8(\text{kPa})$，满足要求。

【例 7-3】 某轴心受压柱，采用钢筋混凝土独立基础，上部结构传来的轴向力标准值 $F_k = 725\ \text{kN}$，地基及基础资料见图 7-22。试确定基础底面面积并验算下卧层承载力。

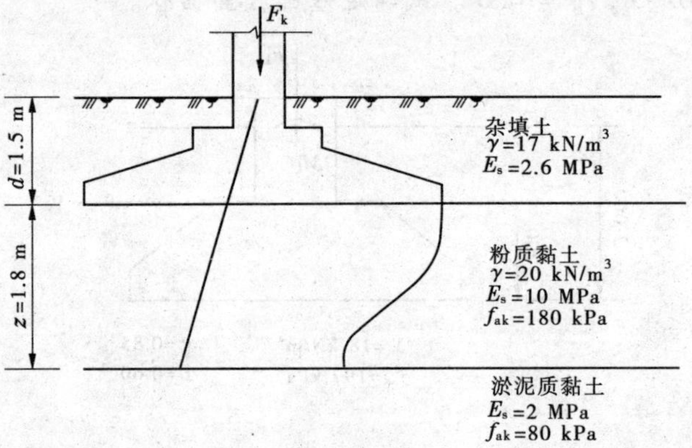

图 7-22　例 7-3 图

解：(1)地基承载力特征值修正。假设 $b < 3$ m，有

$$f_a = f_{ak} + \eta_d \gamma_m (d - 0.5) = 180 + 1.0 \times 17 \times (1.5 - 0.5) = 197(\text{kPa})$$

(2)基底面积。

$$A \geqslant \frac{F_k}{f_a - \gamma_G d} = \frac{725}{197 - 20 \times 1.5} = 4.34(\text{m}^2)$$

取 $lb = 2.5 \times 1.8 = 4.5(\text{m}^2) > A = 4.34\ \text{m}^2$。

(3)地基持力层验算。

$$p_k = \frac{F_k + G_k}{A} = \frac{725 + 20 \times 1.5 \times 2.5 \times 1.8}{2.5 \times 1.8} = 191.1(\text{kPa}) < f_a = 197\ \text{kPa}$$

满足要求。

(4)地基软弱下卧层验算。

①基底顶面处土的自重应力值：

$$p_c = \gamma d = 17 \times 1.5 = 25.5(\text{kPa})$$

②下卧层顶面处附加应力：

$$z = 1.8\ \text{m} > 0.5b = 0.5 \times 1.8 = 0.9(\text{m})$$

$\frac{E_{s1}}{E_{s2}}=\frac{10}{2}=5$，查表 7-9 得 $\theta=30°$。

$$p_0=\frac{lb(p_k-p_c)}{(b+2z\tan\theta)(l+2z\tan\theta)}=\frac{2.5\times1.8\times(191.1-25.5)}{(1.8+2\times1.8\times\tan30°)\times(2.5+2\times1.8\times\tan30°)}$$

$$=42(\text{kPa})$$

③下卧层顶面处自重应力：

$$p_{cz}=17\times1.5+20\times2=65.5(\text{kPa})$$

④下卧层承载力特征值修正：

$$\gamma_m=\frac{1.5\times17+1.8\times20}{1.5+1.8}=18.64(\text{kN/m}^3)$$

$$f_{az}=f_{ak}+\eta_d\gamma_m(d-0.5)=80+1.0\times18.64\times(1.5+1.8-0.5)=132.19(\text{kPa})$$

⑤下卧层承载力验算：

$$p_z+p_{cz}=42+65.5=107.5(\text{kPa})<f_{az}=132.19\text{ kPa}$$

承载力满足要求。

7.5 无筋扩展基础设计

由砖、毛石、素混凝土、毛石混凝土与灰土等材料建筑的基础称为刚性基础（即无筋扩展基础），适用于多层民用建筑和轻型厂房。

刚性基础设计主要包括基础底面尺寸、基础剖面尺寸及其构造措施。由于刚性基础的抗拉强度较低，不能承受较大的弯曲应力和剪应力，所以一般设计成轴心受压基础。

如图 7-23 所示，为保证刚性基础不因受拉或受剪切而破坏，基础底面除应满足上一节讲述的地基承载力要求外，基础底面宽度还应符合下式要求：

$$b\leqslant b_0+2H_0\tan\alpha \tag{7-11}$$

式中 b——基础底面宽度，m；

b_0——基础顶面的墙体宽度或柱脚宽度，m；

H_0——基础高度，m；

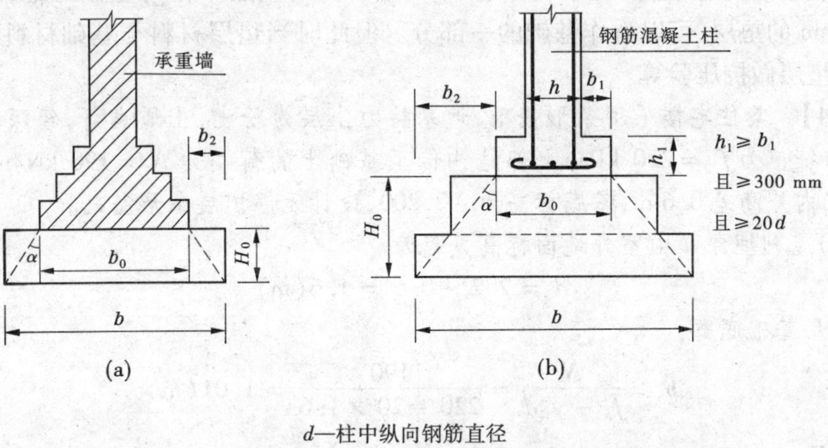

d—柱中纵向钢筋直径

图 7-23　刚性基础的构造示意图

$\tan\alpha$——基础台阶宽高比 $b_2 : H_0$，其允许值可按表 7-10 选用，b_2 为基础台阶宽度，m。

表 7-10　无筋扩展基础台阶宽高比的允许值

基础材料	质量要求	台阶宽高比的允许值		
		$p_k \leqslant 100$	$100 < p_k \leqslant 200$	$200 < p_k \leqslant 300$
混凝土基础	C15 混凝土	1:1.00	1:1.00	1:1.25
毛石混凝土基础	C15 混凝土	1:1.00	1:1.25	1:1.50
砖基础	砖不低于 MU10、砂浆不低于 M5	1:1.50	1:1.50	1:1.50
毛石基础	砂浆不低于 M5	1:1.25	1:1.50	—
灰土基础	体积比为 3:7或 2:8的灰土，其最小干密度：粉土 1.55 t/m^3、粉质黏土 1.50 t/m^3、黏土 1.45 t/m^3	1:1.25	1:1.50	—
三合土基础	体积比 1:2:4 ~ 1:3:6（石灰:砂:骨料），每层约虚铺 220 mm，夯至 150 mm	1:1.50	1:2.00	—

注：1. p_k 为荷载效应标准组合基础底面处的平均压力值，kPa；

2. 阶梯形毛石基础的每阶伸出宽度，不宜大于 200 mm；

3. 当基础由不同材料叠合组成时，应对接触部分做抗压验算；

4. 基础底面处的平均压力值超过 300 kPa 的混凝土基础，尚应进行抗剪验算。

采用无筋扩展基础的钢筋混凝土柱，其柱脚高度 h_1 不得小于 b_1（见图 7-23），并不应小于 300 mm 且不小于 20 d（d 为柱中的纵向受力钢筋的最大直径）。当柱纵向钢筋在柱脚内的竖向锚固长度不满足锚固要求时，可沿水平方向弯折，弯折后的水平锚固长度不应小于 10 d 也不应大于 20 d。

按地基承载力要求计算的基底宽度 b，若不能满足式(7-11)的要求，则应改用强度较高的基础材料或增加台阶总高度，使之满足要求。

为了节省材料，刚性基础通常做成台阶形。基础底部常做一个垫层，垫层材料一般为灰土、三合土或素混凝土，厚度大于或等于 100 mm。薄的垫层不作为基础考虑，对于厚度为 150 ~ 250 mm 的垫层，可以看作基础的一部分。但此时当垫层材料与基础材料强度相差较大时，需对垫层做抗压验算。

【例 7-4】　某住宅楼采用条形基础，地基持力土层为粉土，土质良好，经深宽修正的地基承载力特征值为 $f_a = 220$ kPa，上部结构传至基础上的荷载为 $N = 190$ kN/m，室内地坪 ±0.000，室内外高差 0.6 m，基底标高为 −2.200，设计无筋扩展条形基础。

解：(1) 基础埋深 d 由室外地面标高算起为

$$d = 2.2 - 0.6 = 1.6(\text{m})$$

(2) 条形基础底宽：

$$b \geqslant \frac{N}{f_a - \gamma_G d} = \frac{190}{220 - 20 \times 1.6} = 1.01(\text{m})$$

取 $b = 1.2$ m。

(3) 基础材料设计。

基础底部用素混凝土,强度等级 C15,高度 $H_0=300$ mm,其上用砖"二一间隔收"砌筑,质量要求不低于 MU10,高度 360 mm,4 级台阶,每级台阶宽度 60 mm,如图 7-24 所示。

(4)刚性角验算。

①砖基础验算。

采用 M5 砂浆,由表 7-10 查得基础台阶宽高比允许值 $b_2:H_0=1:1.50$。

设计上部砖墙宽度 $b_0'=360$ mm,4 级台阶高度分别为 60 mm、120 mm、60 mm、120 mm。

砖基础底部实际宽度 $b_0=b_0'+2\times4\times60=840$(mm)

根据式(7-11)得砖基础允许底宽为

$$b_0'+2H_0\tan\alpha=360+2\times360\times0.67=842.4(\text{mm})\approx b$$

设计宽度正好满足要求。

②混凝土基础验算。

由表 7-10 查得基础台阶宽高比允许值 $b_2:H_0=1:1.00$。

设计 $b_0=840$ mm, $H_0=300$ mm,基底宽度 $b=1\ 200$ mm。

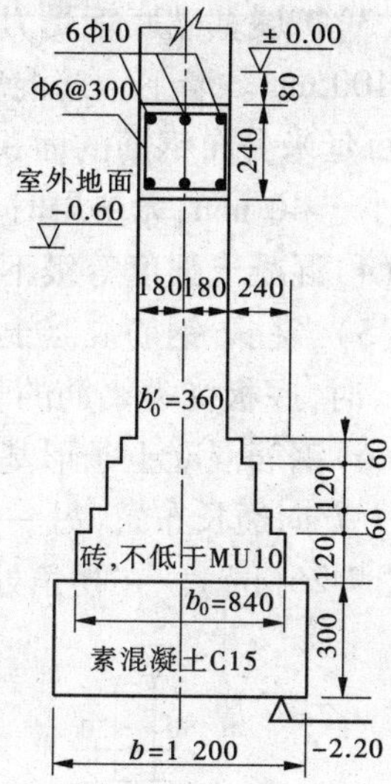

图 7-24 例 7-4 图

根据式(7-11)得混凝土基础允许底宽为

$$b_0+2H_0\tan\alpha=840+2\times300\times1.0=1\ 440(\text{mm})>b=1\ 200\ \text{mm}$$

因此,该基础设计宽度安全。

7.6 扩展基础设计

扩展基础的底面向外扩展,基础外伸的宽度大于基础高度,基础材料承受拉应力,因此扩展基础必须采用钢筋混凝土材料。扩展基础适用于上部结构荷载较大,有时为偏心荷载或承受弯矩、水平荷载的建筑物基础。在地基表层土质较好、下层土质软弱的情况,利用表层好土层设计浅埋基础,最适宜采用扩展基础。

扩展基础分为柱下独立基础和墙下条形基础两类(见图 7-25)。

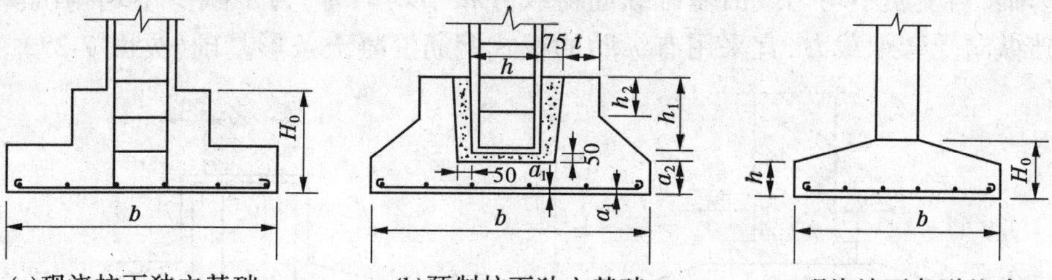

(a)现浇柱下独立基础 (b)预制柱下独立基础 (c)现浇墙下条形基础

图 7-25 扩展基础图

7.6.1 扩展基础的构造要求

(1)锥形基础的边缘高度,不宜小于 200 mm,阶梯形基础的每阶高度,宜为 300 ~ 500

mm。

(2)垫层的厚度不宜小于 70 mm,垫层混凝土强度等级应为 C10。

(3)扩展基础底板受力钢筋的最小直径不宜小于 10 mm;间距不宜大于 200 mm,也不宜小于 100 mm。墙下钢筋混凝土条形基础纵向分布钢筋的直径不小于 8 mm,间距不大于 300 mm,每延米分布钢筋的面积应不小于受力钢筋面积的 1/10。当有垫层时钢筋保护层的厚度不小于 40 mm,无垫层时不小于 70 mm。

(4)混凝土强度等级不应低于 C20。

(5)当柱下钢筋混凝土独立基础的边长和墙下钢筋混凝土条形基础的宽度大于或等于 2.5 m 时,底板受力钢筋的长度可取边长或宽度的 90%,并宜交错布置(见图 7-26)。

(6)钢筋混凝土条形基础底板在 T 形及十字形交接处,底板横向受力钢筋仅沿一个主要受力方向通长布置,另一方向的横向受力钢筋可布置到主要受力方向底板宽度的 1/4 处(见图 7-26(b))。在拐角处底板横向受力钢筋应沿两个方向布置(见图 7-26(c))。

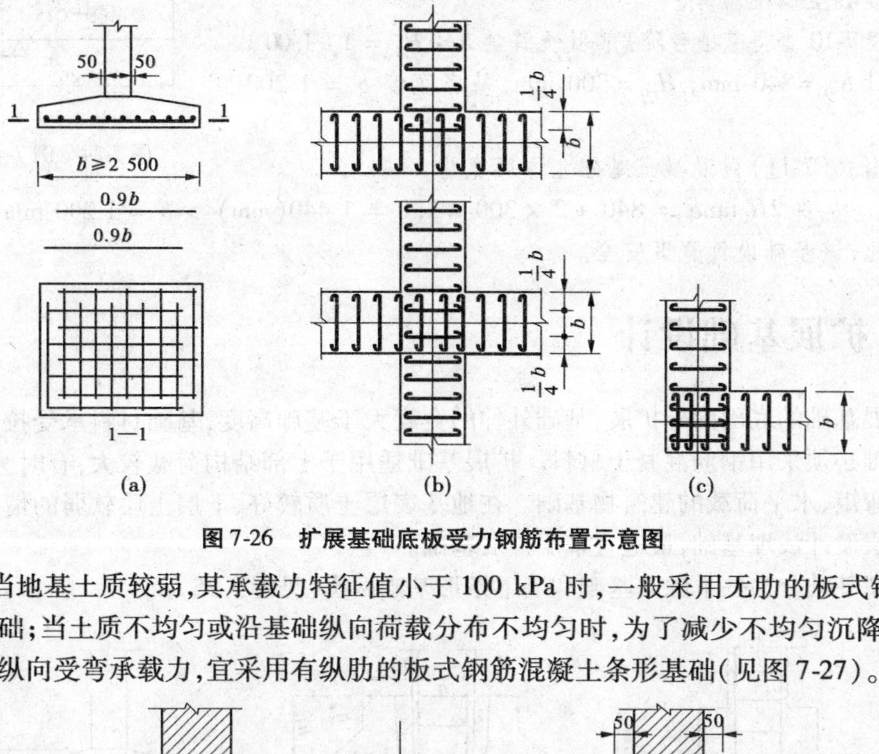

图 7-26 扩展基础底板受力钢筋布置示意图

(7)当地基土质较弱,其承载力特征值小于 100 kPa 时,一般采用无肋的板式钢筋混凝土条形基础;当土质不均匀或沿基础纵向荷载分布不均匀时,为了减少不均匀沉降,并加强条形基础纵向受弯承载力,宜采用有纵肋的板式钢筋混凝土条形基础(见图 7-27)。

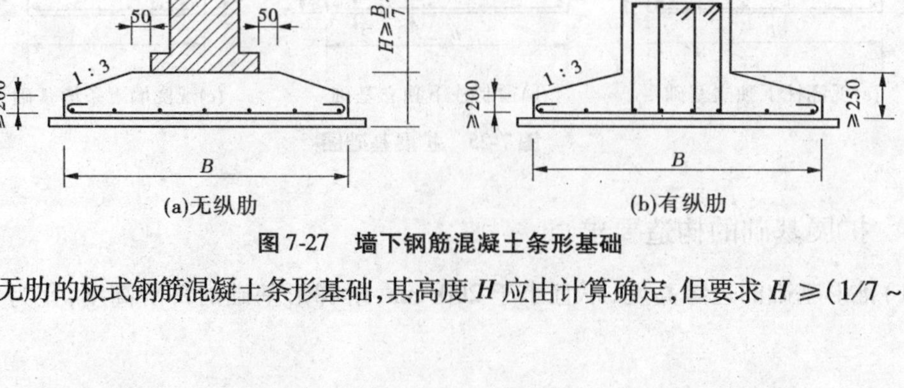

图 7-27 墙下钢筋混凝土条形基础

(8)无肋的板式钢筋混凝土条形基础,其高度 H 应由计算确定,但要求 $H \geqslant (1/7 \sim 1/8)B$。

当高度 $H \leqslant 250$ mm 时，宜设计成等厚度；当高度 $H > 250$ mm 时，宜设计成变厚度截面，且边缘厚度不宜小于 200 mm，其坡度 $i \leqslant 1:3$。

(9)有纵肋的板式钢筋混凝土条形基础，纵肋宽度为墙厚加 100 mm，当肋宽大于或等于 400 mm 时，应采用四肢箍；当肋宽大于或等于 800 mm 时，应采用六肢箍。箍筋直径为 6～8 mm，间距为 200～400 mm。纵肋内的纵向受力钢筋，应按构造要求配置上下相同的钢筋，其配筋率均不应小于 0.2%。

(10)现浇柱的基础，其插筋的数量、直径以及钢筋种类应与柱内纵向受力钢筋相同。钢筋的锚固长度、插筋与柱的纵向受力钢筋的连接方法，应符合现行《混凝土结构设计规范》(GB 50010—2010)的规定。插筋的下端宜做成直钩放在基础底板钢筋网上。当符合下列条件之一时，可仅将四角的插筋伸至底板钢筋网上，其余插筋锚固在基础顶面下 l_a 或 l_{aE} (有抗震设防要求时)处(见图 7-28)。

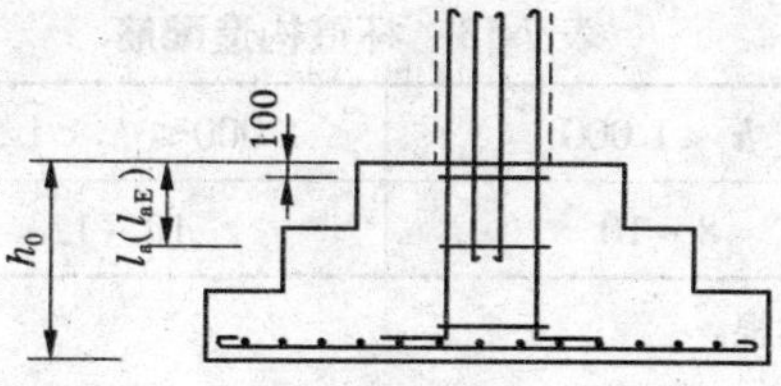

图 7-28　现浇柱基础中插筋构造

①柱为轴心受压或小偏心受压，基础高度大于等于 1 200 mm；

②柱为大偏心受压，基础高度大于等于 1 400 mm。

(11)预制钢筋混凝土柱与杯口基础的连接，应符合下列要求(见图 7-29)：

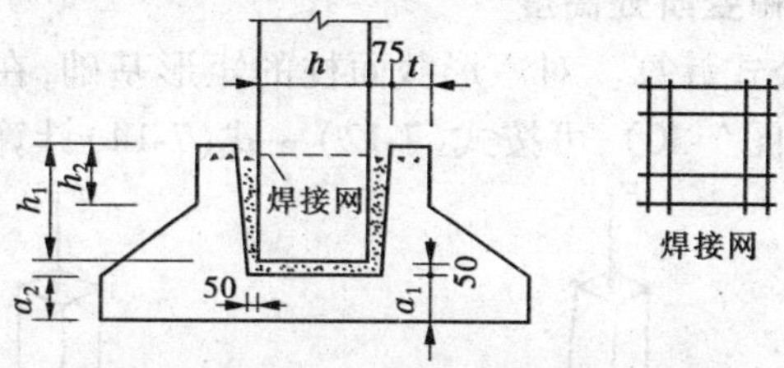

图 7-29　预制钢筋混凝土柱独立基础示意图($a_2 \geqslant a_1$)

①柱的插入深度可按表 7-11 选用，并应满足锚固长度的要求和吊装时柱的稳定性。

表 7-11　柱的插入深度　　(单位：mm)

矩形或工字形柱				双肢柱
$h < 500$	$500 \leqslant h < 800$	$800 \leqslant h < 1\,000$	$h > 1\,000$	
$h \sim 1.2h$	h	$0.9h$ 且 $\geqslant 800$	$0.8h$ 且 $\geqslant 1\,000$	$(1/3 \sim 2/3)h_a$ $(1.5 \sim 1.8)h_b$

注：1. h 为柱截面长边尺寸，h_a 为双肢柱全截面长边尺寸，h_b 为双肢柱全截面短边尺寸；

2. 柱轴心受压或小偏心受压时，h_1 可适当减小，偏心距大于 $2h$ 时，h_1 应适当加大。

②基础的杯底厚度和杯壁厚度，可按照表 7-12 选用。

③杯壁的配筋：当柱为轴心受压或小偏心受压且 $t/h_2 \geqslant 0.65$ 时，或大偏心受压且 $t/h_2 \geqslant 0.75$ 时，杯壁可不配筋；当柱为轴心受压或小偏心受压且 $0.5 \leqslant t/h_2 < 0.65$ 时，杯壁可按

表7-13构造配筋;其他情况下,应按计算配筋。

表 7-12　基础的杯底厚度和杯壁厚度

柱截面长边尺寸 h (mm)	杯底厚度 a_1 (mm)	杯壁厚度 t (mm)
$h<500$	≥150	150～200
$500\leqslant h<800$	≥200	≥200
$800\leqslant h<1\,000$	≥200	≥300
$1\,000\leqslant h<1\,500$	≥250	≥350
$1\,500\leqslant h<2\,000$	≥300	≥400

注:1. 双肢柱的杯底厚度值,可适当加大;

2. 当有基础梁时,基础梁下的杯壁厚度应满足其支承宽度的要求;

3. 柱子插入杯口部分的表面应凿毛,柱子与杯口之间的空隙,应用比基础混凝土强度等级高一级的细石混凝土充填密实,当达到材料设计强度的70%以上时,方能进行上部吊装。

表 7-13　杯壁构造配筋

柱截面长边尺寸(mm)	$h<1\,000$	$1\,000\leqslant h<1\,500$	$1\,500\leqslant h\leqslant 2\,000$
钢筋直径(mm)	8～10	10～12	12～16

注:表中钢筋置于杯口顶部,每边两根。

7.6.2　扩展基础的计算

7.6.2.1　扩展基础底面面积的确定

$$A\geqslant\frac{F_k}{f_a-\gamma_G d}$$

7.6.2.2　扩展基础高度和变阶处高度

按照混凝土受冲切公式计算。对矩形截面柱的矩形基础,在柱与基础交接处和基础变阶处的受冲切承载力(见图7-30),可按式(7-12)～式(7-14)计算。

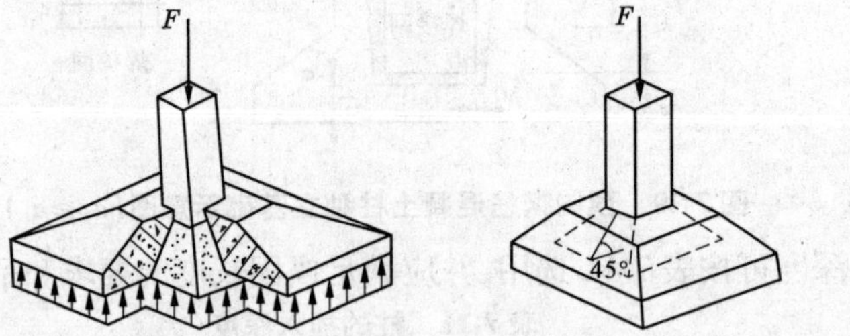

图 7-30　基础冲切破坏

$$F_l\leqslant 0.7\beta_{hp}f_t a_m h_0 \tag{7-12}$$

$$a_m=\frac{a_t+a_b}{2} \tag{7-13}$$

$$F_l=p_j A_l \tag{7-14}$$

式中　β_{hp}——受冲切承载力截面高度影响系数,当 h 不大于800 mm时,β_{hp} 取1.0,当 h 大于等于2 000 mm时,β_{hp} 取0.9,其间按线性内插法取用;

f_t——混凝土轴心抗拉强度设计值;

h_0——基础冲切破坏锥体的有效高度；

a_m——冲切破坏锥体最不利一侧计算长度；

a_t——冲切破坏锥体最不利一侧斜截面的上边长，当计算柱与基础交接处的受冲切承载力时，取柱宽，当计算基础变阶处的受冲切承载力时，取上阶宽；

a_b——冲切破坏锥体最不利一侧斜截面在基础底面面积范围内的下边长，当冲切破坏锥体的底面落在基础底面以内(见图7-31(a)、(b))，计算柱与基础交接处的受冲切承载力时，取柱宽加两倍基础有效高度，当计算基础变阶处的受冲切承载力时，取上阶宽加两倍该处的基础有效高度，当冲切破坏锥体的底面在 l 方向落在基础底面以外，即 $a+2h_0 \geqslant l$ 时(见图7-31(c))，$a_b = l$；

p_j——扣除基础自重及其上土重后相应于荷载效应基本组合时的地基土单位面积净反力，对偏心受压基础可取基础边缘处最大地基土单位面积净反力；

A_l——冲切验算时取用的部分基底面积(见图7-31(a)、(b)中的阴影面积($ABCDEF$))；

F_l——基础受冲切承载力设计值。

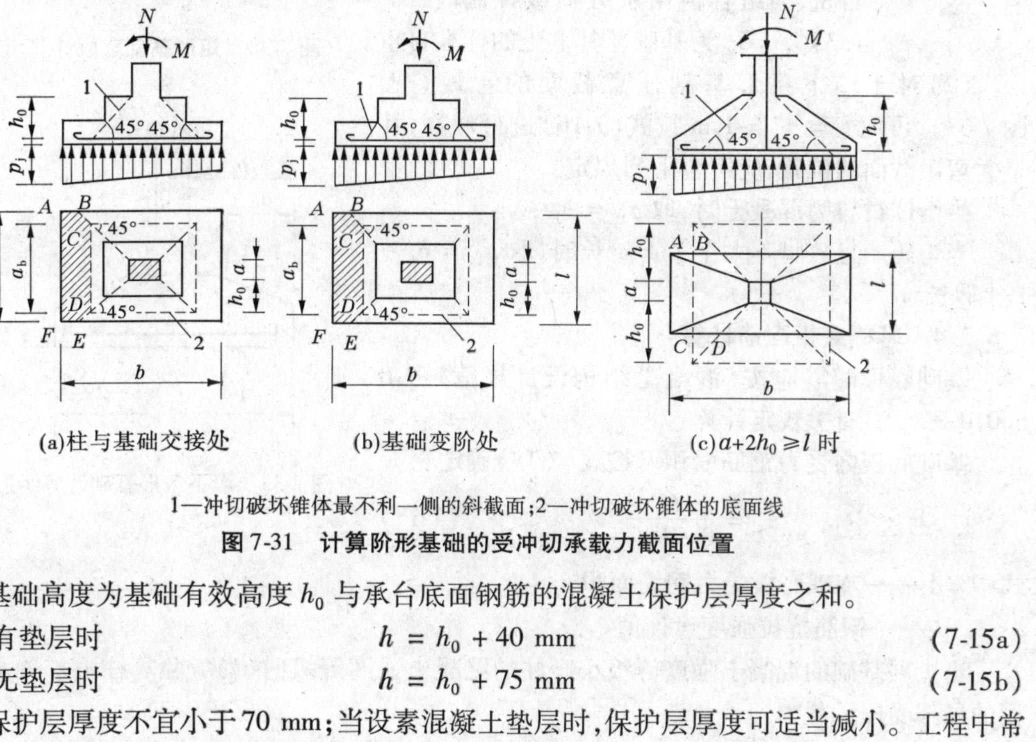

1—冲切破坏锥体最不利一侧的斜截面；2—冲切破坏锥体的底面线

图7-31 计算阶形基础的受冲切承载力截面位置

基础高度为基础有效高度 h_0 与承台底面钢筋的混凝土保护层厚度之和。

有垫层时 $$h = h_0 + 40 \text{ mm} \tag{7-15a}$$

无垫层时 $$h = h_0 + 75 \text{ mm} \tag{7-15b}$$

保护层厚度不宜小于70 mm；当设素混凝土垫层时，保护层厚度可适当减小。工程中常先设定基础高度 h，并取 $h_0 = h -$ 保护层厚度，用式(7-12)进行验算。

7.6.2.3 扩展基础弯矩计算

在轴心荷载或单向偏心荷载作用下底板受弯可按下列简化方法计算：

(1)对于矩形基础，当台阶的宽高比小于或等于2.5和偏心距小于或等于1/6基础宽度时，任意截面的弯矩可按下列公式计算(见图7-32)：

$$M_{\mathrm{I}} = \frac{1}{12}a_1{}^2\left[(2l + a')\left(p_{\max} + p - \frac{2G}{A}\right) + (p_{\max} - p)l\right] \tag{7-16}$$

$$M_{\mathrm{II}} = \frac{1}{48}(l - a')^2(2b + b')\left(p_{\max} + p_{\min} - \frac{2G}{A}\right)$$
(7-17)

式中 M_{I}、M_{II}——任意截面Ⅰ—Ⅰ、Ⅱ—Ⅱ处相应于荷载效应基本组合时的弯矩设计值；

a_1——任意截面Ⅰ—Ⅰ至基底边缘最大反力处的距离；

$p_{\max}$、$p_{\min}$——相应于荷载效应基本组合时的基础底面边缘最大和最小地基反力设计值；

p——相应于荷载效应基本组合时在任意截面Ⅰ—Ⅰ处基础底面地基反力设计值；

G——考虑荷载分项系数的基础自重及其上的土自重，当组合值由永久荷载控制时，$G = 1.35G_k$，G_k 为基础及其上土的标准自重。

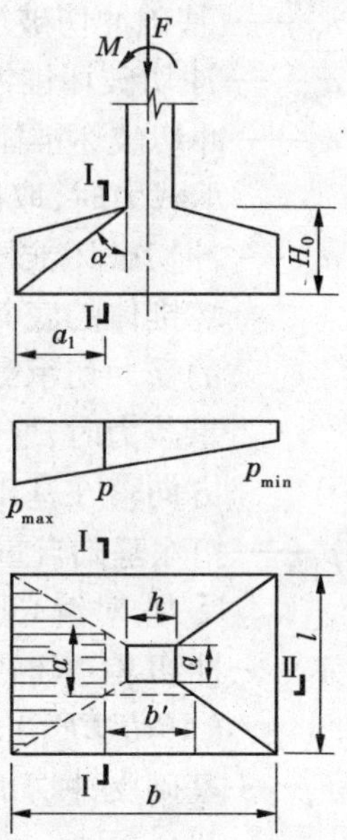

图 7-32 矩形基础底板计算示意图

(2)对于墙下条形基础任意截面的弯矩（见图 7-33），可取 $l = a' = 1$ m 按式(7-16)进行计算，其最大弯矩截面的位置，应符合下列规定：

当墙体材料为混凝土时，取 $a_1 = b_1$；

当为砖墙且放脚不大于 1/4 砖长时，取 $a_1 = b_1 +$ 1/4 砖长。

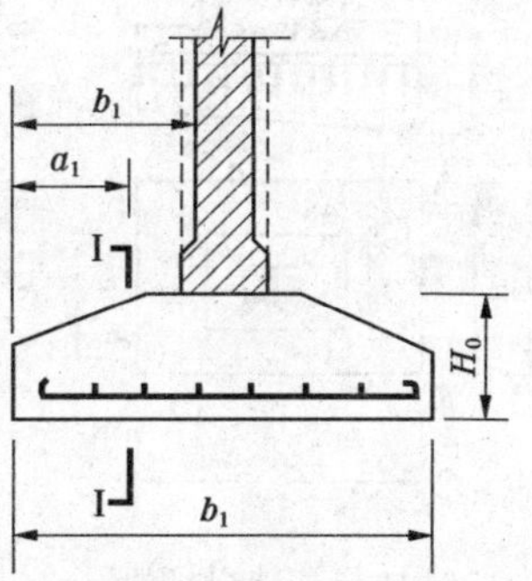

图 7-33 墙下条形基础计算示意图

7.6.2.4 基础底板配筋计算

基础底板配筋应按《混凝土结构设计规范》(GB 50010—2010)有关规定计算。

基础底板内受力钢筋面积可按式(7-18)确定：

$$A_s = \frac{M}{0.9h_0 f_y} \tag{7-18}$$

式中 A_s——基础底板受力钢筋面积；

f_y——钢筋抗拉强度设计值。

当扩展基础的混凝土强度等级小于柱的混凝土强度等级时，尚应验算柱下扩展基础顶面的局部受压承载力。

【例 7-5】 试设计钢筋混凝土内柱基础。已知上部结构传来的荷载 $F_k = 1\ 200$ kN，柱截面尺寸 $b \times h = 600\ \mathrm{mm} \times 600\ \mathrm{mm}$，基础埋深 $d = 2.0$ m，修正后地基承载力特征值 $f_a = 195$ kPa。基础选用 C25 混凝土，$f_t = 1.27\ \mathrm{N/mm^2}$，HPB235 级钢筋 $f_y = 210\ \mathrm{N/mm^2}$。

解：(1)基础底面面积确定：

$$A \geq \frac{F_k}{f_a - \gamma_G d} = \frac{1\ 200}{195 - 20 \times 2} = 7.74(\mathrm{m^2})$$

采用正方形基础，取 $l = b = 3.0$ m。

(2)基础底板厚度 h 确定。

①基底净反力：

$$p_j = \frac{F}{A} = \frac{1.35 \times 1\,200}{3.0 \times 3.0} = 180(\text{kPa})$$

②初选基础高度 h =600 mm，选用 2 级台阶，各厚 300 mm，则

$$h_0 = h - 40 = 560(\text{mm})$$

③柱与基础交接处冲切承载力验算：

$$A_i = \left(\frac{l}{2} - \frac{a_c}{2} - h_0\right) \times \left(\frac{l}{2} + \frac{a_c}{2} + h_0\right) = \left(\frac{3\,000}{2} - \frac{600}{2} - 560\right) \times \left(\frac{3\,000}{2} + \frac{600}{2} + 560\right)$$

$$= 1\,510\,400(\text{mm}^2) = 1.51(\text{m}^2)$$

$$F_i = p_j A_i = 180 \times 1.51 = 271.8(\text{kN})$$

$$a_m = \frac{a_t + a_b}{2} = \frac{600 + 600 + 2 \times h_0}{2} = 1\,160(\text{mm})$$

$$0.7\beta_{hp} f_t a_m h_0 = 0.7 \times 1.0 \times 1.27 \times 1\,160 \times 560 = 577.5(\text{kN}) > F_l = 271.8\ \text{kN}$$

④基础变阶处冲切承载力验算：

$$h_{01} = h_1 - 40 = 300 - 40 = 260(\text{mm})$$

$$A_1 = \left(\frac{l}{2} - \frac{a_c}{2} - h_{01}\right) \times \left(\frac{l}{2} + \frac{a_c}{2} + h_{01}\right) = \left(\frac{3\,000}{2} - \frac{1\,800}{2} - 260\right) \times \left(\frac{3\,000}{2} + \frac{1\,800}{2} + 260\right)$$

$$= 904\,400\ (\text{mm}^2) = 0.9\ \text{m}^2$$

$$F_1 = p_j A_1 = 180 \times 0.9 = 162(\text{kN})$$

$$a_m = \frac{a_t + a_b}{2} = \frac{1\,800 + 1\,800 + 2 \times 260}{2} = 2\,060(\text{mm})$$

$$0.7\beta_{hp} f_t a_m h_0 = 0.7 \times 1.0 \times 1.27 \times 2\,060 \times 260 = 476(\text{kN}) > F_1 = 162\ \text{kN}$$

基础高度满足要求。

(3)基础底板配筋。

①基础台阶宽高比由图 7-34 知，$\frac{600}{300} = 2 < 2.5$。

②柱与基础交界处的弯矩。因轴心荷载作用，$p = p_{max} = p_{min} = p_j$。

$$M_{\text{I}} = \frac{1}{12} a_1{}^2 \left[(2l + a')\left(p_{max} + p - \frac{2G}{A}\right) + (p_{max} - p) l \right]$$

$$= \frac{1}{12} \times 1.2^2 \times [(2 \times 3.0 + 0.6) \times (180 + 180 - 2 \times 20 \times 2) + 0]$$

$$= 221.76(\text{kN} \cdot \text{m})$$

③基础底板受力钢筋面积：

$$A_s = \frac{M}{0.9 h_0 f_y} = \frac{221.76 \times 10^6}{0.9 \times 560 \times 210} = 2\,095(\text{mm}^2)$$

④基础底板每 1 m 配筋面积：

$$A' = \frac{A_s}{b} = \frac{2\,095}{3.0} = 698(\text{mm}^2)$$

采用 ϕ12@150，实际每 1 m 配筋面积为 754 mm^2，沿双向配筋，详见图 7-34。

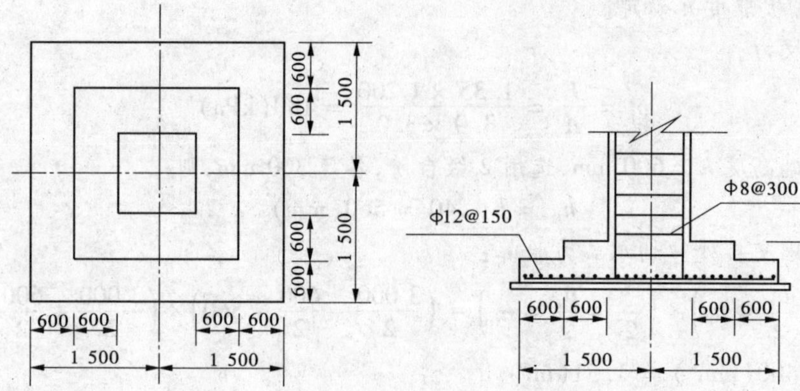

图 7-34　例 7-5 图

7.7　梁板式基础的简化计算

7.7.1　柱下钢筋混凝土条形基础设计

在一般情况下,柱下应设置独立基础,若遇以下特殊情况,可设计成柱下条形基础(见图 7-35)或柱下十字交叉基础:

(1)当地基较弱,承载力较低,而荷载较大,独立基础不能满足要求时;

(2)当荷载分布不均匀,或地基中有局部软弱地带,有可能导致不均匀沉降时;

(3)当上部结构对基础沉降比较敏感,有可能产生较大的次生应力时。

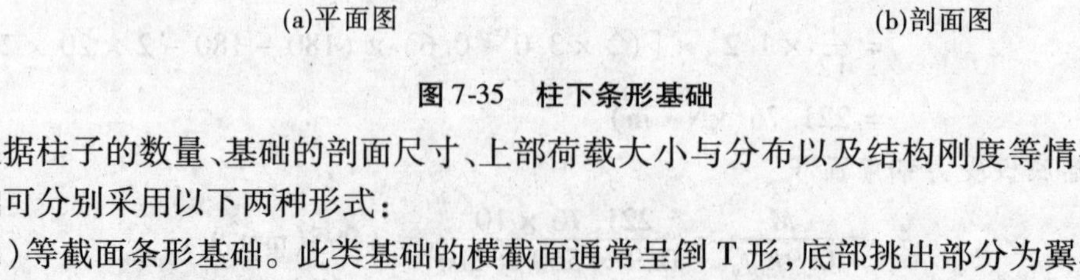

(a)平面图　　(b)剖面图

图 7-35　柱下条形基础

根据柱子的数量、基础的剖面尺寸、上部荷载大小与分布以及结构刚度等情况,柱下条形基础可分别采用以下两种形式:

(1)等截面条形基础。此类基础的横截面通常呈倒 T 形,底部挑出部分为翼板,其余部分为肋部。

(2)局部扩大条形基础。此类基础的横截面,在与柱交接处局部加高或扩大,以适应柱与基础梁的荷载传递和牢固联接。

7.7.1.1　**柱下条形基础的构造要求**

柱下条形基础的构造除满足扩展基础的构造要求外，还须满足下列规定：

(1)柱下条形基础梁的高度宜为柱距的1/4～1/8。翼板厚度不应小于200 mm。当翼板厚度大于250 mm时，宜采用变厚度翼板，其坡度宜小于或等于1∶3。

(2)条形基础的端部宜向外伸出，其长度宜为第一跨距的25%。

(3)现浇柱与条形基础梁的交接处，其平面尺寸不应小于图7-36的规定。

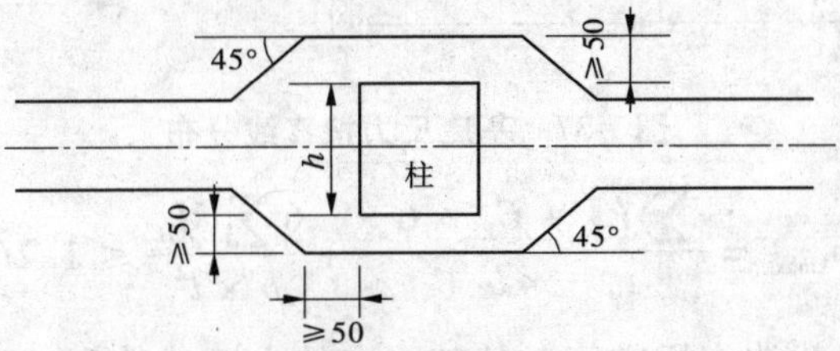

图7-36　现浇柱与基础梁交接处平面尺寸

(4)条形基础梁顶部和底部的纵向受力钢筋除满足计算要求外，顶部钢筋按计算配筋全部贯通，底部通长钢筋不应少于底部受力钢筋截面总面积的1/3。

(5)柱下条形基础的混凝土强度等级不应低于C20。

7.7.1.2　**柱下条形基础的计算**

1. 基础底面面积 A

柱下条形基础可视为一狭长的矩形基础进行估算。

$$A = b \times l \geqslant \frac{\sum F_{ik} + G_k + G_{wk}}{f_a - \gamma_G d} \tag{7-19}$$

式中　F_{ik}——各柱传至基础顶面的荷载效应标准组合值，kN；

G_k——基础及上覆土重标准值，kN；

G_{wk}——作用在基础梁上墙重标准值，kN；

f_a——修正后地基承载力特征值，kPa；

b——基础底面翼板宽度，m；

l——基础梁长度，m。

若为偏心荷载作用，将 A 扩大10%～40%。底面选定后，进一步确定 l 和 b 值，基础长度可按主要荷载合力作用点与基底形心尽量靠近的原则，并结合端部伸长尺寸选定，一般采用试算法。

2. 地基承载力验算

假设基底反力是直线分布，因此在确定基础尺寸时将作用在基础上的柱荷载向基础梁中心点 o 简化，如图7-37，然后按下式计算基底反力：

轴心荷载作用时

$$p_k = \frac{\sum F_{ik} + G_k + G_{wk}}{l \times b} \leqslant f_a \tag{7-20}$$

偏心荷载作用时，除应满足上式要求之外，尚应满足

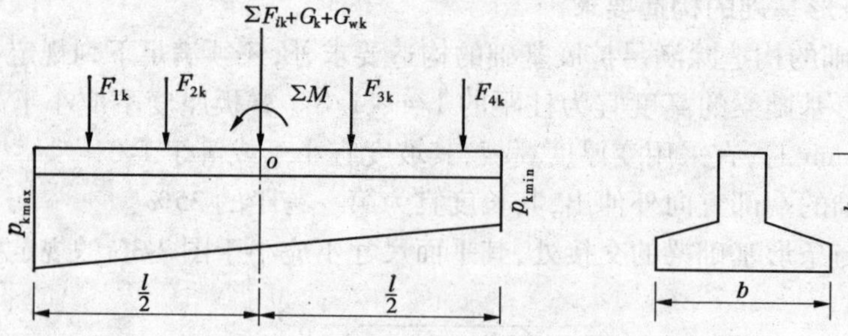

图 7-37　基底反力按直线分布

$$p_{\rm kmax}=\frac{\sum F_{ik}+G_{\rm k}+G_{\rm wk}}{l\times b}+\frac{6\sum M_{ik}}{b\times l^2}\leqslant 1.2f_{\rm a}\tag{7-21}$$

式中　$\sum M_{ik}$——各荷载效应标准值对基础中点的力矩代数和，kN · m。

3. 基础底板计算

由于假定基底反力是直线分布，所以基础自重和上覆土重产生的基底压力与相应的地基反力相抵消，故地基净反力按下式计算：

$$p_{\substack{\rm jmax\\ \rm jmin}}=\frac{\sum F_i+G_{\rm w}}{lb}\pm\frac{6\sum M_i}{bl^2}\tag{7-22}$$

式中　F_i——各柱传来总荷载效应设计值，kN；

$\sum M_i$——各荷载效应设计值对基础中点的力矩代数和，kN · m；

$G_{\rm w}$——作用在基础梁上墙重设计值，kN。

为简化计算，地基净反力在横向按均匀分布考虑。作用在基础底板上的地基净反力可取每柱距 a 以内的最大值 p_{ji}，如图 7-38 所示。故各柱距内底板的配筋是不同的。当净反力相差不大时，宜采用同一配筋。翼板的计算方法与墙下钢筋混凝土条形基础相同。

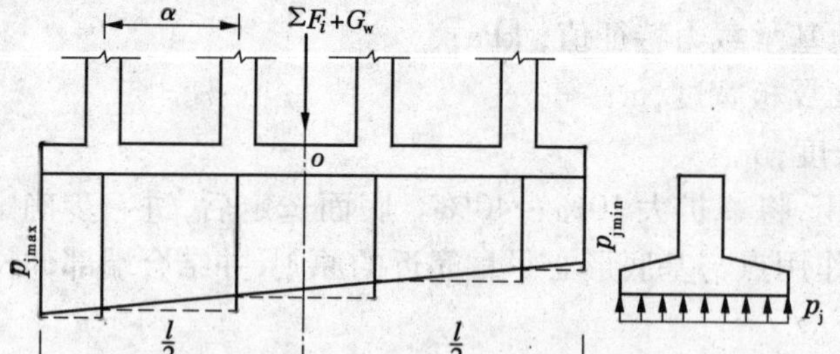

图 7-38　基础底板上的净反力

4. 基础梁的内力计算

1）按连续梁计算

这是计算条形基础梁内力的常用方法，适用于地基比较均匀，上部结构刚度较大，荷载分布较均匀，且条形基础梁的高度 $H>\dfrac{l}{6}$ 的情况。倒梁法是假定柱下条形基础的基底反力为直线分布，把柱子作为不动铰支座，基底净反力作为荷载，将基础视为倒置的连续梁进行内力分析，如图 7-39 所示。该方法计算出的支座反力一般不等于柱的轴力，出现这种矛盾的原因有两方面：一方面是基底反力按线分布和柱子作为不动铰支座与实际不符；另一方面在计算柱轴力时，未考虑结构的整体刚度和地基的可压缩性对上部结构的影响。为了消除计算假定带来的影响，可根据实际情况和工程经验对基础梁内力进行调整，调整方法是将支座反力与柱轴力的差值，均匀分布到相应支座两侧各 1/3 跨度范围内，再进行一次连续梁内力分析，并与第一次的计算结果相叠加。如果调整后的计算结果仍不满意，可再进行一次调整，直到支座反力与柱轴力基本吻合。

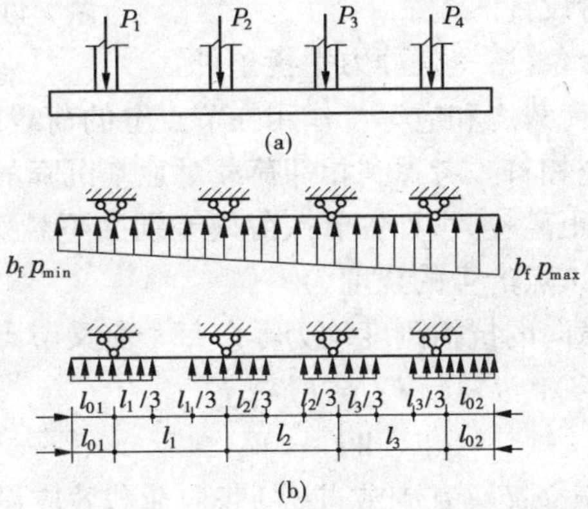

图 7-39　倒梁法计算简图

基础梁翼板的最大弯矩和最大剪力发生在肋梁边缘处，计算时沿基础梁长度方向取单位长度，在基底反力作用下，按倒置的悬臂板进行内力计算。

因基础自重不引起内力，采用基底净反力计算内力，进行配筋（净反力计算中不包括基础与其上覆土的自重）。两端边跨应增加受力钢筋，并上下均匀配置。

考虑到上部结构与地基、基础相互作用的影响，在协调地基变形过程中将引起端部地基反力的增加，因而在按地基反力直线分布假设进行计算后，将条形基础两端边跨的跨中弯矩及第一内支座的弯矩值宜乘以 1.2 的系数。

2）按弹性地基梁计算

当上部结构刚度不大，荷载分布不均匀，且条形基础梁高 $H < \dfrac{l}{6}$ 时，地基反力不按直线分布，可按弹性地基梁计算内力。通常采用文克尔（Winkler）地基上梁的基本解。

文克尔地基模型，假设地基上任一点所受的压应力 p 与该点的地基沉降 s 成正比，即

$$p = Ks \tag{7-23}$$

式中　K——基床系数。

K 值的大小与地基土的种类、松密程度、软硬状态、基础底面尺寸大小和形状以及基础荷载和刚度等因素有关。K 值应由现场载荷试验确定。

7.7.1.3　柱下十字交叉基础

当上部结构荷载较大，以致沿柱列一个方向上设置条形基础已不能满足地基承载力要求和地基变形要求时，可考虑沿柱列的两个方向都设置条形基础，形成十字交叉基础，以增大基础底面面积及基础刚度。十字交叉梁基础具有较大抗弯刚度的超静定体系，对地基的不均匀变形有较大的调节能力。

1. 设计要点

十字交叉条形基础是由纵横双向条形基础组成的一种空间网格结构，在交叉梁节点处承受上部结构传来的集中力 F_i 、纵向弯矩 M_x 和横向弯矩 M_y（见图7-40），应按空间受力体系，考虑基础与地基的共同作用，用有限单元法等进行内力分析。工程中常用一些近似方法，其思路是将节点处的集中荷载按某一规律分配到纵、横两个方向的基础梁上，然后按单向条形基础的方法进行设计。

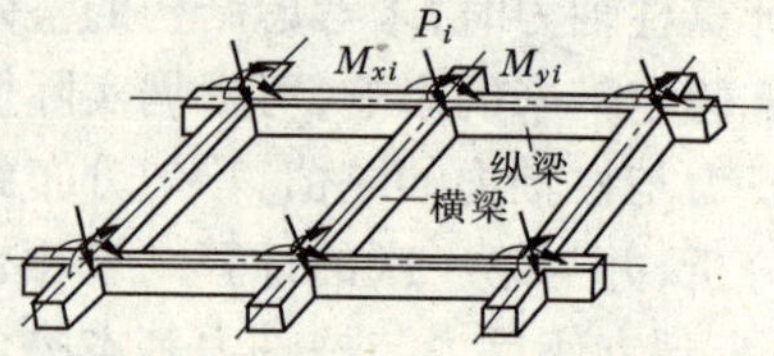

图7-40　十字交叉基础受力状态

节点荷载分配满足两个条件：一是静力平衡条件，即分配在纵、横梁上的竖向荷载之和应等于作用在节点上的荷载；二是变形协调条件，即纵、横梁在交叉节点处的沉降应相符。考虑到相邻荷载对地基沉降的影响随着距离的增大而迅速减小，当十字交叉节点间距离较大，且各节点荷载差别又不悬殊时，可不考虑相邻荷载影响。同时，节点处的弯矩对该点产生的挠度为零。

简化计算时，假定纵、横向的抗扭刚度均为零。每个交叉节点仅由以下两个方程组成：

$$F_i = F_{ix} + F_{iy} \tag{7-24}$$

$$W_{ix} = W_{iy} \tag{7-25}$$

式中　F_i——上部结构传至交叉梁基础节点 i 的竖向荷载效应设计值；

F_{ix}，F_{iy}——第 i 节点分配给 x 和 y 方向条基础的荷载；

W_{ix}，W_{iy}——第 i 节点处 x 和 y 方向条基础的挠度。

用基床系数法文克尔模型计算基础梁的挠度：

无限长梁

$$W = \frac{F}{2KbS} \tag{7-26a}$$

半无限长梁

$$W = \frac{2F}{KbS} \tag{7-26b}$$

式中　S——系数，$S = 4\sqrt{\frac{4E_cI}{Kb}}$；

K——基床系数；

I——基础横截面惯性矩；

E_c——混凝土弹性模量。

2. 节点荷载分配

十字交叉基础的节点有三种，见图7-41。根据节点的不同类型，节点轴力可按下列公式计算：

1）边柱节点

基本方程为

$$F_i = F_{ix} + F_{iy}$$

$$W = \frac{F_{ix}}{2Kb_xS_x} = \frac{2F_{iy}}{Kb_yS_y}$$

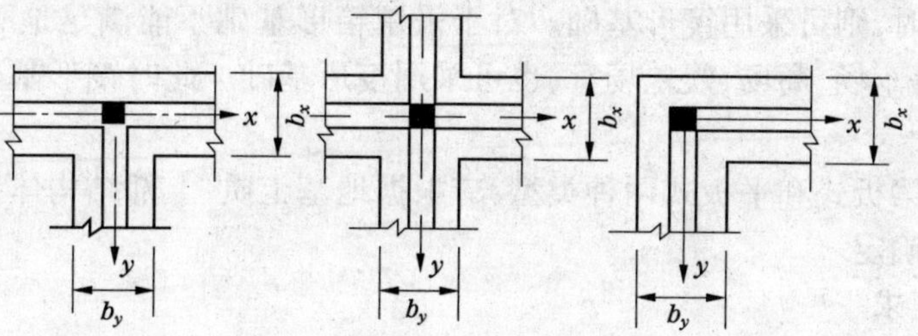

(a)边柱节点　(b)中柱节点　(c)角柱节点

图 7-41　柱下交叉梁基础接点

联立方程求解得：

$$F_{ix} = \frac{4b_xS_x}{4b_xS_x + b_yS_y}F_i \tag{7-27}$$

$$F_{iy} = \frac{4b_yS_y}{4b_xS_x + b_yS_y}F_i \tag{7-28}$$

2）中柱节点

基本方程为

$$F_i = F_{ix} + F_{iy}$$

$$W = \frac{F_{ix}}{2Kb_xS_x} = \frac{2F_{iy}}{2Kb_yS_y}$$

联立方程求解得：

$$F_{ix} = \frac{b_xS_x}{b_xS_x + b_yS_y}F_i \tag{7-29}$$

$$F_{iy} = \frac{b_yS_y}{b_xS_x + b_yS_y}F_i \tag{7-30}$$

3）角柱节点

基本方程为

$$F_i = F_{ix} + F_{iy}$$

$$W = \frac{F_{ix}}{Kb_xS_x} = \frac{2F_{iy}}{Kb_yS_y}$$

联立方程求解得：

$$F_{ix} = \frac{b_xS_x}{b_xS_x + b_yS_y}F_i \tag{7-31}$$

$$F_{iy} = \frac{b_yS_y}{b_xS_x + b_yS_y}F_i \tag{7-32}$$

式中　b_x，b_x——x 和 y 方向的地基梁宽度。

当求出十字交叉基础所有节点在纵、横向的分配荷载 F_{ix}、F_{iy} 后，就可以按柱下条形基础的方法进行设计。

7.7.2　筏板基础的简化计算

当上部结构荷载较大，地基土较软，采用十字交叉基础不能满足地基承载力要求或采用人工地基不经济时,则可采用筏形基础。对于采用箱形基础不能满足地下空间使用要求的情况,例如地下停车场、商场、娱乐场等,也可采用筏形基础。此时筏形基础的厚度可能会比较大。

筏形基础分梁板式和平板式两种类型,应根据地基土质、上部结构体系、柱距、荷载大小以及施工等条件确定。

7.7.2.1 **构造要求**

(1)为避免基础产生倾斜,对单幢建筑物,在地基土比较均匀的条件下,基底平面形心宜与结构竖向永久荷载重心重合。当不能重合时,在荷载效应准永久组合下,偏心距 e 宜符合下式要求:

$$e \leqslant 0.1\frac{W}{A} \tag{7-33}$$

式中 W——与偏心距方向一致的基础底面边缘抵抗矩;

A——基础底面面积。

(2)筏形基础的混凝土强度等级不应低于 C30。当有地下室时应采用防水混凝土,防水混凝土的抗渗等级应根据地下水的最大水头与防渗混凝土厚度的比值,按现行《地下工程防水技术规范》(GB 50108—2008)选用,但不应小于 0.6 MPa。必要时宜设架空排水层。

(3)采用筏形基础的地下室,地下室钢筋混凝土外墙厚度不应小于 250 mm,内墙厚度不应小于 200 mm。墙的截面设计除满足承载力要求外,尚应考虑变形、抗裂及防渗等要求。墙体内应设置双面钢筋,竖向和水平钢筋的直径不应小于 12 mm,间距不应大于 300 mm。

(4)地下室底层柱,剪力墙与梁板式筏基的基础梁连接的构造应符合下列要求:

①柱、墙的边缘至基础梁边缘的距离不应小于 50 mm(见图 7-42)。

②当交叉基础梁的宽度小于柱截面的边长时,交叉基础梁连接处应设置八字角,柱角与八字角之间的净距不宜小于 50 mm(见图 7-42(a))。

③单向基础梁与柱的连接,可按图 7-42(b)、(c)采用。

④基础梁与剪力墙的连接,可按图 7-42(d)采用。

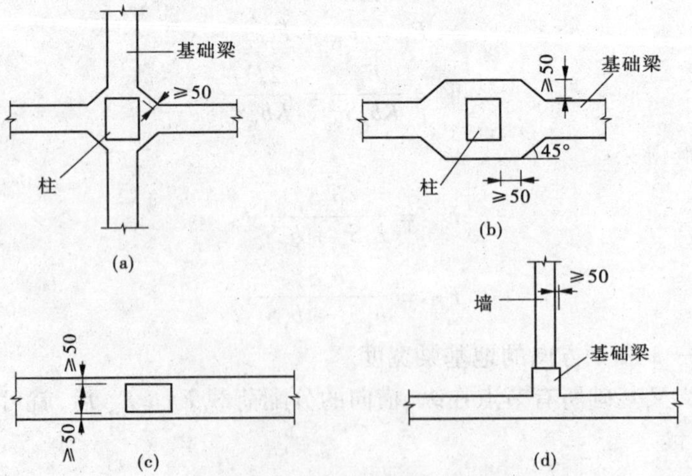

图 7-42 地下室底层柱或剪力墙与基础梁连接的构造要求 (单位:mm)

当柱荷载较大,等厚度筏板的受冲切承载力不能满足要求时,可在筏板上面增设柱墩或在筏板下局部增加板厚或采用抗冲切箍筋来提高受冲切承载能力。

(5)当地基土比较均匀、上部结构刚度较好、梁板式筏基梁的高跨比或平板式筏基板的厚跨比不小于1/6,且相邻柱荷载及柱间距的变化不超过20%时,筏形基础可仅考虑局部弯曲作用。筏形基础的内力,可按基底反力直线分布进行计算,计算时基底反力应扣除底板自重及其上填土的自重。当不满足上述要求时,筏基内力应按弹性地基梁板方法进行分析计算。

有抗震设防要求时,对无地下室且抗震等级为一、二级的框架结构,基础梁除满足抗震构造要求外,计算时尚应将柱组合的弯矩设计分别乘以1.5和1.25的增大系数。

(6)按基底反力直线分布计算的梁板式筏基,其基础梁的内力可按连续梁分析,边跨跨中弯矩以及第一内支座的弯矩值乘以1.2的系数。梁板式筏基的底板和基础梁的配筋除满足计算要求外,纵横方向的底部钢筋尚应有1/2~1/3贯通全跨,且其配筋率不应小于0.15%,顶部钢筋按计算配筋全部连通。

(7)按基底反力直线分布计算的平板式筏基,可按柱下板带和跨中板带分别进行内力分析。柱下板带中,柱宽及其两侧各50%板厚且不大于1/4板跨的有效宽度范围内,其钢筋配置量不应小于柱下板带钢筋数量的一半,且应能承受部分不平衡弯矩 $\alpha_m M_{unb}$。M_{unb} 为作用在冲切临界截面重心上的不平衡弯矩,α_m 按下式计算:

$$\alpha_m = 1 - \alpha_s \tag{7-34}$$

式中 α_m——不平衡弯矩通过弯曲来传递的分配系数;

α_s——按式(7-41)计算。

平板式筏基柱下板带和跨中板带的底部钢筋应有1/2~1/3贯通全跨,且配筋率不应小于0.15%;顶部钢筋应按计算配筋全部连通。

对有抗震设防要求的无地下室或单层地下室平板式筏基,计算柱下板带截面受弯承载力时,柱内力应按地震作用不利组合计算。

7.7.2.2 筏形基础的承载力计算要点

1.梁板式筏基

梁板式筏基底板的板格应满足受冲切承载力的要求。梁板式筏基的板厚不应小于300 mm,且板厚与板格的最小跨度之比不应小于1/20。梁板式筏基的基础梁除满足正截面受弯及斜截面受剪承载力外,其厚度尚应满足受冲切承载力、受剪切承载力的要求,尚应验算底层柱下基础梁顶面的局部受压承载力。

(1)底板受冲切承载力按下式计算:

$$F_l \leqslant 0.7\beta_{hp} f_t u_m h_0 \tag{7-35}$$

式中 F_l——作用在图7-43中阴影部分面积上的地基土平均净反力设计值;

u_m——距基础梁边 $h_0/2$ 处冲切临界截面的周长(见图7-43)。

当底板区格为矩形双向板时,底板受冲切所需的厚度 h_0 按下式计算:

$$h_0 = \frac{(l_{n1} + l_{n2}) - \sqrt{(l_{n1} + l_{n2})^2 - \dfrac{4pl_{n1}l_{n2}}{p + 0.7\beta_{hp}f_t}}}{4} \tag{7-36}$$

式中 l_{n1},l_{n2}——计算板格的短边和长边的净长度;

p——相应于荷载效应基本组合的地基土平均净反力设计值。

(2)底板斜截面受剪承载力应符合下式要求：

$$V_s \leqslant 0.7\beta_{hs} f_t (l_{n2} - 2h_0) h_0 \tag{7-37}$$

$$\beta_{hs} = (800/h_0)^{1/4} \tag{7-38}$$

式中 V_s——距梁边缘 h_0 处，作用在图7-44中阴影部分面积上的地基土平均净反力设计值；

β_{hs}——受剪切承载力截面高度影响系数，当按式(7-38)计算时，板的有效高度 h_0 小于800 mm时，h_0 取800 mm，h_0 大于2 000 mm时，h_0 取2 000 mm。

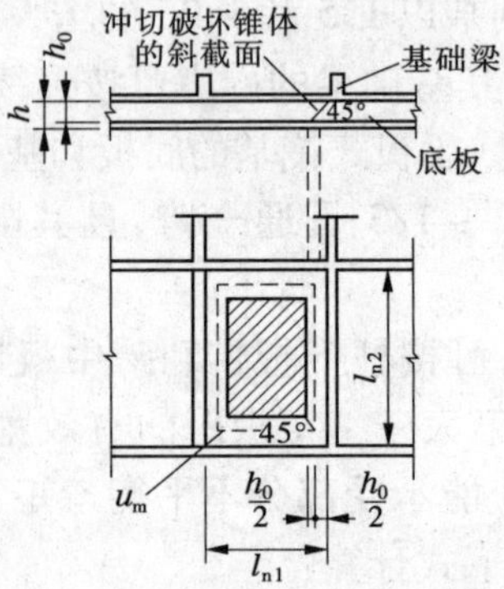

图7-43　底板冲切计算示意图

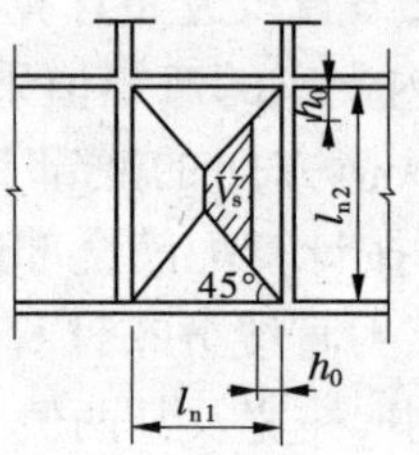

图7-44　底板剪切计算示意图

(3)梁板式筏基的基础梁除满足正截面受弯及斜截面受剪承载力外，尚应按现行《混凝土结构设计规范》(GB 50010—2010)有关规定验算底层柱下基础梁顶面的局部受压承载力。

2. 平板式筏基

平板式筏基的板厚应能满足受冲切承载力的要求。板的最小厚度不宜小于400 mm。计算时应考虑作用在冲切临界截面重心上的不平衡弯矩所产生的附加剪力。平板式筏板除满足受冲切承载力外，尚应验算柱边缘处筏板的受剪承载力。

(1)平板式筏基计算时应考虑作用在冲切临界面重心上的不平衡弯矩产生的附加剪力。距柱边 $h_0/2$ 处冲切临界截面的最大剪应力 τ_{max} 应按式(7-39)～(7-41)计算(见图7-45)。板的最小厚度不应小于400 mm。

$$\tau_{max} = \frac{F_l}{u_m h_0} + \frac{\alpha_s M_{unb} c_{AB}}{I_s} \tag{7-39}$$

$$\tau_{max} \leqslant 0.7\left(0.4 + \frac{1.2}{\beta_s}\right)\beta_{hp} f_t \tag{7-40}$$

$$\alpha_s = 1 - \frac{1}{1 + \frac{2}{3}\sqrt{c_1/c_2}} \tag{7-41}$$

式中 F_l——相应于荷载效应基本组合时的集中力设计值，对内柱取轴力设计值减去筏板冲切破坏锥体内的地基反力设计值，对边柱和角柱，取轴力设计值减去筏板冲切临界截面范围内的地基反力设计值，地基反力值应扣除底板自重；

u_m——距柱边 $h_0/2$ 处冲切临界截面的周长；

h_0——筏板的有效高度；

M_{unb} ——作用在冲切临界截面重心上的不平衡弯矩设计值；

c_{AB} ——沿弯矩作用方向，冲切临界截面重心至冲切临界截面最大剪应力点的距离；

I_s ——冲切临界截面对其重心的极惯性矩；

β_s ——柱截面长边与短边的比值，当 β_s <2 时，β_s 取 2，当 β_s >4 时，β_s 取 4；

c_1 ——与弯矩作用方向一致的冲切临界截面的边长；

c_2 ——垂直于 c_1 的冲切临界截面的边长；

α_s ——不平衡弯矩通过冲切临界截面上的偏心剪力传递的分配系数。

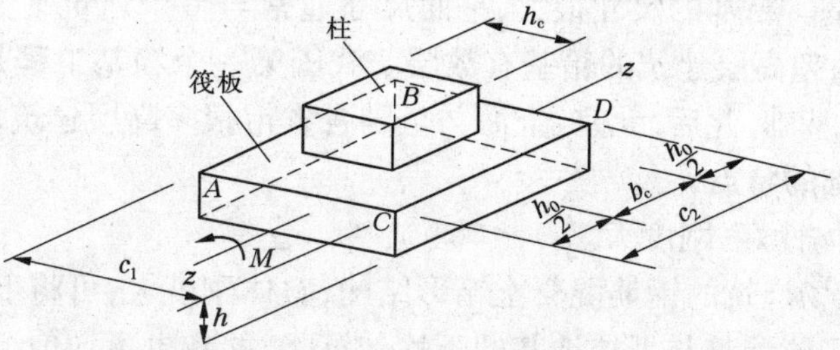

图 7-45　内柱冲切临界截面

当柱荷载较大，等厚度筏板的受冲切承载力不能满足要求时，可在筏板上面增设柱墩或在筏板下局部增加板厚或采用抗冲切箍筋来提高受冲切承载能力。

(2)平板式筏基内筒下的板厚应满足受冲切承载力的要求，其受冲切承载力按下式计算：

$$\frac{F_1}{u_m h_0} \leqslant \frac{0.7\beta_{hp} f_t}{\eta} \tag{7-42}$$

式中 F_1——相应于荷载效应基本组合时的内筒所承受的轴力设计值减去筏板冲切破坏锥体内的地基反力设计值，地基反力值应扣除板的自重；

u_m——距内筒外表面 $h_0/2$ 处冲切临界截面的周长(见图 7-46)；

h_0——距内筒外表面 $h_0/2$ 处筏板的截面有效高度；

η ——内筒冲切临界截面周长影响系数，取 1.25。

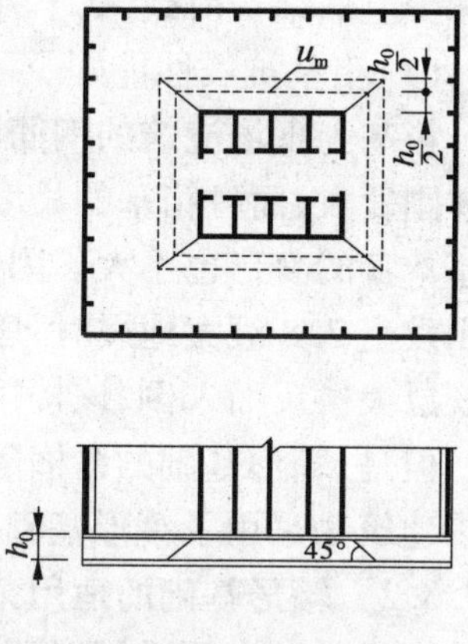

图 7-46　筏板受内筒冲切的临界截面位置

当需要考虑内筒根部弯矩的影响时，距内筒外表面 $h_0/2$ 处冲切临界截面的最大剪应力可按式(7-39)计算，此时 $\tau_{max} \leqslant \frac{0.7\beta_{hp} f_t}{\eta}$。

(3)平板式筏板除满足受冲切承载力外，尚应验算距内筒边缘或柱边缘 h_0 处筏板的受剪承载力。

受剪承载力应按下式验算：

$$V_s \leqslant 0.7\beta_{hs} f_t b_w h_0 \tag{7-43}$$

式中 V_s——荷载效应基本组合下，地基土净反力平均值产生的距内筒或柱边缘 h_0 处筏板单位宽度的剪力设计值；

b_w——筏板计算截面单位宽度；

h_0——距内筒或柱边缘 h_0 处筏板的截面有效高度。

当筏板变厚度时，尚应验算变厚度外筏板的受剪承载力。

当筏板的厚度大于 2 000 mm 时，宜在板厚中间部位设置直径不小于 12 mm，间距不大于 300 mm 的双向钢筋网。

7.7.3 箱形基础设计简介

箱形基础是指由底板、顶板、侧墙及一定数量内隔墙构成的整体刚度较大的钢筋混凝土箱形结构，简称箱基。箱基的尺寸很大，平面尺寸通常与整个建筑平面外形轮廓相同；箱基高度至少超过 3 m，超高层建筑的箱基有数层。我国第一个箱基工程是 1953 年设计的北京展览馆中央大厅的基础，此后，北京、上海与全国各省市很多高层建筑均采用箱基。

7.7.3.1 箱形基础的特点

(1)箱基的整体性好、刚度大。

由于箱基是现场浇筑的钢筋混凝土箱形结构，整体刚度大，可将上部结构荷载有效地扩散传给地基，同时又能调整与抵抗地基的不均匀沉降，并减少不均匀沉降对上部结构的不利影响。

(2)箱基沉降量小。

由于箱基的基槽开挖深，面积大，土方量大，而基础为空心结构，以挖除土的自重来抵消或减少上部结构荷载，属于补偿性设计，由此可以减小基底的附加应力，使地基沉降量减小。

(3)箱基抗震性能好。

箱基为现场浇筑的钢筋混凝土整体结构，底板、顶板与内外墙体厚度都较大。箱基不仅整体刚度大，而且箱基的长度、宽度和埋深都大，在地震作用下箱基不可能发生移滑或倾覆，箱基本身的变形也不大。因此，箱基是一种具有良好抗震性能的基础形式。例如，1976 年唐山发生 7.8 级大地震时，唐山市区平地上的房屋全部倒塌，但当地最高建筑物——新华旅社 8 层大楼反而未倒，该楼采用的即是箱形基础。

但是，箱形基础的纵横隔墙给地下空间的利用带来了诸多限制。由于这个原因，现在有许多建筑物采用了筏形基础。通过增加筏形基础的厚度来获得足够的整体性和刚度。

7.7.3.2 箱形基础的适用范围

箱形基础主要适用以下几种建筑：

(1)高层建筑为了满足地基稳定性的要求，防止建筑物的滑动与倾覆，不仅要求基础整体刚度大，而且需要埋深大，常采用箱形基础。

(2)重型设备或对不均匀沉降有严格要求的建筑物，可采用箱形基础。

(3)需要地下室的各类建筑物。人防、设备间等常采用箱形基础。

(4)当上部结构荷载大，地基土较软弱或不均匀，无法采用独立基础或条形基础时，可采用天然地基箱形基础，避免打桩或人工加固地基。

(5)重要建筑物位于地震烈度 8 度以上设防区，根据抗震要求可采用箱形基础。

7.7.3.3 构造要求

箱基从底板底面到顶板顶面的高度应满足结构承载力、整体刚度和使用功能的要求，一般可取建筑物高度的 1/12～1/8，也不宜小于箱基长度 1/8，并应不小于 3.0 m。

箱基埋置深度,一方面应满足建筑物对地基承载力、基础的倾覆和滑移稳定性以及建筑物整体倾斜的要求;另一方面也受深基坑开挖极限深度、降水的可能性,以及对临近建筑物影响等因素的制约,一般可取等于箱基的高度,在地震区不宜小于建筑物高度的1/10。

箱基的平面尺寸应根据地基承载力、地基变形允许值以及上部结构的布局和荷载分布等条件确定。平面形状应力求简单,以便获得较好的整体刚度。必要时可调整箱基的平面尺寸或仅调整箱形基础的底板外伸尺寸以满足偏心距的要求。

箱基顶、底板及墙身的厚度应根据受力情况、整体刚度及防水要求确定。一般底板及外墙的厚度不小于250 mm,内墙厚度不小于200 mm,底板厚度不小于50 mm,顶板厚度不小于150 mm。顶、底板厚度应满足剪切验算要求,底板尚应满足冲切验算要求。顶、底板及墙身的钢筋一般按双向、双面分离布置。墙体横、竖向钢筋直径不宜小于10 mm,间距不宜大于200 mm。除上部为剪力墙外,内、外墙的墙顶处宜配置两根直径不小于20 mm的钢筋。

箱基外墙沿建筑物四周布置,内墙一般沿上部结构柱网和剪力墙的位置纵横均匀布置。平均每平方米箱基面积上的墙体长度不小于0.4 m;墙体的水平截面面积不小于箱基面积的1/10,其中纵墙配置量不小于总配置量的3/5。门洞应尽可能开设在柱间中部,其面积不宜大于柱距之间墙体面积的16%,洞口四周应加强配筋。箱基长度大于40 m时,要设置施工缝。

箱基大多埋置于地下水位以下,其外围多采用柔性卷材防水和防渗混凝土刚性防水方案,混凝土强度等级不应低于C20。当箱基埋置于地下水位以下时,要重视施工阶段中的抗浮稳定性。一般采用井点降水法,使地下水位维持在基底以下以利施工。在箱基封完底地下水位回升前,上部结构应有足够的重量,保证抗浮稳定系数不小于1.2,否则应另拟抗浮措施。此外,底板及外墙要采取可靠的防渗措施。

7.7.3.4 内力计算

箱基的内力分析,应根据上部结构整体刚度的强弱选择不同的计算方法。

1.整体弯曲方案(或称整体+局部方案)

当上部结构为框架(或框剪)体系时,与刚度很大的箱基相比,其刚度不太大,属于敏感性结构。箱形基础内力应同时考虑整体弯曲及局部弯曲作用。对于天然地基上8~20层或建筑物高度不超过60 m的钢筋混凝土框架结构的箱形基础,基础底面为矩形,地基土为一般第四纪黏性土及软土地区,《高层建筑箱形与筏形基础技术规范》(JGJ 6—2011)提供了地基反力系数,可以简化地基反力的计算,计算所得局部弯曲的弯矩应乘以0.8的折减系数。计算所得整体弯曲的弯矩,在考虑上部结构与箱形基础共同作用后,约折减3/4。

2.局部弯曲方案

当上部结构基本上为现浇剪力墙(筒)体系时,箱基几乎无异于带筏板基础的一个地下层。由于整个建筑物的刚度巨大,箱基的内、外墙便成了顶板和底板的可靠支座,基础顶板和底板按局部弯曲计算,顶部按实际荷载、底板按均布基底反力分析。考虑到整体弯曲的影响,钢筋配置量除应符合计算要求外,纵横方向支座钢筋尚应分别有0.15%、0.10%配筋率连通配置,跨中钢筋按实际配筋率全部连通。

7.8 减小基础不均匀沉降的措施

通常地基产生一些均匀沉降,对建筑物安全影响不大,可以通过预留沉降标高加以解决。但当地基不均匀沉降超过限度时,可能使建筑物发生倾斜与墙体开裂等事故,影响正常使用,危及安全。在软弱地基上设计建筑物时,应着重考虑上部结构和地基的共同作用、相互影响的关系,对建筑物的体型、荷载情况、结构类型和地质条件进行综合分析,从建筑、结构设计、施工及地基加固处理等多方面采取综合技术措施,以取得较好的技术效果和经济效益。

(1)地基不均匀沉降的原因。据地基沉降计算公式分析可知:①附加应力 σ_z 相差悬殊。如建筑物高低层交界处,上部荷载突变,将产生不均匀沉降。②地基压缩层厚度 h 相差悬殊,或软弱土层厚薄变化大。如苏州虎丘塔,因地基压缩层厚度两侧相差一倍多,导致塔身严重倾斜与开裂。③地基土的压缩模量 E_s 相差悬殊。地基持力层水平方向软硬交界处,产生不均匀沉降,例如南京分析仪器厂职工住宅楼的筏板基础断裂。

(2)不均匀沉降引起墙体裂缝的形态:①凡建筑物的沉降中部大、两端小,形如"︶",则墙体发生正向挠曲,产生正"八"字裂缝;②反之,若建筑物的沉降两端大、中间小,呈"︵"形,则墙体发生反向挠曲,产生倒"八"字形裂缝。通常各类裂缝均由墙体薄弱处开展,常见于纵墙两端窗户边角处往外斜向延伸。

(3)消除或减轻不均匀沉降危害的途径。本节只讨论建筑、结构、施工等方面应采取的措施,地基加固处理在后面有关章节介绍。

7.8.1 建筑措施

采取建筑措施的目的是提高建筑物的整体刚度,以增强抵抗不均匀沉降的危害性的能力。

(1)建筑物体型应力求简单。

建筑物体型(平面及剖面)复杂,往往削弱建筑物的整体刚度,是造成不均匀沉降的因素之一。例如,平面为"L""T""H""Ⅲ"等形状的建筑物,在纵横单元相交处,基础密集,地基应力重叠,该处沉降往往大于其他部位;立面高差悬殊,地基各部分所承受的荷载差异较大,必然引起较大的沉降差。因此,在满足建筑功能和使用要求的前提下,建筑物的体型设计应力求避免平面形状复杂和立面高差悬殊。建筑平面简单、高度一致的建筑物,基底应力较均匀,圈梁容易拉通,整体刚度好,即使沉降较大,建筑物也不易产生裂缝和损坏。

(2)控制建筑物的长高比。

建筑物的长高比是决定砌体结构房屋整体刚度的主要因素,长高比越小,房屋整体刚度比例越大,调整地基不均匀沉降的能力就越强。当房屋的预估最大沉降量大于 120 mm 时,对于 3 层及 3 层以上房屋,其长高比不宜大于 2.5。对于平面简单、内外墙贯通的建筑物,长高比可适当放宽,一般不宜大于 3.0。

(3)合理布置纵横墙。

纵墙最易于地基不均匀沉降而产生挠曲变形,从而引起墙体的开裂破坏。因此,一方面要避免纵墙开洞、转折、中断而削弱纵墙刚度;另一方面应使纵墙尽可能与横墙联结,缩小横墙间距,以加强房屋的整体刚度,提高调整不均匀沉降的能力。

(4)设置沉降缝。

遇地基软硬极不均匀、建筑物平面形状复杂、高差悬殊等不利情况时,可在特定部位设置沉降缝。沉降缝要求建筑物从屋顶檐口直到底部基础,把整幢建筑物竖向断开,分成几个独立的单元，这样每个单元建筑物的长高比小、整体刚度大，可自成沉降体系，从而可以有效减轻地基的不均匀沉降。沉降缝通常设置在下列部位：

①平面形状复杂的建筑物转折处；

②建筑物高度或荷载变化差异处；

③长高比过大的建筑物的适当部位；

④建筑结构或基础类型不同处；

⑤地基土的压缩性有显著变化处；

⑥分期建造房屋的交接处。

沉降缝应有足够的宽度，缝宽可按表 7-14 选用。

表 7-14　房屋沉降缝的宽度

房屋层数	沉降缝宽度(mm)
二至三	50 ~ 80
四至五	80 ~ 120
五层以上	不小于 120

(5)合理安排相邻建筑物之间的距离。

相邻建筑物太近，由于地基中应力扩散作用，会互相影响，引起相邻建筑物产生附加沉降。当相邻建筑物距离太近时，这种附加不均匀沉降可能造成建筑物的开裂或倾斜。为了减少或避免相邻建筑物影响的危害，软弱地基上相邻建筑物基础之间应有一定的净距，可按表 7-15 选用。

表 7-15　相邻建筑物基础间的净距　（单位：m）

影响建筑的预估平均沉降量 S (mm)	被影响建筑的长高比	
	$2.0 \leqslant \frac{L}{H_f} < 3.0$	$3.0 \leqslant \frac{L}{H_f} < 5.0$
70 ~ 150	2 ~ 3	3 ~ 6
160 ~ 250	3 ~ 6	6 ~ 9
260 ~ 400	6 ~ 9	9 ~ 12
>400	9 ~ 12	>12

注：1. 表中 L 为建筑物长度或沉降缝分隔的单元长度，m；H_f 为自基础底面起算的建筑物高度，m。

2. 当被影响建筑物的长高比为 $1.5 < \frac{L}{H_f} < 2.0$ 时，其间隔净距离可适当缩小。

(6)调整建筑物的某些标高。

建筑物基础的沉降会使其各部分的标高发生变化，从而影响其功能和正常使用。因而应根据可能产生的不均匀沉降，采取下列相应的措施：

①室内地坪和地下设施的标高，应根据预估沉降量予以提高；

②建筑物各部分（或设备）之间有联系时，可将沉降较大者标高提高；

③建筑物与设备之间，应留有足够的净空；

④当有管道穿过建筑物时，应留有足够尺寸的孔洞，或采用柔性的管道接头。

(7)相邻高耸结构或对倾斜要求严格的构筑物的外墙间隔距离，应根据倾斜允许值计算确定。

7.8.2 结构措施

在建筑体型和建筑单元确定之后，还可以在结构布置上采取一些措施，以减小不均匀沉降。

(1)减轻建筑物自重。

建筑物的自重在基底压力中占有较大的比重，工业建筑占40%～50%，民用建筑占60%～70%，因而要减少沉降量，就应采取措施尽量减轻建筑物的自重，通常可采取下列措施：

①采用轻质材料或物件，如加气砖、多孔砖、轻质墙等；

②采用轻型结构，如预应力钢筋混凝土结构、轻钢结构，以及各种轻型空间结构（如悬索结构、加气结构等）；

③采用自重轻、覆土少的基础形式，如空心基础、壳体基础、浅埋基础等。

(2)减少或调整基底的附加压力。

设置地下室或半地下室，减小基底附加应力，也可以通过建筑与设备荷载的部位以及改变基底的尺寸，控制与调整基底压力，改变不均匀沉降量。

(3)加强基础整体刚度。

对于建筑体型复杂、荷载差异较大的框架结构可加强基础整体刚度，采用钢筋混凝土梁板式基础，如条形、十字形、片筏和箱形基础，可以增大基底面积，加强基础刚度和提高调整不均匀沉降的能力。

(4)增强建筑物的整体刚度和强度。

如前所述，控制建筑物的长高比和适当加密横墙可增加建筑物的刚度和整体性，此外，在砌体中还可设置圈梁增强砌体结构的整体性，增加建筑物的整体刚度，提高墙体的抗弯、抗剪能力，因此可以有效地防止墙体出现裂缝和阻止裂缝开展。

圈梁设置应符合以下规定：

①工业厂房、仓库。可结合基础梁、连系梁、过梁等酌情设置。

②应设置在外墙、内纵墙和主要内横墙上，并宜在平面内连成封闭系统。

7.8.3 施工措施

(1)保持地基土的原状结构。

黏性土通常具有一定的结构强度，尤其是高灵敏度土。基槽开挖施工时，应避免人来车往破坏地基持力层土的原状结构。开挖基坑时，尽量减少或避免扰动，通常在坑底保留约200 mm厚的土层，待垫层施工时再挖除。若发现坑底土已被扰动，应将已扰动的土挖去，并用砂、碎石回填夯实至要求标高。

(2)合理安排施工顺序。

当建筑物各部分荷载差异大时，施工应先安排盖高层、荷载重的部分，后盖低层、荷载轻的部分，这样可以调整部分沉降差。

小　结

(1)地基基础设计方案有哪几种类型？设计时为何要优先选用天然地基上的浅基础方案？

(2)浅基础有哪些类型？各适用于什么条件？

(3)基础为何要有一定的埋深？如何确定基础的埋深？

(4)基础底面面积如何计算？中心荷载与偏心荷载作用下,基础底面面积计算有何不同？

(5)为什么要验算软弱下卧层的强度？其具体要求是什么？

(6)何谓无筋扩展基础？何谓扩展基础？两种基础的材料有何不同？两者的计算方法有什么差别？

(7)为什么在计算基础底板冲切力和基础底板弯矩时要取地基净反力？

(8)为什么现浇柱基础要预留基础插筋？它与柱的搭接位置在何处为宜？

(9)柱下的基础通常为独立基础,何时采用柱下条形基础？其截面有哪几种类型？基础底面面积如何计算？

(10)柱下条形基础与墙下条形基础在设计上有哪些共同点和不同点？

(11)何谓筏板基础？适用于什么范围？

(12)何谓箱形基础？箱形基础具有哪些特点？适用于什么范围？

(13)消除或减轻不均匀沉降的危害,有哪些主要措施？其中哪些措施实用而经济？

能力扩展与应用

(1)某6层住宅楼,设计砖混结构条形基础。基础埋深 $d=1.10$ m,上部中心荷载特征值传至基础顶面 $F_k=175$ kN/m,地基表层为杂填土,$\gamma_1=18.2$ kN/m^3,厚度 $h_1=1.10$ m;第二层为黏性土,$e=0.85$,$I_L=0.75$。墙厚360 mm,$f_{ak}=165$ kPa。试确定基础的宽度。

(2)某厂房为框架结构,采用独立基础。作用在基础顶面的竖向荷载特征值 $F_k=$ 1 850 kN,弯矩为 $M_k=650$ kN·m,水平力 $V_k=75$ kN。基础埋深2.20 m,基础顶面位于地面下0.7 m。地基表层为素填土,天然重度 $\gamma_1=18.0$ kN/m^3,厚度 $h_1=2.20$ m;第二层为黏性土,$\gamma_2=18.7$ kN/m^3,$e=0.85$,$I_L=0.35$,层厚 $h_1=8.5$ m,$f_{ak}=210$ kPa,试设计此基础底面尺寸。

(3)某砖承重墙厚240 mm,上部结构传来荷载特征值 $F_k=180$ kN/m,修正后的地基承载力特征值为 $f_a=165$ kPa,假设基础埋深 $d=1.5$ m。试设计此刚性基础。

(4)某校学生宿舍楼设计采用砖混结构,条形基础。承重墙厚24 cm,墙基顶面荷载为 $F_k=190$ kN/m。地基土分3层:表层为耕植土,厚度0.6 m,天然重度 $\gamma_1=17.0$ kN/m^3;第二层为粉土,层厚2.0 m,$f_{ak}=160$ kPa,$\gamma_2=18.6$ kN/m^3;第三层为淤泥质黏土,$f_{ak}=90$ kPa,$\gamma_3=16.5$ kN/m^3,层厚1.50 m。地下水位深0.80 m。试设计此刚性基础尺寸、埋深与构造。

(5)某多层住宅采用砖混结构,条形基础。外墙厚度24 cm。作用于基础顶部荷重 $F_k=125$ kN/m。地基土表层为多年填土,厚 $h_1=3.2$ m,$f_{ak}=100$ kPa,$\gamma_1=16.8$ kN/m^3,地下

水位埋深1.80 m；第二层为淤泥质粉土，层厚 $h_2=3.5$ m，$f_{ak}=65$ kPa，$\gamma_1=18.0\ kN/m^3$；第三层为软塑黏土，$f_{ak}=180$ kPa，$\gamma_1=18.6\ kN/m^3$。试设计基础尺寸与结构。

(6) 某承重墙厚370 mm，上部结构传来竖向力特征值 $F_k=220$ kN/m，基础埋深 $d=0.8$ m，地质资料见图7-47。若选用混凝土强度等级为C25，钢筋为HPB235级。试设计此钢筋混凝土条形基础。

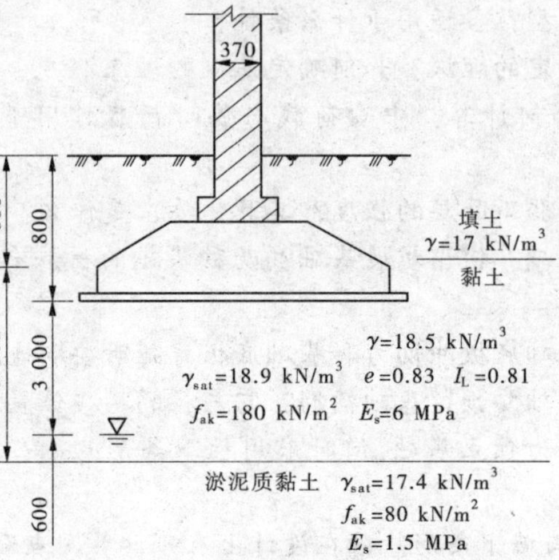

图7-47　地质资料简图

(7) 某单层厂房柱基础如图7-48所示。柱截面尺寸400 mm×600 mm，柱传来荷载主要为恒载，$F_k=450$ kN，$M_k=175$ kN·m，$V_k=30$ kN，基础梁传来荷载 $F'_k=75$ kN，基础埋深 $d=1.1$ m，选用C25混凝土，HPB235级钢筋，若修正后地基承载力特征值 $f_a=215$ kPa。试设计此杯形基础。

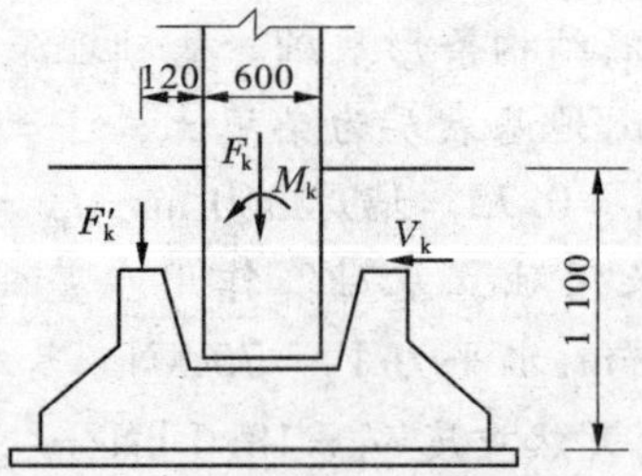

图7-48　单层厂房柱基础

第 8 章　桩基础

知识目标

- 掌握桩基础的类型,了解我国现有的桩型体系。
- 掌握桩基础承载力基本概念和桩的工作原理,掌握按照静载试验和现行规范的经验公式确定单桩竖向承载力的方法。
- 熟悉桩基础设计与计算的内容和方法,初步了解其他深基础的原理和特点。

能力目标

具备初步选择使用桩基础的能力,能够按照设计内容和步骤对桩基础进行一般设计。

8.1　概　述

当上部建筑物荷载较大,而适合于持力层的土层又埋藏较深,用天然浅基础或仅作简单的人工地基加固仍不能满足要求时,则需要考虑采用深基础,将建筑物荷载传递到下部坚实土层或岩层中,从而保证建筑物满足地基稳定或变形的要求。深基础主要有桩基础、沉井和地下连续墙等几种类型,其中以桩基础应用最为广泛,本节仅对桩基础进行介绍。

如图 8-1 所示,桩基础一般由设置于土中的桩和承接上部结构的承台组成。承台把数根桩联结在一起,并承受上部传来的荷载,再通过桩身和桩尖传给深层较坚硬的土层。根据承台与地面的相对位置,可分为低承台桩(见图 8-1(b))和高承台桩(见图 8-1(c))。低承台桩基的承台位于地面以下,其受力性能好,具有较强的抵抗水平荷载的能力,在工业与民用建筑中,几乎都使用低承台桩基;高承台桩基的承台位于地面以上,且常处于水下,水平受

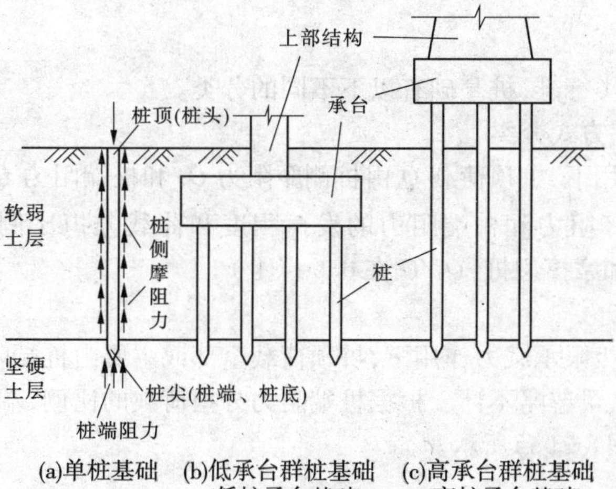

图 8-1　桩基础

力性能差，但可避免水下施工及节省基础材料，多用于桥梁及港口工程。基桩是指群桩基础中的单桩，群桩基础是由两根以上基桩组成的桩基础；单桩基础是采用一根桩承受和传递上部结构（通常为柱）荷载的独立基础。

8.1.1 桩基础的功能及适用条件

桩基础的功能主要有：

(1)将上部结构荷载传至地基深部。

(2)具有很大的侧向刚度和抗拔承载力，可以承受上拔荷载、水平荷载和力矩荷载。

(3)改变基础和地基的动力特性，提高基础与地基的自振频率，减小振幅。

(4)提供很大的竖向刚度，在自身荷载及相邻荷载影响下，不会产生过大的沉降和差异沉降，通常能满足建筑物对沉降变形的各种严格要求。

(5)抗震、抗液化。

由于桩基础承载力高、沉降量小，可以用来承受上拔力、水平力以及机器产生的振动和动力作用等，同时，随着近代科学技术的发展，桩的种类和桩基形式、施工工艺和设备以及桩基设计理论和方法，都有了很大的发展，桩基础已经成为在土质不良地区修建各种建筑物，特别是高层建筑、重型工业厂房、桥梁和具有特殊要求的构筑物所采用的最广泛的基础形式。

对于下列情况，可以优先考虑使用桩基础方案：

(1)高层建筑物或其他较为重要的建筑物，不允许有过大沉降时。

(2)地基软弱，建筑物荷载过大时。

(3)重型工业厂房或荷重很大的建筑物或构筑物，例如设有大吨位的重级工作制吊车的重型单层工业厂房。

(4)高耸建筑物或构筑物对限制倾斜有特殊要求时，例如水塔、大型架线塔等。

(5)需要减弱动荷载振动影响的动力机器基础，或以桩基础作为消除减轻液化影响的抗震措施的地震区建筑物。

8.1.2 桩的类型

根据桩的不同分类标准，桩基础有以下不同的分类。

8.1.2.1 按荷载传递方式分类

桩在竖向荷载作用下，桩顶荷载 Q 由桩侧摩阻力 Q_s 和桩端阻力 Q_p 共同承受，如图 8-2(a)所示。根据桩侧摩阻力和桩端阻力的发挥程度和荷载分担比例，将桩分为端承型桩（Q_p/Q 在 0.6 以上）和摩擦型桩（Q_s/Q 在 0.6 以上）。

1. 端承型桩

端承型桩是指在极限承载力作用下，桩顶荷载全部或主要由桩端阻力承受，桩侧阻力相对桩端阻力而言很小，可忽略不计。根据桩端阻力分担荷载的比例，端承型桩又可分为端承桩和摩擦端承桩，如图 8-2(a)所示。

2. 摩擦型桩

摩擦型桩是指在竖向极限荷载作用下，桩顶荷载全部或部分由桩侧阻力承受。例如当桩长径比很大，桩顶荷载只通过桩身压缩产生的桩侧阻力传递给桩周土，桩端土层分担荷载

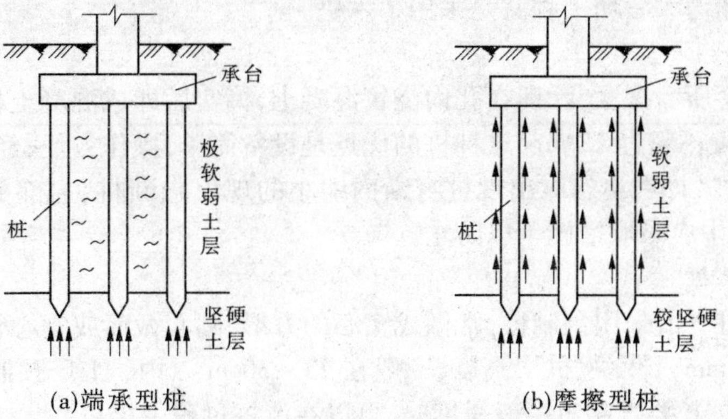

图 8-2　端承型桩和摩擦型桩

很小时，当桩端下无较坚实的持力层时，或者当桩底残留虚土或沉渣的灌注桩以及桩端出现脱空的打入桩等情况均为摩擦型桩。

根据桩侧阻力分担荷载的比例，摩擦型桩又可分为摩擦桩和端承摩擦桩，如图 8-2(b)所示。当桩端没有良好持力层，或者桩端持力层虽然较坚硬但桩的长径比很大，桩顶荷载全部由桩侧土承担时，可视为纯摩擦桩；当桩端进入较坚硬的土层，桩的长径比不大，桩顶荷载由桩侧摩阻力和桩端阻力共同承担，但以桩侧摩阻力承担为主的，称为端承摩擦桩。

8.1.2.2　按桩的使用功能分类

1. 竖向抗压桩

竖向抗压桩主要承受上部荷载传来的竖向荷载，一般建筑物桩基在正常工作条件下都属于这类桩。设计时需要进行竖向承载力验算，必要时还要验算沉降量和软弱下卧层的承载力。

2. 竖向抗拔桩

竖向抗拔桩主要承受竖直向上的拉拔荷载，例如建筑物基础抗浮可能不能满足要求时设置的桩，以及自重不大的高耸结构物在水平荷载作用下，基础可能出现拉力而设置的桩，都属于这类桩。设计时一般应进行桩身强度和抗裂、抗拔承载力验算。

3. 水平受荷桩

水平受荷桩主要承受水平荷载，例如港口工程的板桩，防止土体或岩体滑动的抗滑桩都属于这类桩。水平受荷桩的承载力和桩基设计原则都不同于竖向抗压桩，桩和桩侧土体共同承受水平荷载，桩的水平承载力与桩的水平刚度及土体的水平抗力有关。

4. 复合受荷桩

桩基础承受竖向和水平荷载均较大，设计时应同时验算竖向和水平两个方向的承载力，同时应考虑竖向荷载和水平荷载之间的相互影响。

8.1.2.3　按桩身材料分类

1. 木桩

木桩由松木、杉木、橡木等制成，桩长一般为 4 ~ 6 m，桩径 160 ~ 260 mm，桩顶锯平并加铁箍，桩尖削成棱锥形。木桩具有制作和运输方便，打桩设备简单等优点。但木桩在干湿交替环境中极易腐烂，使用时宜将桩打入最低水位以下不少于 0.5 m。木桩承载力较低，且来源紧缺，目前只用于木材产区和小型工程或临时工程中。历史上，在我国隋朝的郑州超化寺塔基和五代的杭州湾大海塘工程就是采用了木桩。

2. 混凝土桩

在现场钻孔至所需深度，随即在孔内浇筑混凝土，捣实后即成混凝土桩。其直径一般为300~500 mm，长度不超过25 m。这种桩的优点是设备简单，操作方便，经济、省钢材。缺点是可能产生“缩颈”（即在浇筑时出现桩身断面缩小的现象）、断桩、局部夹土和混凝土离析等现象，故在施工中应采取措施予以防止。

3. 钢筋混凝土桩

钢筋混凝土桩一般采用预制桩，常做成实心的方形、圆心截面或空心管桩。方形桩截面边长为300~500 mm，长度视桩架高度，一般在25~30 m以内，工厂预制桩分节长度一般不超过12 m。当桩长要求超过一般长度时，可以在沉桩过程中接长。

钢筋混凝土桩的优点是承载力大，不受地下水位的限制，长度和截面可在一定范围内选择。缺点是自重大，需笨重的打桩设备，长短不合适时，接长或者截短工艺较麻烦。

4. 钢桩

钢桩指用各种型钢做的桩，常用的有钢管桩和工字型桩，一般钢管桩的直径为250~1 200 mm。钢桩具有很高的强度，穿透能力强，自重轻，制造、起吊、运输、打入都较方便，且可打入较硬土层。其缺点是耗钢量大，价格高，易腐蚀，水利工程上很少采用，尤其在海域中使用需采取一定防护措施。目前，钢产量大的国家已广泛采用钢桩，我国海上钻井和采油平台多采用钢桩。

8.1.2.4 按施工方法分类

1. 预制桩

预制桩是指预先制成的桩（包括现场预制和工厂预制），利用打桩设备打入地基内的各种桩。如各种钢筋混凝土预制桩、木桩和钢桩等。常用沉桩方法有：

（1）锤击法。利用桩锤（落锤、汽锤和柴油锤）将桩打入土中。

（2）振动法。利用振动器产生的垂直振动力使桩沉入土中，适用于砂土地基。

（3）静力压桩法。用静力压桩机将桩压入土中，适用于均质软黏土地基。

2. 灌注桩

灌注桩是直接在所设计桩位处成孔，在孔内放置钢筋笼，再灌注混凝土而成的钢筋混凝土桩。

灌注桩根据造孔方法和所用机具不同，可分为以下几种：

（1）沉管灌注桩。利用锤击或振动方法，将带有预制桩尖或活瓣尖的钢锭沉入土中成孔，然后浇筑混凝土，拔出钢管成桩，如图8-3所示。

（2）钻孔灌注桩。用钻机（如螺旋钻、振动钻、水冲钻等）钻土成孔，然后清除孔底的残渣，安放钢筋笼，再灌注混凝土成桩，如图8-4所示。有的钻机在开孔后，利用可撑开钻头的扩孔刀刃旋转切土扩大桩孔，浇筑混凝土后，在底端可形成扩大端（俗称大头桩）。

（3）挖孔桩。挖孔桩可采用人工或机械挖掘成孔，逐段边开挖边支护，达到所需深度后再进行扩孔、安装钢筋笼及浇筑混凝土而成。

8.1.2.5 按桩的挤土效应分类

1. 挤土桩

挤土桩指桩在打入土中时，完全是挤入土中的，例如实体预制桩、闭口管桩和带预制桩

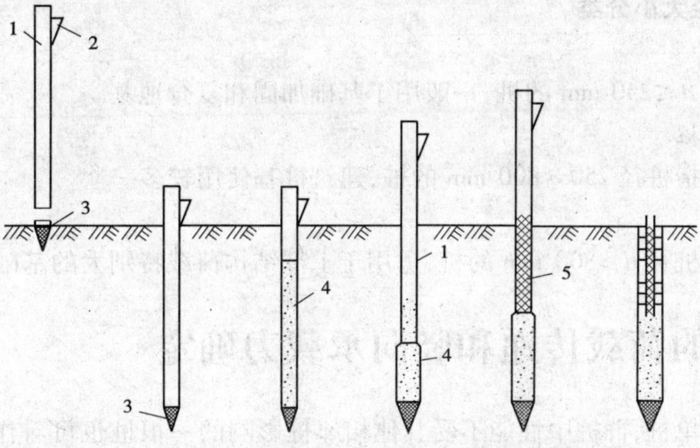

(a)打桩机就位　(b)沉管　(c)浇筑混凝土　(d)边拔管、边振动　(e)安放钢筋笼，继续浇筑混凝土　(f)成型

1—桩管；2—混凝土注入口；3—预制桩尖；4—混凝土；5—钢筋笼

图 8-3　沉管灌注桩的施工顺序示意

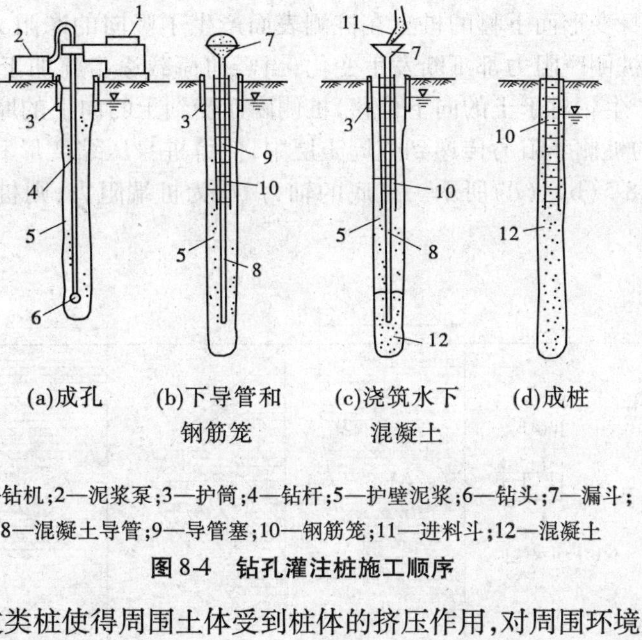

(a)成孔　(b)下导管和钢筋笼　(c)浇筑水下混凝土　(d)成桩

1—钻机；2—泥浆泵；3—护筒；4—钻杆；5—护壁泥浆；6—钻头；7—漏斗；8—混凝土导管；9—导管塞；10—钢筋笼；11—进料斗；12—混凝土

图 8-4　钻孔灌注桩施工顺序

靴的沉管灌注桩。这类桩使得周围土体受到桩体的挤压作用，对周围环境造成严重影响，例如使相邻建筑物变形开裂，市政管线断裂等，目前在大中城市的建成区已严格限制挤土桩的施工。

2. 部分挤土桩

部分挤土桩指对桩周土有部分挤土作用的桩，例如在打入敞口桩管时，土可以进入桩管减少挤土作用，或者即使打入实体桩，预钻孔取走部分土以减小挤土作用。

3. 非挤土桩

非挤土桩指在成孔和成桩过程中，将土体取出，对周围的桩间土没有挤压作用的桩，例如泥浆护壁法、套管护壁法的钻孔、挖孔桩。

8.1.2.6 **按桩径大小分类**

1. 小桩

小桩指桩径 $d \leqslant 250$ mm 的桩，一般用于基础加固和复合地基。

2. 中等直径桩

中等直径桩指桩径 250 ~ 800 mm 的桩，建筑桩基使用较多。

3. 大直径桩

大直径桩指桩径 $d \geqslant 800$ mm 的桩，适用于上部结构荷载特别大的基础。

8.2 单桩的荷载传递和竖向承载力确定

一根桩称为单桩，群桩中性能不受其他相邻桩影响的一根桩也可看作是单桩。在确定单桩的竖向承载力时，有必要了解施加于桩顶的竖向荷载是如何通过桩与土的相互作用传递给地基的，也就是荷载传递的机理。

8.2.1 桩土体系的荷载传递

在桩顶竖向荷载作用下，桩身横截面上产生了轴向力和竖向位移，由于桩身和桩周土的相互作用，随着桩身变形而下移的桩土在桩侧表面产生了竖向的摩阻力。随着桩顶荷载的增加，桩身轴力和桩侧摩阻力都不断发生变化，当竖向荷载逐步施加于单桩顶部，桩身上部首先受到压缩而产生相对于土的向下位移，桩侧因而受到土的向上的摩阻力。桩顶荷载 Q_0 通过所发挥出来的桩侧摩阻力传递到桩周土层中，使得桩身压缩变形和桩身轴力 Q 随深度增加而递减，如图 8-5(b)、(d)所示。桩底的轴力 Q_p 为桩端阻力，则桩侧总阻力 $Q_s = Q_0 - Q_p$。

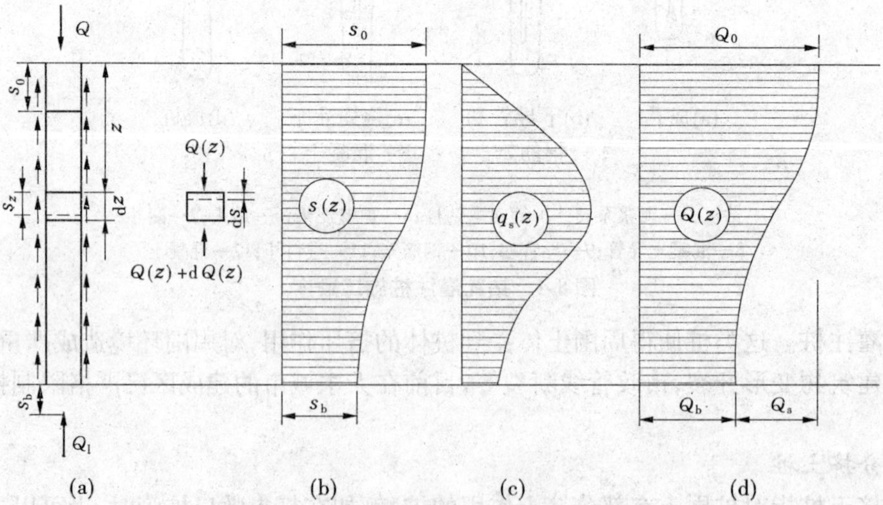

图 8-5 单桩荷载传递分析

桩顶在竖向荷载作用下，其桩顶位移 s_0 一般由两部分组成，一部分是桩端下沉量，一部分是桩身材料本身在荷载作用下产生的压缩变形。桩身轴线位移在桩顶最大，自上而下逐步减小。

影响桩土体系荷载传递的因素主要有：

(1)桩端土与桩周土的刚度比。荷载全部由桩侧摩阻力所承担的纯摩擦桩，桩身荷载上段随深度减小，下段近乎沿深度不变。即桩侧摩阻力上段可得到发挥，下段由于桩土相对位移很小（桩端无位移）而无法发挥出来。端承桩桩端由于土的刚度大，可分担60%以上的荷载。

(2)桩底扩大头与桩身直径之比。比值愈大，桩端阻力分担的荷载比例愈大。

(3)桩长径比。该比值对荷载传递有着重要影响。当长径比很大时，上述各种影响都大大减弱，甚至失去意义。这一特性意味着，当桩很长时，则大部分荷载由桩侧摩阻力承担，即使桩和桩底土再硬，或扩大桩底，都不能改变这个基本特性。

8.2.2 桩侧摩阻力和桩端阻力

当桩与土的相对位移量为零时，其桩侧摩阻力还没有开始发挥作用，值为零。随着桩顶竖向荷载的逐步增加，桩身压缩量和位移量增大，桩身下部的摩阻力随之逐步调动起来，桩底土层因为受到压缩而产生桩端阻力。桩端土层的压缩增加了桩与土之间的相对位移，使得桩侧摩阻力进一步发挥直至全部发挥，如果继续增加荷载，增加的荷载将由桩端阻力承担。当桩端阻力达到极限，位移迅速增大而破坏，此时，桩受到的荷载即为桩的极限承载力。

从图8-5中可以看出：桩身位移 $s(z)$ 和桩身荷载（桩身轴力）$Q(z)$ 在桩顶处最大，自上而下随深度逐步减小。但是，桩侧摩阻力并不是桩顶处最大，而是随深度的增加而逐渐增加的过程，到一定深度时达到最大值，这是因为桩侧摩阻力的大小不仅与截面位移大小有关，而且与桩侧土的侧向压力有关，桩顶处虽然位移最大但桩侧土压力为零，故摩阻力也为零。

单桩受荷过程中，桩端阻力的发挥不仅滞后于桩侧摩阻力，而且其充分发挥所需的桩底位移比桩侧摩阻力所需桩身截面位移大得多。根据小型桩试验所得的桩底极限位移值，对砂类土为 $d/12 \sim d/10$（d 为桩径），对黏性土约为 d。由于发挥桩端阻力所需的极限位移明显大于桩侧摩阻力发挥所需的极限位移，一般桩侧摩阻力总是先于桩端阻力发挥。

桩侧阻力实质上就是土沿着桩身的极限抗剪强度或土与桩的黏着力问题。桩在极限荷载作用下，桩侧阻力的发挥主要决定于桩土之间的相对位移，并且基本上只与土的类别有关，与桩径大小无关。大量试验和分析表明，一般当桩顶沉降在4～10 mm时，桩侧阻力可以达到极限值。

8.2.3 桩侧负摩阻力

桩土之间相对位移方向，对于荷载传递的影响很大。当桩周土层相对于桩侧向下位移时，桩侧摩阻力方向向下，称为桩侧负摩阻力。通常，在下列情况应考虑桩侧负摩阻力作用。

(1)桩穿越较厚松散填土、自重湿陷性黄土、欠固结土层进入相对较硬土层时。

(2)桩周存在软弱土层，邻近桩侧地面承受局部较大的长期荷载，或地面大面积堆载时。

(3)由于降低地下水位，使桩周土中有效应力增大，并产生显著压缩沉降时。

桩侧负摩阻力的产生，使桩的竖向承载力减小，而桩身轴力加大，因此负摩阻力的存在对桩基础是极为不利的。工程中因为负摩阻力引起的不均匀沉降造成的建筑物开裂、倾斜或因沉降过大而影响使用的现象发生时，不得不花费大量资金进行加固，有的甚至无法继续使用而拆除。所以,在可能发生负摩阻力的情况下,设计时应该考虑其对桩基的影响。工程中可以采取适当措施来消除或减小负摩阻力。

8.2.4 单桩竖向承载力

单桩竖向承载力是指单桩在竖直荷载作用下,不丧失稳定,不产生过大变形时的最大荷载。一般而言,桩的破坏主要是由土的支承力不足而引起的。单桩轴向承载力,主要取决于地基土对桩的支承能力和桩身材料的强度。

一般情况下,桩的承载力由地基土的支承能力所控制,材料强度往往不能充分发挥,只有对端承桩、超长桩以及桩身质量有缺陷的桩,桩身材料强度才起控制作用。

单桩竖向承载力特征值是指单桩竖向静载荷试验中荷载——桩顶沉降曲线线性变形段内不超过比例界限点的荷载值,实际上就是单桩竖向承载力的允许值。《建筑地基基础设计规范》(GB 50007—2011)规定:

(1)单桩竖向承载力特征值应通过单桩竖向静载荷试验确定。在同一条件下的试桩数量,不宜少于总桩数的1%,且不应少于3根。

(2)地基基础设计等级为丙级时,可采用静力触探及标准贯入试验参数确定单桩竖向承载力特征值。

8.2.5 按照桩周土的支承能力确定单桩竖向承载力特征值

根据桩周土对桩的支承能力确定单桩的竖向承载力方法很多,如静载荷试验、按土的抗剪强度指标计算、规范经验公式以及目前正在发展和完善的各种动测技术等。

8.2.5.1 经验公式法

《建筑地基基础设计规范》(GB 50007—2011)规定初步设计时单桩竖向承载力特征值 R_a 可按式(8-1)估算:

$$R_a = q_{pa}A_P + u_P \sum q_{sia} l_i \tag{8-1}$$

式中 q_{pa}、q_{sia}——桩端阻力特征值、桩侧阻力特征值,由当地静载荷试验结果统计分析算得,kPa;

A_P——桩底端横截面面积,m^2;

u_P——桩身周边长度,m;

l_i——第 i 层岩土的厚度,m。

当桩端嵌入完整及较完整的硬质岩中时,可按式(8-2)估算单桩竖向承载力特征值:

$$R_a = q_{pa}A_P \tag{8-2}$$

式中 q_{pa}——桩端岩石承载力特征值,kPa,可按岩石饱和单轴抗压强度标准值折减而得;其他符号意义同前。

8.2.5.2 单桩竖向静载荷试验法确定

静载荷试验是评价单桩承载力最为直观和可靠的方法,它除考虑地基的支承能力外,也计入了桩身材料对承载力的影响。

1.试验装置

静载荷试验的加载可采用锚桩法和堆载法。试验装置主要由加载系统和量测系统组成,其加载系统由千斤顶及其反力系统组成,包括主、次梁及锚桩等,量测系统主要由千斤顶上的应力环、应变式压力传感器及百分表或电子位移计等组成。为准确测量桩的沉降，消除相互干扰，要求有基准系统（由基准桩、基准梁组成），试桩、锚桩和基准桩之间要有适当的距离。

2. 测试方法

静载荷试验时，试桩加载应分级进行。

分级进行加荷分级不应小于 8 级，每级加载量宜为预估极限荷载的 1/8 ~ 1/10。测读桩沉降量的间隔时间为：每级加载后，第 5 min、10 min、15 min 时各测读一次，以后每隔 15 min 测读一次，累计 1 h 后每隔 30 min 测读一次。在每级荷载作用下，桩的沉降量连续两次在 1 h 内小于 0.1 mm 时可视为稳定，稳定后即可加下一级荷载。

符合下列条件之一时可终止加载：

(1) 当荷载—沉降（$Q \sim s$）曲线上有可判断极限承载力的陡降段，且桩顶总沉降量超过 40 mm。

(2) 后一级荷载产生的沉降量超过前一级荷载沉降增量的 2 倍，且经 24 h 尚未达到稳定。

(3) 桩长 25 m 以上的非嵌岩桩，荷载—沉降（$Q \sim s$）曲线呈缓变形时，桩顶总沉降量大于 60 ~ 80 mm。

(4) 在特殊条件下，可根据具体要求加载至桩顶总沉降量大于 100 mm。

卸载时，每级卸载值为加载值的 2 倍，卸载后隔 15 min 测读一次桩顶百分表读数，读二次后，隔 30 min 再读 1 次，即可卸下一级荷载。全部卸载后，隔 3 ~ 4 h 再测读一次桩顶百分表读数。

单桩竖向极限承载力可以根据荷载—沉降（$Q \sim s$）曲线，按下列方法确定：

(1) 当陡降段明显时，如图 8-6 曲线 a 所示，取相应于陡降段起点的荷载值为极限承载力。

(2) 当 $Q \sim s$ 曲线呈明显缓变型时，如图 8-6 曲线 b 所示，取桩顶总沉降量 $s = 40$ mm 所对应的荷载作为极限承载力。

(3) 在试验过程中，后一级荷载产生的沉降增量超过前一级荷载沉降增量的 2 倍，且经 24 h 尚未达到稳定，取终止加载的前一级荷载为极限承载力。

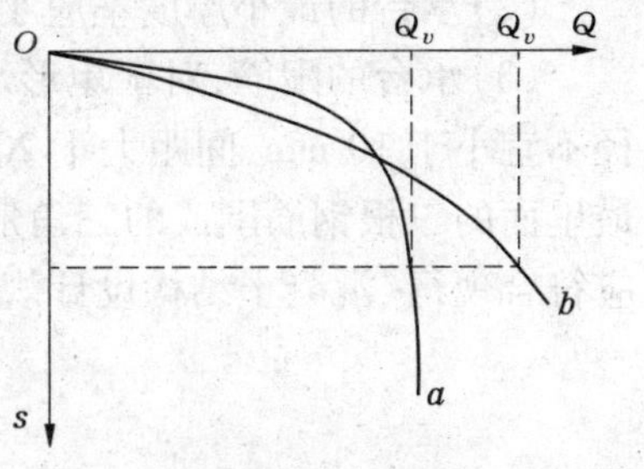

a—陡降型；b—缓变型

图 8-6 单桩 $Q \sim s$ 曲线

(4) 按上述方法判断极限承载力有困难时，可取沉降—时间（$s \sim \lg t$）曲线尾部出现明显向下弯曲的前一级荷载作为极限承载力。

(5) 对桩基沉降有特殊要求时，应根据具体情况选取极限承载力。

参加统计的试桩，当满足其极差不超过平均值的 30% 时，可取其平均值为单桩竖向极限承载力；将单桩竖向极限承载力除以安全系数 2，即得到单桩竖向承载力特征值 R_a。

8.2.6 按照材料强度验算单桩竖向承载力特征值

桩身材料强度应满足桩的承载力设计要求。桩轴向受压时，桩身强度应符合式（8-3）的要求：

$$Q \leqslant A_P f_c \varphi_c \tag{8-3}$$

式中 Q——相应于荷载效应基本组合时的单桩竖向力设计值,kN;

f_c——混凝土轴心抗压强度设计值,按照现行《混凝土结构设计规范》(GB 50010—2010)取值,kPa;

A_P——桩身横截面面积,m^2;

φ_c——工作条件系数,非预应力预制桩取0.75,预应力预制桩取0.55~0.65,灌注桩取0.6~0.8(水下灌注桩或长桩时用低值)。

8.3 承台设计

当基桩数量、桩距和平面布置形式确定后,即可确定承台尺寸。承台应有足够的强度和刚度,以便将各基桩连接成整体,从而将上部结构荷载安全可靠地传递到各个基桩;同时承台本身也具有类似浅基础的承载能力。承台形式较多,如柱下独立承台、柱下或墙下条形基础(梁式承台)、筏板承台、箱形承台等。本节仅介绍最常用的柱下独立承台的设计,承台设计包括确定形状、高度、底面标高和平面尺寸,承台除满足构造要求外,还应满足抗弯曲、抗冲切、抗剪切承载力和上部结构的要求。

8.3.1 承台的构造要求

(1)柱下独立桩基承台的最小宽度不小于500 mm,边桩中心至承台边缘的距离不宜小于桩的直径或边长,且桩的外边缘至承台边缘距离不小于150 mm。

(2)承台的最小厚度不应小于300 mm。

(3)承台的配筋,对于矩形承台,其钢筋应按双向均匀通长布置,如图8-7所示,钢筋直径不宜小于10 mm,间距大于200 mm;对于三桩承台,钢筋应该按照三向板带均匀布置,且最里面的三根钢筋围成的三角形应在柱截面范围内。承台梁的主筋除满足计算要求外,尚应符合现行《混凝土结构设计规范》(GB 50010—2010)关于最小配筋率的规定。

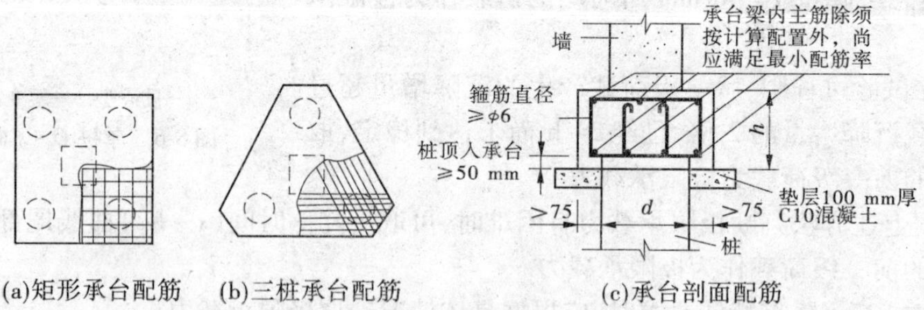

(a)矩形承台配筋　(b)三桩承台配筋　(c)承台剖面配筋

图8-7　承台配筋示意图

(4)承台混凝土强度等级不应低于C20,纵向钢筋的混凝土保护层厚度不小于70 mm,当有混凝土垫层时,不应小于50 mm。

8.3.2 承台的抗弯承载力设计

多数承台的钢筋含量较低,常为受弯破坏,抗弯承载力设计的本质是配筋设计,按承台截面最大弯矩进行配筋。柱下桩基承台的弯矩可按以下算法确定。

8.3.2.1 **多桩矩形承台**

多桩矩形承台计算截面取在柱边和承台高度变化处(杯口外侧或台阶边缘,见图 8-8(a))弯矩设计值分别为

$$M_x = \sum N_i y_i \tag{8-4}$$

$$M_y = \sum N_i x_i \tag{8-5}$$

式中 M_x、M_y——垂直于 y 轴和 x 轴方向计算截面处的弯矩设计值,kN·m;

x_i、y_i——垂直于 y 轴和 x 轴方向自桩轴线到相应计算截面的距离,m;

N_i——扣除承台和其上填土自重后相应于荷载效应基本组合的第 i 桩竖向力设计值,kN。

8.3.2.2 **三桩承台**

(1)等边三桩承台(见图 8-8(b)),弯矩设计值为

$$M = \frac{N_{max}}{3}\left(s - \frac{\sqrt{3}}{4}c\right) \tag{8-6}$$

式中 M——由承台形心至承台边缘距离范围内板带的弯矩设计值,kN·m;

N_{max}——扣除承台和其上填土自重后的三桩中相应于荷载效应基本组合时的最大单桩竖向力设计值,kN;

s——桩距,m;

c——方柱边长,圆柱时 $c = 0.866d$(d 为圆柱直径),m。

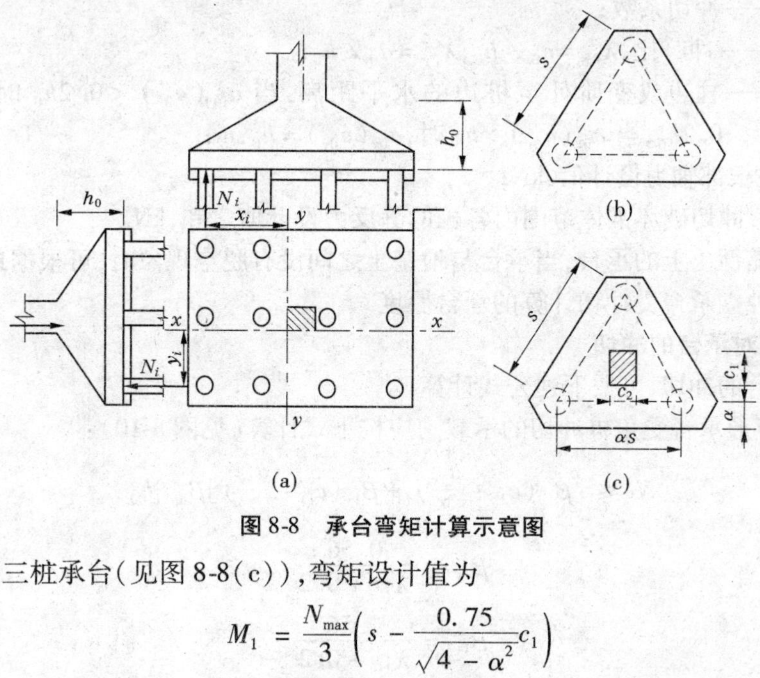

图 8-8 承台弯矩计算示意图

(2)等腰三桩承台(见图 8-8(c)),弯矩设计值为

$$M_1 = \frac{N_{max}}{3}\left(s - \frac{0.75}{\sqrt{4-\alpha^2}}c_1\right) \tag{8-7}$$

$$M_2 = \frac{N_{max}}{3}\left(\alpha s - \frac{0.75}{\sqrt{4-\alpha^2}}c_2\right) \tag{8-8}$$

式中 M_1、M_2——由承台形心到承台两腰和底边的距离范围内板带的弯矩设计值,kN·m;

s——长向桩距，m；

α——短向桩距与长向桩距之比，当小于0.5时，应按变截面的二桩承台设计；

c_1、c_2——垂直于、平行于承台底边的柱截面边长，m。

8.3.3 承台抗冲切承载力设计

柱下桩基础独立承台承受的冲切作用包括柱对承台的冲切和角桩对承台的冲切。如果承台厚度不够，就会产生冲切破坏锥体。

8.3.3.1 柱对承台的冲切

柱对承台的冲切，可按下列公式计算：

$$F_l \leqslant 2[\beta_{0x}(b_c + a_{0y}) + \alpha_{0y}(h_c + a_{0x})]\beta_{hp}f_t h_0 \tag{8-9}$$

$$F_l = F - \sum N_i$$

$$\beta_{0x} = 0.84/(\lambda_{0x} + 0.2)$$

$$\beta_{0y} = 0.84/(\lambda_{0y} + 0.2)$$

式中 F_l——扣除承台及其上填土自重，作用在冲切破坏锥体上相应于荷载效应基本组合的冲切力设计值，kN，冲切破坏锥体应采用自柱边或承台变阶处至相应桩顶边缘边线构成的锥体，锥体与承台底面的夹角不小于45°，如图8-9所示；

h_0——冲切破坏锥体的有效高度，m；

β_{hp}——受冲切承载力截面高度影响系数，当承台高度 $h \leqslant 800$ mm时，$\beta_{hp} = 1.0$，当 $h \geqslant 2\ 000$ mm时，$\beta_{hp} = 0.9$，其他按线性内插法取值；

β_{0x}、β_{0y}——冲切系数；

λ_{0x}、λ_{0y}——冲跨比，$\lambda_{0x} = a_{0x}/h_0$，$\lambda_{0y} = a_{0y}/h_0$；

a_{0x}、a_{0y}——柱边或变阶处至桩边的水平距离，当 $a_{0x}(a_{0y}) < 0.2h_0$ 时，$a_{0x}(a_{0y}) = 0.2h_0$，当 $a_{0x}(a_{0y}) > h_0$ 时，$a_{0x}(a_{0y}) = h_0$，m；

F——柱根部轴力设计值，kN；

$\sum N_i$——冲切破坏锥体范围内各桩的静反力设计值之和，kN。

对中低压缩性土上的承台，当承台与地基土之间没有脱空现象时，可根据地区经验适当减少柱下基础独立承台受冲切计算的承台厚度。

8.3.3.2 角桩对承台的冲切

角桩对承台的冲切，可按下列公式计算。

(1)多桩矩形承台受角桩冲切的承载力应按下式计算(见图8-10)：

$$N_l \leqslant [\beta_{1x}(c_2 + \frac{a_{1y}}{2}) + \beta_{1y}(c_1 + \frac{a_{1x}}{2})]\beta_{hp}f_t h_0 \tag{8-10}$$

$$\beta_{1x} = \frac{0.56}{\lambda_{1x} + 0.2}$$

$$\beta_{1y} = \frac{0.56}{\lambda_{1y} + 0.2}$$

式中 N_l——扣除承台和其上填土自重后的角桩桩顶相应于荷载效应基本组合时的竖向力设计值，kN；

β_{1x}、β_{1y}——角桩冲切系数；

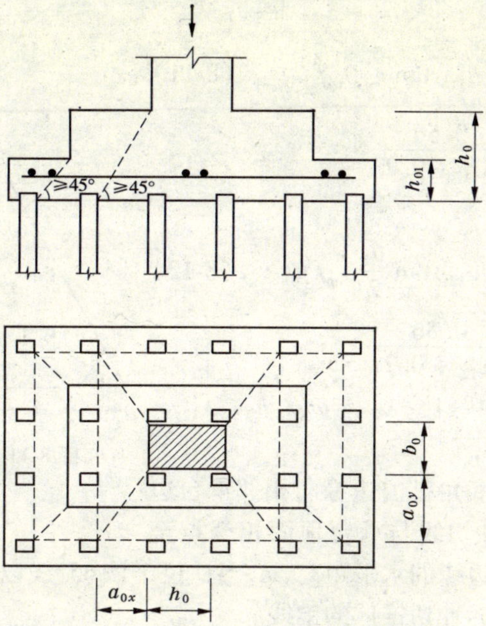

图 8-9 柱对承台冲切计算示意图

λ_{1x}、λ_{1y}——角桩冲跨比，其值满足 0.2～1.0，$\lambda_{1x}=a_{1x}/h_0$，$\lambda_{1y}=a_{1y}/h_0$；

c_1、c_2——从角桩内边缘至承台外边缘的距离，m；

a_{1x}、a_{1y}——从承台底角桩内边缘引 45°冲切线与承台变阶处相交点至角桩内边缘的水平距离；

h_0——承台外边缘的有效高度，m。

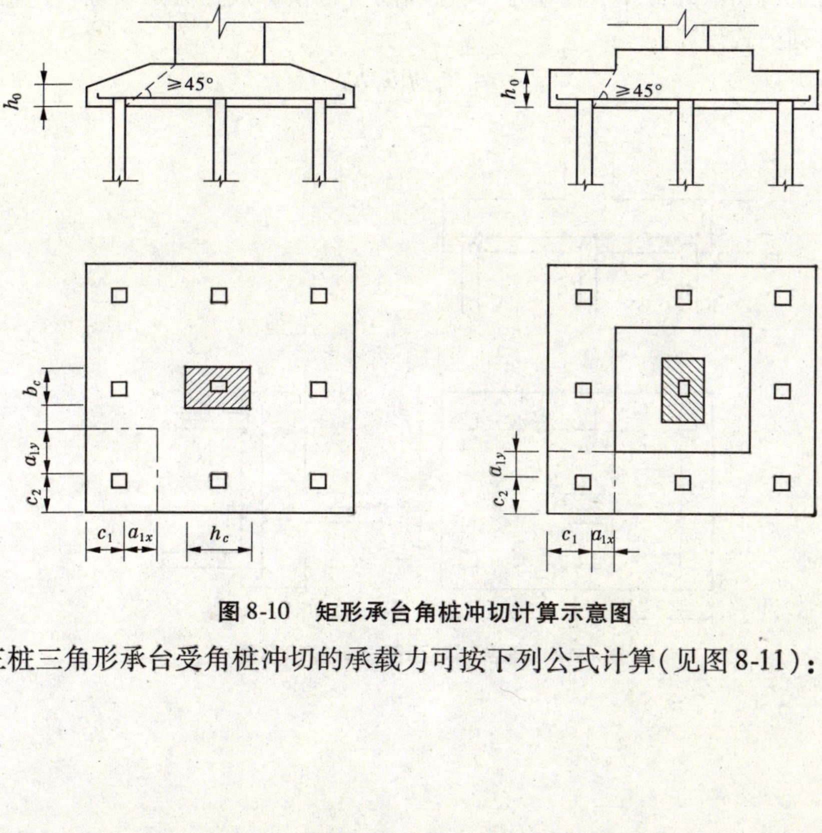

图 8-10 矩形承台角桩冲切计算示意图

（2）三桩三角形承台受角桩冲切的承载力可按下列公式计算（见图 8-11）：

底部角桩

$$N_l \leqslant \beta_{11}(2c_1 + a_{11})\tan\frac{\theta_1}{2}\beta_{hp}f_t h_0 \qquad (8\text{-}11)$$

$$\beta_{11} = \frac{0.56}{\lambda_{11} + 0.2}$$

顶部角桩

$$N_l \leqslant \beta_{12}(2c_2 + a_{12})\tan\frac{\theta_2}{2}\beta_{hp}f_t h_0 \qquad (8\text{-}12)$$

$$\beta_{12} = \frac{0.56}{\lambda_{12} + 0.2}$$

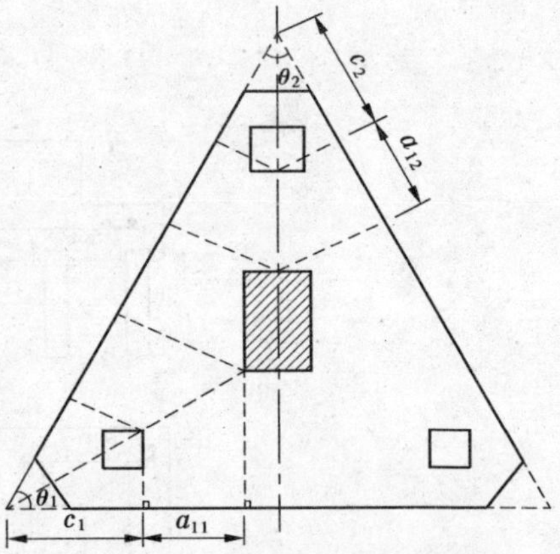

图 8-11　三角形承台角桩冲切计算示意图

式中　λ_{11}、λ_{12}——角桩冲跨比，$\lambda_{11} = a_{11}/h_0$，$\lambda_{12} = a_{12}/h_0$；

a_{11}、a_{12}——从承台底角桩内边缘向相邻承台边引 45°冲切线与承台顶面相交点至角桩内边缘的水平距离，m，当柱位于该 45°线以内时，则取柱边与桩内边缘边线为冲切锥体的锥线。

对圆柱及圆桩，计算时可将圆形截面换算为正方形截面，换算后正方形边长为圆直径的 0.8 倍。

8.3.4　承台斜截面抗剪切承载力设计

承台在基桩反力作用下，剪切破坏面位于柱边和桩边连线形成的斜截面或承台变阶处和桩边连线形成的斜截面（见图 8-12）。当柱外边有多排桩形成多个剪切斜截面时，应对每个斜截面进行抗剪切承载验算。验算时，圆柱和圆桩也换算成正方形截面。斜截面抗剪切承载力可按下列公式计算：

$$V \leqslant \beta_{hs}\beta f_t b_0 h_0 \qquad (8\text{-}13)$$

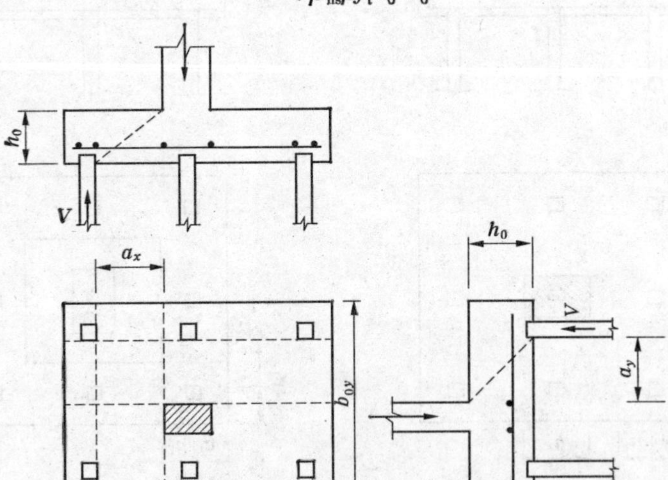

图 8-12　承台斜截面受剪计算示意图

$$\beta = \frac{1.75}{\lambda + 1.0}$$
$$\lambda_x = a_x / h_0$$
$$\lambda_y = a_y / h_0$$
$$\beta_{hs} = (0.8 / h_0)^{1/4}$$

式中 V——扣除承台及上填土自重后相应于荷载效应基本组合时斜截面的最大剪力设计值,kN;

b_0——承台计算截面处的计算宽度,m,阶梯形承台变阶处的计算宽度、锥形承台的计算宽度应按《建筑地基基础设计规范》(GB 50007—2011)附录 U 确定;

h_0——计算宽度处的承台有效高度,m;

β——剪切系数;

λ——计算截面的剪跨比,当 $\lambda<0.25$ 时,取 $\lambda=0.25$,当 $\lambda>3$ 时,取 $\lambda=3$;

a_x、a_y——柱边或承台变阶处到 x、y 方向计算一排桩的桩边的水平距离,m;

β_{hs}——受剪切承载力截面高度影响系数,$\beta_{hs}=(800/h_0)^{1/4}$,当 $h_0<0.8$ m 时,h_0 取 0.8 m,$h_0>2$ m 时,h_0 取 2 m。

8.3.5 局部受压承载力设计

对柱下桩基础承台,当承台的混凝土强度等级低于柱或桩的混凝土强度等级时,应按现行《混凝土结构设计规范》(GB 50010—2010)验算柱下或桩上承台的局部受压承载力。

8.4 桩基础设计

在设计桩基础时,应力求做到安全、合理和经济。从保证安全的角度出发,桩基础应有足够的强度、刚度和耐久性。桩基设计主要包括承载力设计和沉降验算两个方面。桩基承载力设计通过设置合理的桩长、桩径、桩数和桩位来保证桩基足够的强度和稳定性,沉降计算则为了防止过大变形引起建筑物的结构损害或影响建筑物的正常使用。此外,还要进行桩基承台设计,以保证桩基具有足够的结构强度。

8.4.1 桩基础的设计内容和步骤

(1)收集设计资料,综合地质勘察报告、荷载情况、使用要求、上部结构条件等确定持力层。

(2)确定桩的类型、外型尺寸和构造。

(3)确定单桩竖向承载力特征值。

(4)初拟桩的数量及其在平面的布置。

(5)桩身结构设计。

(6)承台设计。

(7)绘制桩和承台的结构及施工图。

8.4.2 收集设计资料

桩基础设计资料包括:建筑物上部结构的情况、结构形式、平面布置、荷载大小、结构构造、使用要求等,工程地质勘察资料、建筑场地与环境的有关资料、施工条件的有关资料如沉桩设备、动力设备等,当地使用桩基础的经验。

8.4.3 选择桩型、桩长和横截面尺寸

8.4.3.1 桩型的选择

桩型选择时,要根据建筑物的结构类型、地质条件、结构荷载情况、桩的使用功能、施工条件等综合考虑,合理选择安全经济的桩型和成桩工艺。根据地质条件选定桩为摩擦桩或端承桩;根据当地条件,选择桩的材料,确定是打入桩或灌注桩。

在居民生活、工作区周围应当尽量避免使用锤击、振动法沉桩的桩型。城市中存在市政管线较多的环境里,不宜选用挤土桩,在深厚软土中也不宜采用大片密集有挤土效应的桩基。从荷载条件上看,预制小方桩、沉管灌注桩受桩身穿越硬土层能力和机具施工能力影响,单桩承载力相对较小,仅适用于多层、小高层建筑;对于大直径钻孔灌注桩、钢管桩等,竖向、侧向单桩承载力较大,可满足超高层建筑的要求。

地质条件是桩型选择时考虑的重要条件,对于坚硬岩层埋深不大时,应该首先考虑使用端承桩。当坚硬岩层埋深很深时,只能考虑摩擦桩或摩擦端承桩,但桩端也应尽量达到压缩性较低、强度中等的土层。基于不同的工艺特点,一般预制桩的质量稳定性要好于灌注桩,而且施工速度也相对较快。

8.4.3.2 桩长

桩长主要取决于桩端持力层的选择。强度较高、压缩性较低的黏性土、粉土、中密或密实砂土、砾石土以及中风化或微风化的岩层,是常用的桩端持力层。桩端进入持力层的深度宜为桩身直径的1~3倍,嵌桩嵌入完整或较完整的未风化、微风化、中风化硬质岩体的最小深度为0.5 m,对于黏土、粉土不宜小于2倍桩径,砂土不宜小于1.5倍桩径,碎石类土不宜小于1倍桩径,从而确保桩端与持力层的接触。若持力层下有软弱下卧层,桩端以下硬持力层厚度不宜小于4倍桩径,否则端承力将降低甚至丧失。

8.4.3.3 桩的横截面尺寸

一般情况下,同一建筑物应该尽量采用相同桩径的桩基。但是,建筑物上部荷载分配很不均匀时,可以根据荷载和地基的地质条件采用不同直径的基桩。桩的横截面尺寸应与桩长相适应,桩的长径比主要根据桩身不产生压屈失稳及考虑施工现场条件来确定。对预制桩而言,摩擦桩长径比不宜大于100;端承桩或摩擦桩需穿越一定厚度的硬土层,桩长径比不宜大于80。对灌注桩而言,端承桩的长径比不宜大于60,当穿越淤泥、自重湿陷性黄土时不宜大于40,摩擦桩的长径比不受限制。当有保证桩身质量的可靠措施和成熟经验时,长径比可适当增大。

8.4.4 确定桩数和桩的平面布置

8.4.4.1 确定桩数

桩数的确定可以根据单桩承载力特征值和上部结构荷载情况确定。

1. 桩数的初步确定

初步确定时,可以按照以下方法进行计算。

轴心竖向力作用下:

$$n \geqslant \frac{F + G}{R} \tag{8-14}$$

偏心竖向力作用下：

$$n \geqslant \mu \frac{F + G}{R} \tag{8-15}$$

式中　μ——系数，一般取 1.1～1.2。

可以根据初步确定后的桩数进行桩的平面布置，然后经过单桩受力验算后作必要的修改。

2. 群桩中单桩桩顶竖向力的计算

轴心竖向力作用下：

$$Q_k = \frac{F_k + G_k}{n} \tag{8-16}$$

偏心竖向力作用下：

$$Q_{ik} = \frac{F_k + G_k}{n} \pm \frac{M_{xk} y_i}{\sum y_i^2} \pm \frac{M_{yk} x_i}{\sum x_i^2} \tag{8-17}$$

水平力作用下：

$$H_{ik} = \frac{H_k}{n} \tag{8-18}$$

式中　F_k——相应于荷载效应标准组合时，作用于桩基承台顶面的竖向力，kN；

G_k——桩基承台自重及承台上土重标准值，kN；

n——桩基中的桩数；

H_k——相应于荷载效应标准组合时，作用于承台底面的水平力，kN；

x_i、y_i——桩的中心至桩群形心坐标的 y 轴、x 轴距离，m；

M_{xk}、M_{yk}——效应标准组合作用于承台底面通过桩群形心的 x 轴、y 轴的力矩，kN·m。

3. 单桩承载力的验算

轴心竖向力作用下：

$$Q_k \leqslant R_a \tag{8-19}$$

偏心竖向力作用下，除满足上式要求外，还应满足下式要求：

$$Q_{ikmax} \leqslant 1.2R_a \tag{8-20}$$

水平荷载作用下：

$$H_{ik} \leqslant R_{Ha} \tag{8-21}$$

式中　R_a——单桩竖向承载力特征值，kN；

R_{Ha}——单桩水平承载力特征值，kN。

8.4.4.2　**桩的平面布置**

根据《建筑地基基础设计规范》（GB 50007—2011），摩擦型桩的中心距不宜小于桩径的3倍，以减少摩擦桩侧阻力的叠加效应，但也不宜大于桩径的6倍，避免承台过大。扩底灌注桩的中心距不宜小于扩底直径的1.5倍，当扩底直径大于2 m时，桩端净距不宜小于1 m。在确定桩距时还应该考虑施工工艺中挤土等效应对邻近桩的影响。

布桩时要使桩基承载力合力点与竖向永久荷载合力作用点重合，减少偏心荷载；要尽量对结构受力有利,如对墙体落地的结构宜沿墙下布桩;尽量使桩基在承受水平力和力矩较大的方向有较大的断面抵抗矩,如承台的长边与力矩较大的平面取得一致。

8.4.5 桩身截面强度设计

桩身混凝土强度应满足桩的承载力设计要求。对抗拔桩按《混凝土结构设计规范》(GB 50010—2010)要求进行桩身混凝土抗裂验算。

8.4.6 桩基础的沉降验算

根据《建筑地基基础设计规范》(GB 50007—2011)规定,桩基础的沉降不得超过建筑物的沉降允许值,并不得超过规定的地基变形允许值。规范还规定下列建筑物的桩基础必须进行沉降验算:

(1)地基基础设计等级为甲级的建筑物桩基;

(2)体型复杂、荷载不均匀或桩端以下存在软弱土层的设计等级为乙级的建筑物桩基;

(3)摩擦型桩基。

计算桩基础沉降时,最终沉降量可按单向压缩分层总和法计算桩端以下压缩土层的总变形量。考虑到桩端处的应力集中,土体的计算分层厚度在桩端以下规定范围内应适当加密。实际工程计算时,一般区域计算层厚度取 1 m,加密区域计算层厚度取 0.1 m,已能保证足够的精度。

8.4.7 桩的构造要求

《建筑地基基础设计规范》(GB 50007—2011)规定如下。

8.4.7.1 桩的主筋的确定

桩的主筋应该经计算确定。打入式预制桩的最小配筋率不宜小于 0.8%,静压预制桩的最小配筋率不宜小于 0.6%,灌注桩最小配筋率不宜小于 0.2% ~0.65%(小直径桩取大值)。

8.4.7.2 配筋长度

(1)受水平荷载和弯矩较大的桩,配筋长度应通过计算确定。

(2)桩基承台下存在淤泥、淤泥质土或液化土层时,配筋长度应该穿过淤泥、淤泥质土或液化土层。

(3)坡地岸边的桩、8 度及 8 度以上地震区的桩、抗拔桩、嵌岩端承桩应通长配筋。

(4)桩径大于 600 mm 的钻孔灌注桩,构造钢筋的长度不宜小于桩长的 2/3。

8.4.7.3 桩身混凝土及保护层厚度

预制桩的混凝土强度等级不应低于 C30,灌注桩不应低于 C25,预应力桩不应低于 C40。

预制桩主筋的混凝土保护层厚度,不应小于 45 mm,预应力管桩不应小于 35 mm,灌注桩主筋混凝土保护层厚度,不得小于 50 mm。

8.4.7.4 桩与承台的连接

桩顶嵌入承台内的长度不宜小于 50 mm,主筋伸入承台内的锚固长度不宜小于钢筋直径(HPB300)的 30 倍和钢筋直径(HPB335 和 HRB300)的 35 倍。对于大直径灌注桩,当采用一柱一桩时,可设置承台或将桩和柱直接连接。

8.5　其他深基础简介

除桩基础外，沉井、地下连续墙、墩基础、沉箱等都属于深基础。下面仅介绍沉井基础和地下连续墙。

8.5.1　沉井基础

沉井多用于工业建筑和地下构筑物，与大开挖相比，它具有挖土量少，施工方便，占地少和对邻近建筑物影响较小等特点。沉井是一种竖向的筒形结构物，通常用砖、素混凝土或钢筋混凝土制成（见图8-13）。施工时，在筒内挖土，使沉井失去支承而下沉，随着下沉再逐节接长井筒，井筒下沉到设计高程后，浇筑混凝土封底。

整个井筒在施工期间作为支撑四周土体的护壁，竣工时即为永久性的深基础。

8.5.1.1　沉井的作用

沉井常用于平面上比较紧凑的重型结构物，如烟囱、单独重型设备的基础，起到承重的作用；沉井可以作为地下结构物使用，例如取水建筑物、地下厂房、地下油库等；沉井井筒不仅可以挡土，也可以挡水，因此在江河上修建的结构物如桥墩、挡水坝等可以采用沉井，如南京长江大桥、武汉长江大桥、江阴长江大桥（见图8-14）等均采用了沉井基础设计方案；在新建建筑物深基础工程邻近原有建筑物浅基础，基槽开挖将危及原有建筑物稳定时，可以采用沉井防止原有基础滑动。可以说，沉井在工程中应用较广。该基础适合在黏性土和较粗的砂土中施工，土中有障碍物时会给下沉带来一定的困难。

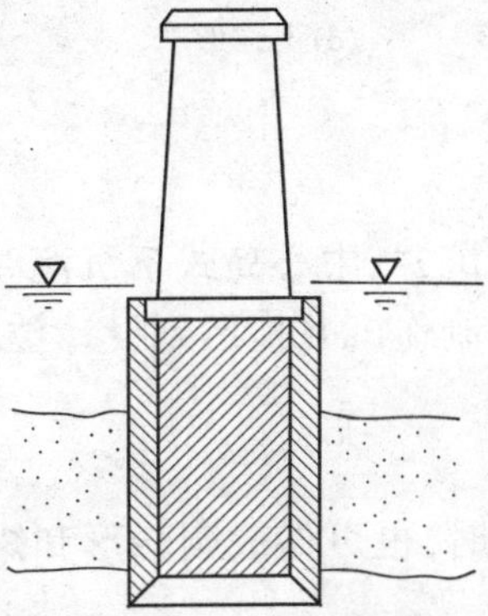

图8-13　沉井基础示意图

图8-14　江阴长江大桥沉井基础

8.5.1.2　沉井的类型

1.按沉井的平面形式分

沉井按平面形式不同可分为单孔沉井、单排孔沉井、多排孔沉井。单孔沉井，呈圆形、正方形、矩形等，如图8-15（a）、（b）、（c）所示；单排孔沉井，呈矩形、长圆形、组合形等，如图8-15（d）、（e）所示；多排孔沉井，由内隔墙分成若干个井孔，如图8-15（f）所示。

2.按沉井的竖向剖面形状分

沉井按竖向剖面形状不同可分为柱形竖直式、台阶式（阶梯形）、锥形，如图8-16所示。

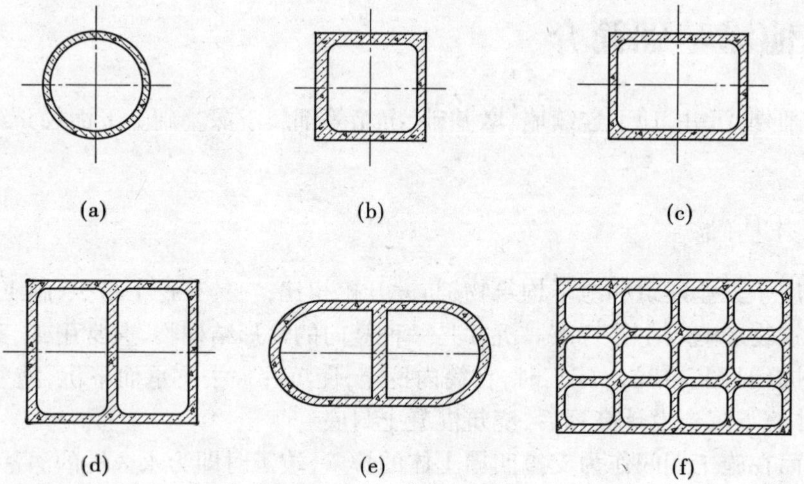

图 8-15　沉井平面形式

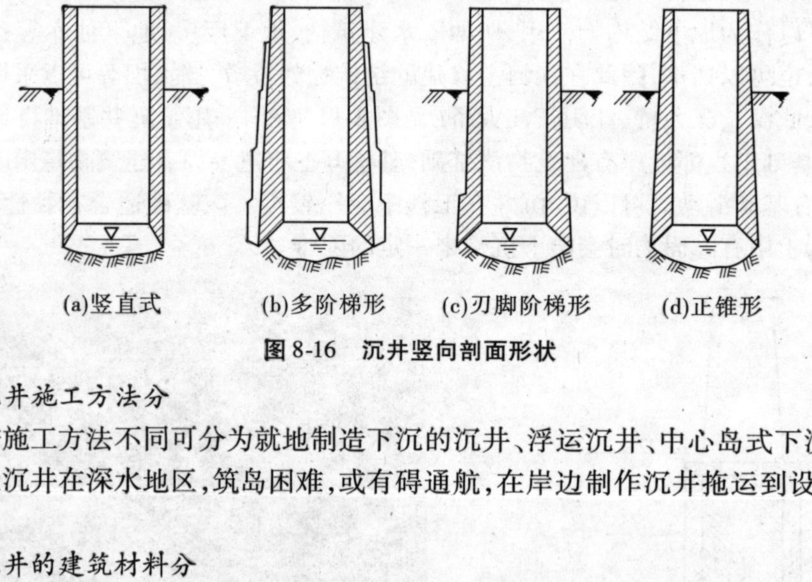

图 8-16　沉井竖向剖面形状

3. 按沉井施工方法分

沉井按施工方法不同可分为就地制造下沉的沉井、浮运沉井、中心岛式下沉沉井、气压沉箱。浮运沉井在深水地区，筑岛困难，或有碍通航，在岸边制作沉井拖运到设计位置后整体下沉。

4. 按沉井的建筑材料分

(1)混凝土沉井。这种沉井多做成圆形，当井壁足够厚时，也可做成圆端形和矩形，适用于下沉深度不大(4～7 m)的松软土层。

(2)钢筋混凝土沉井。抗压强度高，抗拉能力也较强，下沉深度可以很大(达数十米以上)。当下沉深度不很大时，井壁上部可用混凝土、下部(刃脚)用钢筋混凝土制造。

(3)竹筋混凝土沉井。采用耐久性差但抗拉力好的竹筋代替部分钢筋，但在沉井分节接头处及刃脚内仍用钢筋。

(4)钢丝网水泥沉井。可作成 30 mm 厚的双壁空心浮运沉井，具有施工方便、节省钢材等优点，适用于深水基础。

(5)钢沉井。用钢材制造沉井井壁外壳，井壁内挖土，填充混凝土。此种沉井强度高，刚度大，质量较轻，易于拼装，常用于做浮运沉井。

8.5.1.3 沉井的结构

沉井的结构由刃脚、井壁、隔墙、井孔、凹槽、封底及顶板等组成,如图 8-17 所示。

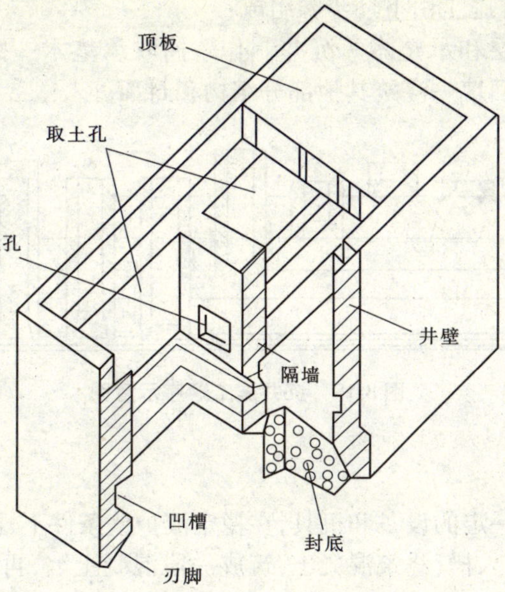

图 8-17 钢筋混凝土沉井结构示意图

(1)刃脚。刃脚位于沉井的最下端,形如刀刃,在沉井下沉的过程中,减少沉井下沉阻力,切土下沉,封闭与阻止壁外流沙或泥浆涌入井筒内。刃脚底面并不为尖刀状,通常为一水平面,称为踏面。踏面宽度不小于 150 mm,当土质坚硬时,踏面用钢板或角钢保护。刃脚斜面倾角为 45°以上(双斜面),其高度为 1 m 左右。

(2)井壁。井壁起到下沉挡土、挡水,以及克服摩擦阻力的作用。井壁一般壁厚 0.4 ~ 1.5 m,每节高度 6 ~ 8 m,具体应根据施工和使用要求计算确定。井壁内预埋各种管路井壁合围形成为井筒,井筒内径最小不小于 0.9 m。

(3)隔墙。内隔墙是为了沉井在下沉过程中增强整体刚度而设置的,可以减少井壁受力跨度,减少挠曲应力,分成多个井孔分别挖土,还有利于控制沉井下沉方向和纠偏作业。内隔墙一般间距 5 ~ 6 m,厚度 0.5 ~ 1.2 m,底面高出刃脚踏面 0.5 m 以上。井筒内部的空间要容纳挖土工人或者机械在井内作业,以及方便潜水员排除障碍。为防止发生突沉,可将内隔墙设计成与刃脚踏面平齐,但应留过人工作孔。

在沉井内设置过多隔墙时,往往会对沉井的使用和下沉带来较大的影响,因此可用上、下横梁与井壁所组成的框架来代替隔墙,起到内隔墙的相同作用。对于一些大型沉井,因使用要求不能设置内隔墙时,可在沉井底部增设底梁,以利于控制沉井的突沉发生,并加强刃脚底部的刚度。

(4)井孔。井孔是挖土排土工作的场所和通道。井孔的尺寸应满足沉井的施工要求,其宽度(或直径)不宜小于 3 m。井孔布置应对称于沉井中心轴。采用水力喷射和空气吸泥机等挖土作业时,可适当加大井孔尺寸。

(5)凹槽。凹槽设在井孔下端近刃脚处,其作用是使封底混凝土与井壁有较好的接合,封底混凝土底面的反力更好地传给井壁。

(6)顶板。沉井作为地下构筑物时,顶部需浇筑钢筋混凝土顶板。

8.5.1.4 沉井的施工顺序

如图 8-18 所示,沉井施工由下述步骤组成:

基坑开挖—铺砂垫层和承垫木—沉井制作—抽取承垫木—挖土下沉(分节制作与下沉)—至设计标高、封底回填—浇筑其他部分结构和封顶。

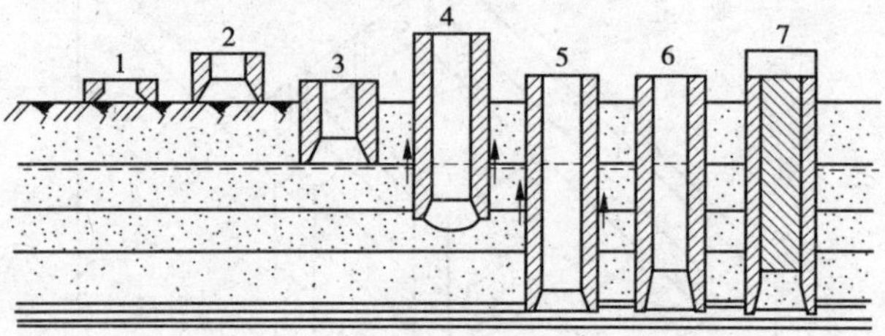

图 8-18 沉井施工顺序示意图

8.5.2 地下连续墙

地下连续墙是利用一定的设备和机具,在稳定液护壁条件下,沿已构筑好的导墙钻挖一段深槽,然后吊放钢筋笼入槽,浇筑混凝土,筑成一段混凝土墙,再将每个墙段连接起来,形成连续的地下基础构筑物。

地下连续墙起源于欧洲,意大利于 1938 年首次进行了在泥浆护壁的深槽中建造地下连续墙的试验,于 1950 年应用于意大利的 Santan Malia 大坝防渗工程(深达 40 m 的截水止漏墙)。中国第一座地下墙是 1958 年青岛月子口水库建成的桩排式防渗墙。

地下连续墙主要起挡土、挡水(防渗)和承重作用。

地下连续墙的应用范围如下:

(1)水利水电工程防渗墙、地下污水处理厂和净水池、泵房的外墙、城市市政管道及各种管形渠、地下贮存槽等。

(2)地下承重结构物,如各种基础构造、墙及支承桩等。

(3)地下挡土墙,如高层建筑地下室外墙、地铁和地下街道的外墙、盾构和顶管等工作竖井、码头和河港的驳岸和护岸、干船坞的周墙等。

当基坑深度≥10 m、软土或砂土地基、在密集的建筑群中施工基坑,对周围地面沉降、建筑物的沉降要求严格限制时;围护结构与主体结构相结合,用作主体结构的一部分,对抗渗有较严格要求时;采用逆作法施工等情况时,适合采用地下连续墙。

地下连续墙的优点包括:施工时对周边环境影响小,液压成槽工作时,无震动、无噪声;能够紧邻相邻的建筑物及地下管线施工,对沉降及变位较易控制;墙体刚度大、整体性好,结构和地基的变形都较小,耐久性好,抗渗性能好,既可用于超深围护结构,也可用于主体结构;可与锚杆、内支撑、逆作法等形式进行有机的结合,保证基坑施工安全性和合理性;适用地层广泛。它适合于淤泥质黏土、黏土、砂土、砾石、卵石、漂石和孤石、软岩和硬岩;地下连续墙集挡土、止水、承重为一体,可兼作地下室外墙;可实行逆作法施工,有利于施工安全,加快施工速度,降低造价。

地下连续墙的缺点包括:弃土及废泥浆的处理若不当,会造成新的环境污染;地下连续墙最适应的地层为软塑、可塑的黏性土层。当地层条件复杂时,还会增加施工难度和影响工程造价;槽壁坍塌易引起相邻地面沉降、坍塌,危害邻近建筑和地下管线的安全。

地下连续墙的成槽方法主要有:冲击法、冲击—回转法、抓斗直接成槽法、冲抓法、多头钻成槽法、双轮铣成槽法等。

小 结

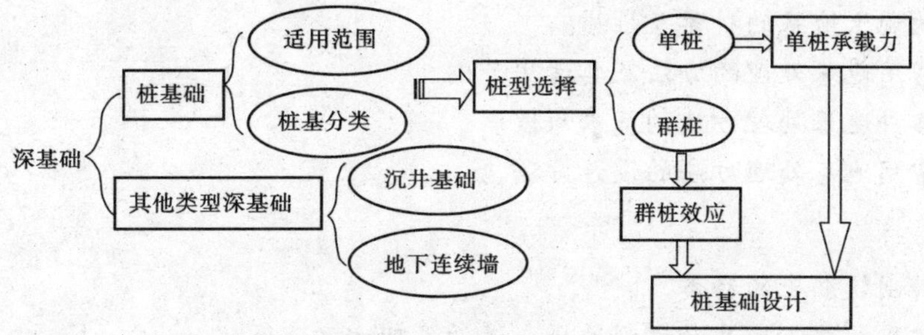

能力扩展与应用

一框架结构教学楼,室内外高差为0.6 m,拟采用钻孔灌注桩基础。场地地层从上到下依次为:①填土,厚度1.5 m;②淤泥质土,软塑—流塑,厚度7 m,桩周土阻力特征值q_s为12.5 kPa;③粉质黏土,可塑,厚度3.5 m,桩周土阻力特征值q_s为36 kPa;④中砂,密实,厚度4.5 m,桩周土阻力特征值q_s为60 kPa,桩端阻力特征值q_{pa}为1 500 kPa;⑤碎石土,中密,该层未揭穿,桩周土阻力特征值q_s为80 kPa,桩端阻力特征值q_{pa}为2 000 kPa。初步选定承台底面在天然地面下1.5 m处,已知一内柱传至承台顶面(天然地面下0.5 m)处的荷载标准值为F=5 000 kN,M=360 kN·m,请初步设计该基础。

第9章　地基处理

知识目标

- 掌握软弱土地基的种类及性质。
- 掌握常用地基处理的方法及其适用范围。
- 了解各种地基处理方法的基本原理。
- 了解常用地基处理方法的设计方法。

能力目标

- 能够辨别软弱土的种类。
- 能够根据软弱土地基的类型选择合适的处理方案。
- 能够进行简单的地基处理设计。

9.1　地基处理概述

9.1.1　地基处理的目的和方法

地基处理的目的是保证各类工程对地基的稳定性、变形、承载能力、渗透问题的要求，天然地基通过地基处理，形成人工地基，从而满足各类工程对地基的上述要求。

根据地基处理的加固机理，一般将地基处理方法分为六大类，若再加上已有建筑物地基加固、纠偏和迁移，可分为八类。

(1)置换。指用物理力学性质较好的岩土材料置换天然地基中部分或全部软弱土体，以形成双层地基或复合地基，达到提高地基承载力、减小沉降的目的。加固机理主要属于置换的地基处理方法有：换土垫层法、挤淤置换法、褥垫法、砂石桩置换法、强夯置换法等地基处理方法。采用石灰桩法加固地基具有多种效应，其中也有置换效应，也可归于此类方法。

(2)排水固结。指土体在一定荷载作用下排水固结，孔隙比减小，抗剪强度提高，以达到提高地基承载力，减小工后沉降的目的。加固机理主要属于排水固结的地基处理方法有：加载预压法、超载预压法、真空预压法、真空预压与堆载预压联合作用法、电渗法、降低地下水位法等。按在地基中设置竖向排水系统可分为普通砂井法、袋装砂井法和塑料排水带法等。

(3)灌入固化物。指向土体中灌入或拌入水泥、石灰或其他化学固化浆材，在地基中形成增强体，以达到地基处理的目的。加固机理主要属于灌入固化物的地基处理方法有深层搅拌法、高压喷射注浆法、渗入性灌浆法、劈裂灌浆法、挤密灌浆法等。

(4)振密、挤密。振密、挤密是指采用振密或挤密的方法使地基土体密实以达到提高地基承载力和减小沉降的目的。加固机理主要属于振密、挤密的地基处理方法有：表层原位压实法、强夯法、振冲密实法、挤密砂石桩法、爆破挤密法、土桩和灰土桩法、夯实水泥桩法、柱锤冲扩桩法、孔内夯扩法等。

(5)加筋。指在地基中设置强度高、模量大的筋材，如土工格栅、土工织物等，以达到提高地基承载力，减小沉降的目的。加固机理主要属于加筋的地基处理方法有：加筋土垫层法、加筋土挡土墙法和土钉墙法等。

(6)冷热处理。通过冻结地基土体，或焙烧、加热地基土体以改变土体物理力学性质达到地基处理的目的。加固机理主要属于冷热处理的地基处理方法有冻结法和烧结法。

(7)托换。指对已有建筑物地基和基础进行处理和加固。托换技术有基础加宽技术、墩式托换技术、地基加固技术以及综合加固技术等。

(8)纠偏和迁移。是指对由于沉降不均匀造成倾斜的建筑物进行矫正。纠偏技术有加载纠偏法、掏土纠偏技术、顶升纠偏技术和综合纠偏技术等。迁移是将已有建筑物从原来位置移到新位置。

地基处理也可根据处理范围分为浅层处理技术和深层处理技术。

9.1.2　软弱土的种类与性质

软弱土是指淤泥、淤泥质土和部分冲填土、杂填土及其他高压缩性土。我国《建筑地基基础设计规范》(GB 50007—2011)中规定，软弱地基是指主要由淤泥、淤泥质土、冲填土、杂填土或其他高压缩性土层构成的地基。一般将下卧土层为淤泥、淤泥质土的地基称为软土地基，将下卧土层为杂填土、冲填土、素填土的地基称为填土地基。

9.1.2.1　淤泥和淤泥质土

淤泥是在静水或缓慢的流水环境中沉积，经生物化学作用形成，含有机质，其天然含水量大于液限、天然孔隙比大于或等于1.5的黏性土。当天然含水量大于液限而天然孔隙比小于1.5但大于或等于1.0的黏性土或粉土为淤泥质土。这类土工程特性甚为软弱，抗剪强度很低，压缩性较高，渗透性很小，并具有结构性，广泛分布于我国东南沿海地区和内陆江河湖泊的周围，是软弱土的主要土类，通称软土，一般具有下列工程特性：

(1)天然含水量高，孔隙比较大。淤泥与淤泥质土的天然含水量为35%～80%，孔隙比为1～2。

【知识链接】

软土的高含水量和大孔隙比不但反映土中的矿物成分与介质相互作用的性质，同时反映软土的抗剪强度和压缩性的大小。含水量愈大，土的抗剪强度愈小，压缩性愈大。反之，强度愈大，压缩性愈小。《建筑地基基础设计规范》(GB 50007—2011)利用这一特性按含水量确定软土地基的承载力基本值。许多学者把软土的天然含水量与土的压缩指数建立相关关系，推算土的压缩指数。

由此可见：从软土的天然含水量可以略知其强度和压缩性的大小，欲要改善地基软土的强度和变形特性，那么首先应考虑采用何种地基处理的方法，降低软土的含水量。

(2)压缩性较高。一般正常固结的软土层的压缩系数 a_{1-2} 为 0.5～2 MPa^{-1}，个别达到 4.5 MPa^{-1}，且其压缩性随液限的增大而增加。

(3)抗剪强度低。我国软土的天然不排水抗剪强度一般小于 20 kPa，其变化范围为 5～25 kPa。

(4)渗透性弱。软土的竖向渗透系数一般为 $i\times(10^{-6}\sim10^{-8})$ cm/s($i=1,2,\cdots,9$)，所

以在荷载作用下固结速率很慢。

(5)触变性强。软土具有明显的结构性。软土一般为絮状结构,尤以海相黏土更为明显。这种土一旦受到扰动(振动、搅拌、挤压等),土的强度显著降低,甚至呈流动状态。土的结构性常用灵敏度 S_t 表示。我国沿海软土的灵敏度一般为4~10,属于高灵敏土。因此,在软土层中进行地基处理和基坑开挖,若不注意避免扰动土的结构,就会加剧土体的变形,降低地基土的强度,影响地基处理的效果。

【知识链接】

土的结构是在成土的过程中逐渐形成的,它反映了土的成分、成因和年代对土的工程性质的影响。土的结构按其颗粒的排列和联结可分为图9-1所示的三种基本类型。

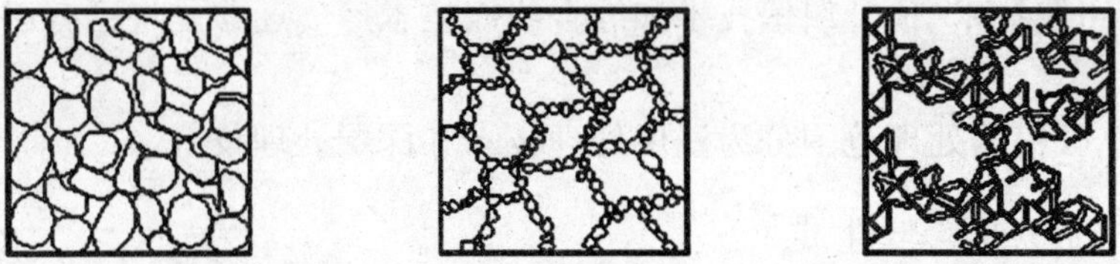

(a) 土的单粒结构　(b) 土的蜂窝结构　(c) 土的絮状结构

图9-1　土的结构

【课堂讨论】 工程上如何避免扰动土体?

(6)具有明显的流变性。在荷载的作用下,软土承受剪应力的作用产生缓慢的剪切变形,并可能导致抗剪强度的衰减,在主固结沉降完毕之后还可能继续产生可观的次固结沉降。

由于软土具有强度低、压缩性高、渗透性弱等特点,故以软土作为建筑物的地基是十分不利的,天然地基上浅基础的承载力基本值一般为50~80 kPa,这就不能承受较大的建筑物荷载,否则就可能出现地基的局部破坏乃至整体滑动,在开挖较深的基坑时,就可能出现基坑的隆起和坑壁的失稳现象。由于软土的压缩性较高,建筑物基础的沉降和不均匀沉降是比较大的,会影响建筑物的使用条件,或者造成倾斜、开裂破坏。由于渗透性很小,固结速率很慢,软土地基上的建筑沉降延续的时间很长。由于软土具有比较高的灵敏度,若在地基施工中采取振动、挤压和搅拌等作用,就可能引起软土结构的破坏,降低软土的强度。因此,在软土地基上建造建筑物,则要求对软土地基进行处理。

9.1.2.2　杂填土

杂填土是人类任意堆填的建筑垃圾、工业废料或生活垃圾等。杂填土的成因很不规律,组成的物质杂乱,颗粒尺寸悬殊,颗粒间孔隙大小不一;回填前地貌高低起伏,形成填土厚度不一;回填时间前后不一;取样不易、勘察工作困难,通常无法提出地基承载力值。它的主要特性是强度低,压缩性高和均匀性差,一般还具有浸水湿陷性。即使在同一建筑场地的不同位置,地基承载力和压缩性也有较大差异。对有机质含量较多的生活垃圾和对基础有侵蚀性的工业废料等杂填土,设计时尤应注意。杂填土一般未经处理不宜作为持力层。

9.1.2.3　冲填土

冲填土是人工填土之一,它是在治理和疏通江河航道时,用挖泥船通过泥浆泵将泥沙吹到江河两岸而形成的沉积土,即由水力冲填泥沙而成的土,有时也被人称为“吹填土”。冲填土形成的地基可视为天然地基的一种，它的工程性质主要取决于冲填土的性质，若冲填物以粉土、黏土为主，则属于欠固结的软弱土；以中砂粒以上的粗颗粒为主，则不属于软弱土。

冲填土地基一般具有如下一些重要特点：

(1)颗粒沉积分选性明显，在入泥口附近，粗颗粒较先沉积，远离入泥口处，所沉积的颗粒变细；同时在深度方向上存在明显的层理。

(2)冲填土的含水量较高，一般大于液限，呈流动状态。停止冲填后，表面自然蒸发后常呈龟裂状，含水量明显降低，但下部冲填土当排水条件较差时仍呈流动状态，冲填土颗粒愈细，这种现象愈明显。

(3)冲填土地基早期强度很低，压缩性较高，这是因冲填土处于欠固结状态。冲填土地基随静置时间的增长逐渐达到正常固结状态。其工程性质取决于颗粒组成、均匀性、排水固结条件以及冲填后静置时间。

【知识链接】

根据填土的物质组成和堆填方法，填土分为素填土、杂填土和冲填土。素填土是由碎石、砂质土、黏性土、粉煤灰、钢铁渣等组成的填土。经分层压实的素填土，称压实填土。未经分层压实或堆填时间较短的素填土，不能直接作为建筑物的地基持力层。但堆填时间超过10年的黏性土、超过5年的粉质黏土、超过2年的砂土，均具有一定的密实度和强度，可以直接作为一般工业与民用建筑物的地基。

【课堂讨论】 为何要处理软土地基？

9.2 换土垫层法

【课堂导入】 列举采用灰土对地基进行处理的工程实例。

9.2.1 加固原理及适用范围

当建筑物基础下的持力层比较软弱、不能满足上部结构荷载对地基的要求时，常采用换填土垫层来处理软弱地基，即将基础下一定范围内的土层挖去，然后回填以坚硬、较粗粒径的材料，并夯压密实，形成垫层的地基处理方法，如图9-2所示。工程实践表明，在合适的条件下，采用换土垫层法能有效地解决中小型工程的地基处理问题，是最为常见的地基处理方法之一。

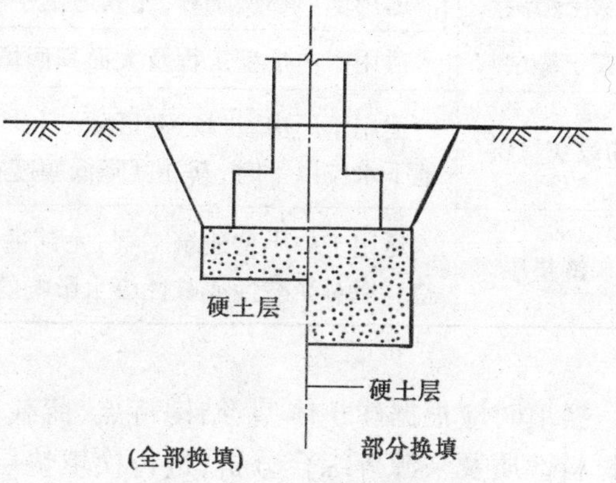

图9-2 换土垫层法示意图

【课堂讨论】 建筑物下换填垫层所起作用是什么？

9.2.1.1 换土垫层法加固机理

通常采用的垫层有砂垫层、砂石垫层、碎石垫层、灰土垫层、素土垫层、煤渣垫层、矿渣垫层、粉煤灰垫层等。各种垫层的加固机理主要体现在以下5个方面：

(1)置换作用。将基底以下软弱土全部或部分挖出，换填为较密实材料，可提高地基承载力，增强地基稳定。

(2)应力扩散作用。基础底面下一定厚度垫层的应力扩散作用，可减小垫层下天然土层所受的压力和附加压力，从而减小基础沉降量，并使下卧层满足承载力的要求。

(3)加速固结作用。用透水性大的材料作垫层时，软土中的水分可部分通过它排除，在建筑物施工过程中，可加速软土的固结，减小建筑物建成后的工后沉降。

(4)防止冻胀。由于垫层材料是不冻胀材料，采用换土垫层对基础地面以下可冻胀土层全部或部分置换后，可防止土的冻胀作用。

(5)均匀地基反力与沉降作用。对石芽出露的山区地基，将石芽间软弱土层挖出，换填压缩性低的土料，并在石芽以上也设置垫层；或对于建筑物范围内局部存在松填土、暗沟、暗塘、古井、古墓或拆除旧基础后的坑穴，可进行局部换填，保证基础底面范围内土层压缩性和反力趋于均匀。

因此，换填的目的就是：提高承载力，增加地基强度；减少基础沉降；垫层采用透水材料可加速地基的排水固结。

9.2.1.2 适用范围

换填法适用于淤泥、淤泥质土、湿陷性黄土、素填土、杂填土地基及暗沟、暗塘等的浅层地基及不均匀地基的处理。不同垫层的适用范围见表9-1。

表9-1 垫层的适用范围

垫层分类	适用范围
砂(砂石、碎石)垫层	多用于中小型建筑工程的浜、塘、沟等的局部处理。适用于一般饱和、非饱和的软弱土和水下黄土地基处理。不宜用于湿陷性黄土地基，也不宜用于大面积堆载、密集基础和动力基础的软土地基处理，砂垫层不宜用于有地下水流速快、流量大的地基处理
灰土垫层	适用于中小型工程，尤其适用于湿陷性黄土地基的处理
素土垫层	适用于中小型工程及大面积回填、湿陷性黄土地基的处理
粉煤灰垫层	适用于厂房、机场、港区陆域和堆场等大、中、小型工程的大面积填筑，粉煤灰垫层在地下水位以下时，其强度降低幅度在30%左右
矿渣垫层	适用于中小型建筑工程，尤其适用于地坪、堆场等工程大面积的地基处理和场地平整。但对受酸性或碱性废水影响的地基不得采用矿渣垫层

换填时应根据建筑体型、结构特点、荷载性质和岩土工程地质条件、施工机械设备与当地材料性质及来源等综合分析，进行换填垫层的设计，选择换填材料和夯压施工方法。但在用于消除黄土湿陷性时，尚应符合国家现行标准《湿陷性黄土地区建筑规范》(GB 50025—2004)中的有关规定。在采用大面积填土作为建筑地基时，应符合国家标准《建筑地基基础设计规范》(GB 50007—2011)的有关规定。

【知识链接】

灰土作为建筑材料，在中国有悠久历史。南北朝公元6世纪时，南京西善桥的南朝大墓封门前地面即是灰土夯成的。土壤和石灰是组成灰土的两种基本成分。黏性土壤颗粒细、活性大，因此强度比砂性土壤高。一般情况下，以黏性土配制的灰土强度比砂性土配制的强度高1~2倍。最佳石灰和土的体积比为3:7,俗称三七灰土。灰土用的石灰最好选用磨细生石灰粉,或块灰浇以适量的水,经放置24 h成粉状的消石灰。密实度高的灰土强度高,水稳定性也好。密实度可用重度控制。28 d龄期的灰土抗压强度可达到0.5~0.7 MPa,200~300年龄期的灰土抗压强度可高达8~10 MPa。不论是用粉质黏土或黏土制作的三七灰土,在室内养护7 d后浸水48 h的变形模量为10~15 MPa,养护28 d浸水48 h的形变模量为32~40 MPa。

9.2.2 垫层的设计要点

9.2.2.1 垫层厚度的确定

垫层的厚度 z 应根据下卧土层的承载力确定,即作用在垫层底面处的土的自重应力与附加应力之和不应大于软弱下卧层土的承载力特征值,并符合下式要求:

$$p_z + p_{cz} \leqslant f_{az} \tag{9-1}$$

式中 p_z——相应于荷载标准组合时垫层底面处的附加压力值,kPa;

p_{cz}——垫层底面处土的自重压力值,kPa;

f_{az}——垫层底面处经深度修正后的地基承载力特征值,kPa。

垫层底面处的附加压力值 p_z 按式(9-2)及式(9-3)进行计算:

条形基础
$$p_z = \frac{b(p_k - p_c)}{b + 2z\tan\theta} \tag{9-2}$$

矩形基础
$$p_z = \frac{bl(p_k - p_c)}{(b + 2z\tan\theta)(l + 2z\tan\theta)} \tag{9-3}$$

式中 b——矩形基础或条形基础底面的宽度,m;

l——矩形基础底面的长度,m;

p_k——相应于荷载效应标准组合时,基础底面处的平均压力值,kPa;

p_c——基础底面处土的自重压力值,kPa;

z——基础底面下垫层的厚度,m;

θ——垫层的应力扩散角,(°),宜通过试验确定,当无试验资料时,可按表9-2采用。

表9-2 垫层应力扩散角 θ

z/b	换填材料		
	中砂、粗砂 砾砂、碎石 类土、矿渣	粉质黏土、粉煤灰	灰土
0.25	20°	6°	28°
≥0.50	30°	23°	

注:1. 当 $z/b<0.25$,除灰土取 $\theta=28°$ 外,其余材料均取 $\theta=0°$,必要时,宜由试验确定;

2. 当 $0.25<z/b<0.5$ 时,θ 值可内插求得。

【特别提示】 计算时,一般先初步假定一个垫层厚度,再用式(9-1)验算。若不合要求,则改变厚度,重新验算,直至满足要求。垫层厚度一般不宜大于3 m、小于0.5 m。

9.2.2.2 垫层宽度的确定

垫层底面的宽度 b' 应满足基础底面应力扩散的要求,可按式(9-4)确定:

$$b' \geqslant b + 2z\tan\theta \tag{9-4}$$

式中 b ——基础宽度,m;

θ——压力扩散角,可按表 9-2 采用,当 $z/b<0.25$ 时,仍按表中 $z/b=0.25$ 取值。

整片垫层底面的宽度可根据施工的要求适当加宽。垫层顶面宽度可从垫层底面两侧向上,按基坑开挖期间保持边坡稳定的当地经验放坡确定。垫层顶面每边超出基础底边不宜小于 300 mm。

9.2.3 垫层的施工要点

9.2.3.1 垫层材料的选择

(1)砂石。宜选用碎石、卵石、角砾、圆砾、砾砂、粗砂、中砂或石屑(粒径小于 2 mm 的部分不应超过总重的 45%),应级配良好,不含植物残体、垃圾等杂质。当使用粉细砂或石粉(粒径小于 0.075 mm 的部分不超过总重的 9%)时,应掺入不少于总重 30% 的碎石或卵石。砂石的最大粒径不宜大于 50 mm。对湿陷性黄土地基,不得选用砂石等透水材料。

(2)粉质黏土。土料中有机质含量不得超过 5%,亦不得含有冻土或膨胀土。当含有碎石时,其粒径不宜大于 50 mm。用于湿陷性黄土或膨胀土地基的粉质黏土垫层,土料中不得夹有砖、瓦和石块。

(3)灰土。体积配合比宜为 2∶8 或 3∶7。土料宜用粉质黏土,不宜使用块状黏土和砂质粉土,不得含有松软杂质,并应过筛,其颗粒不得大于 15 mm。石灰宜用新鲜的消石灰,其颗粒不得大于 5 mm。

(4)粉煤灰。可用于道路、堆场和小型建筑、构筑物等的换填垫层。粉煤灰垫层上宜覆土 0.3 ~0.5 m。粉煤灰垫层中采用掺加剂时,应通过试验确定其性能及适用条件。作为建筑物垫层的粉煤灰应符合有关放射性安全标准的要求。粉煤灰垫层中的金属构件、管网宜采取适当防腐措施。大量填筑粉煤灰时应考虑对地下水和土壤的环境影响。

(5)矿渣。垫层使用的矿渣是指高炉重矿渣,可分为分级矿渣、混合矿渣及原状矿渣。矿渣垫层主要用于堆场、道路和地坪,也可用于小型建筑、构筑物地基。选用矿渣的松散重度不小于 11 kN/m^3,有机质及含泥总量不超过 5%。设计、施工前必须对选用的矿渣进行试验,在确认其性能稳定并符合安全规定后方可使用。作为建筑物垫层的矿渣应符合对放射性安全标准的要求。易受酸、碱影响的基础或地下管网不得采用矿渣垫层。大量填筑矿渣时,应考虑对地下水和土壤的环境影响。

9.2.3.2 垫层压实方法的确定

垫层施工应根据不同的换填材料选择施工机械。粉质黏土、灰土宜采用平碾、振动碾或羊足碾,中小型工程也可采用蛙式夯、柴油夯。砂石等宜用振动碾。粉煤灰宜采用平碾、振动碾、平板振动器、蛙式夯。矿渣宜采用平板振动器或平碾,也可采用振动碾。

【知识链接】

平碾即是常见的"压路机",如图 9-3(a)所示;羊足碾,如图 9-3(b)所示,是在滚筒上装置许多凸块的压路碾;凸块形状有羊足形、圆柱形及方柱形等;振动碾是一种利用振歇量来压实土、砂砾或堆石料的机械,如图 9-3(c)所示。

(a) 平碾　　(b) 羊足碾　　(c) 自行式振动碾

图 9-3　碾压夯实机械

9.2.3.3　**分层铺填并压实**

垫层的施工方法、分层铺填厚度、每层压实遍数等宜通过试验确定。除接触下卧软土层的垫层底部应根据施工机械设备及下卧层土质条件确定厚度外，一般情况下，垫层的分层铺填厚度可取 200 ~ 300 mm。为保证分层压实质量，应控制机械碾压速度。

9.2.3.4　**含水量的控制**

粉质黏土和灰土垫层土料的施工含水量宜控制在最优含水量 $\omega_{op} \pm 2\%$ 的范围内，粉煤灰垫层的施工含水量宜控制在 $\omega_{op} \pm 4\%$ 的范围内。最优含水量可通过击实试验确定，也可按当地经验取用。

9.3　排水固结法

9.3.1　加固原理及适用范围

排水固结法又称预压法，排水固结法的作用机理是对天然地基，或先在地基中设置砂井（袋装砂井或塑料排水带）等竖向排水体，然后利用建筑物本身重量分级逐渐加载；或在建筑物建造前在场地先行加载预压，使土体中的孔隙水排出，逐渐固结，土体孔隙比减小，压缩性减小，抗剪强度提高，从而有利减小地基工后沉降和提高地基承载力。

排水固结法适用于处理淤泥质土、淤泥和冲填土等饱和黏性土地基。由太沙基渗透固结理论可知，为使土体加速排水固结，最有效的措施是缩短排水距离。应用这一原理的排水预压法由加压系统和排水系统两部分组成，按其加压方法的不同可分为堆载预压法、真空预压法、降水预压法、电渗预压法和联合预压法。每类方法按其排水方式的不同再分成一些具体方法，如堆载预压法又可分为砂井预压法、袋装砂井预压法和塑料排水板预压法。本节主要介绍常用的堆载预压法和真空预压法。

9.3.2　堆载预压法

堆载预压法如图 9-4 所示，是由堆载提供预压荷载，而排水系统通常是由地表排水垫层（沟）与竖向排水体构成。竖向排水体即为普通砂井、袋装砂井和塑料排水板。

【理论联系实际】

砂井（砂桩）指的是为加速软弱地基排水固结，在地基中钻孔，灌入中、粗砂而成的排水柱体。将砂灌入编织袋放进孔内形成的井，称袋装砂井。袋装砂井通常不作为基础支承桩，而只用作挤密土层，排出地下水，从而使土壤固结和土层挤密，以提高土壤的承载力。

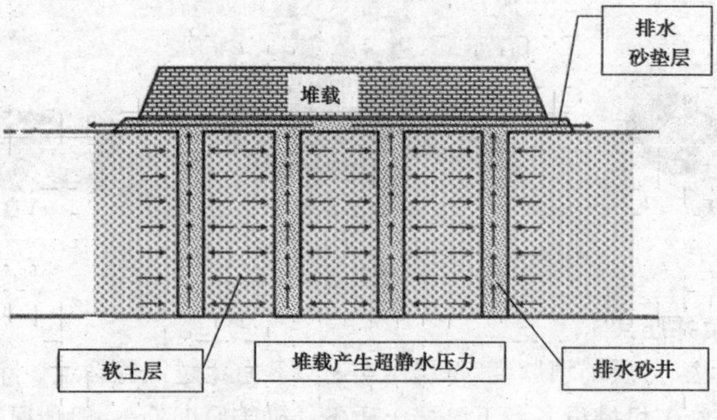

图 9-4　堆载预压法示意图

9.3.2.1　预压荷载的大小与堆载平面范围

通常预压荷载与建筑物的基底压力大小相同;对于沉降有严格限制的建筑,应采用超载预压法。超载的数量根据预定时间内要求消除的沉降量确定,并使超载在地基中的有效应力大于或等于建筑物的附加应力;预压荷载应小于极限荷载 p_u,以免地基发生滑动破坏。堆载的分布应不小于建筑物基础外缘所包围的范围,以保证建筑地基得到均匀加固。

9.3.2.2　加载的速率

在施加预压荷载时,加载的速率应根据地基土的强度确定,当地基土的强度满足预压荷载下地基的稳定性要求时,可一次加载,否则应分级加载,控制加载速率与地基土的强度增长相适应,待前期预压荷载下地基土的强度增长满足下一级荷载下地基稳定性要求时方可加载。尤其在预压后期更应严格控制加载速率,各阶段均应进行地基稳定计算并应每天进行现场观测,根据经验,加载速率应以不使竖向变形超过 10 mm/d,边桩水平位移超过 5 mm/d 为宜。

9.3.2.3　设计要点

堆载预压法处理地基的设计应包括下列内容:

(1)选择塑料排水带或砂井,确定其断面尺寸、间距、排列方式和深度;

(2)确定预压区范围、预压荷载大小、荷载分级、加载速率和预压时间;

(3)计算地基土的固结度、强度增长、抗滑稳定性和变形。

普通砂井直径可取 300 ~ 500 mm,袋装砂井直径可取 70 ~ 120 mm,塑料排水板的宽度和厚度约为 100 mm × 4 mm 或 100 mm × 4.5 mm,塑料排水板的当量换算直径 d_p,可按式(9-5)进行:

$$d_p = \frac{2(b+\delta)}{\pi} \tag{9-5}$$

式中　b——塑料排水板宽度,mm;

　　δ——塑料排水板厚度,mm。

排水竖井的平面布置可采用等边三角形或正方形排列。排水竖井的间距可根据地基土的固结特性和预定时间内所要求达到的固结度确定。设计时,竖井的间距可按井径比 n 选用,$n = \frac{d_e}{d_w}$,d_e 为竖井有效排水直径,d_w 为竖井直径,对塑料排水带可取 $d_w = d_p$。竖井的有效

排水直径 d_e 与砂井间距 l 的关系为

等边三角形布置时：

$$d_e = \sqrt{\frac{2\sqrt{3}}{\pi}}l = 1.050l \tag{9-6}$$

正方形布置时：

$$d_e = \sqrt{\frac{A}{\pi}}l = 1.128l \tag{9-7}$$

塑料排水板或袋装砂井的间距可按 $n=15\sim22$ 选用，普通砂井的间距可按 $n=6\sim8$ 选用。

排水竖井的深度应根据建筑物对地基的稳定性、变形要求和工期确定。对以地基抗滑稳定性控制的工程，竖井深度至少应超过最危险滑动面 2.0 m。对以变形控制的建筑，竖井深度应根据在限定的预压时间内需完成的变形量确定。竖井宜穿透受压土层。

【特别提示】 堆载预压法处理地基必须在地表铺设与排水竖井相连的砂垫层，砂垫层厚度不应小于 500 mm。砂垫层砂料宜用中粗砂，黏粒含量不宜大于3%，砂料中可混有少量粒径小于 50 mm 的砾石。砂垫层的干密度应大于 1.5 g/cm^3，其渗透系数宜大于 1×10^{-2} cm/s。在预压区边缘应设置排水沟，在预压区内宜设置与砂垫层相连的排水盲沟。

9.3.3 真空预压法

真空预压法是先在需加固的软土地基表面铺设砂垫层，然后埋设垂直排水管道，再用不透气的封闭膜使其与大气隔绝，通过砂垫层内埋设的吸水滤管，用真空装置进行抽气，并保持较高的真空度，在土的孔隙水中产生负的孔隙压力，将土体中的孔隙水和孔隙逐渐吸出，使土体固结，如图 9-5 所示。

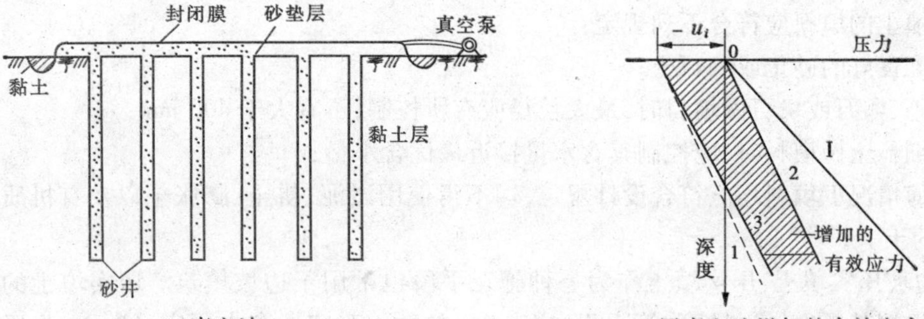

图 9-5 真空预压法示意图

真空预压法的实质是利用大气压差作为预压荷载，其成功的关键在于能否形成负压区，需要薄膜不漏气，四周地基浅层土体不漏气，这些在施工过程中应特别给予重视。真空预压法的特点及其适用范围如下：

(1)不需要大量堆载，可省去加载和卸载工序，节省大量原材料、能源和运输能力，缩短预压时间；

(2)真空产生的负压使地基土中的孔隙水迅速排出,提高了排水速率,真空预压可一次加足,地基不会发生剪切破坏,能有效缩短总的排水固结时间;

(3)所用设备较为简单,无须大量的大型设备,便于大面积应用;

(4)无噪声、无振动、无污染,可做到文明施工。

真空预压法适用于饱和均质黏性土及含薄砂层的黏性土,特别适用于新冲填土、超软黏性土地基的加固,但不适用于在加固范围内有足够的水源补给透水土层,以及无法堆载的倾斜地面和施工场地狭窄的工程进行地基处理。

【课堂讨论】 真空预压法与堆载预压法有哪些区别?

9.4 机械压实法

9.4.1 机械压实法应用的原则规定和质量控制标准

对一定含水量范围内的土,可通过机械压实或落锤夯实以降低其孔隙比,提高其密实度,从而提高其强度,降低其压缩性,这种软弱地基的处理方法即为机械压实法。机械压实法根据其施工机具、施工方法的不同,常可分为重锤夯实法、机械碾压法、振动压实法和强夯法。

9.4.1.1 适用场合及原则规定

(1)天然场地土:机械压实法可用于处理由建筑垃圾或工业废料组成的杂填土地基,以及适合用这类措施压实的地基。

(2)素填土:素填土作为建筑物浅基础的天然地基一般应经过压实,经压实后成为压实填土地基。对局部软弱地基以及建设场地中的暗塘、沟槽、洞穴等,也可用同类工艺的压实土处理。填土的填料应符合下列规定:

①级配良好的砂土或碎石土;

②以砾、卵石或块石做填料时,最大粒径应有所控制,不宜大于 400 mm;

③以细粒土做填料时,应控制其含水量接近最优含水量;

④任何情况下填料均应符合设计规定,均不得使用淤泥、耕土、膨胀土以及有机质含量大于5%的土。

(3)边坡压实填土:压实填土作为一种施工手段也常用于边坡填筑。压实填土的边坡允许值应根据其厚度、填料性质等因素,按表 9-3 的数值确定。表中压实系数 λ_c 为压实填土的控制干密度 ρ_d 与最大干密度 $\rho_{d\,max}$ 的比值。

(4)斜坡上的压实填土:设置在斜坡上的压实填土,应验算其稳定性。当天然地面坡度大于 0. 20 时,应采取措施以防止压实填土可能沿坡面滑动,并应避免雨水沿斜坡排泄。

9.4.1.2 填土压实的质量控制标准

作为浅基础地基与若干其他场合的压实填土的质量控制标准应符合表 9-4 的规定,表列场合之外的填土压实质量标准可参考表中规定酌情予以调整后确定。压实填土的质量以压实系数 λ_c 控制,其数值应根据结构类型和压实填土的厚度从表 9-4 中选用。

表 9-3　压实填土的边坡允许值

填料名称	压实系数 λ_c	边坡允许值(高宽比)			
		土厚度 H(m)			
		$H \leqslant 5$	$5 < H \leqslant 10$	$10 < H \leqslant 15$	$15 < H \leqslant 20$
碎石、卵石	0.94 ~ 0.97	1:1.25	1:1.50	1:1.75	1:2.00
砂夹石(其中碎石、卵石占全重的 30% ~50%)		1:1.25	1:1.50	1:1.75	1:2.00
土夹石(其中碎石、卵石占全重的 30% ~50%)		1:1.25	1:1.50	1:1.75	1:2.00
粉质黏土、黏质粉土		1:1.50	1:1.75	1:2.00	1:2.25

注:当压实填土厚度大于 20 m 时,可设计成台阶形,以便进行压实填土的施工。

表 9-4　压实填土的质量控制标准

结构类型	填土部位	压实系数 λ_c	控制含水量(%)
砌体承重结构和框架结构	在地基主要受力层范围内	≥0.97	$\omega_{op} \pm 2$
	在地基主要受力层范围以下	≥0.95	
排架结构	在地基主要受力层范围内	≥0.96	
	在地基主要受力层范围以下	≥0.94	

注:地坪垫层以下及基础底面标高以上的压实填土,压实系数不应小于 0.94。

9.4.2　一般机械压实法

9.4.2.1　重锤夯实法

重锤夯实法是用起重机将夯锤提高到一定高度,然后自由下落,利用冲击能重复夯击地基,使地表面形成一层比较密实的硬壳层,从而提高地基表土层的强度,使地基承载力得到改善。重锤夯实法适用于地下水距地表面 0.8 m 以上稍湿的一般黏性土、砂土、湿陷性黄土和杂填土等。重锤夯实法的主要机具是起重机和重锤。重锤为一截头的圆锥体,如图 9-6 所示,常用重锤质量在 1.5 ~3.0 t,锤底直径为 0.7 ~1.5 m。夯锤落距宜大于 4 m,一般为 4 ~6 m。起重设备宜用带有摩擦式卷扬机的起重机,当采用自动脱钩装置时,起重能力应大于锤重 1.5 倍;直接用钢丝绳悬吊夯锤时,应大于锤重 3 倍。

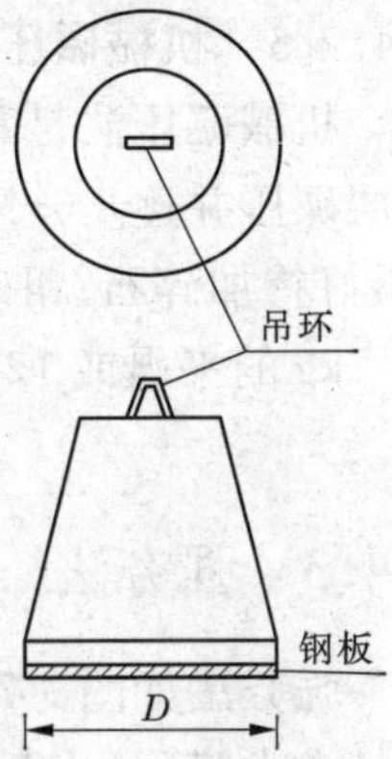

图 9-6　重锤示意图

【理论联系实际】

重锤夯实法所用的夯锤通常是由钢底板和底部充填废钢铁的 C20 以上混凝土浇铸的圆台构成的,夯锤一般重 2 ~3 t,在起吊能力许可的情况下,宜尽量增大锤的质量,在相同的落距和锤底静压力作用下,夯锤质量越大,锤底面积也就越大,相应的夯实影响深度也就越大,加固效果越好。而片面通过加大夯锤的落距及夯击遍数,事实证明,往往不能取得较好的效果。

【工程经验】 一般来说，增大夯击能（如提高落距）可以提高土的夯实密度，但当土的密实度增加到某一数值后，即使夯击能再增大，也不能使土的密实度增大，甚至反而可能使土的密实度降低。同样，夯击遍数增加也可使土的密实度增大，但当夯击到一定程度后，继续夯击效果就不太大了。因此，施工时应尽可能采用最小的夯击遍数，以取得最好的击实效果。夯击遍数一般应通过现场试验确定。

重锤夯实的效果与锤重、锤底直径、落距、夯击的遍数、夯实土的种类和含水量有密切关系，合理地选定以上参数和控制土的含水量，才能达到好的夯实效果。因此在施工时，一方面控制土的含水量，使土在最优含水量条件下夯实；另一方面，若夯实土的含水量发生变化，则可以调节夯实功的大小。一般情况下，增大夯实功或增加夯击的遍数可以提高夯实的效果。根据实践经验，夯实的影响深度约为重锤底直径的1倍，夯实后杂填土地基的承载力基本值可达100～150 kPa。地下水离地表小于0.8 m或饱和软土不宜用重锤夯实法，否则可能将表层土夯成“橡皮土”，反而破坏土的结构和加大压缩性。

9.4.2.2 振动压实法

振动压实法是通过在地基表面施加振动把浅层松散土振密的方法，可用于处理砂土和由炉灰、炉渣、碎砖等组成的杂填土地基。振动压实的效果与振动力的大小、填土的成分和振动时间有关。当杂填土的颗粒或碎裂块较大时，应采用振动力较大的机械。一般来说，振动时间越长，效果越好。但振动超过一定时间后振实效果将趋于稳定。因此，应在施工前进行试振，找出振实稳定所需要的时间。振实范围应从基础边缘0.6 m左右，先振基槽两边，后振中间。当采用振动力为100 kN振动压密机时，其有效振动压实深度为1.0～1.2 m；振动力为50 kN的振动压密机，其有效振动压实深度为0.50～0.70 m。一般经过振动压密后，地基承载力可达100～120 kPa。

9.4.2.3 机械碾压法

机械碾压法是利用平碾、羊足碾、振动碾等碾压机将地基土压实。对于大面积填土，应分层碾压并逐步升高填土标高。对于杂填土，应把影响深度以上部分挖去，然后分层碾压（最好掺加碎石、粗砂）并逐层回填碾压。黏性土的碾压，一般用质量为$(8\times10^3)\sim(15\times10^3)$ kg的平碾或12×10^3 kg的羊足碾，每层铺土（虚铺）厚度为200～300 mm，碾压8～12边。

9.4.3 强夯法

强夯法如图9-7所示，是将很重的锤（一般10～40 t）从高处自由落下（一般为6～40 m），给地基以冲击能和振动，对地基进行强力夯实，从而提高地基承载力，降低其压缩性，使其满足工程需要。

图9-7 强夯法

9.4.3.1 强夯法的加固机理

强夯的加固机理因地基土的类别和强夯施工工艺不同而不同，一般认为强夯法加固地基有三种不同的加固机理：动力密实、动力固结和动力置换。

1. 动力密实

采用强夯加固多孔隙、粗颗粒、非饱和土是基于动力密实的机理,即用冲击型动力荷载,使土体中的孔隙减小,土体变得密实,从而提高地基土强度。非饱和土的夯实过程,就是土中的空气被挤出或孔隙中气泡被压缩的过程,其夯实变形主要是由于土颗粒的相对位移引起的。

2. 动力固结

用强夯法处理细颗粒饱和土时,则是借助于动力固结的理论,即巨大的冲击能量在土中产生很大的应力波,破坏了土体原有的结构,使土体局部发生液化并产生很多裂缝,增加了排水通道,使孔隙水顺利逸出,待超孔隙水压力消散后,土体固结。由于软土的触变性,强度得到提高,这就是动力固结。

3. 动力置换

对于透水性极低的饱和软土,强夯使土的结构破坏,但难以使孔隙水压力迅速消散,夯坑周围土体隆起,土的体积无明显减小,因而对这种土进行夯击处理效果不佳,甚至形成"橡皮土"。对这种土可以先在土中设置砂井等改善土的透水性,然后进行强夯。此时加固机理类似动力固结,也可采用动力置换。动力置换可分为整体置换和桩式置换两种,如图 9-8 所示,整体置换是采用强夯将碎石整体挤入淤泥中,其作用机理类似换土垫层。桩式置换是通过强夯将碎石填筑土体中。部分碎石桩(或墩)间隔地夯入软土中,形成桩式的碎石墩(或墩式碎石桩)。由于碎石墩具有较高的强度,能和周围土形成复合地基,而且碎石墩中的空隙是软土孔隙水良好的排水通道,由此缩短了软土的排水固结时间,使土体强度得到提高,取得良好的地基处理效果。

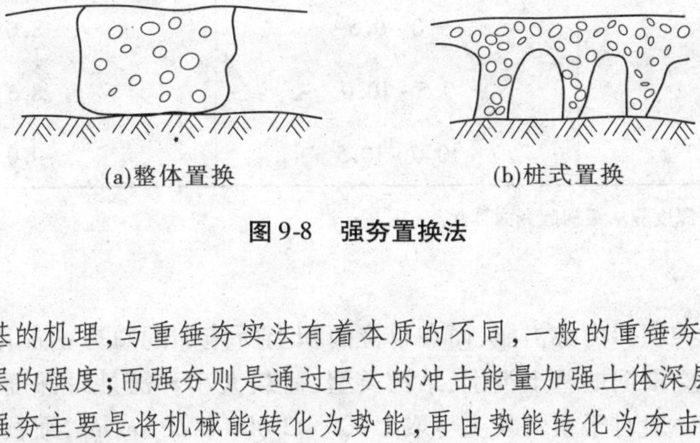

(a)整体置换　　(b)桩式置换

图 9-8　强夯置换法

【知识链接】

强夯加固地基的机理,与重锤夯实法有着本质的不同,一般的重锤夯实是通过浅层振密作用加强土体表层的强度;而强夯则是通过巨大的冲击能量加强土体深层的强度,两者的夯击能差别较大。强夯主要是将机械能转化为势能,再由势能转化为夯击能(即动能),在地基中产生强大的动应力和冲击波,其加固机理可概括为加密作用、液化作用、固结作用和时效作用,而重锤夯实更多的是加密作用。

9.4.3.2　强夯法的适用范围

强夯法适用于处理碎石土、砂土、低饱和度的粉土与黏性土、湿陷性黄土、素填土和杂填土等地基。目前,应用强夯法处理的工程范围是很广的,有工业与民用建筑、仓库、油罐、储仓、公路、铁路路基、飞机场跑道、码头堆场等。工程实践表明,强夯法具有施工简单,加固效果好,工效高,使用经济等优点,一般地基土通过强夯其强度可提高 2 ~ 5 倍,压缩性可降低 2 ~ 10 倍,加固影响深度可达 6 ~ 10 m,其缺点是施工时的噪声和振动较大,因而不宜在人口密集的城市内使用,也不得用于不允许对工程周围建筑物和设备有一定振动影响的地基加固工程。

9.4.3.3 **强夯法的施工技术参数**

1. 强夯法的有效加固深度

强夯法的有效加固深度应根据现场试夯或当地经验确定。在缺少试验资料或经验时可按表 9-5 预估。

【知识链接】

强夯法的有效加固深度 H(m)与夯击能的关系，也可用经验公式估算，即

$$H = \alpha \sqrt{Wh/10}$$

式中 W——夯锤重,kN;

h——落距,m;

α——折减系数,黏性土取 0.5,砂性土取 0.7,黄土取 0.35 ~ 0.50。

表 9-5 强夯法的有效加固深度

(单位:m)

单位夯击能(kN·m/m²)	碎石土、砂土等粗粒土	粉土、黏性土、湿陷性黄土等细粒土
1 000	5.0 ~ 6.0	4.0 ~ 5.0
2 000	6.0 ~ 7.0	5.0 ~ 6.0
3 000	7.0 ~ 8.0	6.0 ~ 7.0
4 000	8.0 ~ 9.0	7.0 ~ 8.0
5 000	9.0 ~ 9.5	8.0 ~ 8.5
6 000	9.5 ~ 10.0	8.5 ~ 9.0
8 000	10.0 ~ 10.5	9.0 ~ 9.5

注:强夯法的有效加固深度应从最初起夯面算起。

2. 单位夯击能

锤重与落距的乘积即为夯击能，而在单位面积上所施加的总夯击能即为强夯的单位夯击能。单位夯击能应根据地基土类别、结构类型、荷载大小和需处理深度等综合考虑，并通过现场试验确定。一般对于粗颗粒土可取 1 000 ~ 3 000 kN · m/m²，细颗粒土可取 1 500 ~ 4 000 kN · m/m²。

3. 夯击点布置及间距

夯击点布置可根据基底平面形状，采用等边三角形、等腰三角形、正方形布置，成行、单点或成组布置。第一遍夯击点间距可取夯锤直径的 2.5 ~ 3.5 倍，第二遍夯击点位于第一遍夯击点之间。以后各遍夯击点间距可适当减小。对处理深度较深或单击夯击能较大的工程，第一遍夯击点间距宜适当增大。

4. 夯点夯击次数与夯击遍数

夯点的夯击次数，应按现场试夯得到的夯击次数和夯沉量关系曲线确定，并应同时满足下列条件:①最后两击的平均夯沉量不宜大于下列数值:当单击夯击能小于 4 000 kN · m 时为 50 mm，当单击夯击能为 4 000 ~ 6 000 kN · m 时为 100 mm，当单击夯击能大于 6 000

kN · m时为 200 mm;②夯坑周围地面不应发生过大的隆起;③不因夯坑过深而发生提锤困难。

夯击遍数应根据地基土的性质确定,可采用点夯 2 ~3 遍,对于渗透性较差的细颗粒土,必要时夯击遍数可适当增加。最后再以低能量满夯 2 遍,满夯可采用轻锤或低落距锤多次夯击,锤印搭接。

5. 两遍夯击间隔

两遍夯击之间应有一定的时间间隔,间隔时间取决于土中超静孔隙水压力的消散时间。当缺少实测资料时,可根据地基土的渗透性确定,对于渗透性较差的黏性土地基,间隔时间不应少于 3 ~4 周,对于渗透性好的地基可连续夯击。

6. 处理范围

强夯处理范围应大于建筑物基础范围,每边超出基础外缘的宽度宜为基底下设计处理深度的 1/2 ~2/3,并不宜小于 3 m。

7. 强夯地基承载力特征值

强夯地基承载力特征值应通过现场载荷试验确定,初步设计时也可根据夯后原位测试和土工试验指标按国家标准《建筑地基基础设计规范》(GB 50007——2011)的有关规定确定。

9.5 振冲法

9.5.1 振冲工艺、机理与适用条件

振冲法又称振动水冲法,它是利用振动和压力水冲击加固地基的一种方法。在振冲器水平振动和高压水共同作用下,使松砂土层振实,或在软土中成空,然后回填碎石等粗颗粒形成桩柱,并和原地基土组成复合地基的地基处理方法(见图 9-9)。

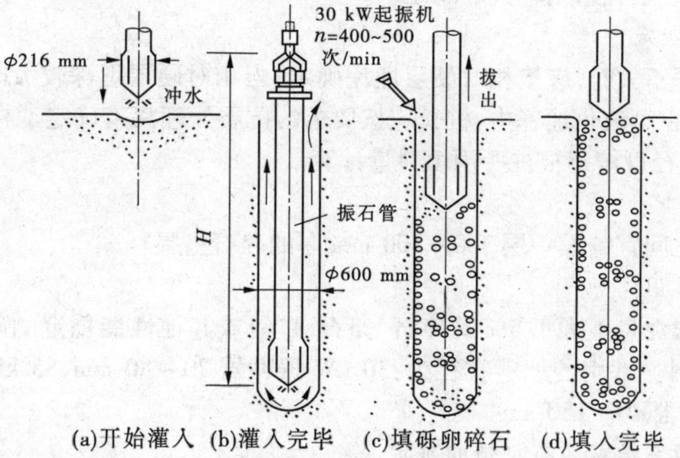

图 9-9 振冲法示意图

振冲法按加固机理和效果的不同,又分为振冲置换法和振冲密实法两类。前者是在地

基土中借振冲器成孔，振密填料置换，制造一群以碎石、砂砾等散粒材料组成的桩体，与原地基土一起构成复合地基，使其排水性能得到很大改善，有利加速土层固结，使承载力提高，沉降量减少，它又名振冲置换碎石桩法；振冲密实法主要是利用振动和压力水使砂层液化，砂颗粒相互挤密，重新排列，孔隙减少，从而提高砂层的承载力和抗液化能力，又名振冲挤密砂桩法。

振冲置换法适用于处理不排水抗剪强度小于 20 kPa 的黏性土、粉土、饱和黄土和人工填土等地基，如果桩周土的强度过低，则难以形成桩体。振冲密实法适用于处理砂土和粉土等地基，不加填料的振冲密实法仅适用于处理黏粒含量小于 10% 的粗砂、中砂地基。

振冲法不适于在地下水位较高、土质松散易塌方和含有大块石等障碍物的土层中使用。此外，因为采用水冲，传统振冲法会产生大量泥浆，易对环境造成污染，在市区施工受到一定限制，为此河北省建筑科学研究所等单位从 1979 年开始研究干法振动砂石桩，并取得了成功。

9.5.2 振冲法的设计要点

9.5.2.1 振冲置换法

1. 处理范围

振冲桩处理范围应根据建筑物的重要性和场地条件确定，当用于多层建筑和高层建筑时，宜在基础外缘扩大 1 ~ 2 排桩。当要求消除地基液化时，在基础外缘扩大宽度不应小于基底下可液化土层厚度的 1/2。

2. 桩位布置及桩间距

对大面积满堂处理，宜用等边三角形布置；对单独基础或条形基础，宜用正方形、矩形或等腰三角形布置。

振冲桩的间距应根据上部结构荷载大小和场地土层情况，并结合所采用的振冲器功率大小综合考虑。30 kW 振冲器布桩间距可采用 1.3 ~ 2.0 m；55 kW 振冲器布桩间距可采用 1.4 ~ 2.5 m；75 kW 振冲器布桩间距可采用 1.5 ~ 3.0 m。荷载大或对黏性土宜采用较小的间距，荷载小或对于砂土宜采用较大的间距。

3. 桩长、桩径的确定

当相对硬层埋深不大时，应按相对硬层埋深确定；当相对硬层埋深较大时，按建筑物地基变形允许值确定；在可液化地基中，桩长应按要求的抗震处理深度确定。桩长不宜小于 4 m。振冲桩的平均直径可按每根桩所用填料量计算。

4. 垫层的设置

在桩顶和基础之间宜铺设一层 300 ~ 500 mm 厚的碎石垫层。

5. 桩体材料的选用

桩体材料可用含泥量不大于 5% 的碎石、卵石、矿渣或其他性能稳定的硬质材料，不宜使用风化易碎的石料。常用的填料粒径为：30 kW 振冲器 20 ~ 80 mm，55 kW 振冲器 30 ~ 100 mm，75 kW 振冲器 40 ~ 150 mm。

6. 振冲桩复合地基承载力特征值的确定

振冲桩复合地基承载力特征值应通过现场复合地基载荷试验确定，初步设计时也可用单桩和处理后桩间土承载力特征值按下式估算：

$$f_{spk} = mf_{pk} + (1 - m)f_{sk} \tag{9-8}$$

式中 f_{spk}——振冲桩复合地基承载力特征值,kPa;

f_{pk}——桩体承载力特征值,kPa,宜通过单桩载荷试验确定;

f_{sk}——处理后桩间土承载力特征值,kPa,宜按当地经验取值,当无经验时,可取天然地基承载力特征值;

m——桩土面积置换率。

对于小型工程的黏性土地基,当无现场载荷试验资料,初步设计时,复合地基的承载力特征值也可按式(9-9)估算:

$$f_{spk} = [1 + m(n-1)]f_{sk} \tag{9-9}$$

式中 n——桩土应力比,在无实测资料时,可取 2~4,原土强度低取大值,原土强度高取小值。

振冲处理地基的变形计算应符合现行国家标准《建筑地基基础设计规范》(GB 50007—2011)的有关规定。

9.5.2.2 振动挤密法

不加填料振冲加密宜在初步设计阶段进行现场工艺试验,确定不加填料振密的可能性、孔距、振密电流值、振冲水压力、振后砂层的物理力学指标等。用 30 kW 振冲器振密深度不宜超过 7 m,75 kW 振冲器不宜超过 15 m。不加填料振冲加密孔距可为 2~3 m,宜用等边三角形布孔。

【课堂讨论】 其他的地基加固方法还有哪些?

9.6 化学加固法

化学加固法指利用水泥浆液、黏土浆液或其他化学浆液,通过灌注压入、高压喷射或机械搅拌,使浆液与土颗粒胶结起来,以改善地基土的物理和力学性质的地基处理方法。本节将介绍常用的注浆加固法、高压喷射注浆法和深层搅拌法。

9.6.1 注浆加固法

注浆法又称灌浆法,是利用一般的液压、气压或电化学法通过注浆管把浆液注入地层中,浆液以填充、渗透和挤密等方式,进入土颗粒间孔隙中或岩石裂隙中,经一定时间后,将原来松散的土粒或裂隙胶结成一个整体,形成一个结构新、强度大、防水性能强和化学稳定性良好的"结石体"。

9.6.1.1 注浆法的适用范围

注浆法适用于处理砂土、粉土、黏性土和人工填土等地基。注浆的主要目的有:①防渗。降低渗透性,减少渗流量,提高抗渗能力,降低孔隙压力。②堵漏。封堵孔洞,堵截流水。③加固。提高岩土的力学强度和变形模量,恢复混凝土结构及水工建筑物的整体性。④纠偏。使已发生不均匀沉降的建筑物恢复原位或减小其偏斜度。

9.6.1.2 注浆材料

注浆材料是由主剂(原材料)、溶剂(水或其他溶剂)及各种外加剂混合而成的,通常所说的注浆材料即为注浆中所用的主剂。

浆液材料的分类如表 9-6 所示。

表 9-6　浆液材料的分类

<table>
<tr><td rowspan="11">浆液材料</td><td rowspan="4">粒状浆液(悬液)</td><td rowspan="2">不稳定粒状材料</td><td>水泥浆</td></tr>
<tr><td>水泥砂浆</td></tr>
<tr><td rowspan="2">稳定粒状材料</td><td>黏土浆</td></tr>
<tr><td>水泥黏土浆</td></tr>
<tr><td rowspan="7">化学浆液(真溶液)</td><td>无机浆材</td><td>硅酸盐</td></tr>
<tr><td rowspan="6">有机浆材</td><td>环氧树脂类</td></tr>
<tr><td>甲基丙烯酸脂类</td></tr>
<tr><td>聚氨酯类</td></tr>
<tr><td>丙烯酰胺类</td></tr>
<tr><td>木质素类</td></tr>
<tr><td>其他</td></tr>
</table>

9.6.1.3　注浆法的分类

注浆法按工艺性质可分为单液注浆(一种注浆溶液)和双液注浆(两种注浆溶液)。在有地下水流动的情况下,不应采用单液水泥浆,而应采用双液注浆,以及时凝结,避免流失。

注浆方法按注浆依据的理论或浆液在土中的流动方式,可将注浆法分为渗透注浆、压密注浆、劈裂注浆和电化学注浆。

1. 渗透注浆

通常用钻机成孔,将注浆管放入孔中需要灌浆的深度,钻孔四周顶部封死。启动压力泵,将搅拌均匀的浆液压入土的孔隙或岩石的裂隙中,同时挤出土中的自由水。凝固后,土体或岩石裂隙胶结成整体。此法基本上不改变原状土的结构和体积,所用注浆压力较小。注浆材料多用水泥浆或水泥砂浆,适用于卵石、中、粗砂和有裂隙的岩石。

2. 压密注浆

压密注浆与渗透注浆相似,但需用较高的压力灌入浓度较大的水泥浆或水泥砂浆。注浆管管壁为封闭型,浆液在注浆管底端挤压土体,形成浆泡,使地层上抬。硬化后的浆土混合物为坚固球体。压密注浆的主要特点之一,是它在较软弱的土体中具有良好的处理效果。这种方法最常用于中砂地基,黏土地基中若有适宜的排水条件也可采用。当因排水不畅而可能在土体中引起高孔隙水压力时,就必须采用很低的注浆速率。

【理论联系实际】

进行压密注浆时,随着土体的压密和浆液的挤入,浆泡尺寸逐渐增大,便产生较大的辐射状上抬力而使地面抬起,当合理地使用注浆压力并造成适宜的上抬力时,能使下沉的建筑物回升到相当精确的范围。压密注浆正是利用了这一原理对建筑物的不均匀沉降进行纠正。

3. 劈裂注浆

劈裂注浆是在较高压力作用下,浆液克服地层的初始应力和抗剪抗拉强度,使其在地层内发生水力劈裂作用,从而破坏和扰动地层结构,令地层内产生一系列裂隙,使原有的孔隙或裂隙进一步扩展,促使浆液的可注性和扩散范围增大。这种注浆方法一般在渗透系数小,颗粒很小的中、细、粉砂岩土或淤泥中使用。

【课堂讨论】　如何实现渗透注浆、压密注浆和劈裂注浆?

4. 电化学注浆

这种方法是指在施工中预先在需要加固的地层中把两个电极按一定的电极距置入地层中，将有孔的金属管作为注浆管，接到直流电源的正极，另一电极接到电源的负极，并通以直流电源，在土中引起电渗、电泳和离子交换等作用，促使在通电区域内的含水量显著降低，从而在土内形成渗浆“通道”。若在通电的同时向土中灌注硅酸盐溶液，就能在“通道”上形成硅胶，并与土粒胶结成具有一定强度的加固体。

9.6.2 高压喷射注浆法

高压喷射注浆是利用钻机把带有喷嘴的注浆管钻入至土层预定的深度后，以 20 ~ 40 MPa 的压力把浆液或水从喷嘴中喷射出来，形成喷射流冲击破坏土层及预定形状的空间，当能量大，速度快，呈脉动状的喷射流的动压力大于土层结构强度时，土颗粒便从土体上剥落下来。部分细小的土颗粒随着浆液冒出水面，其余土粒在喷射流的冲击力、离心力和重力等作用下，与浆液搅拌混合，并按一定的浆土比例有规律地重新排列。这样注入的浆液将冲下的部分土混合凝结成加固体，从而达到加固土体的目的。

9.6.2.1 高压喷射注浆法的分类

根据高压喷射注浆法所形成的固结体的形态与高压喷射流的作用方向、移动轨迹和持续喷射时间，一般分为旋转喷射（旋喷）、定向喷射（定喷）和摆动喷射（摆喷）三种，如图 9-10 所示。

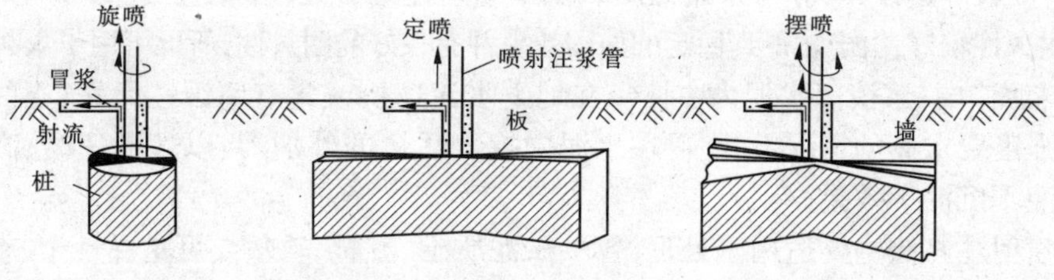

图 9-10 高压喷射注浆法按喷射流作用方向分类

喷射法施工时，喷嘴一面喷射一面旋转并提升，固结体呈圆柱状。主要用于加固地基，提高地基的抗剪强度，改善土的变形性质；也可组成闭合的帷幕，用于截阻地下水流和治理流砂。喷射法施工后，在地基中形成的圆柱体，称为旋喷桩。

定喷法施工时，喷嘴一面喷射一面提升，喷射的方向固定不变，固结体形如板状或壁状。

摆喷法施工时，喷嘴一面喷射一面提升，喷射的方向呈较小角度来回摆动，固结体形如较厚墙状。定喷及摆喷两种方法通常用于基坑防渗、改善地基土的渗流性质和稳定边坡等工程。

此外根据使用机具和设备的不同又分为单管法、双管法、三重管法和多重管法。单管法是利用钻机把安装在注浆管（单管）底部侧面的特殊喷嘴，置入土层预定深度后，用高压泥浆泵等装置，以 20 MPa 左右的压力，把浆液从喷嘴中喷射出去冲击破坏土体，使浆液与土体上崩落下来的土搅拌混合，经过一定时间凝固，便在土中形成一定形状的固结体。双管法是使用双通道的注浆管，当注浆管钻进到土层的预定深度后，通过在管底部侧面的同轴双重喷嘴（1 ~ 2 个），同时喷射出高压浆液和空气两种介质的喷射流冲击破坏土体，即以高压泥浆泵等高压发生装置喷射出 20 MPa 左右压力的浆液，从内喷嘴中高速喷出，并用 0.7 MPa 左右压力把压缩空气从外喷嘴中喷出。在高压浆液和它外圈环绕气流的共同作用下，破坏土体的能量显著增大，最后在土中形成较大的固结体，固结体的范围明显增加。三重管法是在以高压泵等高压发生装置产生 20 ~ 30 MPa 的高压水喷射流的周围，环绕一股 0.5 ~ 0.7 MPa 的圆筒状气流，进行高压水喷射流和气流同轴喷射冲切土体，形成较大的空隙，再由泥浆泵注入压力为 1 ~ 5 MPa 的浆液填充，喷嘴做旋转和提升运动，最后便在土中凝固为较大的固结体。多重管法首先需要在地面钻一个导孔，然后置入多重管，用逐渐向下运动的旋转超高压力水射流（压力约 40 MPa），切削破坏四周的土体，经高压水冲击下来的土、砂和砾石成为泥浆后，立即用真空泵从多重管中抽出。如此反复地冲和抽，便在地层中形成一个较大的空洞。

9.6.2.2　特点及适用范围

高压喷射注浆法具有以下特点：

（1）施工简便：高压喷射注浆全套设备结构紧凑、体积小、机动性强，占地少，能在狭窄和低矮的空间施工。施工时只需在土层中钻一个孔径为 50 mm 或 300 mm 的小孔，便可在土中喷射成直径为 0.4 ~ 4.0 m 的固结体，因而施工时能贴近已有建（构）筑物，成型灵活，既可在钻孔的全长范围形成柱型固结体，也可仅作其中一段。

（2）可控制固结体形状：在施工中可调整旋喷速度和提升速度、增减喷射压力或更换喷嘴孔径改变流量，使固结体形成工程设计所需要的形状。

（3）可垂直、倾斜和水平喷射：通常是在地面上进行垂直喷射注浆，但在隧道、矿山井巷工程、地下铁道等建设中，亦可采用倾斜和水平喷射注浆。处理深度已达 30 m 以上。

（4）耐久性较好：由于能得到稳定的加固效果并有较好的耐久性，所以可用于永久性工程。

（5）料源广阔：浆液以水泥为主体。在地下水流速快或含有腐蚀性元素、土的含水量大或固结体强度要求高的情况下，则可在水泥中掺入适量的外加剂，以达到速凝、高强、抗冻、耐蚀和浆液不沉淀等效果。

高压喷射注浆法主要适用于处理淤泥、淤泥质土、流塑、软塑或可塑黏性土、粉土、砂土、黄土、素填土和碎石土等地基。对土中含有较多的大粒径块石、植物根茎或过多的有机质时，应根据现场试验确定其适用范围，对地下水流速度大、浆液无法凝固、永久冻土及对水泥有严重腐蚀性的地基不宜采用。

9.6.3　深层搅拌法

9.6.3.1　加固机理及适用范围

深层搅拌法是利用水泥作为固化剂，通过特别的深层搅拌机械，在地基深处就地将软土和水泥（浆液或粉体）强制搅拌后，水泥和软土将产生一系列物理—化学反应，使软土硬结改性。改性后的软土强度大大高于天然强度，其压缩性、渗水性比天然软土大大降低。

深层搅拌法加固软土的基本原理，是基于水泥加固土的物理化学反应过程。减小了软土中的含水量，增加了颗粒之间的黏结力，增加了水泥土的强度和足够的水稳定性。在水泥加固土中，由于水泥的掺量较小，一般占被加固土重的 10% ~ 15%。水泥的水化反应完全是在具有一定活性的介质——土的围绕下进行的，所以硬化速度较慢且作用复杂。

【课堂讨论】　*水泥土的硬化机理和混凝土的硬化机理有何不同？*

深层搅拌法适用于处理淤泥、淤泥质土、粉土和含水量较高且地基承载力标准值不大于

120 kPa 的黏性土地基，对软土效果更为显著。多用于墙下条形基础，大面积堆料厂房地基、深基坑开挖时防止坑壁及边坡塌滑、坑底隆起等以及做地下防渗墙等工程上。冬季施工时，应注意负温对处理效果的影响。该法用于处理泥炭土、有机质土、塑性指数 I_P 大于 25 的黏土，地下水具有腐蚀性时以及无工程经验的地区，必须通过现场试验确定其适用性。

【知识链接】

土质条件对于搅拌桩桩身质量的影响主要有两个方面：一是土体的物理力学性质对搅拌桩桩身水泥土搅拌均匀性的影响；二是土体的物理力学性质对搅拌桩桩身水泥土强度增加的影响。因此，水泥土硬化速度缓慢且作用复杂，水泥土强度增长的过程也比混凝土缓慢。搅拌桩桩身水泥土强度的因素主要有：水泥掺入比、水泥强度等级、龄期、含水量、有机质含量、外加剂、养护条件及土性等。

9.6.3.2 设计要点

深层搅拌法的设计，主要是确定搅拌桩的置换率和长度，要满足承载力和变形的要求。采用深层搅拌法形成的复合地基承载力可按式(9-10)计算：

$$f_{spk} = m\frac{R_a}{A_p} + \beta(1-m)f_{sk} \tag{9-10}$$

式中 f_{spk}——复合地基的承载力特征值，kPa；

m——桩土面积置换率，$m = d^2/d_e^2$，d 为桩身平均直径，m，d_e 为根桩分担的处理地基面积的等效圆直径，等边三角形布桩：$d_e = 1.5s$，正方形布桩：$d_e = 1.13s$，矩形布桩：$d_e = 1.13\sqrt{s_1 s_2}$，s、s_1、s_2 分别为桩间距、纵向间距和横向间距；

R_a——单桩竖向承载力特征值；

A_p——桩的截面面积，m^2；

β——桩间土承载力折减系数，宜按地区经验取值，当无经验时可取 0.75～0.95，天然地基承载力较高时取大值；

f_{sk}——处理后桩间土承载力特征值，kPa，宜按当地经验取值，当无经验时，可取天然地基承载力特征值。

单桩竖向承载力特征值 R_a 应通过现场载荷试验确定。初步设计时也可按式(9-11)估算，并应同时满足式(9-12)的要求，应使由桩身材料强度确定的单桩承载力大于（或等于）由桩周土和桩端土的抗力所提供的单桩承载力。

$$R_a = u_p\sum_{i=1}^{n} q_{si}l_i + \alpha q_p A_p \tag{9-11}$$

$$R_a = \eta f_{cu} A_p \tag{9-12}$$

式中 f_{cu}——与搅拌桩桩身水泥土配比相同的室内加固土试块（边长为 70.7 mm 的立方体，也可采用边长为 50 mm 的立方体）在标准养护条件下 90 d 龄期的立方体抗压强度平均值，kPa；

η——桩身强度折减系数，采用粉体时（干法）可取 0.20～0.30，采用水泥浆液时（湿法）可取 0.25～0.33；

u_p——桩的周长，m；

n——桩长范围内所划分的土层数；

q_{si}——桩周第 i 层土的侧阻力特征值，对于淤泥可取 4～7 kPa，对于淤泥质土可取

6 ~ 12 kPa，对于软塑状态的黏性土可取 10 ~ 15 kPa，对于可塑状态的黏性土可取 12 ~ 18 kPa；

l_i——桩长范围内第 i 层土的厚度，m；

q_p——桩端地基土未经修正的承载力特征值，kPa，可按现行国家标准《建筑地基基础设计规范》(GB 50007—2011)的有关规定确定；

A_p——桩端天然地基土的承载力折减系数，可取 0.4 ~ 0.6，承载力高时取低值。

【特别提示】 在设计时可先假定搅拌桩的桩长和桩径，由式(9-11)或式(9-12)计算搅拌桩单桩竖向承载力特征值 R_a，然后按要求的复合地基承载力特征值 f_{spk} 确定置换率 m。

竖向承载搅拌桩复合地基应在基础和桩之间设置褥垫层。褥垫层厚度可取 200 ~ 300 mm。其材料可选用中砂、粗砂、级配砂石等，最大粒径不宜大于 20 mm。竖向承载搅拌桩复合地基中的桩长超过 10 m 时，可采用变掺量设计。在全桩水泥总掺量不变的前提下，桩身上部 1/3 桩长范围内可适当增加水泥掺量及搅拌次数；桩身下部 1/3 桩长范围内可适当减少水泥掺量；竖向承载搅拌桩的平面布置可根据上部结构特点及对地基承载力和变形的要求，采用柱状、壁状、格栅状或块状等加固形式。桩可只在基础平面范围内布置，独立基础下的桩数不宜少于 3 根。柱状加固可采用正方形、等边三角形等布桩形式。

当搅拌桩处理范围以下存在软弱下卧层时，应按现行国家标准《建筑地基基础设计规范》(GB 50007—2011)的有关规定进行下卧层承载力验算。

小 结

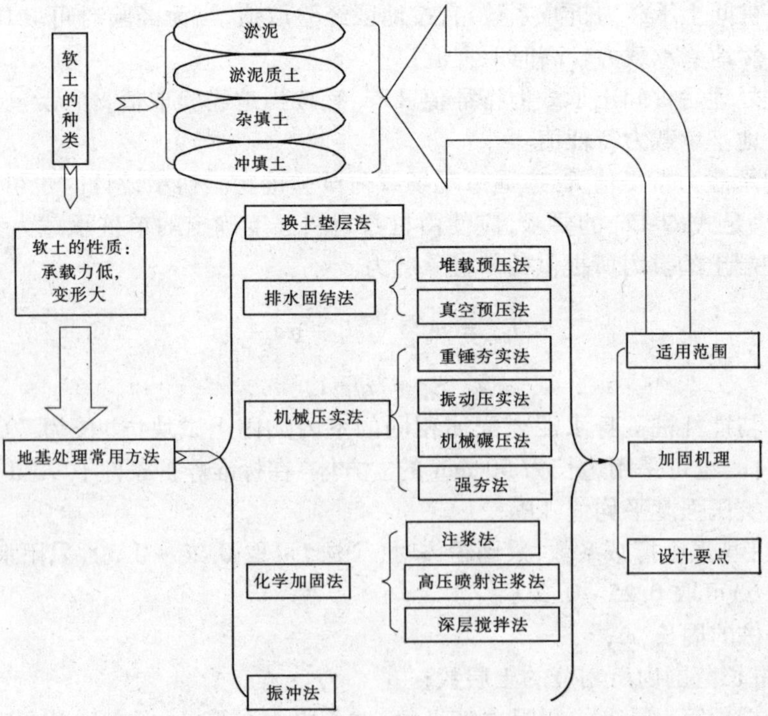

能力扩展与应用

(1)软弱土的定义是什么?它有何特征?

(2)淤泥和淤泥质土的区别在哪里?

(3)地基处理的意义和目的是什么?常见的地基处理方法有哪些?

(4)何谓换土垫层,其适用范围是什么?其设计要点是什么?

(5)排水固结法的基本原理是什么?

(6)机械压实法加固机理是什么,常见的都有哪些种类?

(7)何谓强夯法?其适用范围和加固机理是什么?

(8)什么是高压喷射注浆法?其根据使用机具和设备的不同可分为哪些方法?

(9)深层搅拌法适用于处理哪些地基?如何确定搅拌桩的置换率 m?

(10)振冲法加固地基的机理是什么?

第 10 章　特殊地基土

知识目标

● 了解特殊土的种类、分布、组成、结构、特性、概念和受力受水、软化失强、湿陷沉降、胀缩开裂、失稳滑坡、流失塌陷的原理及有关危害。

能力目标

● 会根据特殊土的性质特点、有关要求和手段措施，鉴别特殊地基土的种类、性能，制订危害防范处理措施，妥善处理有关危害，确保地基与房屋建筑的安全稳定和正常使用。

特殊土是指性质明显不同一般、非常特殊的土，主要指分布在西北、华北地区的湿陷性黄土，该土受水后极易湿陷沉降。分布在西南地区的膨胀土，该土具有很大的吸水膨胀和失水收缩特性，极易造成地基基础和房屋建筑的开裂破坏。分布在云南、贵州、广西和安徽、湖南等地的红黏土，该土受水作用极易造成地基胀缩裂隙、岩溶孔洞、失稳滑坡和房屋建筑的开裂、下沉、倾斜和倒塌。三种特殊土的共同特点是性能特异、对水敏感、受水易变、波动不稳、危害严重。伴随环境干湿和土中水的变化(水变)，时软时硬、时稳时动、时胀时缩、变化无常，对房屋建筑和人的生命财产危害极大。特别是在干湿交替频繁严重的地区、季节和强大的动水、动载作用下，其危害更大，破坏后果更为严重。对此我们务必高度重视、有效防范和妥善处理，以此确保地基基础和房屋建筑的安全稳定、正常使用和人的生命财产安全。

10.1　湿陷性黄土地基

10.1.1　湿陷性黄土的矿物组成、性能特点、土体结构和湿陷沉降的原理

10.1.1.1　湿陷性黄土产生湿陷的主要因素和条件

(1)湿陷性黄土通常是以粉粒为主的粉土或粉质黏土，并伴有部分砂粒、黏粒、可溶盐、腐殖质胶体、水和气等，即主要由矿物颗粒、易溶晶体和易吸水膨胀的胶体等胶结填充物、水与气和孔隙共同组成。其性能状态，常伴随季节、气候、环境的干湿和荷载变化而变化。如水和气体易流动，时而被土吸入，时而受压被土排除或蒸发，又时而冻胀融化，水与荷载的变化对土的性能状态影响极大，效果最为显著，是造成土体性能不稳的两大要素。

粉土离散性大、黏性微弱，遇水易震动液化、湿陷沉降和流失塌陷。

土中胶结物。黏土部分含有大量的 SiO_2 胶体，具有很大的黏结性，保水性好，塑性好。易吸水膨胀、失水收缩产生开裂破坏，疏松时强度低，遇水易软化失强、溶解湿陷；密实时强度高、透水性差、土体稳固。同时抗冻性差，遇水易冻融湿陷。另外，在土体失水过程中，具有胶结作用的还有腐殖质胶体、结合水和溶盐等其他有关物质。溶盐既可吸水溶解、软化失强，又可失水结晶——产生强度、体胀和一定的胶结力。以上胶结物在土中，虽然胶结形式、

显现时间和强弱各异，但除结合水外均有遇水溶解、软化失强和失水硬化、胶结成体的共同作用和特点，且对土的性能状态影响极大。这些具有胶结作用的物质，水大时使土溶解离散、软化失强，干燥时使土胶结一体，具有较高的强度和承载力。通常把土中黏粒、溶盐、腐殖质胶体等具有胶结作用的物质，统称为黄土的胶结物。这些胶结物在土中所产生的结合力统称为土的黏聚力或黏结力、胶结力。同时指出：这些胶结物胶结力的大小显现，常伴随土体含水状态的变化各有不同，具体主要由土中胶结物的多少和受水情况、受水程度决定。当这些胶结物在土中比例适宜、数量足够多、胶结力足够大时，可把原本松散的土粒黏结成条、面、体，即形状各异、结合力微弱、孔隙较大、宏观可见、疏松易碎的大土粒集聚体和密实度大、结合力强、孔隙细小、数量较多的较小土粒集聚体；另有部分充水饱和、相互关连的较小水泡体或失水干燥、连结牢固、较为干硬的较小空壳体。简言之，由于水的填充、胶结和蒸发等其他多种作用，在这些条、面、体之间存有大量间隙和孔隙，常使土生成压缩性极高的多孔蜂窝结构或絮状结构——海绵结构，由此形成极易湿陷沉降的黄土。

水的特性。水有气、液、固三态，有强结合水、弱结合水和自由水三种。高温下水会快速蒸发消失，低温下水会结冰固化产生很大的强度和体胀。强结合水接近固态、不溶于水，气化蒸发温度 100 ℃，虽高于自由水，但仍可蒸发从土中消失；常温下具有较高的抗剪强度和胶结力，是土体抗剪的重要组成部分。弱结合水呈黏滞状态，使土产生黏性、塑性和黏结力。自由水沸点气化温度为 100 ℃，冰点为 0 ℃，常温下呈液态、可流动、会缓慢蒸发消失，温度越高蒸发速度越快、数量越大。在土中具有不可压缩的特性、能传承压力，对土具有渗透、溶解、稀释、软化、润滑、上浮、胶结、腐蚀和湿陷沉降等诸多特点和正反作用，并伴随季节、气候、环境、土的种类和土中含水情况的不同而有不同的作用和特性显现。水变会使土的干湿、软硬等性能状态发生改变，土的性能状态常伴随土中水变而改变。

土粒特性。土粒的粗细大小是决定土体结构、性能、状态和种类的主要因素，土粒的粗细不同，土的结构、性能、状态和种类则往往不同。一般土粒越小、比表面积越大，土的亲水性越强、黏性越大、微孔越多、相对孔隙体积越大、含水能力越强、透水性越小、塑性和保水性越好、胀缩开裂性越大。反之，则相反。土疏松时强度低，密实时强度高，干土强度高，湿土强度低。土对水极为敏感，水变会使土的性能状态发生显著和重大改变。

(2)水土作用。由于土一般是由矿物颗粒(土粒)、水、胶结物、气体和孔隙等组成的，特别是土粒较细的土，粒间微孔多、体内孔隙大，具有较强的亲水、吸水和含水能力，易吸水膨胀、失水收缩。而水对土具有极强的填充、胶结、承传压力和溶解稀释、离散膨胀、蒸发真空、流失塌陷等诸多作用，土粒和水常伴随季节、气候和环境的变化而不断地离合。所以，天然土体时干时湿、时软时硬，孔隙时大时小，性能状态时好时坏，不断发生变化。但不管怎样变化，一般土中孔隙总是难以消失。由此在土中始终存有形状大小各异的孔隙，当孔隙足够多、足够大时，则使土形成多孔结构，且使土具有较强的亲水、吸水、含水、胀缩性能和遇水湿陷沉降、失稳滑坡的特性。

10.1.1.2 产生湿陷的原理

1.黄土遇水湿陷沉降的一般概念和原理

从广义角度而言，由于土中湿度的变化(水变)所产生的土体沉陷，统称为湿陷，所产生的沉降统称为湿陷沉降。大量的实践和试验证明，在一定外力和含水状态下，土体吸水和失水都会产生沉陷——湿陷沉降。土体湿陷沉降的主要原因是水的软化、缺失和外力的压缩等，这种湿陷沉降主要有两种：一种是土体在自重应力作用下的自重湿陷沉降，一般相对较小较轻；一种是土体在自重应力和附加应力（荷载）共同作用下的载荷湿陷沉降，一般相对较大较重。通常原土越干、密实度越小、含水增量和荷载增量越大，土体的湿陷沉降就越大。土体外力主要是自重应力（重力）和多种形式的附加应力（荷载），当土为较干整体固态时，抵抗荷载的抗力主要有土粒间接触应力 $\sigma' = \sigma$，通常叫有效应力，该干土有效应力由黏聚力、摩擦力和接触点支持力等组成，其强弱大小伴随土中水变而改变。当土为较干松散状态时，抵抗荷载的抗力主要由摩擦力和接触点支持力等组成。当土吸水饱和时，土中黏聚力和摩擦力一般很小，甚至接近为零。此时，抵抗荷载的抗力主要由粒间支持力 σ' 和孔隙水应力 u，即 $\sigma = \sigma' + u$。不管土体处于什么状态，当土中抗力大于外力，足以抵抗和平衡外力时，土体则处于稳定状态。当抗力小于外力不能抵抗、平衡外力时，土体受力失衡则湿陷沉降或失稳破坏。

一般来讲，黄土遇水后的性能状态变化、湿陷沉降的大小快慢和破坏程度主要取决于黄土原有的土粒成分、密实度、干湿程度和后来受力受水的情况与程度。此情况不同，其湿陷沉降的大小、速度和破坏后果各不相同。通常土粒相对较粗、土中胶结填充物越多、土粒被胶结的越牢固、孔隙被填充的越密实、原土相对较湿、受力受水程度越轻，水变 $\Delta\omega$ 越小，天然含水越稳定，土的湿陷沉降 Δs 和破坏程度相对越小；反之，越大。若在连续大水、动水和强大的振动荷载作用下，土的湿陷速度最快，数量最大，破坏后果越严重，同时冻融也会造成和加剧土的湿陷。对此务必高度重视，切实作好防范处理。

2. 天然干燥松散状态黄土的湿陷沉降

天然干燥松散状态的黄土多为细粉粒和部分黏粒、胶体和易溶结晶盐类，因土粒较细、比表面积较大、内部极为空虚、孔隙体积很大，密实度小、承载力很小，具有一定的亲水、吸水和含水能力，仅靠微弱的粒间接触应力（摩擦力和支持力）与重力保持平衡，所以遇水后，重力加大、张力收缩、粒间润滑、土体软化、强度降低、抗力骤降，原有受力平衡则很快被打破。土粒迅速黏结集聚、滑移挤密、收缩抱团，从而迅速大量的湿陷沉降，并由空虚松散体向密实的整体过渡，当含水量达到一定程度，土粒黏结力和土体压缩沉降到一定程度，则成具有一定强度的完整固体。若为人工可控适量用水（含水最佳）处理，施加荷载大于房屋建筑的荷载，这种湿陷沉降相对速度较快、数量较大，通过加水加载密实处理人工湿陷沉降后，最终可得到密实度、强度和承载力较大的良好地基。若为人工和自然连续大量受水，土体则会很快成为流动的液浆而破坏。由此造成大量的破坏性湿陷沉降和严重的破坏后果。特别是遇到强大振动荷载和连续的动水作用时，则会产生更为严重的流失塌陷性湿陷沉降及破坏后果。所以，松散和疏松的黄土绝对不能直接作为地基使用，必经人工密实处理后，方可采用。

3. 天然疏松固态黄土的干燥失水湿陷沉降

疏松的天然固态黄土原本存有大量孔隙，常有干、湿和吸水饱和三种状态，黄土在由液态→可塑态→半固态→固态转化——硬化过程中，由于土中失水湿度降低而引起的沉降，称失水性湿陷沉降。在此过程中，通常伴随土体含水量（湿度）的减小，土体强度和承载力在不断提高。但这里应当特别指出：在土体饱和或完全浸水时，其粒间胶结钳固力非常小，甚至接近为零，土体骨架非常脆弱，整个土粒处于悬浮、接近悬浮、轻浮不稳状态。在黄土干燥、孔隙失水的初期，土中会出现孔隙真空、孔隙水压力 u 骤降，土中应力迅速向土粒集中的现象，即 $\sigma_{cz}\uparrow + \sigma = \sigma' + u\downarrow$。此时土体虽然失去部分水，但土粒周围的胶结钳固力和整个土体抗力，实际并没有及时地显著提高和恢复，整个土体抗力反而大量的减小。由此土中原有受力平衡很快被迅速打破。此时土粒在土重力（附加压力）、黏聚力和水的润滑作用下，开始重新分布、滑移挤密和孔隙压缩，由此造成整个土体大量湿陷沉降。以后伴随土中水的不断蒸发和湿度的减小，土中胶结物浓度和胶结力提高到一定程度；并在砂粒、粉粒接触点周围和表面大量积聚，对土粒逐步形成包围、胶结和钳固作用，使土体开始凝结硬化、产生强度。在荷载一定、胶结物较少的情况下，当含水量减少到一定程度，土体胶结力、强度、承载力和整个土体抗力提高到一定程度，土体抗力与外力达到新的平衡后，整个土体和土粒处于稳定；土中孔隙体积不再压缩减小，土体湿陷沉降停止。此时，孔隙体积虽然在一定程度上受到压缩减小，但并没有完全消失。特别是仅在自重或轻载作用下，其压缩数量通常很小，土中仍存有大量的孔隙。所以，此时土体就形成了较为稳定的孔隙、骨架和多孔固态结构。以后伴随土中水分的继续减小，直到完全干燥，土粒被相对钳牢，土体强度和承载力则达到最高值。但这里特别指出，土越干，二次受水稳定性越差，越易产生新的大量湿陷沉降。就土中孔隙大小而言，一般土中胶结填充物越少、密实度越小、荷载越小、干燥失水速度越快，在土中形成的孔隙体积和孔隙比相对较大；反之，则小。其中以自重作用下孔隙和孔隙比最大，湿陷沉降最小；当有房屋荷载作用时，土中孔隙则伴随房屋荷载的增大而减小，相应湿陷沉降增大。就含水量与土体湿陷沉降量的大小而言，对于确定的土体：在同样外力作用下，原来吸水饱和的黄土，其失水性湿陷沉降量最大；原来干燥的黄土，其失水性湿陷沉降量最小；原来较湿的黄土失水性湿陷沉降量居中。即原天然含水量越大、干燥时失水量越多，其失水性湿陷沉降量就越大。对于土粒粗细和种类不同的土体：相同条件下，一般粗粒土湿陷沉降量小，细粒土湿陷沉降量大，如疏松的黄土、相对较粗的粉土和砂土等湿陷沉降量相对较大；同一种土密实度小、受力受水轻的湿陷沉降量小，疏松、受力受水重的湿陷沉降量大。

4. 天然固态干燥黄土的二次吸水湿陷沉降

理论研究和大量的试验与实践证明，天然疏松固态干燥黄土的遇水湿陷，一是土体原本疏松孔隙大。二是黄土中有自重应力（附加应力）的作用。三是黄土虽有一定细黏土粒等胶结物质填充孔隙、胶结土粒。但由于黏粒等胶结物所占比重相对较小，并不能把孔隙填实、土粒钳固。所以，原来失水干燥胶结一体的疏松黄土，虽然土体结构、胶结力和承载力比散粒状态下有显著的改善和提高，但仍然相对较弱。四是胶结一体的黄土具有诸多微孔和较强的亲水、吸水和保水性。而水对土具有极强的渗透、溶解、稀释、润滑、冲刷、腐蚀等诸多负面作用。所以，黄土对水极为敏感、灵敏度很高，遇水会迅速软化、稀释溶解、成倍失强、结构破坏和大量的湿陷沉降。特别是在较大房屋建筑荷载和其他动载、动水作用时，这种湿陷沉降和破坏则会更大更快和更为严重。在此过程中，当含水量增至一定数量，胶结力和承载力减弱到一定程度，土体抗力不足以抵抗重力、荷载等外力共同作用时，土体受力失衡、结构破坏，土粒会再次失稳、重新分布、滑移挤密、孔隙减小，由于水和新增荷载的作用，由此导致了土体再次出现新的湿陷沉降。当然仅有重力作用时，一般相对较小。当有较大附加应力（荷载）作用时，就会出现新的较大湿陷沉降。在此过程中和正常情况下，因孔隙压缩和充水是同时进行的，在土粒压密、孔隙压缩过程中，土体密实度 D_r、有效应力 σ'（黏聚力、摩擦力和支持力）、孔隙水压力 u 和土体承载力（抗力）都在恢复上升之中，直到 $\sigma_{cz}+\sigma=\sigma'+u$，再次出现新的土体受力平衡时，湿陷沉降则将停止，房屋建筑则处于稳定状态。若为持续较大的动载、动水作用，最终土体则将破坏，由此将会出现新的大量湿陷沉降和土体滑坡等严重后果。

在此过程中,整个湿陷沉降的程度和数量大小与黄土原有密实度、天然含水量和浸水后的含水增量的大小密切相关。一般原土越干松,含水量越小,浸水后含水量和含水增量越大,土体湿陷沉降量越大。有时仅在自重作用下,湿陷沉降就会发生,直到黄土吸水饱和或完全被水浸泡、溶于水中或沉积水底成静止流塑等破坏状态。在此过程和范围之内,若土的密实度较大、含水增量较小,则湿陷沉降相对较小,反之,则大。对于沉积水底的流塑黄土,若遇动水作用,还会出现大量的流失性湿陷沉降。二与土体孔隙中胶结物的多少和密实度密切相关。黄土遇水湿陷沉降的实质是重力、荷载等外力与土的胶结力等抗力共同作用失衡和土中孔隙压缩减小的产物。土中胶结物少时,孔隙填充不密实、密实度小、孔隙大,同时土粒受到的胶结钳固力和土体承载力都很小。当土体遇水时,吸水速度快、数量多、增量大,溶解软化、胶结减弱、受力失衡的速度很快,后果极为严重。所以,土中胶结物越少,越易发生大量的湿陷沉降;反之,则相反。三与荷载大小直接相关。因为土体湿陷沉降,伴随荷载的增加是由线性快速增加到非线性骤然大量增加的。所以,荷载越大、土的湿陷沉降量就越大,反之,越小。四因黄土以粉土为主,不但要注意大量一般湿陷和不均匀湿陷沉降的影响,还要特别注意动载、动水作用下的液化和冻融下的湿陷影响,对此务必高度重视、切实做好防范。

综上所述,并不是说所有黄土都具有明显的湿陷性,黄土湿陷性的产生和显现是有条件的。只有土粒较细、亲水较强、内含一定可溶胶结物、呈多孔结构、荷载与含水量大到一定程度、土体抗力和承载力减小到一定程度,不足以抵抗荷载作用,受力严重失衡时,黄土的湿陷性才会产生和显现。简言之,就是荷载作用、含水量增加、软化失强、受力失衡、结构破坏、孔隙压缩、湿陷沉降。具体由土中矿物成分、土粒粗细、胶结物多少、胶结力大小、吸水增量和土体受力大小等诸多因素决定,即由黄土固有特性和水、荷载共同作用决定。在工程建设中,必须依此为据、充分考虑、正确认识和科学处理有关黄土湿陷沉降问题。在黄土研究中,常把土体吸水结构突然破坏、湿陷沉降时的含水量,称黄土湿陷含水量,它是评定黄土湿陷沉降的一项重要指标,其值越小土越易湿陷,该含水量对于同一种土,随干燥程度不同稍有不同。对于不同的土,湿陷含水量各不相同。具体可通过土工试验测定。

10.1.2 湿陷性黄土的物理力学指标、有关危害和防范措施

10.1.2.1 湿陷性黄土的物理力学指标

(1)以粉粒为主,粉粒含量大于60%,兼有部分黏土和少量砂粒等;

(2)含水量低,一般为10% ~20%,此时才具有明显的湿陷性;

(3)天然密度小,在1.4 ~1.65 g/cm^3;

(4)孔隙比大,$e>1.0$;

(5)塑性指数较低,为7 ~13,一般属粉土或粉质黏土;

(6)压缩性高,压缩系数 a 为0.2 ~0.6,属中、高压缩性土,在自重应力或自重应力与附加应力共同作用下,遇水会迅速大量地湿陷沉降。

这些试验指标和以上理论分析完全一致。

10.1.2.2 湿陷性黄土的危害

湿陷性黄土的危害有地基湿陷沉降、失稳滑坡、流失塌陷和房屋下沉、倾斜、倒塌。

10.1.2.3 有关危害防范措施

1. 设计措施

严格按照国标规范、紧密结合工程的实情特点科学设计。

(1)做好工程地质勘察,特别是地下水勘探和地面水的考察了解;选址尽力避开湿陷地段,避不开的要做好设计、施工和使用等各个阶段的防范处理。

(2)充分考虑地基、基础和上部结构的协调作用,严防地基大量湿陷沉降和不均匀湿陷沉降发生时所造成的房屋破坏,选用整体性强、强度高、刚度大的加强型基础和上部结构。如采用加强型的筏板基础、箱基础、箱桩结合基础和剪力墙、筒体、质轻高强的钢结构等。

(3)多采用先进成熟的新技术、新材料和新工艺。

2. 施工防水措施

严格按照各项国标规范和有关要求进行施工、防范和处理,保证施工质量,尽力做到优质耐久不漏水和漏水有防水、能排水。

(1)编制施工进度计划时,要注意气候、天气和其他有关水情变化,及时收看、了解天气预报,尽可能避开雨季和雨天施工,尽力安排在少雨季节和无雨天施工;当不可避免时,要切实做好防范处理。

(2)施工中做好基坑内和基坑周围的防水排水,基坑开挖要预留200~300 mm厚的人工开挖保护层,何时做基础、何时开挖,确保地基的天然状态。及时做好有关地基处理。如预浸下沉、强夯压密、化学胶结、地下注浆加固等。采用适宜的桩基础,如根据土情综合其他措施合理选用喷粉桩、素混凝土桩、钢筋混凝土桩等。设好灰土防水层和换土垫层等。抓住一切有利时机尽快完成基础施工、回填和地表水的防范处理。

(3)主体完工之后,要及时做好房屋周围地面平整和坡地面、散水、明沟的排水;并在地面下和地基之上设置300 mm以上的灰土或其他防水层,具体视情况而定,以此阻隔地表水下渗。

(4)当遇超常特大暴雨积水时,要及时采取有效措施加以排放,防止大量雨水流入基坑长期浸泡地基湿陷破坏,并对浸湿的地基进行干燥密实处理,严防橡皮土的出现。

(5)做好地下管道设计、施工和漏水的防护、排放,靠近地基的给水排水管道,宜设在地基之上和防水地沟、粗套管之内,常在管周围设一定厚度和宽度的灰土、素混凝土等防水层。施工取材要选用合格、优质和耐久的材料,特别是管材。同时做好房屋周围水表井、污水井和化粪池的防漏防水工作,有条件、必要可行时,也可在地基周围打地下防水连续墙等,不过造价很高,有时受限也不易和不能实施。

3. 使用阶段

(1)当遇超常特大暴雨积水时,要及时采取有效措施加以排放,防止雨水在房屋周围地面大量、长时地积聚下渗使地基湿陷。

(2)使用中要注意保护管道安全和正常使用时及时做好检修,维修应先关闸停水,检验合格后开闸放水。

(3)做好水情和地基沉降观测和防范及处理。

10.2 膨胀土

10.2.1 膨胀土的矿物组成、土体结构、性能特点和膨胀原理

10.2.1.1 概念

膨胀土是指富含细小黏粒、亲水性极强、主要由蒙脱土和伊利土组成的黏性土，该土具有极强和突出的吸水膨胀及失水收缩特性。

10.2.1.2 物理特性指标

(1)由于土粒细小、比表面积大、黏粒和胶体含量高、黏性大、细微孔隙多、亲水性强、透水性差、含水能力大、保水性好、塑性好，所以土中水不易蒸发，天然含水量相对较高 $\omega=20\%\sim30\%$，常接近塑限 ω_P，饱和度 $S_r\geqslant0.85$；缩限 $\omega_S=11\%\sim18\%$，塑限 $\omega_P=20\%\sim35\%$，液限 $\omega_L=38\%\sim55\%$，塑性指数 $I_P=18\sim35$，粒径 $d\leqslant0.005$ mm 的黏粒含量在24%～40%，属黏土。

(2)由于土中黏粒等胶结物多，能有效填充孔隙、胶结土粒，使土干燥时具有很高的强度，天然孔隙比相对较小，$e=0.5\sim0.8$，属低压缩性土。

(3)吸水后土的黏聚力和摩擦力减小，失水后土的黏聚力和摩擦力增大。所以，抗剪强度指标 c、φ 受水作用波动大。

(4)因土的膨胀率与荷载大小直接相关，荷载越大，土体膨胀时受限越大，其膨胀率越小，反之，则大。荷载为零时土的自由膨胀率最大，自由胀缩率 $\delta_{ef}=40\%\sim58\%$，甚至高达70%以上。而在10～110 kPa 压力作用下的受限膨胀率，$\delta_{ep}=1\%\sim4\%$，明显较小和大幅度的下降。

(5)广泛分布在山前丘陵和盆地边沿。

10.2.1.3 土体结构、矿物组成和膨胀原理

1. 土体胀缩基本原理

综前大量理论研究、试验实践和科技创新发现：土粒越细，比表面积越大，黏粒、胶体等胶结胀缩物含量越多，土的亲水性越强，黏性越大，对水的吸含量越大，土的固有胀缩性就越大。影响土体膨胀的主要因素有土粒的粗细程度、土体孔隙特征、受力受水程度和土中胶结膨胀物的含量多少与孔隙填充程度及土的天然含水量等，即土粒越细，细微孔隙越多，胶结膨胀物含量越多，密实度越大，孔隙比越小，原土越干，天然含水量越小，吸水增量越大，承受的荷载越小，土的吸水膨胀量就越大，失水收缩量就越小；反之，则相反。所以，粗粒土水变胀缩性较小，细粒土则明显较大。引起土体含水变化的主要原因是季节、气候和环境的干湿交替频繁变化。如干旱、光照、温升和植物等会使土中水分蒸发减少，雪雨等地面水渗入地下，江河湖海和地下水位的升降等诸多方面。由此使水时而浸入土体膨胀，时而蒸发减小收缩。具体可视情况分析、判断和妥善处理。如一般高处比低处含水量小，所以，高处比低处吸水膨胀量大，失水收缩量小，其他分析判断同理。

2. 膨胀土结构与胀缩原理

膨胀土之所以具有很大的胀缩性，是因膨胀土主要由土粒极细、亲水性极强、胀缩性很大的蒙脱土和伊利土组成。其中蒙脱土胀缩性最大，伊利土次之。从土体细部构成而言，膨

胀土由大量亲水极强的细小黏粒、二氧化硅（SiO_2）胶体与无机盐等胶结物、片状黏性矿物和表面彼此接触分散分布的土粒微集聚体（结构）和诸多含水性极强的细微孔隙等组成。由于土粒细小、比表面积大，粒间、面间和集聚体间细微孔隙多、内部总体孔隙体积大，亲水性强，吸水、含水能力大，所以土体遇水后，能把大量水分吸入土体、渗入孔隙，使土粒表面不断吸附集聚大量的结合水、阳离子，加之胶结物的不断吸水膨胀，由此在粒间、面间和集聚体间产生了强大的挤压离散、外延扩张的膨胀力。当这种力超过了土中胶结钳固力、重力和外加荷载等约束限制作用后，土体内力平衡则被打破，整个土体开始外延膨胀。直到新的内力平衡、土体稳定或破坏。

10.2.2 膨胀土的几种常见危害特征

膨胀土的水变胀缩和不均胀缩危害极大，主要造成地基隆起、开裂、滑坡和房屋建筑的开裂、倾斜、倒塌破坏。其破坏程度和破坏特征主要与周围环境变化、土的固有胀缩性大小和受力受水的不同情况、部位及程度大小等有关。

（1）浅表层地基土极易受外部环境、气候、季节和地表水的影响，而且直接、敏感、频繁、严重。而深处则相对较小、较轻，甚至为零。同时由于土的胀缩性受压力的约束限制影响较大，无压力作用时土的自由胀缩最大，轻载次之；荷载越大，土的胀缩受限越大，胀缩量越小，反之，则大，所以对于建在膨胀地基上的一二层等轻型建筑而言，由于压力小、基础埋置较浅、受地表水影响大，干湿、胀缩频繁交替变化很大，特别是砌体结构整体性差、抗力小，通常极易发生开裂破坏。若建在江、河、湖、海岸边和山沟、大堤、坑池边沿边坡处的膨胀地基上，其破坏种类更多、程度后果更为严重。而高层重载建筑压力大、基础埋置深、胀缩受限大、影响小，加之自身抗力大，所以一般相对受地基胀缩影响小、危害轻。

（2）当房屋建筑地下水位较浅，且频繁升降不稳或地表水频繁大面积下渗或大量蒸发时，由于严重的干湿、胀缩频繁交替不断，极易发生贯通房屋建筑的地基隆起开裂，并由此造成房屋建筑的开裂、倾斜和倒塌破坏。

（3）由于房屋内外、地上地下不同部位的地基土体，其性能特点和受水程度往往各不相同，通常是不均匀的，甚至相差很大。由此造成了地基中不同部位的胀缩各异，不管是吸水膨胀，还是失水收缩，通常都是不均匀的。这种不均胀缩如果超过一定限度，不管是哪一种，都会造成地基基础和房屋建筑的开裂破坏。干旱季节常因地基失水不均收缩而开裂破坏，雨季常因地基吸水不均膨胀而隆起破坏。这种胀缩在房屋建筑使用期间，通常伴随季节、气候和环境的干湿变化及频繁交替而反复地进行。如果胀缩强度和数量足够大，一次即可使地基基础和房屋建筑开裂破坏；如果强度和数量较低，但超过一定胀缩次数和疲劳度，同样可使地基基础和房屋建筑开裂破坏。特别是对于砌体建筑，由于本身强度低、整体性差、抗力小，若墙、柱两边地基不均胀缩超过一定限度，易产生水平位移和水平裂缝，若墙两端不均胀缩超过一定限度，墙体易发生“八”字形或对称“八”字形等开裂破坏。

10.2.3 膨胀地基的计算与鉴别

土的胀缩性鉴别方法主要有现场鉴别法——观测法、浸水试验法和实验室性能指标鉴别法等多种方法，土的各项实验室胀缩性能指标的测试和计算，主要依据《膨胀土地区营房建筑技术规范》（GBJ 2129—1994）等国标、规范规定，有关文件要求，结合现场工程地质勘察资料、实验室测出的各项胀缩性能指标，设计院的设计理念、方法、措施及有关实践经验、高新技术应用与科研创新等诸方综合考虑进行。举例如下：

(1)膨胀地基土的胀缩等级鉴别计算：是根据 50 kPa 地基压力试验胀缩值 S_c(mm)的大小，分为Ⅰ、Ⅱ、Ⅲ三级，$15 \leqslant S_c \leqslant 35$ 为Ⅰ级，$35 \leqslant S_c \leqslant 70$ 为Ⅱ级，$S_c \geqslant 70$ 为Ⅲ级。由此可知，土的胀缩等级越高，胀缩性越小，土体越稳定；等级越低，胀缩性越大，地基基础和房屋建筑越易开裂破坏。土的种类一定，性能指标试验结果一定，土的胀缩等级则可判定。

(2)场地鉴别：平坦场地是指地形坡度小于 5°，或地形坡度大于 5°，小于 14°坡脚地带和距坡肩水平距离大于 10 m 的坡顶地带。以此为据即可现场实测作出判定，是否为平坦场地。

(3)破坏后的现场考察实测鉴别：如隆起、滑坡(长时大水作用)、地裂、坍塌和缝隙的大小与张合等。

有关性能指标的具体计算，由于涉及面广，试验、计算复杂，工作量大、篇幅长，同时受本书篇幅所限，故这里从略，不再详述。

10.2.4 防止膨胀土危害的工程措施

膨胀土受水变影响所产生的大量胀缩和不均胀缩是造成地基基础和房屋建筑开裂破坏的一大主要原因，务必高度重视，切实认真地做好防范。

(1)地基措施：①尽力选择地势平坦，简单稳定，土质均匀，排水良好，胀缩性小，远离地下，湖、海、江、河、坑、池等水变少、含水量稳定，受水影响小的地段，尽量避开地裂、溶沟等危险地段。特别是轻小建筑，抗胀缩能力弱、易开裂破坏，应特别注意。②总平面布置和竖向设计、施工时，要注意保持地形、土体的天然性，尽力少开挖、少扰动，避免由于基坑大开挖造成地基含水量变化而引起的胀缩破坏。③要充分考虑到季节、气候和环境的干湿变化，对各种边坡地段的直接、深度、重度和频繁交替的不良作用和影响，特别是要严防雨季长时大水和动水作用下，所造成的边坡(岸边)、堤坡、山体的失稳滑坡和泥石流的破坏。

(2)地基保护与防水措施：①基坑开挖要选择晴天、无雨日，挖至底部要留 200 ~ 300 mm 厚的保护层。基坑挖好后，要及时根据天气等有关水情变化和影响，做好基坑的保护和防水、排水工作。尽快开展和完成基础施工，及时做好地下防水垫层、相同材料的基坑回填和地面防水层及有关防范。尽力避免基坑开挖和基础施工期间造成地基含水量变化而引起的胀缩破坏。②做好地基改良处理，降低地基的胀缩性。通常采用灰土、砂土和碎石土垫层。对于一般地基可铺设厚500 mm，宽度大于基础外边 500 mm 以上，膨胀小、密实度大、透水性差、强度高、抗水能力强的灰土垫层等。对于地势平坦的Ⅰ、Ⅱ级膨胀地基，也可采用碎石垫层，以此防止和减少地上、地下水造成的胀缩影响。③屋面排水宜采用外排水，雨水管设置要避开沉降缝，同时做好室外散水、明沟和坡地面排水及给水排水管道的漏水防护。具体综合考虑确定。

(3)基础措施：①竖向位置，地下水位较深时，为防地表水影响，可加大埋深，以此减弱土体水变胀缩影响，一般基础埋深大于 1 m；水位较浅且易大量升降时，基础要尽量浅埋远离水位；若水位特别浅，经综合考虑也可埋在稳定水位之下，但要慎重处理。高重建筑压力大、移动难、地下结构坚固、抗胀缩能力强，可视情况深埋或埋置水下，不过一定要有足够的强度、刚度和抗胀缩设计，具体要通过抗胀缩计算和综合评估确定。②平面布置，要尽量远离湖、海、江、河、坑、池等水源。要选用整体抗力大、同一类型的基础形式。要用超常、特别和特殊措施,以此加强基础和上部结构的强度、刚度和整体抗胀缩能力。通常宜选用结构坚固抗力较大且有加强措施的板式、箱式和桩基础,桩基础的桩尖要插入非胀缩土层内一定深度。少用和不用条形基础。

(4)上部结构措施:加强结构的整体强度、刚度和整体性,增强结构抵抗地基胀缩的抗力。宜选用加强后的框剪等坚固结构。砌体结构要通过圈梁、基础梁、构造柱和加筋砌体的强化设置,以此提高结构的整体强度、刚度和抵抗胀缩开裂破坏的能力。

(5)建筑体型力求简单,少弯曲,少转折,荷载力求均匀;控制好长高比,比值适量减小;设好沉降缝,缝隙要适量加大。

(6)做好使用期间的防水、排水工作,同时兼参湿陷性黄土防水措施和有关经验与资料。

(7)削减园林绿化影响;园林绿化应选择吸水性小的针叶树木,少选和不选吸水蒸发量大的阔叶树,以此减少绿化树木根系对地下含水量和地基的胀缩影响。

(8)作好综合评估,定好、实施好设计、施工、使用阶段和近、中、长期防水抗水的方案、计划和措施。

以上抵抗地基胀缩措施仅为部分从简介绍,具体要根据国标、规范,结合工程造价、工程地质和建筑的类型、大小、重要程度、施工难易等工程建设实情,通过抗胀缩计算等综合而定。这里受篇幅限制,其他详见有关图书资料和实际工程建设现场。要不断地进行实践总结和科研创新,尽力做到措施完善、地基安稳和房屋建筑的正常使用。

10.2.5 关于地基土体胀缩量与胀缩性大小的评定

天然膨胀地基土常有湿、干、饱和三种不同状态,同一种膨胀土,一般密实干燥的固态土体,收缩已达极限;若无新的荷载等作用增加,则不会再收缩,此时收缩性显示较小甚至接近于零;而此时吸水膨胀性很大,长时、大量连续水浸后,土的吸水增量和膨胀量都很大。土完全饱和或浸入水中时,膨胀已接近极限,此时膨胀显示较小甚至接近于零,以后不会再有大的膨胀发生,而且在水浸分层离析土粒下沉时,土体反而稍有收缩,再次干燥时土的收缩性和收缩量同样很大。

各种膨胀土,完全干燥时固有的最大吸水膨胀量和完全饱和时固有的最大失水收缩量是评定地基土体固有胀缩性和胀缩量大小的根本依据。试验证明,在正常情况下,弹性阶段内和一定的正常荷载作用下,土的胀、缩最大值二者几乎是近似相等的。一般来讲,土对水的吸失能力越强、吸失量越大,土的胀缩性和胀缩量就越大,反之,则小。具有一定天然含水量的地基土体,其胀缩性和胀缩量的大小均介于完全干燥状态和完全饱和状态二者之间,即土的可膨胀量 + 可收缩量 = 最大收缩量或最大膨胀量。胀与缩和最大值胀缩三者近似互为余函数的关系,即天然土体的可吸水膨胀量越大,可失水收缩量就越小,反之,则相反。如土完全干燥时,土的可吸水膨胀量最大,而可失水收缩量最小;土饱和时,可吸水膨胀量最小,而可失水收缩量最大。

不同土体比较时,相同条件下土的最大胀缩量越大,其相对胀缩性就越大。对于确定的天然地基土体而言,在其他因素确定和稳定的前提下,胀缩极易受环境干湿和土中水变的影响,而土的最大含水量、天然含水量和零含水量,是决定地基土体胀缩性大小最直接、最重要和最关键的量。所以，当土的种类确定之后，也可根据土的含水量大小，间接定性地评定土的胀缩性。但这里应当指出，土对水的体积吸失量与土的体积胀缩量是不一定相等的。要确切地评定土的胀缩量，最终还得用土体体积的变化来评定，具体可根据国标、规范、有关规定和土体各项实测性能指标计算获得。

10.3 红黏土

10.3.1 红黏土的生成、分布和组成

红黏土是指在湿热环境条件下的石灰岩、白云岩等碳酸盐类岩石，经长期风化后含有较多黏粒和以红色(褐红、棕红、紫红)为主的黏性土，在我国主要分布在西南地区的云南、贵州、广西和中部的安徽、湖南等部分地区。该土多为第四纪残积物，在低洼地区也有少量经搬运而重新沉积、含水量大于45%的次生红黏土。红黏土的矿物成分以高岭土、伊利土为主，伴有部分绿泥石，三者总量占80%～89%；还有少量蒙脱土，占10%～20%，化学成分以三氧化二铁、三氧化二铝和二氧化硫为主。

10.3.2 红黏土的基本特性

10.3.2.1 主要物理力学性能指标

天然含水量大，$\omega=30\%\sim60\%$，接近塑限，液限 $\omega_L>45\%$，以强结合水为主，不易失水，保水性好，常处于饱和状态，$S_r>85\%$；孔隙比较大，$e=1.0\sim1.7$；液性指数 $I_L=-0.1\sim-0.4$；塑性高，常处于硬塑或可塑状态，塑性指数 $I_P=20\sim50$；属高黏性土。

10.3.2.2 性能状态

(1)因以强结合水为主，表层常呈坚硬和硬塑状态，强度高、压缩性小。

(2)因土粒细、含有部分膨胀性的伊利土和蒙脱土，所以该土具有较大的胀缩性。

(3)由于土粒细，上部易失水，且沉积处常存有石芽和溶沟等，所以红黏土分布厚度和地基强度极不均匀，1 m之差厚度变化就为4～5 m，一般上硬下软；地基不均沉降较为突出明显。

(4)因主要成分是易溶的碳酸盐类物质，所以在地表水和地下水的作用下，较易产生胀缩裂隙(深达3～4 m)、岩溶、土洞发育和地基失稳下沉、滑坡等危害。

10.3.3 红黏土的鉴别

基本方法：根据国标规范和经验，通过现场观测、试验和实验室试验等综合鉴定。

(1)因为红黏土突出的宏观特征是呈红色，是不是红黏土，一般通过颜色即可现场初步判定。

(2)有关性能指标的判定：一是根据经验通过现场观测粗略判定。二是根据国标规范各项要求，通过工程地质勘察和实验室土工试验及经验等综合判定。

10.3.4 红黏土的危害和防范措施

10.3.4.1 危害

红黏土的危害主要是在水变作用下，易发生地基下沉、胀缩开裂及失稳滑坡等破坏。

10.3.4.2 防范措施

选址时尽可能避开不利地段。避不开的要作好详细的工程地质勘察，加大探点密度、深度、广度和精度，力争详、准、可靠。建设中要做好地基基础、上部结构设计和施工、使用阶段的综合协调考虑，定出最佳设计、施工和使用的方案及防范措施，全面认真地切实实施。在地基与基础设计时，对于轻小建筑，要充分利用好强度高、压缩性小的地表坚硬和硬塑土层作为地基持力层，浅薄、量少的可考虑换土处理，量大、较深的可考虑深层加固等处理。基础类型要选用整体性好、强度高、抗力大和加强型的板、箱、桩基础。同时要特别注意加强上部结构的强度、刚度、整体性和抗力，特别是砌体结构更应如此。高层建筑适情选用加强型框剪、剪力墙和筒体结构。按要求做好设计、施工和使用阶段的防水工作。

小　结

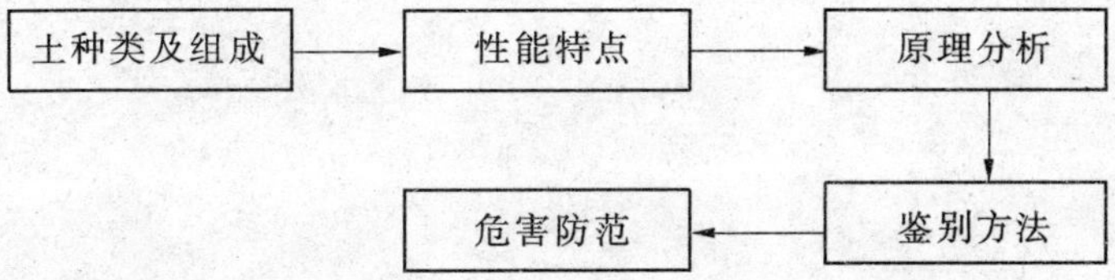

能力扩展与应用

(1)归纳湿陷性黄土、膨胀土和红黏土的各自受水原理、性能特点、三者共同特点和鉴别方法及危害的防范措施。

(2)到实验室、实训基地、施工现场对特殊土进行实地考察和鉴别，总结学习建设工地对特殊土的使用、处理、防范措施和实际经验。

(3)结合工程中的实际问题提出自己的有关解答、见解和创意(点滴即可，越多越好)。

课后知识面扩展

河南某市某地二层小楼拟建场地，地势平坦，地表土层厚为 6 m，土工试验物理指标：天然含水量 $\omega = 15\%$，天然密度 $\rho = 1.5\ g/cm^3$，天然重度 $\gamma = 15\ kN/m^3$，土粒相对密度 $G_s = 2.72$，液限 35%，塑限 25%，孔隙比 $e = 1.13$，压缩系数 $a = 0.5$，压缩模量 $E_s = 4.26$ MPa，粉粒含量 66%。下层为密实坚硬的一般黏土。根据施工进度计划安排，将在 2013 年 7 月施工，试确定此建筑比较切实可行的具体使用方案，其要点如下：

①根据土的物理指标，确定土的种类；

②合理确定基础埋深；

③合理确定基础类型；

④合理选用结构类型；

⑤合理确定设计、施工和使用中应采取的防范处理措施；

⑥至少介绍一条自己在实际建设工程中，学习到的特殊土地基使用经验和技巧，越多越好；

⑦谈一下你在实际工程学习中，遇到的问题、见解和创意（点滴即可，越多越好）；

⑧写出建筑地基实践报告上交老师审批。

参 考 文 献

[1] 王雅丽. 土力学与地基基础[M]. 重庆:重庆大学出版社,2003.
[2] 卢廷浩. 土力学[M]. 南京:河海大学出版社,2002.
[3] 务新超. 土力学[M]. 郑州:黄河水利出版社,2003.
[4] 傅裕寿,张正威. 土力学与地基基础[M]. 北京:清华大学出版社,2012.
[5] 何世玲. 土力学与基础工程[M]. 北京:化学工业出版社,2010.
[6] 王文睿. 土力学与地基基础[M]. 北京:中国建筑工业出版社,2012.
[7] 张春梅. 土力学[M]. 北京:机械工业出版社,2012.
[8] 丁梧秀. 地基与基础[M]. 郑州:郑州大学出版社,2008.
[9] 赵明华. 基础工程[M]. 北京:高等教育出版社,2003.
[10] 刘新安,吴建文,詹春. 土力学与地基基础[M]. 天津:天津科学技术出版社,2013.
[11] 陈希哲. 土力学地基基础[M]. 北京:清华大学出版社,2010.
[12] 白丽红,等. 地基与基础[M]. 北京:化学工业出版社,2010.
[13] 叶火炎,等. 土力学与地基基础[M]. 郑州:黄河水利出版社,2009.
[14] 刘传孝,等. 土力学与地基基础[M]. 郑州:黄河水利出版社,2011.
[15] 肖明和,等. 地基与基础[M]. 北京:北京大学出版社,2009.
[16] 中华人民共和国住房和城乡建设部. GB 50007—2011 建筑地基基础设计规范[S]. 北京:中国建筑工业出版社,2011.
[17] 中华人民共和国城乡建设环境保护部. GB 50202—2011 建筑地基基础工程施工质量验收规范[S]. 北京:中国建筑出版社出版,2011.